Jürgen Wolfart

Einführung in die Zahlentheorie und Algebra

Aus den Programmen

Aufbaukurs Mathematik
Herausgegeben von Martin Aigner, Peter Gritzmann, Volker Mehrmann und Gisbert Wüstholz

Walter Alt
Nichtlineare Optimierung

Martin Aigner
Diskrete Mathematik

Albrecht Beutelspacher und Ute Rosenbaum
Projektive Geometrie

Gerd Fischer
Ebene algebraische Kurven

Wolfgang Fischer/Ingo Lieb
Funktionentheorie

Otto Forster
Analysis 3

Klaus Hulek
Elementare Algebraische Geometrie

Michael Joswig und Thorsten Theobald
Algorithmische Geometrie

Horst Knörrer
Geometrie

Helmut Koch
Zahlentheorie

Ulrich Krengel
Einführung in die Wahrscheinlichkeitstheorie und Statistik

Wolfgang Kühnel
Differentialgeometrie

Ernst Kunz
Einführung in die algebraische Geometrie

Wolfgang Lück
Algebraische Topologie

Werner Lütkebohmert
Codierungstheorie

Reinhold Meise und Dietmar Vogt
Einführung in die Funktionalanalysis

Gisbert Wüstholz
Algebra

Grundkurs Mathematik
Berater: Martin Aigner, Peter Gritzmann, Volker Mehrmann und Gisbert Wüstholz

Gerd Fischer
Lineare Algebra

Gerd Fischer
Analytische Geometrie

Otto Forster und Rüdiger Wessoly
Übungsbuch zur Analysis 1

Gerhard Opfer
Numerische Mathematik für Anfänger

Hannes Stoppel und Birgit Griese
Übungsbuch zur Linearen Algebra

Otto Forster
Analysis 1

Otto Forster
Analysis 2

Otto Forster
Übungsbuch zur Analysis 2

Matthias Bollhöfer und Volker Mehrmann
Numerische Mathematik

www.viewegteubner.de

Jürgen Wolfart

Einführung in die Zahlentheorie und Algebra

2., überarbeitete und erweiterte Auflage

STUDIUM

Bibliografische Information der Deutschen Nationalbibliothek
Die Deutsche Nationalbibliothek verzeichnet diese Publikation in der
Deutschen Nationalbibliografie; detaillierte bibliografische Daten sind im Internet über
<http://dnb.d-nb.de> abrufbar.

Prof. Dr. Jürgen Wolfart
Johann Wolfgang Goethe-Universität Frankfurt
FB 12 Mathematik
60054 Frankfurt

wolfart@math.uni-frankfurt.de

1. Auflage 1996
2., überarbeitete und erweiterte Auflage 2011

Alle Rechte vorbehalten
© Vieweg+Teubner Verlag | Springer Fachmedien Wiesbaden GmbH 2011

Lektorat: Ulrike Schmickler-Hirzebruch

Vieweg+Teubner Verlag ist eine Marke von Springer Fachmedien.
Springer Fachmedien ist Teil der Fachverlagsgruppe Springer Science+Business Media.
www.viewegteubner.de

 Das Werk einschließlich aller seiner Teile ist urheberrechtlich geschützt. Jede Verwertung außerhalb der engen Grenzen des Urheberrechtsgesetzes ist ohne Zustimmung des Verlags unzulässig und strafbar. Das gilt insbesondere für Vervielfältigungen, Übersetzungen, Mikroverfilmungen und die Einspeicherung und Verarbeitung in elektronischen Systemen.

Die Wiedergabe von Gebrauchsnamen, Handelsnamen, Warenbezeichnungen usw. in diesem Werk berechtigt auch ohne besondere Kennzeichnung nicht zu der Annahme, dass solche Namen im Sinne der Warenzeichen- und Markenschutz-Gesetzgebung als frei zu betrachten wären und daher von jedermann benutzt werden dürften.

Umschlaggestaltung: KünkelLopka Medienentwicklung, Heidelberg
Gedruckt auf säurefreiem und chlorfrei gebleichtem Papier
Printed in Germany

ISBN 978-3-8348-1461-6

Vorwort zur ersten Auflage

Die *Zahlentheorie* befasst sich ursprünglich mit Eigenschaften der natürlichen Zahlen wie Teilbarkeit, Primfaktorzerlegung, Primzahlverteilung, Darstellbarkeit von Zahlen als Summe von n Quadraten, Lösbarkeit von Gleichungen durch natürliche Zahlen u.s.w. Im Lauf der Geschichte, die sich bis in die babylonische Mathematik zurückverfolgen lässt, hat sich das Blickfeld erweitert auf ganze und rationale Zahlen, auf algebraische Zahlen (Nullstellen von Polynomen mit rationalen Koeffizienten), und schließlich auch auf solche, die zwar für Geometrie und Analysis von zentraler Bedeutung sind wie π und e, aber von allen diesen Erweiterungsschritten nicht erfasst werden, also den transzendenten Zahlen. Im Lauf dieser Geschichte hat sich die Zahlentheorie vieler Methoden aus allen möglichen anderen Teilen der Mathematik bedient, vorrangig der Algebra und der Analysis; durch ihre konkreten Fragestellungen hat sie andererseits auch die Weiterentwicklung dieser Methoden vorangetrieben. Sie ist also ein Teil der Mathematik, der sich ähnlich wie Gebiete der angewandten Mathematik eher durch ihre Probleme als ihre Methoden beschreiben lässt, deren Entwicklung aber mehr durch die menschliche Neugier als Triebfeder bestimmt wurde als durch Bedürfnisse des „Wissenstransfers", um ein Modewort zu gebrauchen. Eine interessante moderne Pointe ist es, dass gerade diese Erkenntnisse aus dem Elfenbeinturm nun eifrig genutzt werden (für ein Beispiel vgl. Kap. 5), und das sollte allen Verfechtern einer raschen Verwertbarkeit von Wissenschaft zu denken geben.

Dieser letzte Punkt trifft genauso für die *Algebra* zu und ist für sie sogar noch früher zutage getreten als in der Zahlentheorie (die Verwendbarkeit der Gruppen- und Darstellungstheorie in der Quantenmechanik, eines der vielen hier nicht behandelten Themen), im übrigen ist die heutige Algebra aber ein Teilgebiet der Mathematik von anderem Typ als die Zahlentheorie. Auch sie war noch vor 300 Jahren ein problemorientiertes Gebiet der Mathematik, befasst vor allem mit dem Lösen von Gleichungen; die Algebra auf der Schule ist davon immer noch geprägt. Seit den ersten Jahrzehnten des 19. Jahrhunderts hat sich die Algebra mehr und mehr zur systematischen und strukturorientierten Wissenschaft entwickelt, deren abstrakteste Aspekte (Kategorien und Funktoren) hier nicht einmal erwähnt werden. Dass der systematische und abstrakte Aufbau der Algebra auf dem Weg der Gruppen, Ringe und Körper auch aus der Sicht der konkreten alten Probleme erfolgreich ist, mag der Leser gerade an der Aufklärung alter Fragen aus Algebra und Geometrie im Rahmen der Galoistheorie ablesen, die ja eigentlich algebraische Körpererweiterungen mit Hilfe ihrer Automorphismen studiert (z.B. Abschnitt 7.6: Lassen sich Winkel mit Zirkel und Lineal in drei gleiche Teile teilen?). Algebraische Methoden werden heute weit über die Algebra hinaus mit größtem Erfolg verwendet — man denke z.B. an Automorphismengruppen anderer mathematischer Strukturen oder an Gruppenoperationen aller Art (Abschnitte 2.6 und 7.9). Diese universelle Verwendbarkeit ist nicht zuletzt dem großen Abstraktionsgrad der Algebra zu verdanken.

Algebra und Zahlentheorie sind also trotz aller Verwandtschaft Teilgebiete der Mathematik mit etwas gegenläufigen Tendenzen. Die Idee, dennoch in einer zweisemestrigen Vorlesung Algebra und Zahlentheorie zu kombinieren, stammt von meinem hochgeschätzten Frankfurter Kollegen HELMUT BEHR, der dies mit etwas anderer Stoffauswahl vor ein paar Jahren erfolgreich erprobt hat. Das Konzept hat mir sofort eingeleuchtet:

- Eine reine Algebravorlesung macht Studenten (etwa des dritten Semesters) große Probleme, weil die Schlussweisen im einzelnen zwar eher leichter sind als die der Analysis, aber ungleich mehr neue Begriffe von zumeist viel höherem Abstraktionsgrad eingeübt werden müssen.

- Eine reine Zahlentheorievorlesung leidet daran, dass nützliche Begriffe und Techniken aus der Algebra noch nicht vorausgesetzt werden können.

Es besteht darum die Hoffnung, dass von einer geeigneten Mischung beide profitieren; das Erlernen der Algebra sollte durch das Beispielmaterial und die Motivationen aus der Zahlentheorie erleichtert und konkretisiert werden, und viele Sachverhalte aus der Zahlentheorie werden mit algebraischem Hintergrundwissen erheblich durchsichtiger. Ein weiterer methodischer Vorzug der Mischung von Zahlentheorie und Algebra besteht darin, dass sich elementare Teile besser an den Anfang, schwierigere Teile besser in die zweite Hälfte verlagern lassen. Einen kleinen Nachteil muss man in Kauf nehmen: Naturgemäß wird die Themenauswahl so ausfallen, dass die behandelten Gegenstände der Zahlentheorie eher algebraisch orientiert sind (interessante Fragen der analytischen Zahlentheorie werden nur am Rande gestreift) und Gegenstände der Algebra vorgezogen werden, die Anwendung in der Zahlentheorie haben; so liegt der Schwerpunkt der Algebra-Teile eher bei den Ringen mit eindeutiger Primfaktorzerlegung und der klassischen Galoistheorie. Ein oberflächlicher Blick auf die Kapitelüberschriften könnte den Eindruck erwecken, dass die Algebra stark dominiert. Dieser Eindruck täuscht, denn viele Themen der Zahlentheorie sind den Algebra-Kapiteln da beigemischt, wo es ökonomisch erschien: der Fermatsche Satz in der Gruppentheorie, Diophantische Gleichungen in der Ringtheorie, Gaußsche Summen und der Satz von Lindemann-Weierstraß in die Galoistheorie, um nur ein paar Beispiele zu nennen.

Voraussetzungen. Der vorliegende Text ist eine um etwa 20% erweiterte Fassung des Skriptums einer Vorlesung *Algebra und Zahlentheorie*, die ich im Wintersemester 1993/94 und im Sommersemester 1994 an der Universität Frankfurt für Studierende der Mathematik und der Informatik gehalten habe. Da in Frankfurt auch im Sommersemester die Vorlesungen *Analysis I* und *Lineare Algebra I* gehalten, aber im darauffolgenden Winter nicht beide fortgesetzt werden, habe ich nach Kräften versucht, die erste Hälfte meines Kurses auch für Studierende des zweiten Studiensemesters zugänglich zu halten. Vorausgesetzt werden eigentlich nur eine gewisse Erfahrung mit mathematischen Grundtechniken. Es wird also nicht mehr besonders erläutert, was eine Abbildung, ein Widerspruchsbeweis, eine

Äquivalenzrelation oder etwa eine reelle Zahl ist. Wie in allen Büchern so üblich, wird der Stil mit wachsender Seitenzahl kondensierter; ich hoffe aber, dass sich das Buch trotzdem auch zum Selbststudium eignet.

Ziele. 200 Seiten können keinesfalls ein Lehrbuch der Zahlentheorie plus ein Lehrbuch der Algebra ersetzen, aber vielleicht erreichen,

- dass dem Leser eine solide Grundbildung in Zahlentheorie und Algebra vermittelt wird, gerade auch dann, wenn er sich später auf andere Gebiete spezialisieren will,
- ihm Appetit darauf zu machen, tiefer einzudringen und vielleicht bei der Arithmetik im weitesten Sinne zu bleiben.

Gerade aus dem letzteren Grund habe ich versucht, die Gegenstände dieses Buchs nicht etwa als abgeschlossenes und abgehaktes Wissen darzustellen, sondern an vielen Stellen Hinweise auf Weiterentwicklungen, offene Fragen, alte und neuere Probleme einzubauen. Im Literaturverzeichnis wird auf viele Möglichkeiten der Vertiefung verwiesen. Vielleicht sind das schon bald nur noch sehr theoretische Möglichkeiten, denn die mathematischen Fachbereiche in Deutschland sind gegenwärtig unter großem Druck durch öffentliche Meinung und Politik bis hinab zu Rektoren und Präsidenten, das Studium und die Diplomarbeit zu verkürzen und zu normieren. Es steht zu befürchten, dass dann in einer Light-Version des Mathematikstudiums unser Fach kaum noch als lebendige Wissenschaft zu vermitteln ist; alle Hinweise darauf, dass sich auch jenseits einer solchen Einführung noch eine große Welt auftut, sind dann vielleicht nur noch eine Erinnerung an das, was verlorengegangen ist.

Einige technische Vorbemerkungen. Das Buch ist in sieben Kapitel gegliedert, und wenn auf Formeln wie (3.3) (immer in runden Klammern), Sätze, Hilfssätze, Folgerungen oder ganze Abschnitte oder Unterabschnitte verwiesen wird (z.B. 2.9, immer ohne runde Klammern), so bezeichnet die erste Zahl immer die Kapitelnummer.— Wichtige Begriffe, die der Leser möglichst schnell verarbeiten sollte, habe ich **fett** gesetzt, häufig ohne den betreffenden Satz mit „Definition:" zu beginnen. Andere Begriffe, die für die Mathematik zwar wichtig sind, aber in diesem Buch weiter keine Rolle spielen oder erst später ausführlich besprochen werden, sind *kursiv* gesetzt.— Das Beweisende ist durch „□" markiert, Buchstaben in eckigen Klammern wie [Gra] verweisen auf das Literaturverzeichnis.— Am Ende jedes Kapitels habe ich einen Abschnitt mit Übungsaufgaben angefügt. Es ist fast überflüssig zu sagen, dass die aktive und nicht nur rezeptive Beschäftigung mit dem Stoff der wichtigste Teil des Mathematikstudiums ist. Auf besondere Lösungshinweise zu den Aufgaben habe ich meist verzichtet: In der Regel sind die Aufgaben einfach, und manchmal (eigentlich immer noch viel zu selten) weichen sie vom üblichem Schema „Man beweise diese oder jene feststehende Aussage" erheblich ab; ich habe versucht, Raum zu lassen für Ausprobieren und eigenes Erforschen, und gelegentlich dazu ermutigt, Vermutungen zu formulieren. Vielleicht wird dadurch besser sichtbar, wie Mathematik wirklich entsteht. Häufig sind die Aufgaben eine Propädeutik für spätere Kapitel; bei aufmerksamer Lektüre der folgenden Abschnitte wird sich manche Lösung als Spezialfall allgemeinerer Sachverhalte erweisen.

Der Autor pflegt natürlich alle Teile seines Buchs für wissenswert und wichtig zu halten. Trotzdem ist die Frage nach einem konsistenten Teilprogramm völlig legitim, denn selten wird ein Gebiet der Mathematik dadurch gelernt, dass man ein Buch einfach einmal von A bis Z durchliest. Als vernünftiges Kurzprogramm etwa für eine erste Lektüre oder als Stoff für eineinhalb Vorlesungen könnte ich mir vorstellen, die Abschnitte

$$1.4 \,,\, 2.7 \,,\, 2.9 \,,\, 3.5 \,,\, 4.5 \,,\, 4.6 \,,\, \quad \text{Kapitel 5} \quad ,\, 6.5 \,,\, 7.4 \,-\, 7.10$$

zunächst wegzulassen. Wer sich allerdings gerade für Kapitel 5 (Primzahltests und Primfaktorzerlegung) interessiert, darf die Abschnitte 1.4 und 4.5 nicht übergehen.

Den Hörern meiner Vorlesung verdanke ich eine Reihe von Korrekturen und Verbesserungsvorschlägen, meinen Kollegen H. BEHR, J. SANDER, W. SCHWARZ und U. ZANNIER wichtige Literaturhinweise, und DR. R. TSCHIERSCH sowie Dipl.-Math. PETER BAUER haben mir freundlicherweise im Kampf mit LaTeX beigestanden.

Frankfurt, im Sommer 1996,

Jürgen Wolfart

Vorwort zur zweiten Auflage

Seit der freundlich aufgenommenen ersten Auflage sind einige weitere Lehrbücher mit ähnlichem Konzept erschienen, allen voran das Buch von LEUTBECHER [Le] und neuerdings jenes von SCHULZE-PILLOT [S-P]. Ein Vergleich der Inhalte zeigt die große Vielfalt der möglichen Themen, die man dabei auswählen kann. Der Durchschnitt des vorliegenden Bandes mit jedem anderen Lehrbuch ist vergleichsweise klein, erst recht wenn sie sich auf Algebra oder Zahlentheorie alleine beschränken; deswegen mag eine Neuauflage gerechtfertigt sein.

Ich habe viele Korrekturen vorgenommen, die ich aufmerksamen Studierenden verdanke, und natürlich Aktualisierungen; die Übungsaufgaben habe ich überarbeitet und, soweit nötig, am Ende des Buchs mit Lösungshinweisen versehen. Die größte Änderung besteht allerdings in einem umfangreichen neuen Kapitel zum Thema „Gitter", Brückenschlag einerseits zur algebraischen Zahlentheorie, andererseits zu vielen schönen Anwendungen von Algebra und Zahlentheorie in der Diskreten Mathematik. Auch diesen Teil habe ich zweimal in Vorlesungen erpobt; wertvolle Hinweise dazu gaben DR. SABINE LAUER, geb. RICKER, PROF. DR. JÖRN STEUDING und DR. MANFRED STREIT. LaTeX-Unterstützung hatte ich diesmal von DR. JÖRG LEHNERT und Dipl.-Math. BENJAMIN MÜHLBAUER.

Die sich schon vor 14 Jahren abzeichnende Änderung der Studienordnungen ist eingetreten, und wir werden für einige Jahre mit dem neuen System leben müssen. Wie fügt sich das vorliegende Buch in Bachelor und Master ein? Nach meiner Erfahrung eignen sich die Kapitel 1 bis 4 für eine 4-stündige Vorlesung in den ersten beiden Studienjahren, und im Anschluss daran mag man aus den späteren Kapiteln eine freie Auswahl treffen für Veranstaltungen des Bachelor-Hauptstudiums oder für den Beginn des Masterstudiums; einzige Nebenbedingung: Kapitel 7 baut auf Kapitel 6 auf.

Frankfurt, im Sommer 2010,

Jürgen Wolfart

Inhaltsverzeichnis

1 Ganze Zahlen, Teilbarkeit — 1
   1.1 Natürliche und ganze Zahlen — 1
   1.2 Größter gemeinsamer Teiler, euklidischer Algorithmus — 3
   1.3 Primfaktorzerlegung — 6
   1.4 Primzahlen — 9
   1.5 Kongruenzen und Reste — 15
   1.6 Aufgaben — 21

2 Gruppen — 25
   2.1 Definition, Beispiele, elementare Eigenschaften — 25
   2.2 Untergruppen und Homomorphismen — 31
   2.3 Index und Ordnung — 36
   2.4 Normalteiler und Faktorgruppen — 38
   2.5 Isomorphiesätze — 40
   2.6 Operation von Gruppen auf Mengen — 42
   2.7 Sylowuntergruppen — 46
   2.8 Produkte und universelle Eigenschaften — 51
   2.9 Endliche abelsche Gruppen — 54
   2.10 Aufgaben — 57

3 Ringe — 61
   3.1 Grundbegriffe — 61
   3.2 Ideale und Restklassenringe — 66
   3.3 Polynome — 71
   3.4 Euklidische und faktorielle Ringe — 75
   3.5 Diophantische Fragen zu Zahlen und Polynomen — 84
   3.6 Aufgaben — 89

4 Arithmetik modulo n — 91
   4.1 Multiplikative zahlentheoretische Funktionen — 91
   4.2 Die Struktur der primen Restklassengruppe — 96
   4.3 Quadratische Reste — 103
   4.4 Das quadratische Reziprozitätsgesetz — 106
   4.5 Das Jacobisymbol — 108
   4.6 Verzweigung von Primzahlen — 111

4.7 Aufgaben 115

5 Primzahltests und Primfaktorzerlegung 117
5.1 Das RSA-Schema 117
5.2 Der Kleine Fermatsche Satz als Primzahltest 119
5.3 Riemannsche Vermutung und probabilistische Primzahltests 124
5.4 Faktorisierungsverfahren 131
5.5 Ein Ausblick auf elliptische Kurven 137
5.6 Aufgaben 142

6 Körper und Körpererweiterungen 145
6.1 Grundbegriffe 145
6.2 Algebraische Körpererweiterungen 148
6.3 Der algebraische Abschluss 154
6.4 Normalität und Separabilität 157
6.5 Transzendente Körpererweiterungen 162
6.6 Aufgaben 166

7 Galoistheorie 169
7.1 Der Hauptsatz der Galoistheorie 169
7.2 Kreisteilungskörper 174
7.3 Endliche Körper 181
7.4 Quadratische Gaußsche Summen 183
7.5 Nochmals das quadratische Reziprozitätsgesetz 188
7.6 Konstruktionen mit Zirkel und Lineal 190
7.7 KUMMER-Theorie. Auflösung algebraischer Gleichungen . . . 194
7.8 Einfache Gruppen 204
7.9 Einfache lineare Gruppen 208
7.10 Arithmetik der Werte der e-Funktion 215
7.11 Aufgaben 224

8 Gitter 227
8.1 Grundbegriffe 227
8.2 Untergitter und Elementarteiler 230
8.3 Der Minkowskische Gitterpunktsatz 235
8.4 Anwendungen des Gitterpunktsatzes 239
8.5 Das Kreis- und Kugelproblem 242
8.6 Der Satz von MINKOWSKI-HLAWKA 245
8.7 Packungsdichte 251
8.8 Packungsdichte und Codierungstheorie 258
8.9 Golay-Code und Leech-Gitter 264
8.10 Reduktionstheorie 267
8.11 Binäre quadratische Formen: Reduktion und Klassenzahl 273

8.12 Der LLL-Algorithmus 279
8.13 Aufgaben 284

Lösungshinweise zu den Aufgaben   **287**

Literaturverzeichnis   **295**

Index   **300**

1 Ganze Zahlen, Teilbarkeit

1.1 Natürliche und ganze Zahlen

1.1.1 Die Peanoaxiome

Die Menge der natürlichen Zahlen 1, 2, 3,... werden wir stets mit $\mathbb{N}$ bezeichnen. Sie lässt sich axiomatisch beschreiben durch die *Peanoaxiome* (benannt nach dem Mengentheoretiker und Logiker GIUSEPPE PEANO 1858 – 1932):

- $\mathbb{N}$ enthält eine Zahl namens 1 (ist also insbesondere nichtleer)
- Jede Zahl $n \in \mathbb{N}$ besitzt einen Nachfolger $N(n) \in \mathbb{N}$ (später $n+1$ genannt)
- Es gibt keine Zahl $n \in \mathbb{N}$ mit dem Nachfolger $1 = N(n)$
- Die Nachfolgerfunktion N ist injektiv, d.h.

$$N(n) = N(m) \quad \Rightarrow \quad n = m$$

- Das **Prinzip der vollständigen Induktion** : Jede Menge von natürlichen Zahlen, welche die 1 enthält, und welche zu jeder Zahl n auch deren Nachfolger $N(n)$ enthält, enthält alle natürlichen Zahlen.

Bekanntlich lässt sich das Prinzip der vollständigen Induktion auch zum Aufbau *induktiver* oder *rekursiver Definitionen* verwenden, z.B. lässt sich die Addition auf $\mathbb{N}$ durch

$$\begin{aligned} n+1 &:= N(n) \\ m + N(n) &:= N(m+n) \end{aligned}$$

definieren und die Multiplikation durch

$$\begin{aligned} m \cdot 1 &:= m \\ m \cdot N(n) &:= m \cdot n + m. \end{aligned}$$

Als Übungsaufgabe definiere man die Anordnung der natürlichen Zahlen und leite die üblichen Verträglichkeitsbedingungen der Anordnung mit Addition und Multiplikation her. Eine vielgebrauchte Variante des letzten Axioms lautet dann: *Eine Eigenschaft E trifft auf alle natürlichen Zahlen zu, wenn $E(1)$ richtig ist und wenn man aus der Richtigkeit von $E(m)$ für alle natürlichen $m < n$ auf die von $E(n)$ schließen kann.* Ähnlich wichtig ist die Folgerung

Satz 1.1 *Jede nichtleere Menge natürlicher Zahlen besitzt ein kleinstes Element.*

Zum *Beweis* definiere man M als die Menge natürlicher Zahlen mit der folgenden Eigenschaft: $n \in M$ genau dann, wenn jede Untermenge natürlicher Zahlen, welche n enthält, auch ein kleinstes Element besitzt.

1.1.2 Ganze Zahlen

Die Menge $\mathbb{Z}$ der **ganzen** oder **ganzrationalen** Zahlen $\ldots -2, -1, 0, 1, 2, \ldots$ lässt sich mit Hilfe von Paaren natürlicher Zahlen erzeugen, wenn man zu Äquivalenzklassen bezüglich der Äquivalenzrelation

$$(a,b) \sim (c,d) \quad :\Longleftrightarrow \quad a+d = b+c$$

übergeht. Wir setzen im folgenden die üblichen Rechenregeln der Addition und Multiplikation in $\mathbb{Z}$ als bekannt voraus (insbesondere sind die „Ringaxiome" in $\mathbb{Z}$ gültig, vgl. Kap.3), auch den Umgang mit Anordnung und Absolutbeträgen.

Definition. Die Zahl $n \in \mathbb{Z}$ **teilt** die Zahl $m \in \mathbb{Z}$ bzw. heißt **Teiler** von m, wenn ein $x \in \mathbb{Z}$ existiert mit

$$m = n \cdot x,$$

geschrieben $n \mid m$. Die Zahl m heißt dann **Vielfaches** von n.

Wenn keine Missverständnisse zu erwarten sind, werden wir im Folgenden den Multiplikationspunkt weglassen. Für die Teilbarkeit gelten die folgenden einfachen Regeln:

Satz 1.2 *Für alle ganzen Zahlen a, b, c, d, x, y gilt*

1. $d \mid a \quad \Rightarrow \quad d \mid ab$
2. $d \mid c \text{ und } c \mid a \quad \Rightarrow \quad d \mid a$
3. $d \mid a \text{ und } d \mid b \quad \Rightarrow \quad d \mid xa + yb$
4. $d \mid c \quad \Rightarrow \quad c = 0 \text{ oder } |d| \leq |c|$
5. $d \mid c \text{ und } c \mid d \quad \Leftrightarrow \quad c = \pm d.$

Klar, dass die dritte Aussage auch für Linearkombinationen von mehr als zwei Vielfachen von d richtig bleibt. Wenn a und $b \in \mathbb{Z}$ sind, $b \neq 0$, dann enthält die Menge $\{ a - bq \mid q \in \mathbb{Z} \}$ natürliche Zahlen, nach Satz 1.1 also eine kleinste. Wenn b kein Teiler von a ist, geschrieben $b \nmid a$, muss diese notwendig zwischen 1 und $|b| - 1$ liegen. Damit erhalten wir den

Satz 1.3 (Division mit Rest) *Seien $a, b \in \mathbb{Z}, b \neq 0$, dann existieren ein $q \in \mathbb{Z}$ und ein Rest $r \in \{0, \ldots, |b| - 1\}$ mit*

$$a = bq + r.$$

1.2 Größter gemeinsamer Teiler, euklidischer Algorithmus

1.2.1 ggT und kgV

Da eine ganze Zahl $\neq 0$ nur endlich viele Teiler besitzt, haben zwei ganze Zahlen a, b, nicht beide $= 0$, einen **größten gemeinsamen Teiler** $d \in \mathbb{N}$, kurz ggT(a, b) oder einfach (a, b) genannt. Im Fall $a = b = 0$ definieren wir (aus Gründen, die aus einer natürlichen Verallgemeinerung des Begriffs in der Ringtheorie verständlich werden, vgl. Kap. 3) $(0, 0) := 0$. Wenn $(a, b) = 1$, wenn also a und b nur die trivialen gemeinsamen Teiler 1 und -1 besitzen, heißen a und b **teilerfremd**. Da zwei ganze Zahlen $\neq 0$ gemeinsame natürliche Vielfache besitzen, z.B. $|a| \cdot |b|$, gibt es auch ein **kleinstes gemeinsames Vielfaches** kgV$(a, b) \in \mathbb{N}$, kurz $[a, b]$ geschrieben. Ist eine der beiden Zahlen $= 0$, so ist natürlich $[a, b] := 0$. Der größte gemeinsame Teiler macht eine Aussage über die Lösbarkeit linearer **diophantischer Gleichungen**, d.h. Gleichungen, für die ganzzahlige Lösungen gesucht werden:

Satz 1.4 *Seien $a, b \in \mathbb{Z}$, nicht beide $= 0$, und sei $d := (a, b)$. Dann ist*

$$a\mathbb{Z} + b\mathbb{Z} := \{xa + yb \mid x, y \in \mathbb{Z}\} = d\mathbb{Z} := \{md \mid m \in \mathbb{Z}\}.$$

d ist also die kleinste natürliche Zahl, die sich als ganzzahlige Linearkombination von a und b schreiben lässt. Wenn insbesondere a und b teilerfremd sind, hat die Gleichung

$$xa + yb = 1 \qquad (1.1)$$

eine ganzzahlige Lösung.

Beweis: Sei m die kleinste natürliche Zahl in der Menge

$$L := \{xa + yb \mid x, y \in \mathbb{Z}\}$$

der ganzzahligen Linearkombinationen von a und b. Nach Satz 1.2.3 teilt d jede Zahl in L, also gilt $L \subseteq d\mathbb{Z}$, insbesondere $d \mid m$. Andererseits ist $m \mid a$, denn $a \in L$, alle Vielfachen $qm \in L$ für alle $q \in \mathbb{Z}$, also auch $a - qm \in L$. Division mit Rest von a durch m kann aber keinen Rest $\neq 0$ ergeben, weil $m \in L \cap \mathbb{N}$ minimal gewählt war, also muss m ein Teiler von a sein. Mit dem gleichen Argument zeigt man $m \mid b$, also $m \leq d$. Mit $d \mid m$ folgt daraus nach Satz 1.2.5 $d = m$. Da alle Vielfachen davon in L liegen, gilt auch $d\mathbb{Z} \subseteq L$. □

Teilbarkeit definiert auch eine (Teil-)Ordnung auf den natürlichen Zahlen, und auch bezüglich dieser Ordnung ist der ggT *das* maximale Element unter den gemeinsamen Teilern von a und b:

Folgerung 1.5 *Seien $a, b \in \mathbb{Z}$, nicht beide $= 0$, ferner $c, t \in \mathbb{N}$, t ein gemeinsamer Teiler von a und b. Dann gelten*

$$(ca, cb) = c(a,b) \quad , \quad t \mid (a,b) \quad \text{und} \quad \left(\frac{a}{t}, \frac{b}{t}\right) = \frac{(a,b)}{t} \quad .$$

Für das kgV gelten entsprechende Eigenschaften:

$$[a,b]\mathbb{Z} = a\mathbb{Z} \cap b\mathbb{Z} ,$$

jedes gemeinsame Vielfache $v \in \mathbb{N}$ von a und b erfüllt $[a,b] \mid v$, und ggT und kgV lassen sich auseinander berechnen vermöge

$$[a,b]\mathbb{Z} = a\mathbb{Z} \cap b\mathbb{Z}, \quad [a,b] = \frac{|ab|}{(a,b)} \quad .$$

1.2.2 Der euklidische Algorithmus

Die explizite — und hoffentlich möglichst effektive — Bestimmung des ggT oder der Lösungen der Gleichung (1.1) ist mit dem Existenzsatz 1.4 noch nicht automatisch gesichert. Die Verwendung der eindeutigen Primfaktorzerlegung (Abschnitt 1.3) oder gar von Probierverfahren wäre zwar möglich, aber äußerst mühsam, um z.B.

$$(288, 168) = 24$$

zu zeigen. Sukzessive Anwendung der Division mit Rest führt dagegen sehr schnell zum Ziel:

$$\begin{aligned} 288 &= 1 \cdot 168 + 120 \\ 168 &= 1 \cdot 120 + 48 \\ 120 &= 2 \cdot 48 + 24 \\ 48 &= 2 \cdot 24 \end{aligned}$$

Liest man das Gleichungssystem von unten nach oben, so sieht man sofort, dass 24 gemeinsamer Teiler von 288 und 168 ist. Von oben nach unten gelesen ergibt sich 24 als ganzzahlige Linearkombination von 288 und 168 (welche?), also muss 24 nach Satz 1.4 ein Vielfaches des ggT sein; damit ist die Behauptung bewiesen. Die gleiche Überlegung lässt sich unmittelbar verallgemeinern:

Satz 1.6 (Euklidischer Algorithmus) *Seien a und $b \in \mathbb{Z}$, beide $\neq 0$. Wenn nicht schon $b \mid a$ ist (also $d = |b|$), ergibt sich $d = (a,b)$ als der letzte nicht* *verschwindende Rest r_n des folgenden Schemas von Divisionen mit Rest:*

$$\begin{aligned} a &= q_1 b + r_1 \\ b &= q_2 r_1 + r_2 \\ r_1 &= q_3 r_2 + r_3 \\ &\vdots \\ r_{n-2} &= q_n r_{n-1} + r_n \\ r_{n-1} &= q_{n+1} r_n \end{aligned}$$

Die r_k bilden eine monoton fallende Folge, daher muss in der Tat die Folge der Gleichungen bei einer Division mit Rest 0 enden. □

1.2.3 Eine Laufzeitbetrachtung. Fibonaccizahlen

Wieviele Divisionen sind erforderlich, um nach diesem Verfahren den ggT von a und b zu bestimmen? Es ist leicht zu sehen, dass wir uns auf den Fall positiver $a \geq b$ beschränken können. Wir formulieren die Frage um: Wie groß muss b mindestens sein, damit im euklidischen Algorithmus $n+1$ Divisionen mit Rest erforderlich sind? Von unten gelesen ergibt das Gleichungssystem aus Satz 1.6

$$\begin{aligned} r_{n-1} &= q_{n+1} r_n \\ r_{n-2} &= (q_n q_{n+1} + 1) r_n \\ &\vdots \end{aligned}$$

Induktion über n zeigt, dass der kleinstmögliche Wert für b genau dann erreicht wird, wenn r_n und alle $q_j = 1$ sind, wenn also $b = \phi_{n+1}$ (und $a = \phi_{n+2}$) in der Folge

$$(\phi_n)_{n \in \mathbb{N}} = (1, 1, 2, 3, 5, 8, 13, 21, 34, \ldots)$$

der sogenannten *Fibonaccizahlen* ist (zuerst untersucht durch LEONARDO VON PISA, ca. 1180 – 1250, genannt FIBONACCI), die rekursiv durch

$$\phi_1 = \phi_2 := 1 \quad \text{und} \quad \phi_{n+1} := \phi_n + \phi_{n-1} \tag{1.2}$$

definiert werden. Durch Induktion lässt sich zeigen, dass

$$\phi_n = \frac{1}{\sqrt{5}} \left\{ \left(\frac{\sqrt{5}+1}{2} \right)^n - \left(\frac{1-\sqrt{5}}{2} \right)^n \right\}. \tag{1.3}$$

Wegen $\phi_{n+1} \leq b$ und weil $\left(\frac{\sqrt{5}-1}{2} \right)^n$ stets zwischen 0 und 1 liegt, gilt die Ungleichung

$$\left(\frac{\sqrt{5}+1}{2} \right)^{n+1} < \sqrt{5} b + 1$$

(für große $b > b_0(\varepsilon)$ sogar $< \sqrt{5}\,b + \varepsilon$). Durch Logarithmieren ergibt sich der

Satz 1.7 *Seien $a, b \in \mathbb{Z}$, beide $\neq 0$. Der euklidische Algorithmus zur Bestimmung des ggT von a und b benötigt weniger als*

$$\frac{\log(\frac{1}{\sqrt{5}} + \min\{|a|, |b|\}) + \log\sqrt{5}}{\log\left(\frac{\sqrt{5}+1}{2}\right)}$$

Schritte.

Da der Quotient zweier Logarithmen verwendet wird, kommt es nicht darauf an, welche Basis für log zugrundegelegt wird. *Wenn nicht ausdrücklich anders vermerkt, werden wir im folgenden unter log stets den natürlichen Logarithmus verstehen.* dass der euklidische Algorithmus ein sehr schneller Algorithmus ist, macht man sich aber am besten mit Zehner- (oder Zweier-) Logarithmen klar, die in etwa die Stellenzahl der Ausgangsdaten a und b im Zehner- (bzw. Binär-) system angeben. Grob numerisch (unter Vernachlässigung des Summanden $1/\sqrt{5}$ im Logarithmus, der für große $|a|, |b|$ bedeutungslos ist) ist die Schrittzahl kleiner als

$$1{,}7 + 4{,}8 \cdot {}_{10}\log(\min\{|a|, |b|\}) \simeq 1{,}7 + 1{,}5 \cdot {}_{2}\log(\min\{|a|, |b|\}).$$

Das ist sehr wenig, wenn man bedenkt, dass man zum Schreiben bzw. Ausdrucken von b bereits etwa ${}_{10}\log|b|$ Ziffern benötigt. Natürlich muss später noch diskutiert werden, wie aufwändig die Durchführung der einzelnen Division mit Rest ist (vgl. Kap. 5).

1.3 Primfaktorzerlegung

1.3.1 Existenz

Definition: $p \in \mathbb{N}$ heißt **Primzahl**, wenn $p > 1$ und p nur die trivialen Teiler ± 1 und $\pm p$ besitzt.

Hilfssatz 1.8 *Jede natürliche Zahl lässt sich als Produkt von Primzahlen schreiben.*

Sei dazu n die kleinste natürliche Zahl, für die wir dies noch nicht wissen. Dann ist $n = 1$ (leeres Produkt von Primzahlen) oder eine Primzahl oder nichttriviales Produkt von kleineren natürlichen Zahlen, für die die Aussage bereits bekannt ist. Dann ist die Aussage auch für n gesichert. $\square$

1 Ganze Zahlen, Teilbarkeit

1.3.2 Eindeutigkeit

Es ist wesentlich weniger trivial, die *Eindeutigkeit* der Primfaktorzerlegung zu zeigen, wie man sich anhand des folgenden Beispiels überzeugt: In

$$R := \{n + m\sqrt{-26} \mid n, m \in \mathbb{Z}\} \subset \mathbb{C}$$

gelten für Addition und Multiplikation ähnliche Gesetze wie in $\mathbb{Z}$ (die Ringaxiome, vgl. Kap. 3); insbesondere lassen sich ganz analog Teilbarkeit und Primzahlen – hier besser *irreduzible Elemente* genannt, vgl. Abschnitt 3.4 – definieren. Es ist leicht zu zeigen, dass die Zahlen 3 und $1 \pm \sqrt{-26}$ irreduzibel sind, d.h. höchstens trivial in Produkte zerlegbar sind, dass aber

$$27 = 3 \cdot 3 \cdot 3 = (1 + \sqrt{-26}) \cdot (1 - \sqrt{-26})$$

gilt, dass also diese Primfaktorzerlegung nicht eindeutig ist. Wie dieser Abschnitt zeigen wird, sind wir in $\mathbb{Z}$ in einer sehr viel besseren Situation.

Hilfssatz 1.9 *Seien $a, b, c \in \mathbb{Z}$ und $(a,b) = 1$. Aus $a \mid bc$ folgt $a \mid c$.*

Zum *Beweis* multipliziere man die Gleichung (1.1) mit c: Beide Summanden von

$$acx + bcy = c$$

sind nach Voraussetzung durch a teilbar, also auch c. □

Folgerung 1.10 *Seien $b, c \in \mathbb{Z}$ und p eine Primzahl mit $p \mid bc$. Dann gilt $p \mid b$ oder $p \mid c$. Entsprechendes gilt für Produkte aus mehr als zwei Faktoren.*

Satz 1.11 (eindeutige Primfaktorzerlegung) *Jede natürliche Zahl n lässt sich als Produkt von Primzahlen schreiben. Dessen Faktoren, die **Primfaktoren** von n, sind bis auf die Reihenfolge eindeutig bestimmt.*

Wäre der Satz falsch, so gäbe es ein kleinstes $n \in \mathbb{N}$ (die „Suche nach dem kleinsten Verbrecher") mit zwei wesentlich verschiedenen Primfaktorzerlegungen

$$q_1 q_2 \ldots q_k = p_1 p_2 \ldots p_m.$$

„Wesentlich verschieden" heißt hier, dass die Menge der Primzahlen q_i disjunkt von der Menge der Primzahlen p_j ist; andernfalls könnte man n per Division durch einen Primfaktor verkleinern. Jedes q_i teilt n, nach Folgerung 1.10 also eines der p_j, also müssen doch Gleichungen $q_i = p_j$ gelten im Widerspruch zu unserer Annahme, der Satz ist also richtig. □

1.3.3 Anwendungen der eindeutigen Primfaktorzerlegung

Fasst man gleiche Primfaktoren zu Primpotenzen zusammen, so kann man jedes $a \in \mathbb{Z} - \{0\}$ in der Form

$$a = \pm \prod_{j=1}^{m} p_j^{\nu_{p_j}(a)}$$

schreiben, wobei $\nu_p(a)$ die Multiplizität angibt, mit der die Primzahl p in der Primfaktorzerlegung von $|a|$ vorkommt. Sie wird auch als die p-**Ordnung** von a bezeichnet und $\text{ord}_p(a)$ geschrieben. Es liegt nahe, $\nu_p(a) := 0$ zu setzen, wenn p kein Teiler von a ist. Bezeichnet man die Menge aller Primzahlen mit $\mathbb{P}$, so lässt sich die Primfaktorzerlegung von a als formal unendliches Produkt

$$a = \pm \prod_{\mathbb{P}} p^{\nu_p(a)}$$

schreiben. Definiert man ergänzend noch $\nu_p(0) := \infty$, so erhält man folgende neue Beschreibung von ggT und kgV:

Satz 1.12 *Seien $a, b \in \mathbb{Z}$ und p eine Primzahl. Dann gelten*

$$\nu_p((a,b)) = \min\{\nu_p(a), \nu_p(b)\} \quad \text{und} \quad \nu_p([a,b]) = \max\{\nu_p(a), \nu_p(b)\}.$$

Die p-Ordnungen sind mit Addition und Multiplikation verträglich. Bevor wir diese Gesetze präzise formulieren, wollen wir die Definition von ν_p noch in naheliegender Weise auf die Menge $\mathbb{Q}$ der rationalen Zahlen durch

$$\nu_p\left(\frac{a}{b}\right) := \nu_p(a) - \nu_p(b) \quad \text{für alle} \quad a, b \in \mathbb{Z}, \quad b \neq 0$$

ausdehnen (wohldefiniert, weil Erweiterung des Bruchs die p-Ordnung nicht ändert). Dann bestätigt man leicht, dass folgende Aussagen richtig sind:

Satz 1.13 *Seien $a, b \in \mathbb{Q}$ und p eine Primzahl. Dann gilt*

$$\nu_p(a+b) \geq \min\{\nu_p(a), \nu_p(b)\} \tag{1.4}$$
$$\nu_p(ab) = \nu_p(a) + \nu_p(b) \tag{1.5}$$
$$\nu_p\left(\frac{a}{b}\right) = \nu_p(a) - \nu(b) \quad , \quad \text{wenn} \quad b \neq 0. \tag{1.6}$$

Nach (1.5) gilt insbesondere $\nu_p(r^2) = 2\nu_p(r)$ für jedes $r \in \mathbb{Q}$. Da $\nu_2(2) = 1$ und $\nu_p(2) = 0$ für alle Primzahlen $p \neq 2$ ist, kann 2 auch in $\mathbb{Q}$ keine Quadratzahl sein. Demnach gilt

Satz 1.14 $\sqrt{2}$ *ist irrational. Allgemeiner ist für alle $d \in \mathbb{N}$, die nicht bereits in $\mathbb{N}$ Quadratzahlen sind, $\sqrt{d} \notin \mathbb{Q}$.*

1.4 Primzahlen

1.4.1 Unendlichkeit der Primzahlmenge

Satz 1.15 *Die Menge* $\mathbb{P} = \{2, 3, 5, 7, 11, 13, 17, 19, \ldots\}$ *der Primzahlen ist unendlich.*

Dieser Satz ist seit der Antike bekannt, und man verfügt über verschiedene *Beweise*. Der bekannteste und wahrscheinlich elementarste stammt von EUKLID (etwa um 300 vor Chr.): Wäre $\mathbb{P}$ endlich $= \{p_1, p_2, \ldots, p_n\}$, so könnte die Zahl

$$N := p_1 p_2 \cdot \ldots \cdot p_n + 1 \in \mathbb{N}$$

keines der $p_1, \ldots, p_n$ als Primteiler besitzen. Nach dem Satz über die eindeutige Primfaktorzerlegung muss es also weitere Primzahlen geben. □

Ein weiterer einfacher Beweis stammt von LEONHARD EULER (1707 – 1783): Wäre $\mathbb{P}$ endlich, so ließe sich das endliche Produkt absolut konvergenter unendlicher Reihen

$$\prod_{p \in \mathbb{P}} \left(1 - \frac{1}{p}\right)^{-1} = \prod_{p \in \mathbb{P}} \left(\sum_{\nu=0}^{\infty} p^{-\nu}\right)$$

gliedweise ausmultiplizieren zu einer konvergenten Reihe $\sum \frac{1}{n}$, in der jedes Potenzprodukt n der $p \in \mathbb{P}$ genau einmal vorkommt. Nach dem Satz über die eindeutige Primfaktorzerlegung handelt es sich also gerade um die harmonische Reihe, welche bekanntlich divergiert. □

Die explizite Auflistung der Primzahlmenge erfolgt auch heute noch am einfachsten mit dem **Sieb** des ERATOSTHENES (um 276 – 196 v. Chr.): Kennt man bereits alle $p \leq \sqrt{x}$, so streiche man alle ihre Vielfachen zwischen $\sqrt{x}$ und x. Die übriggebliebenen natürlichen Zahlen sind die Primzahlen zwischen $\sqrt{x}$ und x (warum?).

1.4.2 Primzahlverteilung

Mit EUKLIDs Beweis kann man bereits eine – allerdings sehr schlechte – untere Abschätzung für die **Primzahlfunktion**

$$\pi(x) := \#\{p \in \mathbb{P} \mid p \leq x\} = \sum_{p \in \mathbb{P},\ p \leq x} 1$$

geben. Ähnlich lässt sich EULERs Beweis ausbauen zu einem Beweis, dass

$$\sum_{p \in \mathbb{P}} p^{-1}$$

divergiert, dass also — grob gesprochen — mehr Primzahlen als Quadratzahlen in $\mathbb{N}$ existieren. Numerische Rechnungen lassen erwarten, dass $\pi(x)$ sogar bei weitem größer ist als $\sqrt{x}$:

x	$\pi(x)$	$x/\log(x) \approx$	$\pi(x) \cdot \log(x)/x$	$\text{li}(x) \approx$	$\pi(x)/\text{li}(x)$
10^3	168	145	1,16	178	0,94
10^4	1229	1086	1,132	1246	0,986
10^5	9592	8686	1,104	9630	0,996
10^6	78498	72382	1,084	78628	0,9983
10^7	664579	620421	1,071	664918	0,9995

(Für weitergehende Resultate siehe z.B. [Gra], [Rie], [Ri2].) Die Tabelle suggeriert einen hier nicht bewiesenen Satz:

Satz 1.16 (Primzahlsatz (I))

$$\lim_{x \to \infty} \frac{\pi(x)}{\frac{x}{\log x}} = 1$$

CARL FRIEDRICH GAUSS (1777 – 1855) hat diesen Satz bereits in der Form

$$\pi(x) \sim \text{li}(x) := \int_2^x \frac{dt}{\log t}$$

vermutet. Die Verwendung des *Integrallogarithmus* $\text{li}(x)$ hat den Vorzug, dass der Primzahlsatz die folgende heuristisch-anschauliche Interpretation bekommt: $\frac{1}{\log n}$ gibt die Wahrscheinlichkeit an, dass $n \in \mathbb{N}$ eine Primzahl ist. $f(x) \sim g(x)$ soll dabei bedeuten, dass $\lim_{x \to \infty} \frac{f(x)}{g(x)} = 1$ ist. Ein weiterer Vorzug der Verwendung von $\text{li}(x)$ anstelle von $\frac{x}{\log x}$ besteht im besseren *Restglied* für die genaueren Versionen des Primzahlsatzes (s.u.). Beide Funktionen können im Satz 1.16 gleichermaßen verwendet werden, da sie $\text{li}(x) \sim \frac{x}{\log x}$ erfüllen, genauer

$$\text{li}(x) = \frac{x}{\log x} + O\left(\frac{x}{\log^2 x}\right),$$

wenn wir den Fehler mit dem LANDAUschen Symbol O bezeichnen; $O(g(x))$ ist eine Funktion $f(x)$, für die eine positive Konstante C existiert mit

$$|f(x)| \leq C \cdot g(x).$$

Ein Beweis des Primzahlsatzes gelang erst 1896, und zwar gleichzeitig durch HADAMARD und DE LA VALLÉE-POUSSIN nach Vorarbeiten von BERNHARD RIEMANN (1826 – 1866). Dieser hat die **Riemannsche Zetafunktion**

$$\zeta(s) := \sum_{n \in \mathbb{N}} \frac{1}{n^s}$$

in die Primzahltheorie eingeführt, bis in die fünziger Jahre unseres Jahrhunderts ein unentbehrliches Hilfsmittel zum Beweis von Satz 1.16. Erst dann wurden auch „elementare" Beweise des Primzahlsatzes gefunden (SELBERG nach Vorarbeiten von ERDÖS). Auch diese Beweise sind alles andere als einfach und erbringen bis heute kein so gutes Restglied wie die Verwendung der Riemannschen Zetafunktion in $\mathbb{C}$. Die beste heute beweisbare Version des Satzes stammt von I.M. VINOGRADOV und KOROBOV:

Satz 1.17 (Primzahlsatz (II)) *Für eine geeignete Konstante $c > 0$ ist*

$$\pi(x) = \mathrm{li}(x) + O\{x \cdot \exp\left(-c \log^{3/5} x (\log \log x)^{-1/5}\right)\}.$$

1.4.3 Vermutungen über Primzahlen

Man vermutet, dass $\pi(x)$ noch näher an $\mathrm{li}(x)$ verläuft, dass nämlich der

Primzahlsatz (III): $\quad \pi(x) = \mathrm{li}(x) + O(\sqrt{x} \log x)$

richtig ist. Diese Version des Primzahlsatzes würde folgen aus der

Riemannschen Vermutung: Die Zetafunktion (die sich als meromorphe Funktion in die komplexe Zahlenebene $\mathbb{C}$ fortsetzen lässt) hat im Streifen $0 < \mathrm{Re}\, s < 1$ keine Nullstellen außerhalb der *kritischen Geraden* $\mathrm{Re}\, s = 1/2$.

Diese Vermutungen wie die nun folgenden werden durch immer weiter gehende Computer-gestützte Rechnungen nahegelegt, aber von einem Beweis scheint man sehr weit entfernt zu sein. Einige Popularität genießt auch die sogenannte

Goldbachsche Vermutung: Jede gerade natürliche Zahl > 2 ist Summe von zwei Primzahlen.

Es fehlen hier leider Platz und mathematische Voraussetzungen, näher auf die Methoden (in diesem Falle *Siebmethoden*) einzugehen, mit denen diese offenen Probleme angegangen werden, oder auf die Fortschritte, die auf diesem Wege bisher erzielt wurden. Dazu sei auf Vorlesungen und Literatur über *analytische Zahlentheorie* verwiesen. Ich beschließe diesen Abschnitt darum mit der

Vermutung über Primzahlzwillinge: Es gibt unendlich viele Primzahlpaare $p, p + 2 \in \mathbb{P}$ wie z.B. $11, 13$ oder $71, 73$ oder $65516468355 \times 2^{333333} \pm 1$ (laut

Wikipedia vom 25.8.2010; mehr und ältere Beispiele in [Ri2]). Genauer erwartet man sogar, dass die Anzahl der Primzahlzwillinge $\leq x$

$$\pi_2(x) \sim \frac{x}{\log^2 x} \cdot 2 \prod_{p\in\mathbb{P}, p>2}\left(1 - \frac{1}{(p-1)^2}\right)$$

erfüllt. Analoge Vermutungen hat man für Primzahltripel $p, p+2, p+6$ (warum nicht $p, p+2, p+4$?) oder allgemeiner für k-Tupel aus Primzahlen.

Gute numerische Bestätigung, wie sie auch hier vorliegt, darf aber nicht zu ernst genommen werden. Z.B. wurde lange Zeit angenommen, gestützt auf experimentelle Erfahrung, dass für alle x und $y \geq 2$

$$\pi(x+y) \leq \pi(x) + \pi(y)$$

richtig sei. Es hat sich herausgestellt, dass diese Vermutung im Widerspruch steht zur Primzahl-k-Tupel-Vermutung ([HR]), die in weit höherem Maß plausibel ist. Arbeiten von HELMUT MAIER und anderen haben in den letzten Jahren neues Licht auf Möglichkeiten und Grenzen solcher plausibler Vermutungen über Primzahlen geworfen. Man vergleiche hierzu den Übersichtsartikel von GRANVILLE [Gra].

1.4.4 Primzahlen in arithmetischen Progressionen

Als Variante der Primzahl-k-Tupel-Vermutung kann man auch die Frage ansehen, wie lang *arithmetische Progressionen* $p, p+n, p+2n, \ldots$ werden können, die nur aus Primzahlen bestehen. Das Beispiel

$$7 \quad 37 \quad 67 \quad 97 \quad 127 \quad 157$$

endet hier wegen $187 = 11 \cdot 17$. Es ist klar, dass die Länge dieser arithmetischen Progression immer nur endlich sein kann, sonst würde die Primzahlfunktion linear mit x wachsen, und mit Ideen des nächsten Abschnitts 1.5 kann man leicht einsehen, dass für jedes feste n die Länge einer solchen Progression beschränkt sein muss durch eine Größe, die nur von den Primteilern von n abhängt, vgl. Aufgabe 1.26. Die längste gegenwärtig (August 2010) bekannte arithmetische Progression besteht aus 26 Primzahlen. Die Frage, ob es eine absolute Maximallänge für arithmetische Progressionen aus Primzahlen gibt, erscheint darum ebensowenig aussichtsreich wie die oben beschriebenen Vermutungen.

Im neuen Jahrtausend hat es aber unerwartete Fortschritte gegeben: Mit innovativen Ideen, inspiriert von ganz anderen Teilen der Mathematik wie Kombinatorik und Wahrscheinlichkeitstheorie — und leider außerhalb des Horizonts des vorliegenden Buchs, haben TERENCE TAO und BEN GREEN in [GT] bewiesen:

Satz *Es gibt beliebig lange arithmetische Progressionen, die nur aus Primzahlen bestehen.*

1.4.5 Der Satz von TSCHEBYSCHEFF

Nach bloßem Bericht und viel Spekulation soll nun wenigstens gezeigt werden, dass der Primzahlsatz die richtige Größenordnung für $\pi(x)$ gibt:

Satz 1.18 (TSCHEBYSCHEFF 1852)   *Für alle $n \in \mathbb{N}$, $n \geq 4$, ist*

$$\frac{1}{4} \frac{n}{\log n} \leq \pi(n) \leq 6 \frac{n}{\log n} \quad .$$

Der *Beweis* beruht darauf, dass man für den Binomialkoeffizienten $\binom{2n}{n}$ einerseits hinreichend genaue Größenabschätzungen hat, andererseits viele Informationen über seine Primfaktorzerlegung, z.B. kommen alle Primzahlen zwischen n und $2n$ genau einmal darin vor. Es wird sich herausstellen, dass diese Informationen für eine grobe Anzahlaussage bereits genügen. Im einzelnen folgt aus

$$4^n = (1+1)^{2n} = \sum_{k=0}^{2n} \binom{2n}{k} > \binom{2n}{n}$$

die rechte Ungleichung in

$$2^n < \binom{2n}{n} < 4^n \quad , \tag{1.7}$$

die linke beweist man leicht mit vollständiger Induktion für alle $n > 1$. Wenn wie üblich mit der **Gaußklammer** $[r]$ die größte ganze Zahl $\leq r \in \mathbb{R}$ bezeichnet wird, so lässt sich (Aufgabe 12 in Abschnitt 1.6) die Multiplizität von $p \in \mathbb{P}$ in der Primfaktorzerlegung von $n!$ ausdrücken durch

$$\nu_p(n!) = \sum_{m \geq 1} \left[\frac{n}{p^m}\right] \quad . \tag{1.8}$$

Wegen $\left[\frac{n}{p^m}\right] = 0$ für alle m mit $p^m > n$ läuft die Summe jeweils nur von 1 bis $\left[\frac{\log n}{\log p}\right]$. Durch Logarithmieren von $\binom{2n}{n} = \frac{(2n)!}{(n!)^2}$ erhält man aus (1.7)

$$n \log 2 < \log(2n)! - 2 \log n! < 2n \log 2 \quad ,$$

und aus (1.8) folgt

$$\log(2n)! - 2\log n! = \sum_{p \leq 2n} \sum_{m=1}^{\left[\frac{\log 2n}{\log p}\right]} \left(\left[\frac{2n}{p^m}\right] - 2\left[\frac{n}{p^m}\right]\right) \log p \quad . \tag{1.9}$$

Die Glieder der inneren Summe sind 0 oder 1, denn

$$[2x] - 2[x] = \begin{cases} 0 & \text{wenn} \quad x - [x] < \frac{1}{2} \\ 1 & \text{wenn} \quad x - [x] \geq \frac{1}{2} \end{cases} \quad .$$

Ersetzt man also die innere Summe einfach durch die Anzahl ihrer Glieder, so erhält man

$$n \log 2 \;<\; \sum_{p \leq 2n} \left[\frac{\log 2n}{\log p}\right] \log p \;\leq\; \pi(2n) \log 2n \;. \qquad (1.10)$$

Für gerade n folgt daraus schon die linke Ungleichung des Satzes, denn

$$\pi(2n) \;>\; \frac{n \log 2}{\log 2n} \;>\; \frac{1}{4} \frac{2n}{\log 2n}$$

wegen $\log 2 > \frac{1}{2}$. Daraus folgt auch für ungerade Argumente

$$\pi(2n+1) \;\geq\; \pi(2n) \;>\; \frac{1}{4} \frac{2n+1}{\log(2n+1)}$$

wegen $\frac{n \log 2}{2n+1} > \frac{1}{4}$ für alle $n \geq 2$. Die rechte Ungleichung des Satzes erhält man über den Umweg einer oberen Abschätzung der Funktion

$$\vartheta(x) \;:=\; \sum_{p \in \mathbb{P}, p \leq x} \log p \;:$$

Für alle Primzahlen $n < p < 2n$ ist $[\frac{2n}{p}] - 2[\frac{n}{p}] = 1$, also erhält man aus (1.7) und (1.9)

$$\vartheta(2n) - \vartheta(n) \;=\; \sum_{n < p < 2n} \log p \;\leq\; \log(2n)! - 2\log n! \;<\; 2n \log 2 \;.$$

Insbesondere ist also

$$\vartheta(2^{r+1}) - \vartheta(2^r) \;<\; 2^{r+1} \log 2 \;.$$

Summation über r mit $\vartheta(1) = 0$ gibt

$$\vartheta(2^{r+1}) \;<\; 2^{r+2} \log 2 \;.$$

Sei nun $2^k \leq n < 2^{k+1}$ und $y < n$. Dann ergibt sich daraus

$$(\pi(n) - \pi(y)) \log y \;\leq\; \sum_{y < p \leq n} \log p \;\leq\; \vartheta(n) \;\leq\; \vartheta(2^{k+1}) \;\leq\; 2^{k+2} \log 2 \;\leq\; 4n \log 2 \,.$$

Wählt man z.B. $y := n^{2/3}$, so erhält man mit $\log y = \frac{2}{3} \log n$ und der trivialen Abschätzung $\pi(y) \leq y = n^{2/3}$

$$\pi(n) \;\leq\; n^{2/3} + \frac{3}{2} \frac{4n \log 2}{\log n} \;=\; \frac{n}{\log n} \left(\frac{\log n}{n^{1/3}} + 6 \log 2\right) \;<\; 6 \frac{n}{\log n} \,,$$

da $\frac{\log x}{x^{1/3}}$ bei $x = e^3$ sein Maximum annimmt und daher

$$\frac{\log n}{n^{1/3}} + 6 \log 2 \;<\; \frac{3}{e} + 6 \log 2 \;<\; 6$$

gilt (Sorgfältigere Abschätzungen ergeben natürlich Konstante, die wesentlich näher an 1 liegen als die hier gefundenen $\frac{1}{4}$ und 6). □

1.5 Kongruenzen und Reste

1.5.1 Definitionen

Mit a, b, c, m seien im folgenden stets ganze Zahlen bezeichnet. a und b heißen **kongruent modulo** m, geschrieben

$$a \equiv b\ (m) \quad \text{oder auch} \quad a \equiv b \bmod m ,$$

wenn $m \mid (a - b)$. Äquivalent dazu ist natürlich

$$\exists k \in \mathbb{Z} \quad \text{mit} \quad a = b + km ,$$

für $m = 0$ gleichbedeutend mit der Gleichheit. Für $m \neq 0$ ist sie äquivalent zu

„bei Division mit Rest durch m ergeben a und b den gleichen Rest".

Man rechnet leicht nach, dass die Kongruenz mod m eine Äquivalenzrelation ist. Die Äquivalenzklassen werden als **Restklassen** mod m bezeichnet; die Restklasse mit dem Repräsentanten a schreiben wir je nach Kontext in der Form

$$[a]_m = a \bmod m = \{a + km \mid k \in \mathbb{Z}\} , \quad \text{kurz} \quad [a] ,$$

wenn m fest gewählt ist und aus dem Zusammenhang hervorgeht, dass nicht die Gaußklammer gemeint ist (nicht verwechseln!). Die Menge aller Restklassen mod m wird mit $\mathbb{Z}/m\mathbb{Z}$ bezeichnet. Trivialerweise gilt

Hilfssatz 1.19 *Für alle $m \neq 0$ ist $\mathbb{Z}/m\mathbb{Z} = \{[0], [1], \ldots, [m-1]\}$, und $\mathbb{Z}/0\mathbb{Z} = \mathbb{Z}$.*

Die Zahlen $0, 1, \ldots, m-1$ nennt man das *kleinste nichtnegative Restsystem* mod m. Allgemeiner nennt man jedes vollständige Repräsentantensystem $a_1, a_2, \ldots, a_m \in \mathbb{Z}$ der Restklassenmenge $\mathbb{Z}/m\mathbb{Z}$ ein *vollständiges Restsystem* mod m. Auf $\mathbb{Z}/m\mathbb{Z}$ kann man repräsentantenweise Addition und Multiplikation einführen:

$$[a] + [b] := [a + b]$$
$$[a] \cdot [b] := [ab] ,$$

wobei die Addition und Multiplikation rechts die üblichen Operationen in $\mathbb{Z}$ bezeichnen. Natürlich muss man nachprüfen:

Hilfssatz 1.20 *Addition und Multiplikation auf $\mathbb{Z}/m\mathbb{Z}$ sind wohldefiniert.*

Das soll heißen, dass beide Operationen unabhängig von der Auswahl der Repräsentanten in den Restklassen sind. Als Beispiel behandeln wir die Unabhängigkeit vom Repräsentanten b in der Definition der Multiplikation:

$$[b] = [c] \Rightarrow b \equiv c \bmod m \Rightarrow m \mid (b-c) \Rightarrow m \mid (ab - ac) \Rightarrow$$

$$\Rightarrow ab \equiv ac \bmod m \Rightarrow [ab] = [ac] \quad \square$$

Der Einfachheit halber werden wir auch in $\mathbb{Z}/m\mathbb{Z}$ meistens den Multiplikationspunkt weglassen. Potenzen von Restklassen mit natürlichen Exponenten werden wie in $\mathbb{Z}$ oder $\mathbb{R}$ durch Induktion definiert. — Beispiele für Restklassenbildungen im täglichen Leben sind etwa

- die Wochentage (eine Restklassenbildung mod 7), wobei die Restklassen in der Menge aller Tage die Namen *Montag, Dienstag* ... erhalten,
- die Töne in der Musik, die mit Hilfe einer Restklasseneinteilung mod 12 die Bezeichnungen c, cis, ... , a, b, h tragen.

1.5.2 Rechenregeln

Satz 1.21 *In $\mathbb{Z}/m\mathbb{Z}$ gelten für alle $[a], [b], [c] \in \mathbb{Z}/m\mathbb{Z}$*

$$([a] + [b]) + [c] = [a] + ([b] + [c]) \tag{1.11}$$
$$[a] + [0] = [a] \tag{1.12}$$
$$\exists\, [x] \in \mathbb{Z}/m\mathbb{Z} \quad \textit{mit} \quad [a] + [x] = [0] \tag{1.13}$$
$$[a] + [b] = [b] + [a] \tag{1.14}$$
$$([a][b])\,[c] = [a]\,([b][c]) \tag{1.15}$$
$$([a] + [b])\,[c] = ([a][c]) + ([b][c]) \tag{1.16}$$
$$[a][1] = [1][a] = [a] \tag{1.17}$$
$$[a][b] = [b][a]\,. \tag{1.18}$$

Der *Beweis* ist fast trivial, da alles repräsentantenweise nachgerechnet werden kann. Z.B. wählt man in (1.13) einfach

$$[x] = [-a] = [m - a]$$

und nennt diese Restklasse die **additive Inverse**, kurz geschrieben als $-[a]$. Wie gewohnt schreibt man anstelle von $[c] + (-[a])$ kurz $[c] - [a]$. Dieses Element löst die Gleichung

$$[a] + [x] = [c]\,,$$

wie man sich anhand von (1.12) bis (1.14) leicht überzeugt. Zur Übung beweise man, dass diese Lösung in $\mathbb{Z}/m\mathbb{Z}$ eindeutig bestimmt ist. $\square$

1 Ganze Zahlen, Teilbarkeit

Im **Distributivgesetz** (1.16) werden wir künftig rechts die Klammern weglassen, da wir wie in den gewohnten Zahlbereichen die Konvention verwenden wollen, dass die Multiplikation vor der Addition auszuführen ist, soweit nicht ausdrücklich durch Klammersetzung anders vorgeschrieben. — Der Satz könnte den Eindruck erwecken, dass die Rechenregeln der gewohnten Zahlbereiche einfach auf $\mathbb{Z}/m\mathbb{Z}$ übertragbar sind. Dass das nicht ohne weiteres der Fall ist, zeigen folgende Beispiele:

- $[3]_{12}[4]_{12} = [0]_{12}$, d.h. $\mathbb{Z}/12\mathbb{Z}$ hat *Nullteiler*,
- $[3]_6[x]_6 = [1]_6$ hat keine Lösung in $\mathbb{Z}/6\mathbb{Z}$,
- $[3]_{15}[x]_{15} = [12]_{15}$ hat mehrere Lösungen in $\mathbb{Z}/15\mathbb{Z}$, nämlich $[4]_{15}, [9]_{15}, [14]_{15}$,
- Die Gleichung $[x]_{24}^2 = [1]_{24}$ hat 8 Lösungen in $\mathbb{Z}/24\mathbb{Z}$ (welche?).

Wir werden in diesem Abschnitt und vor allem im Kap. 4 eine vollständige Übersicht über diese und andere Phänomene gewinnen und beginnen mit

Hilfssatz 1.22 (und Definition) *Seien $a, b \in \mathbb{Z}$ und $m \in \mathbb{N}$.*

$$\text{Aus} \quad a \equiv b \bmod m \quad \text{und} \quad (a, m) = 1 \quad \text{folgt} \quad (b, m) = 1.$$

Wir bezeichnen dann $[a]_m$ (repräsentantenunabhängig) als **prime Restklasse** *mod m und fassen alle primen Restklassen mod m zusammen zu der Menge*

$$(\mathbb{Z}/m\mathbb{Z})^* \subset \mathbb{Z}/m\mathbb{Z}.$$

Dies ist enweder mit Hilfe der Primfaktorzerlegung von a und m einzusehen oder einfacher mit Gleichung (1.1): Wenn $ax + my = 1$ eine Lösung besitzt, dann gilt natürlich auch für $b = a + km$

$$(a + km)x + m(y - kx) = 1, \quad \text{also auch} \quad (b, m) = 1. \quad \Box$$

Satz 1.23 *Sei $m \in \mathbb{N}$ und seien $[a], [b] \in (\mathbb{Z}/m\mathbb{Z})^*$. Dann ist*

- *auch das Produkt* $[a][b] \in (\mathbb{Z}/m\mathbb{Z})^*$,
- *die Gleichung $[a][x] = [1]$ in $(\mathbb{Z}/m\mathbb{Z})^*$ lösbar, d.h. $\exists x \in \mathbb{Z}$, so dass die Kongruenz $ax \equiv 1 \bmod m$ gilt. Die Lösung x ist sogar mod m eindeutig.*

Zum *Beweis* seien $a, b \in \mathbb{Z}$ beide zu m teilerfremd. Nach (1.1) gibt es also $x, y, u, v \in \mathbb{Z}$ so, dass

$$ax + my = 1$$
$$bu + mv = 1$$

Die erste Gleichung lässt sich als $ax \equiv 1 \bmod m$ lesen, und Multiplikation der linken Seiten zeigt, dass 1 auch ganzzahlige Linearkombination von ab und m

ist, dass also $(ab, m) = 1$ ist. Die erste Gleichung zeigt gleichzeitig, dass auch $(x, m) = 1$ ist. Die Eindeutigkeit von $[x]$ kann man auf verschiedene Weise zeigen. Sei z.B. $z \in \mathbb{Z}$ eine zweite Lösung von $az \equiv 1 \bmod m$, dann gilt nach Satz 1.21 und Hilfssatz 1.9

$$a(x-z) \equiv 0 \bmod m \Rightarrow m \mid a(x-z) \Rightarrow m \mid x - z \Rightarrow x \equiv z \bmod m \ . \quad \square$$

Die Lösung x der Kongruenz $ax \equiv 1 \bmod m$ ergibt sich übrigens effektiv und schnell aus dem euklidischen Algorithmus, angewandt auf a und m. Multiplikation der Kongruenz mit c ergibt die erste Aussage in

Folgerung 1.24 *Seien* $m \in \mathbb{N}$, $a, c \in \mathbb{Z}$, $(a, m) = 1$, $a_1, a_2, \ldots, a_m \in \mathbb{Z}$ *ein vollständiges Restsystem* mod m. *Dann gilt:*

- *Die Kongruenz* $ay \equiv c \bmod m$ *hat eine* mod m *eindeutige Lösung* $y \in \mathbb{Z}$.
- *Auch* $aa_1, \ldots, aa_m$ *ist ein vollständiges Restsystem* mod m.

Folgerung 1.25 *Seien* $m \in \mathbb{N}$, $a, c \in \mathbb{Z}$. *Die Kongruenz*

$$ax \equiv c \bmod m$$

hat genau dann eine Lösung $x \in \mathbb{Z}$, *wenn* $d := (a, m) \mid c$. *In diesem Fall ist* x mod $\frac{m}{d}$ *eindeutig bestimmt, d.h. in* $\mathbb{Z}/m\mathbb{Z}$ *hat die Gleichung* $[a][x] = [c]$ *insgesamt d Lösungen, nämlich genau die Lösungen*

$$[x] \ , \ [x + \frac{m}{d}] \ , \ldots, \ [x + (d-1)\frac{m}{d}] \ .$$

Die Bedingungen $d \mid m$ und $d \mid a$ und die Äquivalenz

$$ax \equiv c \bmod m \quad \Longleftrightarrow \quad m \mid (ax - c)$$

zeigen nämlich, dass die Kongruenz nur eine Lösung besitzen kann, wenn $d \mid c$. Diese Bedingung ist aber auch hinreichend für die Lösbarkeit: Dann ist die Kongruenz äquivalent zu

$$\frac{m}{d} \mid \left(\frac{a}{d}x - \frac{c}{d}\right) \quad , \text{also} \quad \frac{a}{d}x \equiv \frac{c}{d} \bmod \frac{m}{d} \ .$$

Nach Folgerung 1.5 ist aber $(\frac{a}{d}, \frac{m}{d}) = 1$, nach Satz 1.23 ist die letzte Kongruenz also eindeutig mod $\frac{m}{d}$ lösbar. $\square$

1 Ganze Zahlen, Teilbarkeit

1.5.3 Eine Anwendung: Teilbarkeitskriterien

Satz 1.26 $m \in \mathbb{N}$ besitze die Dezimaldarstellung

$$m = a_n 10^n + a_{n-1} 10^{n-1} + \ldots + a_1 10 + a_0 \quad , \quad \text{alle} \quad a_i \in \{0, \ldots, 9\} \ .$$

Dann gilt

- $3 \mid m \quad \Leftrightarrow \quad 3 \mid a_0 + a_1 + \ldots + a_n$
- $9 \mid m \quad \Leftrightarrow \quad 9 \mid a_0 + a_1 + \ldots + a_n$
- $11 \mid m \quad \Leftrightarrow \quad 11 \mid a_0 - a_1 + - \ldots + (-1)^n a_n$.

Der *Beweis* folgt unmittelbar aus den Kongruenzen

$$10 \equiv 1 \ (3) \quad \Rightarrow \quad 10^s \equiv 1 \ (3) \quad \forall s \in \mathbb{N} \quad \Rightarrow \quad m \equiv a_0 + a_1 + \ldots + a_n \ (3)$$

und aus $3 \mid m \Leftrightarrow m \equiv 0 \, (3)$. Für die Moduln 9 und 11 verläuft der Beweis analog.□ Klar, dass man für andere Teiler und für andere Darstellungen, etwa im Binärsystem, Teilbarkeitskriterien in analoger Weise erhält.— Als Beispiel sei nur HASKOs Siebenerregel im Hundertersystem erwähnt (von einem zehnjährigen Schüler durch Probieren gefunden!): Für Ziffern $b_j \in \{0, 1, \ldots, 99\}$ gilt

$$7 \mid m = b_0 + b_1 100 + \ldots + b_n 100^n \iff 7 \mid b_0 + 2 b_1 + \ldots + 2^n b_n \ .$$

1.5.4 Simultane Kongruenzen

Satz 1.27 (Chinesischer Restsatz) *Seien* $m_1, m_2, \ldots, m_n$ *paarweise teilerfremde natürliche Zahlen und* $a_1, a_2, \ldots, a_n \in \mathbb{Z}$. *Dann gibt es ein* $x \in \mathbb{Z}$, *das alle Kongruenzen*

$$x \equiv a_1 \bmod m_1 \, , \quad \ldots \quad , \, x \equiv a_n \bmod m_n$$

erfüllt. x *ist* $\bmod \, m_1 m_2 \cdot \ldots \cdot m_n$ *eindeutig bestimmt, und mit* x *ist auch jeder andere Repräsentant in seiner Restklasse* $\bmod \, m_1 \cdot \ldots \cdot m_n$ *eine Lösung.*

Die Eindeutigkeitsaussage ist sehr leicht einzusehen: $y \in \mathbb{Z}$ ist genau dann eine zweite Lösung dieser Kongruenzen, wenn

$$m_i \mid x - y \quad \forall \, i = 1, \ldots, n \ .$$

Da die m_i paarweise teilerfremd sind, ist dies äquivalent zu

$$m_1 \cdot \ldots \cdot m_n \mid x - y \ .$$

Ein *erster Existenzbeweis* lässt sich durch Induktion über n führen. Wir beginnen mit $n = 2$, und zwar mit dem Spezialfall $a_1 = 1$, $a_2 = 0$. Nach Satz 1.23 gibt

es eine Lösung $y \in \mathbb{Z}$ der Kongruenz $ym_2 \equiv 1 \bmod m_1$, und $u := ym_2$ erfüllt bereits
$$u \equiv 1 \bmod m_1 \quad , \quad u \equiv 0 \bmod m_2 \; .$$
Ebenso löst man
$$v \equiv 0 \bmod m_1 \quad , \quad v \equiv 1 \bmod m_2 \; ,$$
und darum ist $x := ua_1 + va_2$ schon die allgemeine Lösung für den Fall $n = 2$. Für den Induktionsschluss darf man annehmen, dass ein $y \in \mathbb{Z}$ bereits gefunden ist, das die Kongruenzen
$$y \equiv a_2 \bmod m_2 \; , \quad \ldots \quad , \; y \equiv a_n \bmod m_n$$
löst. Dann ist wie im Induktionsanfang nur noch ein x zu finden, das
$$x \equiv a_1 \bmod m_1 \quad \text{und} \quad x \equiv y \bmod m_2 \cdot \ldots \cdot m_n$$
erfüllt. Man beachte dazu, dass nach Voraussetzung auch m_1 und $m_2 \cdot \ldots \cdot m_n$ teilerfremd sind. □

Folgerung 1.28 *Die natürlichen Zahlen $m_1, \ldots, m_n$ seien paarweise teilerfremd. Dann vermittelt die Abbildung*
$$b \; : \; [x]_{m_1 m_2 \ldots m_n} \mapsto ([x]_{m_1}, \ldots, [x]_{m_n})$$
Bijektionen
$$\mathbb{Z}/m_1 \cdot \ldots \cdot m_n \mathbb{Z} \longleftrightarrow \mathbb{Z}/m_1\mathbb{Z} \times \ldots \times \mathbb{Z}/m_n\mathbb{Z}$$
$$(\mathbb{Z}/m_1 \cdot \ldots \cdot m_n \mathbb{Z})^* \longleftrightarrow (\mathbb{Z}/m_1\mathbb{Z})^* \times \ldots \times (\mathbb{Z}/m_n\mathbb{Z})^* \; .$$

Aus 1.9 oder 1.10 folgt nämlich leicht, dass x genau dann teilerfremd zu $m_1 m_2 \cdot \ldots \cdot m_n$ ist, wenn x teilerfremd zu allen Faktoren m_i ist. □
Ein *zweiter Existenzbeweis* für 1.27 ergibt sich daraus, dass b injektiv ist (Eindeutigkeitsaussage!) und Bild und Urbild endlich und gleichmächtig sind. □

1.5.5 Die Eulersche Phi-Funktion

Wir definieren $\varphi(1) := 1$ und $\varphi(n)$ als die Anzahl der primen Restklassen $\bmod n$ für alle natürlichen $n > 1$, also als die Anzahl der Elemente von $(\mathbb{Z}/n\mathbb{Z})^*$. Anders ausgedrückt: $\varphi(n)$ ist die Anzahl der natürlichen Zahlen $a \leq n$, welche zu n teilerfremd sind. Der Folgerung 1.28 entnimmt man den ersten Teil von

Satz 1.29 *Die Eulersche Funktion φ ist* **multiplikativ**, *d.h. für alle teilerfremden $n, m \in \mathbb{N}$ gilt*
$$\varphi(nm) \; = \; \varphi(n)\,\varphi(m) \; .$$

Für Primzahlen p ist $\varphi(p) = p - 1$, für Primzahlpotenzen ist $\varphi(p^\nu) = p^\nu - p^{\nu-1}$, und für beliebige $n \in \mathbb{N}$ ist

$$\varphi(n) = n \prod_{p \in \mathbb{P},\, p|n} \left(1 - \frac{1}{p}\right).$$

Die Berechnung von $\varphi(p^\nu)$ ergibt sich daraus, dass alle $a \in \mathbb{N}, a \leq p^\nu$, teilerfremd zu p^ν sind, wenn sie nicht von der Form kp, $k = 1, \ldots, p^{\nu-1}$, sind. Diese Formel, die eindeutige Primfaktorzerlegung von n und die Multiplikativität von φ liefern schließlich das Endresultat. □

Folgerung 1.30 (EULER) *Die Primzahlmenge $\mathbb{P}$ ist unendlich.*

Andernfalls könnte man das Produkt $n \in \mathbb{N}$ aller Primzahlen bilden. Dann gibt es $\varphi(n)$ prime Restklassen mod n, repräsentiert durch natürliche Zahlen (o.B.d.A. > 1), die durch keinen Primteiler von n teilbar sind, Widerspruch. □

1.6 Aufgaben

1. Man zeige: $t = [a, b]$ (kgV) genau dann, wenn $a \mid t$, $b \mid t$ und $(\frac{t}{a}, \frac{t}{b}) = 1$ ist.

2. Berechnen Sie den ggT d von 10001 und 100001 und lösen Sie die Gleichung

   $$10001\, x + 100001\, y = d$$

   durch geeignete $x, y \in \mathbb{Z}$.

3. Seien $a, b \in \mathbb{Z}$ mit dem größten gemeinsamen Teiler d. Wieviele Lösungen gibt es für die diophantische Gleichung

   $$x\, a + y\, b = d,$$

   und wie kann man sie aus einer festen Lösung erzeugen?

4. Sei $n = uv$, dabei u und v teilerfremde natürliche Zahlen. Man zeige, dass jeder natürliche Teiler d von n eine eindeutige Zerlegung $d = d_1 d_2$ besitzt mit $d_1 \mid u$, $d_2 \mid v$.

5. Die Fibonaccizahlen seien wie in Abschnitt 1.2.3 mit ϕ_n bezeichnet. Beweisen Sie die Formel (1.3), also

   $$\phi_n = \frac{1}{\sqrt{5}} \left\{ \left(\frac{\sqrt{5}+1}{2}\right)^n - \left(\frac{1-\sqrt{5}}{2}\right)^n \right\}.$$

6. Beweisen Sie, dass je zwei aufeinanderfolgende Fibonaccizahlen teilerfremd sind.

7. Seien $r, s \in \mathbb{Q}$ und p eine Primzahl mit $\nu_p(s) < \nu_p(r)$. Man beweise

$$\nu_p(r+s) = \nu_p(s).$$

8. Man finde die kleinste zusammengesetzte natürliche Zahl n mit der Eigenschaft

$$p \mid n \Rightarrow (p-1) \mid (n-1) \quad \text{für alle Primzahlen} \quad p.$$

9. Verifizieren Sie, dass in der Menge

$$R := \{n + m\sqrt{-26} \mid n, m \in \mathbb{Z}\} \subset \mathbb{C}$$

die Elemente 3 und $1 \pm \sqrt{-26}$ irreduzibel sind, d.h. höchstens unter Verwendung der Faktoren 1 oder -1 als Produkte von Elementen aus R geschrieben werden können.

10. n und m seien natürliche Zahlen, m keine n-te Potenz einer anderen natürlichen Zahl. Beweise: $\sqrt[n]{m}$ ist irrational.

11. Zeigen Sie, dass das Produkt über alle Primzahlen > 2

$$\prod \left(1 - \frac{1}{(p-1)^2}\right)$$

gegen einen Limes $\neq 0$ konvergiert.

12. Verifizieren Sie, dass für die p-Ordnungen der Fakultäten die Formel

$$\nu_p(n!) = [\frac{n}{p}] + [\frac{n}{p^2}] + [\frac{n}{p^3}] + \ldots$$

richtig ist ($[\ ]$ die Gaußklammer).

13. Man beweise $2^n < \binom{2n}{n}$ für alle natürlichen $n > 1$.

14. Analysieren und verbessern Sie den in Abschnitt 1.4.4 gegebenen Beweis des Satzes von Tschebyscheff. Durch sorgfältigere Abschätzungen sollten Sie erreichen, dass für alle großen $n > n_0$

$$c \frac{n}{\log n} \leq \pi(n) \leq d \frac{n}{\log n}$$

gilt mit Konstanten c, d, welche möglichst nahe an 1 liegen. n_0 darf von c und d abhängen.

15. Wählen Sie eine Primzahl p, ein beliebiges $a \in \mathbb{Z}$ und berechnen Sie die p-ten Potenzen $[a]_p^p$. Wiederholen Sie das Experiment, bis Sie eine Vermutung formulieren können.

1 Ganze Zahlen, Teilbarkeit

16. Zeigen Sie, dass das über alle Primzahlen erstreckte Produkt $\prod(1-\frac{1}{p})^{-1}$ gegen ∞ konvergiert.

17. Seien $m \in \mathbb{N}$ und $k \in \mathbb{Z}$. Zeigen Sie, dass
$$n = \frac{m}{(m,k)}$$
die kleinste natürliche Zahl mit der Eigenschaft $m \mid nk$ ist.

18. Wählen Sie sich drei verschiedene Primzahlen p zwischen 10 und 100 und berechnen Sie die Menge
$$\{\,[x]_p^2 \mid [x]_p \in \mathbb{Z}/p\mathbb{Z}\,\}$$
aller Quadrate mod p für diese Primzahlen. Formulieren Sie eine Vermutung über die Anzahl dieser Quadrate!

19. Welche Primzahlen < 100 lassen sich als die Summe von zwei Quadraten natürlicher Zahlen schreiben? Erkennen Sie eine Gesetzmäßigkeit?

20. 17 chinesische Piraten erbeuten eine Truhe voller Goldstücke. Beim Versuch, diese gleichmäßig zu verteilen, bleiben 7 Goldstücke übrig. Um diese entbrennt ein heftiger Streit, bei dem einer der Piraten das Leben lässt. Die verbleibenden 16 versuchen erneut, die Goldstücke gerecht zu verteilen und behalten 11 Münzen übrig. Bei der Auseinandersetzung um diese geht erneut einer der Streitenden über Bord. Den 15 Überlebenden gelingt dann die Teilung. Wieviele Goldstücke müssen es mindestens gewesen sein?

21. Zeigen Sie durch eine Kongruenzbetrachtung, dass die diophantische Gleichung
$$7x^3 + 2 = y^3$$
keine ganzzahlige Lösung besitzt.

22. Man zeige für die Eulersche Phi-Funktion
$$\liminf \frac{\varphi(n)}{n} = 0 \quad \text{und} \quad \limsup \frac{\varphi(n)}{n} = 1\,.$$

23. $n \in \mathbb{N}$ sei das Produkt zweier Primzahlen p, q. Überlegen Sie sich, dass man p und q aus n und $\varphi(n)$ berechnen kann.

24. Man zeige: Wenn $p, p+2, p+6, p+8, p+14$ gleichzeitig Primzahlen sind, so ist $p = 5$.

25. Mit $\log$ sei die Logarithmusfunktion zu einer beliebigen reellen Basis $a > 1$ bezeichnet, und $p_1, \ldots, p_n$ seien paarweise verschiedene Primzahlen. Fassen Sie $\mathbb{R}$ als $\mathbb{Q}$-Vektorraum auf und beweisen Sie: $\log p_1, \ldots, \log p_n$ sind linear unabhängig.

26. Sei q die kleinste Primzahl, welche $n \in \mathbb{N}$ nicht teilt, und die arithmetische Progression
$$p, p+n, p+2n, \ldots, p+kn$$
bestehe nur aus Primzahlen. Man zeige: Dann ist $k < 2q-1$. Wenn q nicht selbst in dieser Progression vorkommt, gilt sogar $k < q-1$.

2 Gruppen

2.1 Definition, Beispiele, elementare Eigenschaften

2.1.1 Gruppenaxiome

Eine Menge G heißt eine (multiplikative) **Gruppe**, wenn

1. in G eine *innere Verknüpfung* existiert, d.h. eine Abbildung

$$G \times G \to G \quad : \quad (a,b) \longmapsto a \cdot b = ab \in G \quad \forall\, a, b \in G\,,$$

2. diese Verknüpfung (**Multiplikation**) **assoziativ** ist, d.h. wenn gilt

$$(ab)c = a(bc) \quad \forall\, a, b, c \in G\,,$$

3. ein **Einselement** oder **neutrales Element** $e \in G$ existiert mit der Eigenschaft

$$ae = a \quad \forall\, a \in G$$

   und für jedes solche Einselement e (wir werden später sehen, dass es eindeutig bestimmt ist), und wenn

4. für alle $a \in G$ ein **inverses Element** $a^{-1} \in G$ existiert mit der Eigenschaft

$$a \cdot a^{-1} = e\,.$$

Wie von Zahlen und Restklassen her gewohnt, lassen wir in der Regel den Multiplikationspunkt weg. Gruppenverknüpfungen sind aber keineswegs immer nur als Multiplikationen zu denken, wie die Beispiele des folgenden Abschnitts zeigen werden. Insbesondere gilt das in folgendem Fall: Wir nennen eine Gruppe **abelsch** oder **kommutativ**, wenn das *Kommutativgesetz* gilt, d.h. wenn

$$ab = ba \quad \forall\, a, b \in G\,.$$

In diesem Fall wird die Verknüpfung häufig nicht als ab oder $a \cdot b$ geschrieben, sondern als **Addition** in der Form

$$a + b\,.$$

Zur besseren Unterscheidung wird manchmal das Verknüpfungssymbol extra mit angeführt, z.B. in der Form $(G, +)$ für eine (additiv geschriebene) abelsche Gruppe im Gegensatz zu einer multiplikativ geschriebenen Gruppe $(G, \cdot)$ (die freilich auch kommutativ sein kann).

Assoziativgesetz und Kommutativgesetz lassen sich induktiv auf eine beliebige Anzahl von Faktoren bzw. Summanden verallgemeinern. Das Assoziativgesetz garantiert, dass dabei Klammern weggelassen werden können, und das Kommutativgesetz, dass es auf die Reihenfolge nicht ankommt. Wenn letzteres gilt, schreiben wir für längere Produkte bzw. Summen

$$a_1 a_2 \cdot \ldots \cdot a_n =: \prod_{i=1}^{n} a_i \quad \text{bzw.} \quad a_1 + a_2 + \ldots + a_n =: \sum_{i=1}^{n} a_i .$$

Potenzen von Elementen multiplikativer Gruppen werden wie bei Zahlen oder Restklassen durch Induktion über die (natürlichen) Exponenten definiert, und auf ganzzahlige Exponenten dehnt man die Definition aus vermöge

$$a^0 := e \quad \text{und} \quad a^{-n} := (a^{-1})^n \quad \forall n \in \mathbb{N} .$$

Man beachte, dass es auf die Reihenfolge der Faktoren hier niemals ankommt, denn in jeder Gruppe kommutieren a-Potenzen stets miteinander (Induktion, vgl. auch Satz 2.1.3). In additiv geschriebenen Gruppen schreibt man anstelle von a^{-1} natürlich $-a$ und na anstelle von a^n, für das neutrale Element e wird dann üblicherweise 0 geschrieben. In multiplikativen Gruppen werden wir für e häufig 1 schreiben.

Das dritte Axiom garantiert, dass Gruppen nichtleer sind. Die Anzahl der Elemente von G nennt man die **Ordnung** von G, geschrieben $\operatorname{ord} G$. Diese kann eine natürliche Zahl oder unendlich sein (beides tritt auf, wie wir gleich sehen werden).

2.1.2 Beispiele

1.) Additive (abelsche) Gruppen sind $\mathbb{R}$, $\mathbb{Q}$, $\mathbb{C}$, alle mit der üblichen Addition versehen, ebenso alle Vektorräume (mit der Vektoraddition als Verknüpfung). Auch die Menge $\mathbb{Z}$ der ganzen Zahlen ist bezüglich der Addition eine Gruppe, nicht aber bezüglich der Multiplikation (warum?). Auch $(\mathbb{N}, +)$ ist keine Gruppe, da neutrales Element und Inverse fehlen.

2.) Multiplikative abelsche Gruppen sind z.B. alle

$$K^* := K - \{0\} \quad \text{für} \quad K = \mathbb{R}, \mathbb{C}, \mathbb{Q} .$$

3.) Alle bisher erwähnten Beispiele sind Gruppen unendlicher Ordnung. Beispiele (von zentraler Bedeutung, wie wir noch sehen werden) für Gruppen der Ordnung $m \in \mathbb{N}$ sind die Restklassenmengen $\mathbb{Z}/m\mathbb{Z}$ mit der in Abschnitt 1.5.1 eingeführten Restklassenaddition; für die Gültigkeit der Gruppenaxiome vgl. (1.11) bis (1.13). (1.14) sagt, dass es sich auch hier um eine kommutative Gruppe handelt.

4.) Etwas weniger trivial ist die Tatsache, dass alle $(\mathbb{Z}/m\mathbb{Z})^*$, $m \in \mathbb{N}$, (abelsche) Gruppen bezüglich der Restklassenmultiplikation sind, vgl. dazu (1.15), (1.17), (1.18) und vor allem Satz 1.23. Diese Gruppen haben die Ordnung $\varphi(m)$ und werden **prime Restklassengruppen** mod m genannt.

5.) Unter den eben genannten Gruppen kommt mehrfach die *triviale Gruppe* vor, die nur aus dem neutralen Element besteht, nämlich als $\mathbb{Z}/1\mathbb{Z}$, $(\mathbb{Z}/1\mathbb{Z})^*$ und als $(\mathbb{Z}/2\mathbb{Z})^*$.

6.) Nichtkommutative Gruppen, die der Leser bereits aus den Anfängervorlesungen kennt, sind die Gruppen $\mathrm{GL}_n K$ der invertierbaren $n \times n$-Matrizen mit Koeffizienten in (beispielsweise) $K = \mathbb{R}$, $\mathbb{C}$, $\mathbb{Q}$, natürlich mit der Matrixmultiplikation als Verknüpfung (kommutativ nur für $n = 1$). Darin enthalten sind die Gruppen $\mathrm{SL}_n K$ der Matrizen mit Determinante 1; der Determinantenmultiplikationssatz garantiert nämlich, dass die Gültigkeit der Gruppenaxiome für $\mathrm{SL}_n K$ direkt aus der für $\mathrm{GL}_n K$ folgt.

7.) GL_n und SL_n kann man auch als Gruppen von Vektorraumautomorphismen ansehen mit der Hintereinanderausführung als Verknüpfung. Dies lässt sich leicht verallgemeinern auf die Menge S_M aller Bijektionen $M \to M$ einer beliebigen nichtleeren Menge M auf sich. Verknüpfung ist dann das Hintereinanderschalten dieser Abbildungen, neutrales Element ist die identische Abbildung

$$e = id \,:\, M \to M \,:\, a \mapsto a \quad \forall\, a \in M\,,$$

inverses Element ist die inverse Abbildung, und das Assoziativgesetz gilt für alle Zusammensetzungen von Abbildungen, also auch hier.

8.) Ebenso wie GL_n und SL_n nicht aus *allen* Bijektionen des Vektorraums bestehen, sondern nur aus solchen, die Vektorraumverknüpfungen bzw. sogar das Volumen erhalten, kann man an die Elemente von S_M auch andere einschränkende Forderungen stellen, um neue Gruppen zu konstruieren. Z.B. kann man verlangen, dass die Elemente von $\mathrm{GL}_n \mathbb{R}$ zusätzlich ein Skalarprodukt invariant lassen, und erhält durch diese Einschränkung die *orthogonale Gruppe* dieses Skalarprodukts. Historisch ist auch der umgekehrte Weg versucht worden: FELIX KLEINS Erlanger Programm (1872) wollte Gruppen von Transformationen zugrunde legen und Geometrie beschreiben als die Invarianten dieser Transformationsgruppen.

9.) Man überlege sich z.B., dass die (Längen-erhaltenden) Bewegungen der euklidischen Ebene, die ein regelmäßiges Fünfeck in sich überführen, eine nichtkommutative Gruppe der Ordnung 10 bilden. Wer komplexe Zahlen kennt, beschreibt die Ecken des Fünfecks am besten als die fünften Einheitswurzeln

$$e^{\frac{2\pi i k}{5}}, \quad k = 0, 1, 2, 3, 4,$$

in der komplexen Zahlenebene. Die gesuchte *Symmetriegruppe des regelmäßigen Fünfecks* lässt sich dann in $\mathbb{C}$ beschreiben mittels Multiplikation mit fünften Einheitswurzeln und komplexer Konjugation.

10.) Allgemein bedeutet der anschauliche Begriff *Symmetrie* bei einer geometrischen Figur oder Struktur stets das Vorhandensein einer Gruppe von Bewegungen des umgebenden Raumes, die diese Figur oder Struktur in sich überführen. Eines der frühesten Beispiele dafür sind die *kristallographischen Gruppen*, mit denen man Kristallformen nach ihren Symmetriegruppen klassifiziert. Heute spielen Symmetriegruppen sogar für die Elementarteilchenphysik eine große Rolle.

2.1.3 Einfache Eigenschaften von Gruppen

Satz 2.1 *Sei G eine (multiplikativ geschriebene) Gruppe.*

1. $ea = ae = a \quad \forall\, a \in G$, *d.h. Rechtseins ist auch Linkseins.*
2. *Das Einselement e ist eindeutig bestimmt.*
3. $a^{-1}a = aa^{-1} = e \quad \forall\, a \in G$, *d.h. Rechtsinverses ist auch Linksinverses.*
4. *Für alle $a \in G$ ist das inverse Element eindeutig bestimmt.*
5. $(ab)^{-1} = b^{-1}a^{-1} \quad \forall\, a, b \in G$.
6. $(a^{-1})^{-1} = a \quad \forall\, a \in G$.
7. $ax = b$ *und* $ya = b$ *haben eindeutige Lösungen für alle $a, b \in G$, und zwar* $x = a^{-1}b, \quad y = ba^{-1}$.
8. *In G gilt die* **Kürzungsregel**

$$ab = ac \quad \Rightarrow \quad b = c \quad \Leftarrow \quad ba = ca.$$

Wir beginnen mit dem *Beweis* von 3.: Aus

$$a^{-1}aa^{-1} = a^{-1}e = a^{-1}$$

folgt durch Multiplikation mit $(a^{-1})^{-1}$ von rechts die Behauptung

$$a^{-1}a = a^{-1}ae = a^{-1}(a^{-1})^{-1} = e\,.$$

Daraus folgt 1. vermöge

$$ea = aa^{-1}a = ae = a\,.$$

Wäre $\bar{e}$ ein zweites Einselement, so müsste demnach

$$\bar{e} = \bar{e}e = e$$

sein, also ist 2. richtig. Ganz analog beweist man die Eindeutigkeit des Inversen und ebenso leicht den Rest des Satzes. □

2.1.4 Die symmetrische Gruppe

Die **symmetrische Gruppe** S_n, $n \in \mathbb{N}$, ist die Gruppe der Bijektionen oder **Permutationen** S_M einer n-elementigen Menge M auf sich, vgl. Beispiel 7 im Abschnitt 2.1.2. Auf die Bezeichnung der Elemente von M kommt es natürlich nicht an, man kann darum o.B.d.A. $M = \{1, 2, \ldots, n\}$ annehmen, die Elemente von S_n also als Permutationen der Zahlen $1, \ldots, n$ beschreiben. Diese Beschreibung erfolgt durch explizite Angabe von Urbild und Bild z.B. in Form einer zweizeiligen und n-spaltigen Matrix, in der oben die Urbilder und unten die zugehörigen Bilder aufgeschrieben werden. Das Element

$$\sigma = \begin{pmatrix} 1 & 2 & 3 & 4 & 5 & 6 & 7 \\ 3 & 2 & 4 & 5 & 1 & 7 & 6 \end{pmatrix} \in S_7$$

ist also jene Permutation, die 1 auf 3, 2 auf 2 etc. abbildet bis hin zu $\sigma(7) = 6$. Wir werden im folgenden eine kürzere Notation, die **Zykelschreibweise** verwenden: Jede Permutation wird durch ein oder mehrere Klammerausdrücke $(a_1\, a_2\, \ldots\, a_k)$ beschrieben, die ausdrücken, dass sie auf die $a_j \in M$ folgende Wirkung hat:

$$a_1 \mapsto a_2 \mapsto \ldots \mapsto a_k \mapsto a_1$$

In Zykelschreibweise hat das oben gewählte Beispiel also die Form

$$\sigma = (1\,3\,4\,5)(6\,7)\,.$$

Man beachte, dass Elemente, die unter der Permutation festgelassen werden, in dieser Notation gar nicht auftauchen (wie hier die 2), mit einer Ausnahme: Das neutrale Element von S_n, also die identische Abbildung, die jedes $a \in M$ festlässt, wird als (1) geschrieben.

S_1 ist (wieder einmal) die triviale Gruppe $\{(1)\}$, die Gruppe S_2 besteht aus (1) und (12), ist kommutativ (und isomorph zu $\mathbb{Z}/2\mathbb{Z}$, was wir im kommenden Abschnitt präzisieren werden). Für $n > 2$ sind die symmetrischen Gruppen nicht mehr kommutativ, wie wir an folgendem Beispiel sehen (man beachte, dass Produkte von Permutationen wie allgemein bei Abbildungen immer so zu lesen sind, dass die rechts stehende Permutation zuerst auszuführen ist!):

$$(1\,2\,3)(1\,2) = (1\,3)\,, \quad \text{aber} \quad (1\,2)(1\,2\,3) = (2\,3)$$

Durch Induktion über n zeigt man, dass es insgesamt $n!$ Permutationen von M gibt, und dass jede Permutation durch Hintereinanderschalten von paarweise Vertauschungen gewonnen werden kann. In der Zykelschreibweise sind diese Elemente von der Form $(a_1\,a_2)$ und werden *Transpositionen* genannt. Beispiele sind etwa

$$(1\,2\,3) = (1\,3)(1\,2) = (1\,2)(2\,3)$$
$$\sigma = (1\,3\,4\,5)(6\,7) = (1\,5)(1\,4)(1\,3)(6\,7)\,.$$

Wir fassen einige einfache Eigenschaften zusammen (die letzten drei Aussagen seien dem Leser als Übungsaufgabe überlassen) in folgendem

Satz 2.2 *Für die symmetrische Gruppe S_n gilt:*

1. $\operatorname{ord} S_n = n!$
2. S_n *ist nicht kommutativ für $n > 2$.*
3. S_n *wird von Transpositionen erzeugt, d.h. jedes $\sigma \in S_n$ lässt sich als Produkt geeigneter $(a_i\,a_j)$ schreiben.*
4. *Für jeden Zykel gilt*

$$(a_1\,a_2\,\ldots\,a_k)^{-1} = (a_k\,a_{k-1}\,\ldots\,a_2\,a_1)\,,$$

   insbesondere gilt für Transpositionen $(a_i\,a_j)^{-1} = (a_i\,a_j)$ bzw. $(a_i\,a_j)^2 = (1)$.

5. *Zwei disjunkte Zykeln $(a_1\,\ldots\,a_k)$ und $(b_1\,\ldots\,b_m)$ (für die also keine Gleichheit $a_i = b_j$ auftritt) kommutieren miteinander.*
6. *Bei* **Konjugation** *durch $\sigma \in S_n$, d.h. bei Abbildungen*

$$S_n \to S_n : \quad \tau \mapsto \sigma \tau \sigma^{-1}$$

   transformieren sich Zykeln vermöge

$$\sigma(a_1\,\ldots\,a_k)\sigma^{-1} = (\sigma(a_1)\,\ldots\,\sigma(a_k))\,.$$

Wie praktisch Permutationsgruppen sind, lässt sich an der Symmetriegruppe des gleichseitigen Dreiecks erläutern: Numeriert man die Ecken mit $1, 2, 3$, so lassen sich die Symmetriebewegungen des Dreiecks als Permutation der Eckpunkte lesen, und zwar entsprechen

- (1), $(1\,2\,3)$, $(1\,3\,2)$ den Drehungen des Dreiecks,
- $(1\,2)$, $(2\,3)$, $(1\,3)$ den Spiegelungen des Dreiecks an den Winkelhalbierenden.

Insgesamt erhält man also gerade wieder die symmetrische Gruppe S_3. Auch allgemeiner ist die Vorstellung nützlich, dass Permutationen auch andere Mengen als nur Mengen von Zahlen permutieren können. Numeriert man die Ecken des regelmäßigen Fünfecks mit $1, 2, 3, 4, 5$ (vgl. Beispiel 9 in 2.1.2), so bewirken die zehn Elemente der Symmetriegruppe die Permutationen

- (1), $(1\,2\,3\,4\,5)$, $(1\,3\,5\,2\,4)$, $(1\,4\,2\,5\,3)$, $(1\,5\,4\,3\,2)$ als Drehungen,
- $(1\,4)(2\,3)$, $(2\,5)(3\,4)$, $(1\,3)(4\,5)$, $(2\,4)(1\,5)$, $(1\,2)(3\,5)$ als Spiegelungen.

Wie genau sich Geometrie und Gruppentheorie hier entsprechen, sieht man z.B. daran, dass

- die Spiegelungen σ involutorisch sind, d.h. $\sigma \neq (1)$, aber $\sigma^2 = (1)$ erfüllen — in Übereinstimmung mit Satz 2.2.4,
- die Drehungen alle Potenzen eines Elements sind, geometrisch also durch sukzessive Drehung um den Winkel $\frac{2\pi}{5}$ erzeugt werden können,
- Konjugation einer Drehung mit einer Spiegelung gerade die inverse Drehung ergibt; das mache sich der Leser sowohl geometrisch wie anhand der Permutationen mit Hilfe von Satz 2.2.4 und 2.2.6 klar.

Die genannten Permutationen bilden im Fall des Fünfecks natürlich nicht mehr die volle symmetrische Gruppe S_5, aber sie bilden immer noch eine *Untergruppe*, also eine in S_5 enthaltene Gruppe. Dieses Konzept werden wir im kommenden Abschnitt systematisch entwickeln. Es wird sich herausstellen, dass man alle endlichen Gruppen mit geeigneten Gruppen von Permutationen identifizieren kann (auch das ist zu präzisieren!) und dass es auch für das Verständnis der Gruppenstruktur selbst nützlich ist, *Operationen von Gruppen* auf anderen Mengen zu betrachten, d.h. sie als Gruppen von Bijektionen aufzufassen, vgl. dazu Abschnitt 2.6.

2.2 Untergruppen und Homomorphismen

2.2.1 Untergruppen

Sei $(G, \cdot)$ eine Gruppe. Eine Untermenge $U \subseteq G$ heißt **Untergruppe** von G, wenn sie bezüglich der in G definierten Verknüpfung selbst ebenfalls die Gruppenaxiome erfüllt, m.a.W. wenn

- für alle $a, b \in U$ auch $ab \in U$ ist,
- das neutrale Element $e \in U$ ist,

- für alle $a \in U$ auch das Inverse $a^{-1} \in U$ ist.

Man beachte, dass das Assoziativgesetz automatisch erfüllt ist, weil es in G gilt. Die Bedingungen der Definition lassen sich formal vereinfachen, indem man nur verlangt:
$$U \neq \emptyset \quad \text{und} \quad \forall\, a, b \in U \quad \text{ist auch} \quad ab^{-1} \in U\,.$$
Um einzusehen, dass diese Definition äquivalent ist zu der oben gegebenen, ersetze man nacheinander b durch a, a durch e und b durch b^{-1}.

Beispiele für Untergruppen sind zunächst einmal immer die trivialen Untergruppen $U = G$ und $U = \{e\}$, außerdem etwa die folgende Kette ineinandergeschachtelter abelscher (additiv geschriebener) Gruppen
$$\{0\} \subset m\mathbb{Z} \subset \mathbb{Z} \subset \mathbb{Q} \subset \mathbb{R} \subset \mathbb{C}$$
oder die Kette multiplikativ geschriebener Gruppen
$$\{1\} \subset \{1, -1\} \subset \mathbb{Q}^* \subset \mathbb{R}^* \subset \mathbb{C}^*\,.$$
Bei den nichtkommutativen Gruppen fällt uns sofort das Beispiel $\mathrm{SL}_n K \subset \mathrm{GL}_n K$ ein. Die kleinste endliche nichtabelsche Gruppe ist — das werden wir später sehen — die symmetrische Gruppe S_3. Außer sich selbst und der trivialen Untergruppe $\{(1)\}$ hat sie noch vier nichttriviale Untergruppen, nämlich

- die *Drehgruppe* $\{(1),\,(1\,2\,3),\,(1\,3\,2)\}$ und
- die *Spiegelungsgruppen* $\{(1),\,(1\,2)\}$, $\{(1),\,(1\,3)\}$, $\{(1),\,(2\,3)\}$.

Die Bezeichnung kommt natürlich von der geometrischen Interpretation als Symmetriegruppe des gleichseitigen Dreiecks. Der Leser überlege sich zunächst als Übungsaufgabe, warum es keine weiteren Untergruppen der S_3 geben kann; mit etwas mehr Theoriekenntnis werden wir später einfache Begründungen dafür finden. Eine analoge Rechnung für die Symmetriegruppe des regelmäßigen Fünfecks ergibt außer den trivialen Untergruppen eine Untergruppe der Ordnung 5 und fünf Untergruppen der Ordnung 2. Man mag schon einmal darüber spekulieren, was die Ordnungen der Untergruppen wohl mit der Ordnung der Gruppe zu tun haben.

2.2.2 Homomorphismen und zyklische Gruppen

Die Abbildung
$$h\,:\,G \to H$$
der Gruppe G in die Gruppe H (beide multiplikativ) heißt ein **Gruppenhomomorphismus** oder kurz **Homomorphismus**, wenn
$$h(ab) = h(a)h(b) \quad \text{für alle} \quad a, b \in G\,.$$

Links ist natürlich die Multiplikation in G, rechts die in H gemeint. h heißt **Injektion** oder **Einbettung**, wenn h injektive Abbildung ist. *Beispiele für Injektionen sind die natürlichen Einbettungen der additiven Gruppen (man beachte die Schreibweise, die wir nur für Einbettungen verwenden wollen)*

$$\{0\} \hookrightarrow \mathbb{Z} \hookrightarrow \mathbb{Q} \hookrightarrow \mathbb{R} \hookrightarrow \mathbb{C} \,.$$

Beispiele für nicht injektive Homomorphismen sind die Restklassenabbildungen

$$\mathbb{Z} \to \mathbb{Z}/m\mathbb{Z} \,:\, x \mapsto [x]_m \,.$$

Die Homomorphie ergibt sich daraus, dass die Restklassenaddition repräsentantenweise definiert ist. Weitere einfache Beispiele für Homomorphismen sind die triviale Abbildung

$$G \to \{e\} \,:\, a \mapsto e \,\forall\, a \in G \,,$$

die für jede Gruppe existiert, oder die Abbildung von S_3 (oder einer anderen Symmetriegruppe eines regelmäßigen n-Ecks), welche den Drehungen die 1 und den Spiegelungen die -1 in der multiplikativen Gruppe $\{1, -1\}$ zuordnet. Einige einfache Eigenschaften von Homomorphismen sammeln wir in folgendem

Satz 2.3 (und Definition) *Sei $h \,:\, G \to H$ ein Gruppenhomomorphismus. Dann gilt (wenn man für Inversenbildung und neutrales Element die gleiche Bezeichnung in G wie in H wählt)*

1. $h(e) = e$
2. $h(a^{-1}) = h(a)^{-1} \quad \forall\, a \in G$
3. *Für jede Untergruppe $U \subseteq G$ ist das Bild $h(U)$ eine Untergruppe von H.*
4. *Für jede Untergruppe $V \subseteq H$ ist das Urbild $h^{-1}(V)$ eine Untergruppe von G.*
5. *Insbesondere ist das Urbild $h^{-1}(e)$ des Einselements eine Untergruppe von G, der **Kern** von h, geschrieben $\ker(h)$.*
6. *h ist genau dann injektiv, wenn $\ker(h) = \{e\}$ ist.*

Der Satz ist so leicht zu beweisen, dass wir uns auf den letzten Teil beschränken, der ganz analog zum entsprechenden Satz für Vektorraumhomomorphismen einzusehen ist: Wenn einerseits $\ker(h)$ nicht nur aus e besteht, kann h nicht injektiv sein. Andererseits gilt, wenn $\ker(h) = \{e\}$, für alle $a, b \in G$

$$h(a) = h(b) \,\Rightarrow\, h(ab^{-1}) = h(a)h(b)^{-1} = e \,\Rightarrow\, ab^{-1} = e \,\Rightarrow\, a = b \,,$$

also ist h injektiv. □

Dem Homomorphismus h nennt man einen *Isomorphismus*, wenn h bijektiv ist und auch h^{-1} Homomorphismus ist, und die Gruppen G und H nennt man dann *isomorph*, wenn zwischen ihnen ein solcher Isomorphismus existiert, geschrieben $G \cong H$. Die Zusatzvoraussetzung über h^{-1} ist dabei sogar überflüssig, denn

Satz 2.4 *Wenn $h : G \to H$ ein bijektiver Gruppenhomomorphismus ist, dann auch die Umkehrabbildung.*

(sehr im Gegensatz etwa zu stetigen bijektiven Abbildungen topologischer Räume!) Zum *Beweis* beachte, dass zwei beliebige Elemente von H nach Voraussetzung von der Form $h(a), h(b)$ sind mit $a, b \in G$. Dann ist aber

$$h^{-1}(h(a)h(b)) = h^{-1}(h(ab)) = ab = h^{-1}h(a)h^{-1}h(b) . \quad \square$$

Wenn h injektiv ist, so beschreibt h immerhin noch einen Isomorphismus zwischen G und der Bildgruppe $h(G) \subseteq H$. Diese Tatsache können wir ausnützen, die Rolle der Permutationsgruppen besser zu verstehen:

Satz 2.5 *Jede endliche Gruppe G der Ordnung n ist isomorph zu einer Untergruppe der symmetrischen Gruppe S_n.*

Zum *Beweis* haben wir nach dem oben gesagten nur eine Einbettung von G in S_n zu konstruieren. Sei $G = \{a_1, \ldots, a_n\}$ und $a \in G$. Die Multiplikation mit a von links bewirkt nach der Kürzungsregel eine Permutation von G, m.a.W.

$$aa_j = a_{\sigma(j)} \quad \forall j \in \{1, \ldots, n\} \quad \text{mit einem} \quad \sigma \in S_n ,$$

das natürlich von a abhängt und das wir darum mit σ_a bezeichnen. Man rechnet sofort nach, dass für alle $a, b \in G$

$$\sigma_{ab} = \sigma_a \sigma_b$$

richtig ist, dass also $a \mapsto \sigma_a$ einen Homomorphismus $G \to S_n$ definiert, dessen Kern nach der Kürzungsregel nur aus e bestehen kann. Damit ist auch die Injektivität gesichert. $\square$

Definition (und Bemerkungen dazu): Eine Gruppe G heißt **zyklisch**, wenn ein $x \in G$ so existiert, dass G ausschließlich aus Potenzen von x besteht (mit Exponenten in $\mathbb{Z}$). x heißt dann **erzeugendes Element** von G, und man schreibt häufig

$$G = <x> .$$

Wir werden allerdings gleich sehen, dass das erzeugende Element meistens nicht eindeutig bestimmt ist. In einer additiv geschriebenen Gruppe sind die Potenzen natürlich als Vielfache zu schreiben. In einer beliebigen (multiplikativ geschriebenen Gruppe) G versteht man unter $<x>$ die Menge aller Potenzen des Elements $x \in G$. Diese bilden eine zyklische Untergruppe von G.
Beispiele zyklischer Gruppen sind

2 Gruppen

- $(\mathbb{Z}, +)$ mit ± 1 als (einzigen) erzeugenden Elementen und
- $\mathbb{Z}/m\mathbb{Z}$ für beliebige $m \in \mathbb{N}$ mit der Restklassenaddition als Verknüpfung. Erzeugende Elemente sind hier neben der Restklasse $[1]_m$ auch alle anderen primen Restklassen mod m (und nur diese, vgl. die Folgerungen 1.24 und 1.25).

Das Repertoire an zyklischen Gruppen ist damit bereits erschöpft, denn es gilt der folgende

Satz 2.6 *Jede zyklische Gruppe $<x>$ ist entweder zu $\mathbb{Z}$ oder zu einer Restklassengruppe $\mathbb{Z}/m\mathbb{Z}$, $m \in \mathbb{N}$, isomorph.*

Zum *Beweis* machen wir folgende Fallunterscheidung: A) Alle x-Potenzen sind paarweise verschieden. Dann definiert die Abbildung

$$\mathbb{Z} \to <x> : n \mapsto x^n$$

einen injektiven und surjektiven Gruppenhomomorphismus, also eine Isomorphie. B) Seien $k \neq n \in \mathbb{Z}$ mit $x^k = x^n$. Dann ist die angegebene Abbildung immer noch ein surjektiver Gruppenhomomorphismus, aber nicht mehr injektiv. Der Kern besteht nicht nur aus 0 und muss darum ein kleinstes positives $m \in \mathbb{N}$ enthalten: Beachte, dass der Kern eine Gruppe ist, also mit jedem r auch $-r$ enthält, sowie Satz 1.1. Dann müssen aber alle x^j, $j = 0, \ldots, m-1$, paarweise verschieden sein, sonst gäbe es $i < j$ unter diesen Exponenten mit

$$x^i = x^j \quad \Rightarrow \quad x^{j-i} = e \quad \Rightarrow \quad j - i \in \ker$$

im Widerspruch zur Wahl von m. Andererseits ist $x^m = e$, also $x^n = x^{n+km}$ für alle $k \in \mathbb{Z}$, das Bild des Homomorphismus hängt also nur von der Restklasse n mod m ab. Da die Restklassenaddition repräsentantenweise definiert ist, können wir somit einen Gruppenhomomorphismus $\mathbb{Z}/m\mathbb{Z} \to <x> : [n]_m \mapsto x^n$ definieren. Nach dem oben gesagten handelt es sich sogar um einen Isomorphismus. (Wem diese Konstruktion mühsam vorkommt, der sei auf Abschnitt 2.5 vertröstet; dort werden allgemeinere Prinzipien bei der Definition solcher Isomorphismen behandelt.) □

Definition: Sei G eine (multiplikativ geschriebene) Gruppe und $x \in G$. Dann sei die **Ordnung** von x

- $\operatorname{ord} x := \infty$, wenn $<x> \cong \mathbb{Z}$,
- $\operatorname{ord} x := m$, wenn $<x> \cong \mathbb{Z}/m\mathbb{Z}$,
  wenn also m die kleinste natürliche Zahl ist mit $x^m = e$.

Mit anderen Worten: $\operatorname{ord} x := \operatorname{ord} <x>$

Als *Beispiel* überlege man sich, dass für die symmetrische Gruppe $G = S_n$ folgende Behauptung zutrifft: Ein Zykel $(a_1 \ldots, a_m)$ hat die Ordnung m; wenn $\sigma \in S_n$ aus (disjunkten) Zykeln der Längen $m_1, \ldots, m_k$ besteht, so ist $\operatorname{ord} \sigma$ das kgV von $m_1, \ldots, m_k$. Im nächsten Abschnitt wird sich folgender einfache Sachverhalt als wichtig erweisen, den man direkt aus der Isomorphie zwischen $<x>$ und $\mathbb{Z}/m\mathbb{Z}$ abliest (wenn $m = \operatorname{ord} x$ endlich ist):

Hilfssatz 2.7 *Sei G (multiplikative) Gruppe und $x \in G$. Wenn $x^n = e$ für ein $n \in \mathbb{Z}$, $n \neq 0$, so ist n ein Vielfaches von $\operatorname{ord} x$.*

2.3 Index und Ordnung

2.3.1 Restklassen

Sei G eine (multiplikativ geschriebene) Gruppe, H eine Untergruppe von G. Für alle $a, b \in G$ definieren wir

$$a \sim b \quad :\Longleftrightarrow \quad ab^{-1} \in H \quad \Longleftrightarrow \quad a \in Hb := \{hb \mid h \in H\}.$$

Man sieht sofort, dass es sich dabei um eine Äquivalenzrelation handelt; die Äquivalenzklassen sind die Untermengen Hb und werden **Rechtsrestklassen** genannt. Durch Verwendung von $b^{-1}a$ anstelle von ab^{-1} erhält man ebenfalls eine Äquivalenzrelation, die zur Bildung von **Linksrestklassen** bH führt. Für abelsche Gruppen stimmen beide natürlich überein. Als *Beispiele* kennen wir bereits die m Restklassen der additiven Gruppe $\mathbb{Z}$ nach den Untergruppen $m\mathbb{Z}$. In der symmetrischen Gruppe S_3 erhalten wir z.B. für

- $H = \{(1), (1\,2\,3), (1\,3\,2)\}$ zwei Restklassen, repräsentiert durch (1) und $(1\,2)$,
- $H = \{(1), (1\,2)\}$ drei Restklassen, repräsentiert durch (1), $(1\,3)$, $(2\,3)$.

Im zweiten Fall sind die entstehenden Rechts- und Linksrestklassen verschieden, nicht aber ihre Gesamtanzahl. Das liegt daran, dass die Inversenbildung

$$Hb \mapsto (Hb)^{-1} = b^{-1}H$$

eine Bijektion herstellt zwischen der Menge der Rechts- und der Menge der Linksrestklassen. Bezeichnet man ihre Anzahl mit $(G : H)$, dem **Index** von H in G (bei unendlichen Gruppen darf dieser natürlich auch ∞ sein), und beachtet man, dass Bijektionen

$$h \mapsto hb \quad \text{bzw.} \quad bh$$

existieren von H auf die durch b repräsentierten Restklassen, so erhält man folgenden

Satz 2.8 (LAGRANGE (1736 – 1813)) *Sei G eine Gruppe mit Untergruppe H. Dann ist*
$$\operatorname{ord} G = (G : H) \operatorname{ord} H .$$

Bei richtiger Interpretation der Multiplikation behält dieser Satz natürlich auch seinen Sinn für unendliche Ordnungen bzw. Indizes.

2.3.2 Die Sätze von FERMAT und EULER

Satz 2.9 (EULER) *Sei G eine endliche Gruppe und $x \in G$. Dann ist $\operatorname{ord} x$ ein Teiler von $\operatorname{ord} G$. Insbesondere gilt stets*
$$x^{\operatorname{ord} G} = e .$$

Zum *Beweis* wähle einfach $H = <x>$ und wende den Satz von Lagrange an. □
Speziell für prime Restklassengruppen ergeben sich zahlentheoretische Konsequenzen:

Folgerung 2.10 *Sei $m \in \mathbb{N}$ und $a \in \mathbb{Z}$, $(a, m) = 1$. Dann ist*
$$a^{\varphi(m)} \equiv 1 \bmod m .$$

Folgerung 2.11 (FERMAT 1640) *Sei p Primzahl und $p \nmid a \in \mathbb{Z}$. Dann ist*
$$a^{p-1} \equiv 1 \bmod p .$$

Für alle $a \in \mathbb{Z}$ ist
$$a^p \equiv a \bmod p .$$

2.3.3 Einfache Klassifikationssätze

Ein begreifliches (und bis heute unerreichtes) Fernziel ist es natürlich, alle Gruppen zu kennen, m.a.W. diese zu klassifizieren. Isomorphe Gruppen sollen dabei nicht als verschieden angesehen werden. Dann ist aus kombinatorischen Gründen klar, dass es für jede endliche Ordnung — bis auf Isomorphie — nur endlich viele verschiedene Gruppen geben kann. Für Primzahlordnungen liegen die Verhältnisse besonders einfach, und wir können schon mit den jetzt verfügbaren Mitteln beweisen:

Satz 2.12 *Jede Gruppe der Ordnung $p \in \mathbb{P}$ ist isomorph zur additiven Gruppe $\mathbb{Z}/p\mathbb{Z}$.*

Nach dem Eulerschen Satz kann jedes Element $x \neq e$ nur die Ordnung p haben, also ist dann $<x>$ schon die ganze Gruppe. Für diese zyklische Gruppe kennen wir bereits einen Isomorphismus auf $\mathbb{Z}/p\mathbb{Z}$. $\square$

Nun können wir auch eine sehr einfache Begründung dafür angeben, warum die S_3 keine anderen nichttrivialen Untergruppen haben kann als die schon in Abschnitt 2.2.1 gefundenen: Wegen ord $S_3 = 6$ können solche Untergruppen nur die Ordnungen 2 oder 3 haben, müssen also zyklisch sein. Alle Gruppenelemente $\neq (1)$ erzeugen aber schon eine der Untergruppen, die wir bereits aufgelistet haben. In Richtung auf eine Klassifikation lässt sich sogar noch mehr zeigen: S_3 und $\mathbb{Z}/6\mathbb{Z}$ sind bis auf Isomorphie die einzigen Gruppen der Ordnung 6. Diese Aussage lässt sich durch umständliche Rechnungen, z.B. das Aufstellen von *Gruppentafeln*, beweisen; mit weiter entwickelter Theorie (Abschnitt 2.7) wird es uns jedoch sehr viel leichter fallen.

2.4 Normalteiler und Faktorgruppen

2.4.1 Konjugationsinvarianz

Sei G eine (multiplikative) Gruppe und H eine Untergruppe. Für alle $g \in G$ kann man die zu H **konjugierte Untergruppe**

$$H^g := gHg^{-1} = \{ghg^{-1} \mid h \in H\}$$

definieren, die natürlich für abelsche Gruppen stets mit H übereinstimmt. Für nicht-kommutative Gruppen kann ebenfalls $H = H^g$ sein wie im Fall der Untergruppe der Drehungen in S_3 oder im Fall

$$H = \mathrm{SL}_n K \subset G = \mathrm{GL}_n K \, ,$$

aber in der Regel darf man nicht $H = H^g$ erwarten: Man nehme zum Beispiel die Untergruppe $H = \{(1), (1\,2)\}$ und $g = (1\,3)$ oder etwa die Untergruppe

$$H := \left\{ \begin{pmatrix} 1 & t \\ 0 & 1 \end{pmatrix} \mid t \in K \right\} \subset G := \mathrm{SL}_2 K$$

und z.B. $g = \begin{pmatrix} 0 & 1 \\ -1 & 0 \end{pmatrix}$.

Definition: H heißt **Normalteiler** oder *invariante Untergruppe* von G, geschrieben

$$H \triangleleft G \, ,$$

2 Gruppen

wenn $H = H^g$ für alle $g \in G$ gilt. Äquivalent dazu sind die Bedingungen

$$Hg = gH \quad \text{oder} \quad \forall h \in H \ \exists k \in H : ghg^{-1} = k,$$

m.a.W.: Für Normalteiler stimmen Rechts- und Linksrestklassen überein. Es genügt natürlich, $H^g \subseteq H$ für alle g zu verlangen, da $H^{g^{-1}} \subseteq H \Rightarrow H \subseteq H^g$.

Satz 2.13 *Sei $f : U \to V$ ein Gruppenhomomorphismus, N ein Normalteiler von V. Dann ist das Urbild $f^{-1}(N)$ ein Normalteiler von U; insbesondere ist $\ker f \triangleleft U$, weil $\{e\} \triangleleft V$.*

Der *Beweis* erfolgt einfach durch Nachrechnen: Für alle $g \in U$ ist

$$f(h) \in N \Rightarrow f(ghg^{-1}) = f(g)f(h)f(g)^{-1} \in f(g)Nf(g)^{-1} = N. \ \square$$

Im nächsten Abschnitt werden wir sehen, dass alle Normalteiler von der Bauart $\ker f$ sind.

2.4.2 Faktorgruppen

Die Normalteiler sind unter allen Untergruppen deswegen ausgezeichnet, weil die Restklassen von Normalteilern ebenso wie die Restklassen von $m\mathbb{Z}$ in $\mathbb{Z}$ durch Definition einer Restklassenverknüpfung zu einer Gruppe gemacht werden können, der **Faktorgruppe**:

Satz 2.14 *Sei H ein Normalteiler in der (multiplikativen) Gruppe G. Dann ist die Menge G/H der Restklassen Hg, $g \in G$, eine Gruppe bezüglich der repräsentantenweise definierten Multiplikation*

$$Hg \cdot Hh := Hgh.$$

Die **kanonische Projektion**

$$\pi : G \to G/H : g \mapsto Hg$$

ist ein surjektiver Gruppenhomomorphismus mit $\ker \pi = H$, und es ist

$$\operatorname{ord} G/H = (G : H).$$

Der *Beweis* ist fast evident und erfordert vor allem den Nachweis, dass die Multiplikation wohldefiniert ist:

$$Hg = Ha \text{ und } Hh = Hb \Rightarrow gH = aH \Rightarrow a^{-1}g, \ hb^{-1} \in H \Rightarrow$$

$$\Rightarrow a^{-1}ghb^{-1} \in H \Rightarrow ghb^{-1}a^{-1} \in H^a = H \Rightarrow Hgh = Hab$$

Klar, dass $He = H$ das neutrale Element von G/H und Ha^{-1} das zu Ha inverse Element ist. $\square$

2.5 Isomorphiesätze

2.5.1 Der Homomorphiesatz

Satz 2.15 *Seien G und B Gruppen, $f : G \to B$ ein surjektiver Gruppenhomomorphismus. Dann ist B isomorph zur Faktorgruppe $G/\ker f$, und zwar wird die Isomorphie gegeben durch die Abbildung*

$$i \ : \ G/\ker f \ \to \ B \ : \ (\ker f)g \ \mapsto \ f(g) \ .$$

Für die kanonische Projektion π von G auf $G/\ker f$ ist also $f = i \circ \pi$.

Zum *Beweis* ist wieder einmal zu zeigen, dass i wohldefiniert ist:

$$(\ker f)g = (\ker f)h \Rightarrow gh^{-1} \in \ker f \Rightarrow f(g) = f(h) \Rightarrow i\left((\ker f)g\right) = i\left((\ker f)h\right)$$

Natürlich ist i ein Homomorphismus. Nach Konstruktion ist i surjektiv, und $\ker i = (\ker f)$, also das neutrale Element der Faktorgruppe; demnach ist i auch injektiv.□

Beispiel: Sei $G = \mathrm{GL}_n K$. Nach dem Determinantenmultiplikationssatz ist die Determinantenfunktion ein Gruppenhomomorphismus von G auf K^* (warum surjektiv?) mit genauem Kern $\mathrm{SL}_n K$. Hier sagt der Homomorphiesatz also

$$\mathrm{GL}_n K / \mathrm{SL}_n K \ \cong \ K^* \ .$$

2.5.2 Schachtelung von Untergruppen

Hilfssatz 2.16 *Sei G eine Gruppe mit Untergruppen H, H_1, H_2 und einem Normalteiler N. Dann gilt:*

1. *Auch $H_1 \cap H_2$ ist Untergruppe von G.*

2. *$N \cap H$ ist Normalteiler von H.*

3. *Aus $H_2 \subseteq H_1$ folgt $(G : H_2) = (G : H_1) \cdot (H_1 : H_2)$.*

4. *Auch $HN := \{hg \,|\, h \in H, g \in N\}$ ist Untergruppe von G und besitzt H als Untergruppe und N als Normalteiler.*

Die ersten beiden Punkte folgen unmittelbar aus der Definition von Untergruppen bzw. Normalteilern. Zum *Beweis* des dritten wähle man zunächst ein vollständiges Repräsentantensystem $\{h_i\}$ der Rechtsrestklassen von $H_1 \bmod H_2$ und ein vollständiges Repräsentantensystem $\{g_j\}$ von $G \bmod H_1$ und verifiziere dann, dass die Produkte $h_i g_j$ genau alle Rechtsrestklassen von G mod H_2 durchlaufen. Die Indexmengen bzw. die Gruppenindizes müssen dabei nicht endlich sein. Zum Beweis des vierten Punktes beachte man, dass in

$$h_1 g_1 h_2 g_2 = h_1 h_2 h_2^{-1} g_1 h_2 g_2$$

das Element $h_2^{-1} g_1 h_2$ in N liegt, wenn $h_1, h_2 \in H$, $g_1, g_2 \in N$, dass also Produkte aus HN wieder zu HN gehören. Für Inverse argumentiert man analog. □

2.5.3 Die Isomorphiesätze

Satz 2.17 (1. Isomorphiesatz) *Sei G eine Gruppe mit Untergruppe U und Normalteiler N. Dann ist*

$$U/(U \cap N) \cong UN/N .$$

Beweis: π sei der kanonische Homomorphismus $UN \to UN/N$, f seine Restriktion auf U. Diese ist immer noch surjektiv und hat den Kern $U \cap N$. Aus dem Homomorphiesatz folgt die Behauptung. □

Satz 2.18 (2. Isomorphiesatz) *Sei $f: G \to G'$ ein surjektiver Gruppenhomomorphismus mit Kern K.*
Dann gibt es zwischen der Menge der Untergruppen $H \supseteq K$ von G und der Menge der Untergruppen $H' \subseteq G'$ eine Bijektion, gegeben durch

$$H' = f(H) \quad , \quad H = f^{-1}(H') .$$

$$G \to f(G) = G'$$
$$H \to f(H) = H'$$
$$N \to f(N) = N'$$
$$K \to f(K) = \{e\}$$
$$\{e\}$$

Diese Bijektion bildet Normalteiler auf Normalteiler ab, und für Normalteiler $K \triangleleft N \triangleleft G$ gilt

$$G/N \cong (G/K)\big/(N/K) .$$

Da alle Untergruppen $H' \subseteq G'$ ein Urbild $H \supseteq K$ unter f besitzen, stiftet f eine surjektive Abbildung

$$\{\text{Untergruppen} \quad H \supseteq K\} \to \{\text{Untergruppen} \quad H'\} .$$

Injektivität: Gäbe es ein $H \supseteq K$ mit $f(H) = H'$, aber $H \subsetneq f^{-1}(H')$, so auch Elemente $g \notin H$, $h \in H$ mit $f(g) = f(h)$, also $gh^{-1} \in \ker(f) = K$. Dann ist aber doch $g \in Kh \subseteq H$, Widerspruch.
Dass für alle Normalteiler $N' \subseteq G'$ das Urbild auch Normalteiler in G ist, wissen

wir schon. Umkehrung: Sei $K \triangleleft N \triangleleft G$ und $a' \in G'$ gegeben. Dann existiert ein $a \in G$ mit $a' = f(a)$, darum ist

$$a'^{-1} f(N) a' = f(a)^{-1} f(N) f(a) = f(a^{-1} N a) = f(N),$$

also auch $f(N)$ Normalteiler in G'.
Schließlich sagt der Homomorphiesatz

$$G' \cong G/K \quad , \quad N' = f(N) \cong N/K,$$

und wenn wir die kanonische Projektion $G' \to G'/N'$ mit κ bezeichnen, so hat der surjektive Homomorphismus

$$\kappa \circ f : G \to G'/N' \cong (G/K)\big/(N/K)$$

den Kern N, nach dem Homomorphiesatz ist G/N also zur Bildgruppe isomorph. $\square$

2.6 Operation von Gruppen auf Mengen

2.6.1 Definition und einfache Eigenschaften

Die (multiplikativ geschriebene) Gruppe G **operiert** auf der Menge M, wenn eine Abbildung

$$G \times M \to M : (x, s) \mapsto xs$$

definiert ist, die folgende Eigenschaften besitzt:

- $(xy)s = x(ys) \quad \forall x, y \in G \quad \forall s \in M$,
- $es = s \quad \forall s \in M$.

M wird dann auch eine *G-Menge* genannt. Die Abbildungen $s \mapsto xs$ gehören zur Gruppe S_M der Bijektionen von M auf sich, denn sie lassen sich durch Operation von x^{-1} umkehren: $x^{-1}(xs) = s$. Jedes x definiert also eine *Translation* $T_x : s \mapsto xs$ auf M mit den Eigenschaften

$$T_e = id, \quad T_{xy} = T_x T_y, \quad T_{x^{-1}} = (T_x)^{-1}.$$

Anders gesagt: Die Abbildung $x \mapsto T_x$ definiert einen Gruppenhomomorphismus $G \to S_M$.

Für alle $s \in M$ heißt

$$Gs := \{xs \in M \mid x \in G\}$$

die **Bahn** oder der **Orbit** von s (bezüglich G) und

$$G_s := \{x \in G \mid xs = s\}$$

die **Isotropiegruppe**, **Fixgruppe** oder der **Stabilisator** von $s \in M$. Man rechnet sofort nach, dass es sich tatsächlich um eine Untergruppe von G handelt.

G operiert **transitiv** auf M, wenn es ein $s \in M$ gibt mit $Gs = M$ (das ist dann sogar für alle s richtig, warum?).

2.6.2 Beispiele

1.) Die aus der linearen Algebra bekannte Operation von $\mathrm{GL}_n K$ oder $\mathrm{SL}_n K$ auf dem Vektorraum K^n.

2.) Die Operation von S_n auf $\{1,\ldots,n\}$: Hier ist z.B. für $n = 3$ die Isotropiegruppe von 1 die uns schon bekannte Untergruppe $G_1 = \{(1), (2\,3)\}$ vom Index 3 in S_3.

3.) Eine beliebige Gruppe G operiert stets auf sich selbst durch Translation: $G \times G \to G : (x,y) \mapsto xy$; alle Isotropiegruppen sind trivial.

4.) Jede Gruppe G operiert auf sich selbst durch Konjugation

$$G \times G \to G : (x,y) \mapsto xyx^{-1}.$$

(Hier wäre die in der Definition gewählte Schreibweise $(x,s) \mapsto xs$ natürlich sehr missverständlich!) Die zugehörigen T_x nennen wir hier $\sigma_x : y \mapsto xyx^{-1}$. Es handelt sich hierbei um **Gruppenautomorphismen**, d.h. Isomorphismen von G auf sich (diese sind natürlich alle $=$ id, wenn die Gruppe abelsch ist). Die Fixgruppe von s

$$G_s = \{x \in G \mid \sigma_x(s) = s \text{, also } xs = sx\} =: C_G(s)$$

nennt man hier den **Zentralisator** von s. Entsprechend nennt man das **Zentrum** $C_G = Z$ der Gruppe G die Untergruppe

$$C_G := \{x \in G \mid xs = sx \ \forall s \in G\},$$

also den Durchschnitt aller Zentralisatoren.

5.) Auch auf der Menge ihrer Untergruppen (oder sogar Untermengen) kann man G durch Konjugation $U \mapsto xUx^{-1} = U^x$ operieren lassen. Dabei ist U ein **Fixpunkt** dieser Operation, d.h. wird von allen x festgelassen, wenn U Normalteiler von G ist. Für diese Operation ist die Isotropiegruppe G_U der **Normalisator** $N_G(U)$, das ist die maximale Untergruppe von G, welche U als Normalteiler enthält. Die Bahn von U bei dieser Operation besteht aus allen zu U konjugierten Untergruppen.

2.6.3 Bahnenlänge und Indizes

Hilfssatz 2.19 *Die Gruppe G operiere auf der Menge M . Dann gilt:*

1. *Die Einteilung in Bahnen ist eine Einteilung in Äquivalenzklassen für die Äquivalenzrelation $s \sim t :\Leftrightarrow \exists\, x \in G : t = xs$.*

2. *Innerhalb einer Bahn ist*

$$t = xs = ys \Leftrightarrow y^{-1}xs = s \Leftrightarrow y^{-1}x \in G_s \Leftrightarrow x \in yG_s$$

   $\Leftrightarrow x$ und y liegen in der gleichen Linksrestklasse von G_s .

3. *Es gibt eine Bijektion*

$$\text{Linksrestklassen} \quad \text{mod}\, G_s \quad \leftrightarrow \quad \text{Elemente der Bahn} \quad Gs\, .$$

4. *Die* **Länge** *$|Gs|$ (= Anzahl der Elemente) der Bahn Gs ist der Index $(G : G_s)$.*

5. *Für alle $t = xs$ aus der Bahn Gs ist die Isotropiegruppe*

$$G_t = \{y \in G \mid yxs = xs\, ,\ \text{also}\ x^{-1}yx \in G_s\} = xG_sx^{-1}\, .$$

6. *Die Isotropiegruppe G_s ist genau dann Normalteiler in G , wenn sie gleichzeitig Isotropiegruppe aller anderen t aus der Bahn Gs ist.*

Demnach ist die Anzahl der zu U konjugierten Untergruppen in G gerade der Index $(G : N_G(U))$. Eine entsprechende Anzahlformel ergibt sich für die Konjugation einzelner Elemente. Allgemeiner erhält man ebenso den

Satz 2.20 (Klassenformel) *Sei R ein Repräsentantensystem der Bahnen für die Operation der Gruppe G auf der Menge M . Dann ist M die disjunkte Vereinigung aller Gs , $s \in R$, also*

$$|M| = \sum_{s \in R}(G : G_s)\, .$$

Im speziellen Fall der Konjugationsoperation von G auf G heißt das

$$\text{ord}\, G = \sum_{s \in R}(G : G_s) = \sum_{s \in R}(G : C_G(s))\, .$$

Hier besteht eine Bahn aus nur einem Element s genau dann, wenn $G_s = C_G(s) = G$ bzw. wenn $s \in Z = C_G$, bzw. wenn s zum Zentrum von G gehört.

2.6.4 Alternierende Gruppen

Die symmetrische Gruppe S_n, $n > 2$, operiere wie üblich auf der Menge $\{1,\ldots,n\}$, hier aufgefasst als Indexmenge für die Variablen $x_1,\ldots,x_n$. Man betrachte insbesondere die (zweielementige) Menge der beiden Polynome

$$\pm \prod_{i<j}(x_j - x_i) \qquad (i = 1,\ldots,n-1,\ j = 2,\ldots,n) .$$

Jedes $\sigma \in S_n$ führt das Produkt also in $\prod_{i<j}(x_{\sigma(j)} - x_{\sigma(i)})$ über, was sich von dem alten Produkt höchstens um das Vorzeichen unterscheidet. Man erhält also eine Operation von S_n auf der angegebenen zweielementigen Menge. Diese Operation ist nichttrivial (transitiv), denn die Transposition $(1\,2)$ bewirkt eine Vorzeichenänderung in genau einem Faktor. Es gibt also nur eine Bahn aus zwei Elementen, und die Fixgruppe des einen Elements ist automatisch die Fixgruppe des anderen Elements. Nach Hilfssatz 2.19 ist diese Fixgruppe also ein Normalteiler vom Index 2 in S_n, die **alternierende Gruppe** $A_n \triangleleft S_n$. Z.B. entspricht A_3 gerade den Drehungen in der Interpretation der S_3 als Symmetriegruppe des Dreiecks, A_4 besteht aus (1), den drei Produkten $(i\,j)(k\,l)$ aus je zwei disjunkten Transpositionen und aus den acht Dreierzykeln $(i\,j\,k)$. Allgemein heißen die Elemente von A_n *gerade* Permutationen, denn

Hilfssatz 2.21 *Jedes $\sigma \in A_n$ ist Produkt einer geraden Anzahl von Transpositionen $(i\,j) \in S_n$ (diese Anzahl ist zwar nicht eindeutig bestimmt, wohl aber ihre Parität).*

Aus Satz 2.2.6 wissen wir nämlich, dass alle Transpositionen zu $(1\,2)$ konjugiert sind, also gehören sie alle zum Komplement von A_n in S_n. Da nach Satz 2.2.3 die Transpositionen die ganze Gruppe S_n erzeugen, folgt der Hilfssatz aus der Isomorphie

$$S_n/A_n \cong \mathbb{Z}/2\mathbb{Z} .$$

Gerade und analog dazu *ungerade* Permutationen sind im übrigen aus der linearen Algebra im Zusammenhang mit Determinanten wohlbekannt: Wenn wir etwa mit $e_1,\ldots,e_n$ die Einheitsvektoren des $\mathbb{R}^n$ bezeichnen (als Spaltenvektoren geschrieben), so gehört es zu den Grundeigenschaften der Determinante, dass

$$S_n \to \{\pm 1\} \ :\ \sigma \mapsto \det(e_{\sigma(1)},\ldots,e_{\sigma(n)})$$

einen Gruppenhomomorphismus definiert. Dessen Kern ist gerade wieder A_n. $\square$

2.7 Sylowuntergruppen

2.7.1 p-Gruppen

Sei p eine Primzahl. Eine Gruppe G heißt p-**Gruppe**, wenn $\operatorname{ord} G$ eine p-Potenz ist. Für beliebige endliche Gruppen G heißt $H \subseteq G$ eine p-**Untergruppe**, wenn H Untergruppe von G und gleichzeitig p-Gruppe ist (trivial, wenn G selbst p-Gruppe ist, s. Satz von LAGRANGE). H heißt p-**Sylowuntergruppe** (nach dem norwegischen Gruppentheoretiker P.L.M. SYLOW 1832–1918) von G, wenn $\operatorname{ord} H = p^n$ die höchste p-Potenz ist, die $\operatorname{ord} G$ teilt.

Hilfssatz 2.22 *Sei G endliche abelsche Gruppe und $n \in \mathbb{N}$ habe die Eigenschaft*

$$x^n = e \quad \forall \, x \in G \,.$$

Dann gibt es ein $m \in \mathbb{N}$ mit $\operatorname{ord} G \mid n^m$.

Beweis durch Induktion über $\operatorname{ord} G$: Klar für $\operatorname{ord} G = 1$. Sei nun G nichttrivial und $e \neq b \in G$, $H = <b>$. Wegen $b^n = e$ ist $\operatorname{ord} H = \operatorname{ord} b \mid n$, und für alle $y \in G/H$ ist $y^n = e$, also nach Induktionsannahme (der Hilfssatz sei richtig für alle kleineren Gruppen als G)

$$\exists \, m \in \mathbb{N} : \operatorname{ord} G/H = (G:H) \mid n^m \Rightarrow \operatorname{ord} G = (G:H) \cdot \operatorname{ord} H \mid n^{m+1} \,. \square$$

Hilfssatz 2.23 *Sei G endliche abelsche Gruppe, $p \in \mathbb{P}$ mit $p \mid \operatorname{ord} G$. Dann hat G eine Untergruppe der Ordnung p.*

Nach Hilfssatz 2.22 kann der Exponent n nicht teilerfremd zu p gewählt werden. Also muss ein $x \in G$ existieren mit $p \mid \operatorname{ord} x$. Sei $\operatorname{ord} x = ps$ mit $s \in \mathbb{N}$. Dann ist $\operatorname{ord} x^s = p$, und $<x^s>$ ist die gesuchte Untergruppe. $\square$

2.7.2 Existenz von Sylowuntergruppen

Der Satz von LAGRANGE, dass Ordnungen von Untergruppen stets Teiler der Gruppenordnung sind, wirft die Frage auf, ob es zu jedem Teiler von $\operatorname{ord} G$ auch eine zugehörige Untergruppe gibt. Wir werden später sehen, dass das für endliche abelsche Gruppen richtig ist, im allgemeinen aber falsch. Immerhin ist es richtig für die maximalen Primpotenzteiler:

Satz 2.24 *Sei G endliche Gruppe und p ein Primteiler von $\operatorname{ord} G$. Dann existiert eine p-Sylowuntergruppe von G.*

Der *Beweis* wird durch Induktion über $\operatorname{ord} G$ geführt: Für $\operatorname{ord} G = p$ ist die Behauptung trivial. Sei also G gegeben und der Satz für alle Gruppen kleinerer Ordnung bewiesen.

1. Fall: Es existiere eine echte Untergruppe H von G mit $p \nmid (G : H)$. Nach Induktionsannahme gibt es dann eine p-Sylowuntergruppe S von H. Diese ist auch p-Sylowuntergruppe von G, da $\operatorname{ord} S$ auch maximale p-Potenz in $\operatorname{ord} G = (G : H) \operatorname{ord} H$ ist.

2. Fall: Für alle echten Untergruppen H von G sei $p \mid (G : H)$. Nach der Klassenformel (Satz 2.20) ist

$$\operatorname{ord} G = \operatorname{ord} Z + \sum_{s \in R'} (G : C_G(s)) \,,$$

wobei R' ein Repräsentantensystem der Bahnen (bezüglich der Konjugationsoperation von G auf sich) von Länge > 1 bezeichnen soll; die anderen Bahnen bestehen aus den Elementen des Zentrums Z. Nach Voraussetzung ist $p \mid (G : C_G(s))$ für alle $s \in R'$ und $p \mid \operatorname{ord} G$, also auch $p \mid \operatorname{ord} Z$. Nach Hilfssatz 2.23 hat Z eine Untergruppe K der Ordnung p. Als Untergruppe des Zentrums ist K Normalteiler in G, folglich gibt es eine Faktorgruppe G/K. Für die Multiplizität des Primteilers p in den Gruppenordnungen gilt nach dem Satz von LAGRANGE

$$\nu_p(\operatorname{ord} G) = n \quad \Rightarrow \quad \nu_p(\operatorname{ord} G/K) = n - 1 \,.$$

Nach Induktionsannahme existiert in G/K also eine p-Sylowuntergruppe S' der Ordnung p^{n-1}. Nach dem 2. Isomorphiesatz gibt es also ein Urbild S von S' unter der kanonischen Projektion

$$\pi : G \to G/K \,,$$

welches $S/K \cong S'$ erfüllt und damit

$$\operatorname{ord} S = (S : K) \cdot \operatorname{ord} K = \operatorname{ord} S' \cdot \operatorname{ord} K = p^n \,.$$

S ist die gesuchte p-Sylowuntergruppe. □

2.7.3 p-Untergruppen und p-Sylowgruppen

Satz 2.25 *Sei G eine endliche Gruppe, p ein Primteiler von $\operatorname{ord} G$. Dann gilt:*

1. *Jede p-Untergruppe H von G ist in einer p-Sylowuntergruppe S von G enthalten.*
2. *Alle p-Sylowuntergruppen von G sind konjugiert.*
3. *Die Zahl der p-Sylowuntergruppen von G ist $\equiv 1 \bmod p$.*
4. *Die Zahl der p-Sylowuntergruppen von G ist Teiler von $\operatorname{ord} G$.*

Beweis: Durch Konjugation operiert G auf der Menge $\mathcal{S}$ aller p-Sylowuntergruppen von G. Sei G_S Isotropiegruppe von $S \in \mathcal{S}$, dann ist $G_S \supseteq S$, also $(G : G_S)$ (Bahnenlänge von S) teilerfremd zu p.
Sei $\mathcal{S}_0$ die G-Bahn von S, d.h. also

$$\mathcal{S}_0 = \{xSx^{-1} = S^x \mid x \in G\} \subseteq \mathcal{S}$$

und $H \neq \{e\}$ eine p-Untergruppe von G. Auch H operiert auf $\mathcal{S}_0$, und $\mathcal{S}_0$ zerfalle in H-Bahnen $\mathcal{S}_1, \ldots, \mathcal{S}_k$. Da in der rechten Summe von

$$p \nmid |\mathcal{S}_0| = \sum_{i=1}^{k} |\mathcal{S}_i| = \sum_{S_i \in \mathcal{S}_i} (H : H_{S_i})$$

nur p-Potenzen stehen, muss mindestens eine davon $= 1$ sein. Es gibt also ein $S' \in \mathcal{S}_0$ mit $H = H_{S'}$. Dieses S' ist demnach H-invariant, m.a.W. H ist im Normalisator $N_G(S')$ enthalten. Nach 2.16.4 ist HS' Untergruppe von G und enthält S' als Normalteiler. Der 1. Isomorphiesatz sagt nun

$$HS'/S' \cong H/(H \cap S') .$$

H, $(H \cap S')$ und S' sind p-Gruppen, also muss auch HS' eine p-Gruppe sein. Andererseits ist S' maximale p-Untergruppe von G, daher ist $HS' = S'$, also $H \subseteq S'$. Die erste Behauptung ist damit gezeigt.
Zum Beweis der zweiten Behauptung wählen wir H selbst als p-Sylowuntergruppe von G. Der eben geführte Beweis ergibt dann $H = S' \in \mathcal{S}_0$. H gehört also zur G-Bahn von S und ist damit zu S konjugiert.
Zum Beweis der dritten Behauptung wählen wir schließlich $H = S$ selbst. Wir wissen bereits, dass die Anzahl der p-Sylowuntergruppen von G gleich

$$|\mathcal{S}| = |\mathcal{S}_0| = \sum_{i=1}^{k}(H : H_{S_i})$$

ist (Klassenformel). Rechts stehen nur p-Potenzen, und zwar kommt einmal die 1 vor für (o.B.d.A.) $S_1 = H$, alle anderen S_i sind echt konjugiert zu S_1, erfüllen also

$$H_{S_i} \subsetneq H, \quad \text{darum} \quad (H : H_{S_i}) \equiv 0 \bmod p .$$

Damit ist auch die dritte Behauptung bewiesen.
Der letzte Punkt folgt schließlich aus Hilfssatz 2.19.4, weil $\mathcal{S}$ eine G-Bahn ist. □

2.7.4 Folgerungen aus den Sylowschen Sätzen

Folgerung 2.26 *Sei G eine (endliche) p-Gruppe $\neq \{e\}$. Dann hat G ein nichttriviales Zentrum $Z \neq \{e\}$.*

Beweis: Die Klassenformel für die Konjugationsoperation sagt

$$\operatorname{ord} G = \operatorname{ord} Z + \sum_{R'} (G : C_G(s))\,,$$

wobei R' ein Repräsentantensystem der nicht einelementigen Bahnen durchläuft. Diese Summe hat nur Summanden > 1, also echte p-Potenzen, darum muss auch $p \mid \operatorname{ord} Z$ sein.

Folgerung 2.27 *Gruppen der Ordnung p^2, $p \in \mathbb{P}$, sind kommutativ.*

Beweis: Das Zentrum der Gruppe kann nur die Ordnung p^2 oder p haben. Im ersten Fall ist sowieso alles klar; im zweiten Fall ist das Zentrum Z zyklisch $= <x>$ von der Ordnung p. Für jedes $y \in G - Z$ ist die ganze Gruppe G **erzeugt von** x, y, d.h. besteht nur aus Potenzprodukten von x und y (warum?). Da aber x und y miteinander kommutieren, kommutieren auch alle ihre Potenzprodukte.□

Nebenbei bemerkt, ist eine solche Gruppe entweder isomorph zu $\mathbb{Z}/p^2\mathbb{Z}$ (wenn ein Element der Ordnung p^2 existiert) oder isomorph zum direkten Produkt $(\mathbb{Z}/p\mathbb{Z})^2$, das wir im nächsten Abschnitt ausführlich kennenlernen werden. Jedenfalls wissen wir nun, dass aus $\operatorname{ord} G < 6$ automatisch folgt, dass G abelsch ist, dass also die S_3 in der Tat die kleinste nichtkommutative Gruppe ist. Dass sie dadurch und durch ihre Ordnung bis auf Isomorphie eindeutig bestimmt ist, werden wir weiter unten sehen.

Folgerung 2.28 *Jede (endliche) p-Gruppe G ist* **auflösbar**, *d.h. es gibt eine Kette von Untergruppen*

$$\{e\} = G_0 \lhd G_1 \lhd \ldots \lhd G_{n-1} \lhd G_n = G$$

dabei jedes G_i Normalteiler in G_{i+1} mit zyklischer Faktorgruppe G_{i+1}/G_i.

Zum *Beweis* nehme man Induktion über die Ordnung vor und verwende das (nichttriviale!) Zentrum Z als eine Station in der Untergruppenkette. Z ist abelsch, also lässt sich die Behauptung für Z leicht mit Hilfe von 2.23 verifizieren. Die Behauptung für die Faktorgruppe G/Z folgt aus der Induktionsannahme. Mit Hilfe des 2. Isomorphiesatzes, angewandt auf die kanonische Projektion $G \to G/Z$, lassen sich beide Teilaussagen zur Folgerung zusammensetzen. □

Folgerung 2.29 *Sei $p > 2$ Primzahl und G eine Gruppe der Ordnung $2p$. Dann ist G entweder*

- *zyklisch, d.h. $\cong \mathbb{Z}/2p\mathbb{Z}$ oder*

- *Diedererweiterung einer zyklischen Gruppe* $<x>$ *der Ordnung* p, d.h. alle $y \in G - <x>$ haben Ordnung 2 und erfüllen

$$yxy^{-1} = x^{-1} .$$

(Diese *Diedergruppen* kann man sich als die Symmetriegruppen des regelmäßigen p-Ecks vorstellen mit $<x>$ als Drehgruppe und y als Spiegelung.) *Beweis*: G hat eine p-Sylowuntergruppe, und diese muss zyklisch $=<x>$ sein. Gäbe es mehr als eine p-Sylowgruppe in G, so müsste es mindestens $p+1$ davon geben; da diese alle nur das Einselement gemeinsam haben, hätte G dann mehr als $2p$ Elemente, also ist $<x>$ eindeutig bestimmt und muss Normalteiler in G sein. Gibt es in G Elemente der Ordnung $2p$, so ist der erste Fall eingetreten. Andernfalls können alle $y \in G - <x>$ nur die Ordnung 2 haben. Nun gibt es zwei Möglichkeiten:
1.) $yxy^{-1} = x$. Dann kommutieren x und y, und $\operatorname{ord} xy = 2p$, zyklischer Fall.
2.) $yxy^{-1} \neq x$. Dann ist die Konjugation mit y ein nichttrivialer Automorphismus des Normalteilers $<x>$, und zwar ein Automorphismus der Ordnung 2, weil $y^2 = 2$. Nun müssen wir ein Resultat einschieben, das wir allgemein erst mit Kenntnissen über Polynome in endlichen Körpern beweisen können, das man aber für $p = 3$ oder 5 direkt verifizieren kann:

Hilfssatz 2.30 *Der einzige Automorphismus* σ *der Gruppe* $\mathbb{Z}/p\mathbb{Z}$ *mit Ordnung 2 ist*

$$\sigma : \mathbb{Z}/p\mathbb{Z} \to \mathbb{Z}/p\mathbb{Z} : [n]_p \mapsto -[n]_p .$$

Für die multiplikativ geschriebene Gruppe $<x>$ und unseren Konjugationsautomorphismus bedeutet das

$$yx^n y^{-1} = x^{-n} ,$$

und mit $n = 1$ erhalten wir die Behauptung der Folgerung 2.29. □

Mit diesen Sätzen sowie mit 2.12 lässt sich für viele Ordnungen bereits eine vollständige Klassifikation der zugehörigen Gruppen erreichen. Der Leser überlege sich, dass wir schon bis zur Ordnung 11 eine vollständige Übersicht über alle Gruppen besitzen — modulo der noch zu behandelnden direkten Produkte und bis auf die Ordnung 8; für diese gibt es bis auf Isomorphie genau fünf verschiedene Gruppen, nämlich die abelschen Gruppen

$$\mathbb{Z}/8\mathbb{Z}, \quad \mathbb{Z}/4\mathbb{Z} \times \mathbb{Z}/2\mathbb{Z} \quad \text{und} \quad (\mathbb{Z}/2\mathbb{Z})^3 ,$$

die Diedererweiterung der Gruppe $\mathbb{Z}/4\mathbb{Z}$ und die *Quaternionengruppe* mit zwei Erzeugenden x, y der Ordnung 4 und den Relationen

$$x^2 = y^2 , \; yxy^{-1} = x^{-1} .$$

Den Beweis kann man ganz ähnlich wie den der letzten Folgerung führen, ergänzt durch die folgenden drei Überlegungen (vgl. die Aufgaben):

- Eine Gruppe, die außer e nur Elemente der Ordnung 2 besitzt, ist abelsch.
- Eine Untergruppe vom Index 2 ist notwendig Normalteiler.
- Auch ein Element der Ordnung 4 kann per Konjugation als Involution operieren.

2.8 Produkte und universelle Eigenschaften

2.8.1 Direkte Produkte von Gruppen

Seien U und V (multiplikativ geschriebene) Gruppen. Das mengentheoretische Produkt
$$U \times V = \{(u,v) \mid u \in U,\, v \in V\}$$
lässt sich in naheliegender Weise mit einer Gruppenverknüpfung versehen, nämlich durch die komponentenweise Multiplikation
$$(u_1, v_1) \cdot (u_2, v_2) := (u_1 u_2, v_1 v_2)\,.$$
Klar, dass (e,e) das Einselement wird (wenn wir — etwas missbräuchlich — die neutralen Elemente von U und V beide mit e bezeichnen), und dass die Inversenbildung ebenfalls komponentenweise vorgenommen wird. Die entstehende Gruppe nennen wir das **(direkte) Produkt** von U und V. Im Falle $U = V$ schreiben wir dafür einfach U^2. Natürlich kann man entsprechende Produkte bzw. Potenzen auch für mehr als zwei Faktoren konstruieren; die meisten Eigenschaften, die wir in diesem Abschnitt entwickeln werden, gelten sogar für unendliche Produkte (falls nicht, werden wir das besonders vermerken), der Einfachheit halber werden wir uns aber meist auf Eigenschaften von Produkten zweier Faktoren beschränken. Beispiele für Produkte bzw. Potenzen von Gruppen kennt der Leser bereits aus der linearen Algebra: Als additive Gruppe ist der $\mathbb{R}^n$ direktes Produkt von n Faktoren $\mathbb{R}$. Ein paar einfache Eigenschaften des Produkts sind unmittelbar einsichtig:

Hilfssatz 2.31 *Sei $G = U \times V$ direktes Produkt der Gruppen U und V. Dann gilt:*

1. $\operatorname{ord} G = \operatorname{ord} U \cdot \operatorname{ord} V$
2. G *enthält Normalteiler*
$$U' := \{(u,e) \mid u \in U\} \quad und \quad V' := \{(e,v) \mid v \in V\}\,,$$
isomorph zu U bzw. V. Diese erfüllen $U' \cap V' = \{(e,e)\}$.
3. U' *und V' kommutieren elementweise miteinander, d.h.*
$$u'v' = v'u' \quad \forall\, u' \in U',\, v' \in V'\,.$$

4. G wird von U' und V' erzeugt, genauer sogar: $G = U'V'$.
   (Diese Eigenschaft lässt sich nicht auf Produkte unendlich vieler Faktoren übertragen.)

5. Die natürlichen Projektionen p_U, p_V auf die Komponenten, also $(u,v) \mapsto u$ bzw. v, sind Gruppenhomomorphismen.

2.8.2 Universelle Eigenschaften

Die Projektionen auf die Faktoren spielen eine zentrale Rolle, wie wir an folgendem Lemma sehen:

Hilfssatz 2.32 *Sei G das direkte Produkt der Gruppen U und V, dazu seien p_U und p_V die natürlichen Projektionen. Für alle Gruppen H mit zwei Homomorphismen*

$$h_U : H \to U,$$
$$h_V : H \to V,$$

existiert ein eindeutig bestimmter Homomorphismus

$$h : H \to G,$$

der $p_U \circ h = h_U$, $p_V \circ h = h_V$ erfüllt, d.h. das Diagramm rechts **kommutativ** *macht (heißt: $\forall x \in H$ hängt das Bild in U bzw. V nicht von dem im Diagramm gewählten Abbildungsweg ab).*

$$\begin{array}{ccc} & & U \\ & \nearrow^{h_U} & \uparrow p_U \\ H & \xrightarrow{h} & G = U \times V \\ & \searrow_{h_V} & \downarrow p_V \\ & & V \end{array}$$

Beweis: $h(x) = (h_U(x), h_V(x))$ ist der gesuchte Homomorphismus, und es gibt keine andere Möglichkeit, das Diagramm kommutativ zu machen. □

Die Bedeutung dieses Hilfssatzes liegt vor allem darin, dass seine Aussage die Gruppe G bereits eindeutig bis auf Isomorphie charakterisiert, und zwar unabhängig von der vorgenommenen Konstruktion. Man spricht darum von einer **universellen Eigenschaft** des direkten Produkts von Gruppen. Hier die genaue Formulierung dieser Eindeutigkeitsaussage:

Satz 2.33 *Sei G' eine zweite Gruppe mit Homomorphismen p'_U und p'_V in die Gruppen U und V, für die die Aussage von Hilfssatz 2.32 zutrifft. Dann ist*

$$G' \cong U \times V.$$

Genauer gibt es einen Isomorphismus

$$h : G' \to G,$$

der $p_U \circ h = p'_U$, $p_V \circ h = p'_V$ erfüllt, d.h. das Diagramm rechts kommutativ macht.

$$\begin{array}{ccc} & & U \\ & \nearrow^{p'_U} & \uparrow p_U \\ G' & \xrightarrow{h} & G = U \times V \\ & \searrow_{p'_V} & \downarrow p_V \\ & & V \end{array}$$

Die Existenz eines Homomorphismus h, der dieses Diagramm kommutativ macht, folgt unmittelbar aus dem Hilfssatz, wenn man $H = G'$ setzt und $h_U = p'_U$, $h_V = p'_V$. Bleibt also nur zu zeigen, dass es sich bei h um einen Isomorphismus handelt. Nun gilt nach Voraussetzung die Existenz- und Eindeutigkeitsaussage des Hilfssatzes auch für G' anstelle von G, man erhält also mit vertauschten Rollen von G und G' genauso ein Diagramm mit einem Homomorphismus $h' : G \to G'$. Setzt man h und h' zu $h \circ h'$ zusammen, so erhält man ein neues kommutatives Diagramm wie rechts beschrieben. Auch dieses ist ein Spezialfall des Diagramms aus Hilfssatz 2.32, nämlich für $H = G$, $h_U = p_U$, $h_V = p_V$ und $h \circ h'$ anstelle von h. Man kennt aber bereits einen Homomorphismus $G \to G$, der dieses Diagramm kommutativ macht: die Identität. Die Eindeutigkeitsaussage in 2.32 sagt also

$$h \circ h' = \mathrm{id}.$$

Vertauscht man die Rollen von G und G', so erhält man analog $h' \circ h = \mathrm{id}$. Demnach müssen h und h' zu einander inverse Isomorphismen sein. □

Eine andere universelle Eigenschaft von $U \times V$ wird in Hilfssatz 2.31, 2. bis 4., ausgedrückt:

Satz 2.34 *Die Gruppe G enthalte zwei Normalteiler U und V mit folgenden Eigenschaften:*

1. $U \cap V = \{e\}$
2. $G = UV$
3. U *und* V *kommutieren elementweise miteinander.*

Dann ist G zum direkten Produkt $U \times V$ isomorph. (Diese Eigenschaft ist nicht auf Produkte mit unendlich vielen Faktoren übertragbar.)

Jedes $x \in G$ hat nämlich nach 2. eine Darstellung als Produkt uv, $u \in U$, $v \in V$. Diese ist sogar eindeutig, denn aus 1. folgt

$$uv = u'v' \iff u'^{-1}u = v'v^{-1} \iff u'^{-1}u = e = v'v^{-1} \iff u = u',\ v = v'.$$

Schließlich rechnet man mit Hilfe von 3. nach, dass die Bijektion

$$U \times V \to G : (u,v) \mapsto uv = x$$

ein Gruppenhomomorphismus ist. Nach Satz 2.4 genügt das zum Beweis. □

Will man diesen Satz auf unendlich viele Faktoren übertragen, so wird man notwendig auf einen neuen Begriff geführt, die *direkte Summe* von Gruppen; sie unterscheidet sich vom Produkt dadurch, dass immer nur endlich viele Komponenten eines Elements $\neq e$ sind. Bei endlich vielen Faktoren läuft Summen- und Produktbildung natürlich auf dasselbe hinaus.

2.8.3 Direkte Produkte von Restklassengruppen

Wir können jetzt der Folgerung 1.28 aus Abschnitt 1.5.4 mehr mathematische Struktur geben:

Satz 2.35 *Seien m und n teilerfremde natürliche Zahlen. Dann ist*
1. $\mathbb{Z}/mn\mathbb{Z} \;\cong\; \mathbb{Z}/m\mathbb{Z} \times \mathbb{Z}/n\mathbb{Z}$
2. $(\mathbb{Z}/mn\mathbb{Z})^* \;\cong\; (\mathbb{Z}/m\mathbb{Z})^* \times (\mathbb{Z}/n\mathbb{Z})^*$.

Nachdem wir nun viele Eigenschaften von Produkten kennen, können wir diverse Beweisvarianten für diesen Satz finden, die im Kern aber alle den chinesischen Restsatz enthalten. Am einfachsten dürfte folgende sein: Die in Folgerung 1.28 gefundene Bijektion

$$[x]_{mn} \;\mapsto\; ([x]_m, [x]_n)$$

ist (für beide Gruppen) offensichtlich ein Gruppenhomomorphismus, also sogar ein Isomorphismus. □

Im nächsten Kapitel werden die beiden Teile des Satzes einen gemeinsamen Überbau erhalten.— Jedenfalls ist jetzt schon klar, dass man die Zahlentheorie der Restklassengruppen für viele Zwecke reduzieren kann auf die genaue Kenntnis des Rechnens modulo Primzahlpotenzen.

2.9 Endliche abelsche Gruppen

2.9.1 Zyklische Untergruppen maximaler Ordnung

Das Ziel der Klassifikation lässt sich verhältnismäßig einfach für endliche abelsche Gruppen ausführen. Das wesentliche Hilfsmittel ist dabei die im letzten Abschnitt eingeführte Produktzerlegung. Die Abspaltung von Faktoren wird ermöglicht durch

Hilfssatz 2.36 *Sei A eine endliche abelsche Gruppe, $Z = <a>$ eine zyklische Untergruppe maximaler Ordnung $n = \operatorname{ord} a$ in A. Sei U/Z eine zyklische Untergruppe der Faktorgruppe A/Z. Dann besitzt U/Z ein erzeugendes Element $b \bmod Z$ mit einem Repräsentanten $b \in A$ der Ordnung*

$$\operatorname{ord} b \;=\; \operatorname{ord}(b \bmod Z)\,.$$

Beweis: Sei $\operatorname{ord} U/Z = m$ und $c \bmod Z$, $c \in A$, ein erzeugendes Element von U/Z. Wegen $c^m \in Z$ gibt es ein $s \in \mathbb{N}$ mit $c^m = a^s$. Division mit Rest von s durch m gibt

$$s = qm + r\,,\ q \in \mathbb{Z} \quad \text{und} \quad r \in \{0, \ldots, m-1\}\,.$$

Darum repräsentiert auch $b := ca^{-q}$ ein Erzeugendes von U/Z, und zwar mit $b^m = a^r$ (hier geht die Kommutativität der Gruppe ein). Behauptung: $r = 0$, also $t := \operatorname{ord} b = m$, dieses b ist also das gesuchte. Wegen der Isomorphie der endlichen zyklischen Gruppe Z zu der additiven Restklassengruppe $\mathbb{Z}/n\mathbb{Z}$ ist nämlich (Übungsaufgabe zum 1. Kapitel)

$$\operatorname{ord} a^r = \frac{n}{(n,r)}\,,$$

andererseits $\operatorname{ord}(b \bmod Z) \mid \operatorname{ord} b$, also $m \mid t$ und $\operatorname{ord} b^m = t/m$. Zusammen ergibt sich daraus

$$mn = t(n,r)\,,$$

was wegen $t \leq n$ (Maximalität von Z) nur erfüllt sein kann für $m \leq (n,r)$. Mit $r < m$ folgt daraus $r = 0$, $(n,r) = n$ und $m = t$. $\square$

2.9.2 Zerlegung in zyklische Gruppen

Satz 2.37 *Jede endliche abelsche Gruppe ist direktes Produkt zyklischer Untergruppen.*

Beweis durch Induktion über die Gruppenordnung: Der Induktionsanfang ist trivial. Sei also A eine abelsche Gruppe endlicher Ordnung, und sei bereits bewiesen, dass alle abelschen Gruppen kleinerer Ordnung direkte Produkte zyklischer Untergruppen sind. Sei ferner Z eine zyklische Untergruppe in A von maximaler Ordnung. Dann ist A/Z nach Induktionsvoraussetzung ein direktes Produkt zyklischer Untergruppen

$$\prod_{\nu=1}^{r} <b_\nu \bmod Z>,$$

und nach dem Hilfssatz dürfen wir annehmen, dass die Repräsentanten $b_\nu \in A$ die gleiche Ordnung wie die Restklassen $b_\nu \bmod Z$ in A/Z haben. Darüber hinaus zeigen wir erstens, dass

$$U := \prod_{\nu}^{r} <b_\nu> \;\cong\; \prod_{\nu=1}^{r} <b_\nu \bmod Z>,$$

also ein direktes Produkt ist: aus $\prod_\nu b_\nu^{t_\nu} \in Z$ folgt $\prod_\nu (b_\nu \bmod Z)^{t_\nu} = e \bmod Z$, was wegen der direkten Produktzerlegung von A/Z nur möglich ist, wenn alle t_ν Vielfache der $\mathrm{ord}\,(b_\nu \bmod Z) = \mathrm{ord}\,b_\nu$ sind, wenn also das Produkt das Einselement darstellt. Zweitens folgt daraus $U \cap Z = \{e\}$. Drittens kommutieren U und Z elementweise miteinander, sie erzeugen also nach Satz 2.34 ein direktes Produkt $UZ \cong U \times Z$. Aus Hilfssatz 2.31.1 und dem Satz von Lagrange folgt schließlich

$$\mathrm{ord}\,U \times Z = \mathrm{ord}\,UZ = \mathrm{ord}\,U\,\mathrm{ord}\,Z = \mathrm{ord}\,A/Z\,\mathrm{ord}\,Z = \mathrm{ord}\,A\,,$$

also die Behauptung in der Form $A = UZ \cong U \times Z$. □

2.9.3 Klassifikation

Aus Satz 2.6 wissen wir bereits, dass alle endlichen zyklischen Gruppen zu den additiven Restklassengruppen $\mathbb{Z}/m\mathbb{Z}$ isomorph sind. Damit hat man bequem zugängliche Repräsentanten für die eben gefundenen direkten Produkte. Eine feste endliche abelsche Gruppe kann allerdings mehrere solche Produktzerlegungen besitzen, wie schon das Beispiel

$$\mathbb{Z}/6\mathbb{Z} \cong \mathbb{Z}/2\mathbb{Z} \times \mathbb{Z}/3\mathbb{Z}$$

lehrt. Der chinesische Restsatz kann bei der Abänderung solcher Zerlegungen in zwei Richtungen benutzt werden: Zum einen können alle zyklischen Faktoren in Produkte zyklischer Gruppen von Primzahlpotenzordnung zerlegt werden, was dann ein Produkt mit einer großen Anzahl verhältnismäßig kleiner Faktoren ergibt. Umgekehrt kann man je zwei zyklische Faktoren teilerfremder Ordnung zu einem zyklischen Faktor zusammenfassen. Verfährt man so mit allen Faktoren maximaler Primpotenzordnung, dann mit den Faktoren nächstgrößerer Primpotenzordnung u.s.w., so findet man die folgenden Darstellungen.

Satz 2.38 *Jede endliche abelsche Gruppe A ist isomorph zu*

1. *einem direkten Produkt*

$$\prod \mathbb{Z}/q\mathbb{Z}\,, \quad \textit{alle} \quad q \quad \textit{Primzahlpotenzen,}$$

2. *einem direkten Produkt*

$$\mathbb{Z}/d_1\mathbb{Z} \times \ldots \times \mathbb{Z}/d_r\mathbb{Z}\,,$$

alle $d_\nu \in \mathbb{N}$ mit $1 < d_1 \mid d_2 \mid \ldots \mid d_r$.

(Für die einelementige Gruppe erhält man jeweils das leere Produkt). Sowohl die Menge und Multiplizität der Primpotenzen q wie die Folge der d_ν sind jeweils eindeutig durch A bestimmt.

Die d_ν nennt man auch die *Elementarteiler* von A. Die Eindeutigkeitsaussage kann man z.B. folgendermaßen einsehen: d_r ist die maximale Ordnung der Elemente von A, etwa $d_r = \operatorname{ord} a_r$ für ein $a_r \in A$. Dann ist d_{r-1} die maximale Elementordnung in $A\ /\ <a_r>$ (wenn nicht schon $A\ =\ <a_r>$) u.s.w. Die Primpotenzzerlegung der d_ν ergibt die Menge und Multiplizität der q aus der ersten Zerlegung. □

Die Eindeutigkeitsaussage darf übrigens nicht so verstanden werden, dass die entsprechenden zyklischen Untergruppen von A eindeutig bestimmt wären: $\mathbb{Z}/2\mathbb{Z} \times \mathbb{Z}/2\mathbb{Z}$ lässt sich auf sehr verschiedene Weise als Produkt von zwei zyklischen Untergruppen der Ordnung 2 schreiben.

Zu nicht-isomorphen endlichen abelschen Gruppen gehören echt verschiedene Elementarteilerfolgen; das gibt die Möglichkeit, die Anzahl der nicht-isomorphen abelschen Gruppen gegebener Ordnung zu berechnen, vgl. die Übungsaufgaben hier und zum Kap. 4.

2.10 Aufgaben

1. p sei eine Primzahl. Konstruieren Sie Gruppen $\operatorname{GL}_2(\mathbb{Z}/p\mathbb{Z})$ und $\operatorname{SL}_2(\mathbb{Z}/p\mathbb{Z})$, indem Sie 2×2-Matrizen aus Restklassen mod p bilden und Matrixmultiplikation verwenden. Man zeige

    $$\operatorname{ord} \operatorname{GL}_2(\mathbb{Z}/p\mathbb{Z}) = (p-1)^2\, p\, (p+1) \quad \text{und} \quad \operatorname{ord} \operatorname{SL}_2(\mathbb{Z}/p\mathbb{Z}) = (p-1)\, p\, (p+1)\,.$$

2. Man bestimme alle Untergruppen von $(\mathbb{Z}/12\mathbb{Z}, +)$ und $((\mathbb{Z}/7\mathbb{Z})^*, \cdot)$.

3. Welche Untergruppen besitzt die Symmetriegruppe des regelmäßigen Fünfecks?

4. Ermitteln Sie alle Gruppenhomomorphismen $S_3 \to S_3$.

5. Sei G eine Gruppe und

    $$\operatorname{Aut} G := \{\, f : G \to G \ \ \text{Gruppenisomorphismus}\,\}\,.$$

    Zeigen Sie, dass $\operatorname{Aut} G$ eine Untergruppe von S_G ist, und beweisen Sie für alle $m \in \mathbb{N}$ die Isomorphie

    $$\operatorname{Aut}(\mathbb{Z}/m\mathbb{Z}, +) \cong (\mathbb{Z}/m\mathbb{Z})^*\,.$$

6. Man beweise, dass die additive Gruppe der reellen Zahlen isomorph ist zur multiplikativen Gruppe aller positiven reellen Zahlen, nicht aber zur multiplikativen Gruppe aller reellen Zahlen $\neq 0$.

7. Sei G eine Gruppe und H eine Untergruppe von G vom Index 2. Zeige, dass H ein Normalteiler in G ist.

8. Man beweise, dass jede Untergruppe einer zyklischen Gruppe wieder zyklisch ist.

9. Gibt es natürliche Zahlen n, die keine Primzahlen sind und trotzdem die Fermatsche Kongruenz
$$a^n \equiv a \bmod n \quad \text{für alle} \quad a \in \mathbb{Z} \quad \text{mit} \quad (a, n) = 1$$
erfüllen? Versuchen Sie, den chinesischen Restsatz zu benutzen und Bedingungen an die Primfaktorzerlegung von n aufzustellen.

10. p sei eine Primzahl. Man beweise
$$p^k - 1 \mid p^n - 1 \quad \Longleftrightarrow \quad k \mid n \,.$$

11. Bestimmen Sie in der symmetrischen Gruppe S_4 eine Kette von Untergruppen
$$\{(1)\} = H_0 \triangleleft H_1 \triangleleft H_2 \triangleleft H_3 \triangleleft H_4 = S_4 \,,$$
jeweils H_i Normalteiler in H_{i+1}, mit Faktorgruppe $H_{i+1}/H_i \cong \mathbb{Z}/2\mathbb{Z}$ oder $\mathbb{Z}/3\mathbb{Z}$.

12. G sei multiplikative Gruppe und K die Menge aller Produkte aus *Kommutatoren* von G, d.h. Elementen $[x, y] := xyx^{-1}y^{-1}$ mit $x, y \in G$. Man zeige: K ist Normalteiler in G mit abelscher Faktorgruppe. K heißt *Kommutatoruntergruppe* von G.

13. Man verifiziere die folgende universelle Eigenschaft der Kommutatoruntergruppe K von G: Sei $h : G \to H$ surjektiver Gruppenhomomorphismus; H ist genau dann abelsch, wenn $K \subseteq \ker h$.

14. Lassen Sie die symmetrische Gruppe S_3 durch Konjugation auf sich selbst und auf der Menge aller Untergruppen von S_3 operieren. Geben Sie jeweils alle Bahnen und alle Isotropiegruppen an.

15. Sei K ein Körper (für die Definition vgl. Abschnitt 3.1.2). Beweisen Sie, dass $\mathrm{SL}_2 K$ auf $\overline{K} := K \cup \{\infty\}$ transitiv operiert vermöge der Vorschrift
$$\begin{pmatrix} a & b \\ c & d \end{pmatrix} z = \begin{cases} \infty & \text{für} \quad z = \infty \quad \text{und} \quad c = 0 \\ a/c & \text{für} \quad z = \infty \quad \text{und} \quad c \neq 0 \\ \infty & \text{für} \quad z \neq \infty \quad \text{und} \quad cz + d = 0 \\ (az + b)/(cz + d) & \text{sonst.} \end{cases}$$

16. Sei $G = \mathrm{SL}_2 \mathbb{C}$ mit der eben definierten Operation. Bestimmen Sie die Isotropiegruppen G_0 und G_∞ und beweisen Sie, dass $G_0 \cap G_\infty$ immer noch transitiv auf $\overline{\mathbb{C}} - \{0, \infty\}$ operiert. Von den Eigenschaften des Körpers der komplexen Zahlen wird dabei verwendet, dass jedes $z \in \mathbb{C}$ eine Quadratwurzel besitzt (vgl. z.B. Abschnitt 6.3.2).

17. Geben Sie eine 5-Sylowuntergruppe der symmetrischen Gruppe S_6 an. Wieviele 5-Sylowuntergruppen gibt es?

18. Finden Sie eine p-Sylowuntergruppe der Gruppe $\mathrm{SL}_2(\mathbb{Z}/p\mathbb{Z})$ (vgl. Aufg. 1). Wieviele dazu konjugierte Untergruppen gibt es?

19. $p < q$ seien zwei Primzahlen, p kein Teiler von $q-1$. Zeigen Sie, dass jede Gruppe der Ordnung pq abelsch ist, und zwar isomorph zu $\mathbb{Z}/pq\mathbb{Z}$.

20. G sei eine Gruppe, die außer dem Einselement nur Elemente der Ordnung 2 besitzt. Zeigen Sie, dass G abelsch ist.

21. Konstruieren Sie möglichst viele nicht-isomorphe Gruppen der Ordnung 12.

22. A sei eine abelsche Gruppe. Man beweise, dass die Elemente endlicher Ordnung in A eine Untergruppe T (die *Torsionsuntergruppe*) bilden.

23. Beweisen Sie, dass eine zyklische Gruppe von Primzahlpotenzordnung nicht als direktes Produkt echter Untergruppen geschrieben werden kann.

24. Wieviele nicht-isomorphe abelsche Gruppen der Ordnung 36 gibt es?

25. Zeige, dass jede endliche abelsche Gruppe direktes Produkt ihrer p-Sylowuntergruppen ist.

3 Ringe

3.1 Grundbegriffe

3.1.1 Ringaxiome

Wir nennen eine Menge R einen **Ring**, wenn

- R zwei innere Verknüpfungen (Addition und Multiplikation) besitzt, und zwar
$$R \times R \to R \ : \ (a,b) \mapsto a+b \, ,$$
$$R \times R \to R \ : \ (a,b) \mapsto a \cdot b \, ,$$

- $(R,+)$ eine abelsche Gruppe ist, insbesondere also eine 0 existiert,
- die Multiplikation assoziativ ist, d.h. wenn
$$a(bc) = (ab)c \quad \forall \, a,b,c \in R \, ,$$

- die Distributivgesetze gelten, d.h.
$$a(b+c) = ab+ac \, , \ (b+c)a = ba+ca \quad \forall \, a,b,c \in R \, .$$

Wie immer lassen wir den Multiplikationspunkt meistens weg und führen — soweit keine Klammern gesetzt sind — Multiplikation vor Addition aus. Beispiele sind etwa $\mathbb{Q}$, $\mathbb{C}$, $\mathbb{Z}$ und etwa die *Restklassenringe* $\mathbb{Z}/m\mathbb{Z}$ — man vergleiche dazu die Formeln (1.11) bis (1.18) —, aber auch nicht-kommutative Ringe wie die $n \times n$-Matrizen mit Einträgen in $\mathbb{Z}$, $\mathbb{R}$ u.s.w.; es gibt auch Ringe ohne Einselement wie $2\mathbb{Z}$ oder $n\mathbb{Z}$. Wir wollen uns aber hier auf **kommutative Ringe mit Eins** beschränken und verlangen zu den bisherigen Axiomen außerdem:

- Die Multiplikation soll kommutativ sein.
- Es existiere ein Element $1 \in R$, so dass
$$1 \cdot a = a \cdot 1 = a \quad \forall \, a \in R \, .$$

3.1.2 Einfache Eigenschaften und noch mehr Grundbegriffe

In allen Ringen gelten die folgenden Rechenregeln:
$$0 = 0a - 0a = (0+0)a - 0a = 0a + 0a - 0a = 0a + 0 = 0a$$
und ebenso
$$0 = a0 \,, \ (-a)b = a(-b) = -ab \,, \ (-a)(-b) = ab \,,$$
$$a(b-c) = ab - ac \,, \quad (b-c)a = ba - ca \,.$$

Das Einselement ist eindeutig bestimmt (warum?); wie das Beispiel der Restklassenringe zeigt, muss aber nicht immer $0 \neq 1$ sein ($\mathbb{Z}/1\mathbb{Z} = \{[0]\} = \{[1]\}$), und es kann durchaus vorkommen, dass $a, b \in R$ existieren mit $a \neq 0 \neq b$, aber $ab = 0$. Solche a, b nennt man **Nullteiler**.

Definition: Ein kommutativer Ring R mit Eins heißt **Integritätsbereich**, wenn $R \neq \{0\}$ ist und keine Nullteiler besitzt. R heißt (kommutativer) **Körper**, wenn $R - \{0\}$ eine abelsche Gruppe bezüglich der Multiplikation ist.

Ein Körper ist automatisch ein Integritätsbereich, aber nicht umgekehrt (Beispiel $\mathbb{Z}$). Die Nullteilerfreiheit bedeutet, dass aus $ab = 0$ folgt $a = 0$ oder $b = 0$. Äquivalent dazu (Distributivgesetz!) ist die **Kürzungsregel**: Für alle $a, b, c \in R$ ist
$$ab = ac \ \Rightarrow \ a = 0 \quad \text{oder} \quad b = c \,.$$
In kommutativen Ringen mit Eins können wir wie in $\mathbb{Z}$ einen Teilbarkeitsbegriff einführen:

Definition: a **teilt** b, geschrieben $a \mid b$, wenn ein $c \in R$ existiert mit $ac = b$. $a \in R$ heißt **Einheit**, geschrieben $a \in R^*$, wenn $a \mid 1$.

a ist eine Einheit genau dann, wenn ein $a^{-1} \in R$ existiert mit $aa^{-1} = a^{-1}a = 1$. Soweit diese Elemente existieren, werden wir wie bei rationalen Zahlen $\frac{a}{b}$ anstelle von ab^{-1} schreiben. Die Konstruktion der primen Restklassengruppen im Ring $\mathbb{Z}/m\mathbb{Z}$ kann man mit Hilfe des zweiten und dritten Punkts des folgenden Sätzchens verallgemeinern:

Satz 3.1 *Sei $R \neq \{0\}$ ein kommutativer Ring mit Eins. Dann gilt*

1. $1 \neq 0$,
2. R^* *enthält keine Nullteiler,*
3. R^* *ist eine multiplikative abelsche Gruppe,*
4. *zwei nicht-Nullteiler $a, b \in R$ teilen sich gegenseitig*
$$\iff a \in bR^* \iff \exists c \in R^* \ \text{mit} \ a = bc \,, \ b = c^{-1}a \,.$$

a und b heißen dann **assoziiert**.

3 Ringe

Zum *Beweis* von 1. sei $a \neq 0$. Dann ist $a = 1 \cdot a \neq 0 \cdot a = 0$.
2. Sei $a \in R^*$. Dann beachte $0 = ab = a^{-1}ab = 1 \cdot b = b$.
3. ist sehr leicht, und 4. folgt daraus, dass für nicht-Nullteiler die Kürzungsregel gilt:
$$a = bc, \ b = da \ \Rightarrow \ a = cda \ \Rightarrow \ (1 - cd)a = 0 \ \Rightarrow \ cd = 1 \, . \ \square$$

Schließlich sei erwähnt, dass in endlichen Integritätsbereichen R für $a \neq 0$ die Produkte ax, $x \in R$ aus Anzahlgründen und wegen der Kürzungsregel alle Elemente von R durchlaufen; dazu gehört insbesondere auch 1, also ist $a \in R^*$, m.a.W.

Satz 3.2 (und Definition) *Endliche Integritätsbereiche sind Körper. Restklassenringe $\mathbb{Z}/m\mathbb{Z}$ sind genau dann Körper, wenn $m = p$ Primzahl ist und werden dann* Primkörper $\mathbb{F}_p$ *der Charakteristik p genannt, vgl. dazu Satz 6.1.*

3.1.3 Homomorphismen

Ein **Ringhomomorphismus** ist eine Abbildung $f : R \to S$ eines Rings R in einen andern Ring S, die mit Addition und Multiplikation verträglich ist, d.h.
$$f(a + b) = f(a) + f(b) \quad \text{und} \quad f(ab) = f(a)f(b) \ \forall \, a, b \in R$$
erfüllt. Wie schon bei Gruppenhomomorphismen folgt daraus $f(0) = 0$ und $f(-a) = -f(a)$; da die triviale Abbildung $f \equiv 0$ auch ein Ringhomomorphismus ist, gilt allerdings auch für Ringe mit Eins nicht notwendig $f(1) = 1$. Für **Körperhomomorphismen** wollen wir darum zusätzlich $f(1) = 1$ verlangen. **Isomorphismen** sind (für Ringe wie für Körper) bijektive Homomorphismen, und ebenso wie bei Gruppen beweist man auch hier den

Satz 3.3 *Für einen bijektiven Ring- oder Körperhomomorphismus ist auch die Umkehrabbildung ein Homomorphismus.*

Wie bei Gruppen nennen wir R und S dann **isomorph**, geschrieben $R \cong S$. Wenn f ein Körperhomomorphismus ist und $c \in R$, $c \neq 0$, dann folgt aus $f(c)f(c^{-1}) = f(1) = 1$, dass $f(c) \neq 0$. Demnach induziert f auf der multiplikativen Gruppe R^* einen Homomorphismus in die multiplikative Gruppe S^*. Außerdem hat f als Homomorphismus additiver Gruppen einen trivialen Kern, nach Satz 2.3.6 gilt also der

Satz 3.4 *Körperhomomorphismen sind stets injektiv.*

Beispiele für Ringhomomorphismen kennen wir bereits aus dem 1. Kapitel, denn nach Konstruktion sind für alle $m \in \mathbb{N}$ die kanonischen Projektionen
$$\mathbb{Z} \to \mathbb{Z}/m\mathbb{Z} \ : \ n \mapsto [n]_m$$

nicht nur Gruppen-, sondern sogar Ringhomomorphismen. Eine andere wichtige Klasse von Ringhomomorphismen sind die **Auswertungsabbildungen**, die uns in einem späteren Paragraphen über Polynomringe und einem Kapitel über Körpererweiterungen noch eingehend beschäftigen werden. Im Vorgriff darauf sei folgendes erwähnt: Alle Polynome

$$a_n x^n + a_{n-1} x^{n-1} + \ldots + a_1 x + a_0$$

mit rationalen (bzw. ganzzahligen) Koeffizienten a_j bilden einen Ring, genannt $\mathbb{Q}[x]$ (bzw. $\mathbb{Z}[x]$), wenn man Addition und Multiplikation von Polynomen so ausführt wie aus der Analysis gewohnt; später werden wir sehen, dass man Polynome nicht einfach als Funktionen ansehen sollte, aber für den Moment genügt diese Vorstellung. Beim Einsetzen bestimmter Werte $\alpha \in \mathbb{C}$ für die Variable x in die Polynome $p(x)$ entsteht ein Ringhomomorphismus

$$p(x) \mapsto p(\alpha) \; : \; \mathbb{Q}[x] \to \mathbb{Q}[\alpha] \subseteq \mathbb{C}$$

in den Unterring von $\mathbb{C}$, der gerade von den Werten $p(\alpha)$ gebildet wird (entsprechend für $\mathbb{Z}$ anstelle von $\mathbb{Q}$). Z.B. erhält man für $\alpha = 0$ jenen Homomorphismus, der jedes $p(x)$ auf sein konstantes Glied abbildet. Für $\alpha = i = \sqrt{-1}$ ist $\mathbb{Q}[i]$ sogar ein Körper, der **Gaußsche Zahlkörper** mit dem Unterring $\mathbb{Z}[i]$ der **ganzen Gaußschen Zahlen**. Der Einsetzungshomomorphismus ist in beiden Fällen nichttrivial und enthält im Kern z.B. das Polynom $x^2 + 1$. Entsprechende Körper und Ringe enthält man auch für andere Quadratwurzeln:

Satz 3.5 (und Definition) *Sei* $d \in \mathbb{Z}$, $\neq 0$, $\neq 1$ *und quadratfrei, d.h.* $\nu_p(d) = 0$ *oder* 1 *für alle* $p \in \mathbb{P}$, *und sei*

$$\alpha := \sqrt{d} \quad \text{für} \quad d \equiv 2, 3 \bmod 4 \, , \quad \alpha := \frac{1 + \sqrt{d}}{2} \quad \text{für} \quad d \equiv 1 \bmod 4 \, .$$

Dann gilt:

$$\mathbb{Q}[\alpha] = \{ r + s\alpha \mid r, s \in \mathbb{Q} \} \quad \text{ist ein Körper.}$$
$$\mathbb{Z}[\alpha] = \{ m + n\alpha \mid m, n \in \mathbb{Z} \} \quad \text{ist ein Ring.}$$

Diese Körper nennt man **quadratische Zahlkörper** *und die Ringe ihre* **Ringe ganzer Zahlen** $\mathcal{O}_d$.

Dass $\mathbb{Q}[\alpha] = \mathbb{Q}[\sqrt{d}]$ Körper ist, sieht man an

$$(u + v\sqrt{d})^{-1} = \frac{u - v\sqrt{d}}{u^2 - v^2 d} \; :$$

Wenn nämlich $u, v \in \mathbb{Q}$ nicht beide $= 0$ sind, ist $u^2 - v^2 d \neq 0$, weil d quadratfrei ist. □

3.1.4 Produkte

Wie bei Gruppen lassen sich auch Produkte

$$R \times S := \{(r,s) \mid r \in R,\, s \in S\}$$

von Ringen R und S mit komponentenweiser Addition und Multiplikation definieren. Besitzen beide ein Einselement, so ist die Eins des Produkts das Element $(1,1)$. Was bei Gruppen über Projektionen und universelle Eigenschaften gesagt wurde, lässt sich im wesentlichen auf Ringe übertragen. Es sei nur vor einem möglichen Missverständnis gewarnt: Weil natürlich $(1,0)(0,1) = (0,0)$ ist, sind nichttriviale Produkte von Integritätsbereichen niemals wieder Integritätsbereiche. Es hat daher auch nicht viel Sinn, etwa direkte Produkte von Körpern einzuführen.— Immerhin können wir nun dem chinesischen Restsatz eine endgültige Form geben:

Satz 3.6 *Seien m und n teilerfremde natürliche Zahlen. Dann ist*

$$\mathbb{Z}/mn\mathbb{Z} \cong \mathbb{Z}/m\mathbb{Z} \times \mathbb{Z}/n\mathbb{Z}\,.$$

Mit Hilfe der Primfaktorzerlegung von $m \in \mathbb{N}$ erhält man also

$$\mathbb{Z}/m\mathbb{Z} \cong \prod_{p \mid m} \mathbb{Z}/p^{\nu_p(m)}\mathbb{Z}\,.$$

3.1.5 Quotientenkörper

Genau wie man $\mathbb{Q}$ aus dem Ring $\mathbb{Z}$ der ganzrationalen Zahlen konstruiert, kann man jeden Integritätsbereich in einen zugehörigen **Quotientenkörper** einbetten:

Satz 3.7 *Zu jedem Integritätsbereich R gibt es einen Quotientenkörper K und einen (injektiven) Einbettungshomomorphismus $i : R \hookrightarrow K$, so dass K der kleinste Körper ist, der $i(R)$ enthält. K ist bis auf Isomorphie eindeutig bestimmt durch die folgende universelle Eigenschaft: Für alle injektiven Ringhomomorphismen*

$$j : R \to L \quad \text{in einen Körper} \quad L$$

existiert genau ein Körperhomomorphismus

$$k : K \to L \quad \text{mit} \quad j = k \circ i\,.$$

Zum *Beweis* definiere man auf der Menge $\{(a,b) \in R \times R \mid b \neq 0\}$ die Äquivalenzrelation

$$(a,b) \sim (c,d) \;:\Longleftrightarrow\; ad = bc\,,$$

bezeichne die Äquivalenzklassen mit $\frac{a}{b} = \frac{c}{d}$ und definiere

$$\frac{a}{b} \cdot \frac{e}{f} = \frac{ae}{bf} \quad , \quad \frac{a}{b} + \frac{e}{f} = \frac{af + eb}{bf} \ .$$

Dann ist leicht nachzurechnen, dass die Äquivalenzklassen einen Körper K bilden; $0 := \frac{0}{b}$ und $1 := \frac{b}{b}$ sind leicht zu finden, das multiplikative Inverse $\left(\frac{a}{b}\right)^{-1} = \frac{b}{a}$ existiert für $a \neq 0$. Die Einbettung des Integritätsbereichs R in K erfolgt durch $i(a) := \frac{a}{1}$. Da für alle $b \in R$, $b \neq 0$, die Quotienten

$$i(a) \cdot i(b)^{-1} = \frac{a}{1} \cdot \frac{1}{b} = \frac{a}{b}$$

den ganzen Körper K durchlaufen, ist K in der Tat der kleinstmögliche Quotientenkörper für R. Aus dem gleichen Grund gibt es für andere Ringhomomorphismen $j : R \to L$ nur eine Möglichkeit, k so zu definieren, dass das Diagramm kommutativ wird, nämlich

$$k\left(\frac{i(a)}{i(b)}\right) := \frac{j(a)}{j(b)} \ .$$

Dass K schließlich durch die angegebene Eigenschaft bis auf Isomorphie eindeutig bestimmt ist — unabhängig von der konkreten Konstruktion —, kann man wieder ganz ähnlich wie beim direkten Produkt von Gruppen zeigen und soll hier nicht näher ausgeführt werden. □

Die Einbettung i wollen wir in Zukunft einfach als identische Abbildung schreiben, d.h. R als Unterring seines Quotientenkörpers auffassen. Als *Beispiel* kann etwa der Körper der **rationalen Funktionen**

$$\mathbb{Q}(x) := \{\frac{p(x)}{q(x)} \mid p, q \in \mathbb{Q}[x] \, , \ q \not\equiv 0\}$$

dienen, der Quotientenkörper des Polynomrings $\mathbb{Q}[x]$. Auch für rationale Funktionen lassen sich durch Auswertungsabbildungen Körper konstruieren, indem man die Variable x durch (z.B.) komplexe Zahlen α ersetzt, soweit der Nenner an der Stelle α nicht verschwindet. Die entstehenden Unterkörper $\mathbb{Q}(\alpha)$ von $\mathbb{C}$ sind natürlich nicht immer neu; für die quadratischen Irrationalzahlen α, die im letzten Abschnitt diskutiert wurden, ist z.B. $\mathbb{Q}(\alpha) = \mathbb{Q}[\alpha]$. Nebenbei bemerkt, sind dies die Quotientenkörper der Ringe $\mathcal{O}_d$.

3.2 Ideale und Restklassenringe

3.2.1 Grundbegriffe. Homomorphiesatz

Sei R ein kommutativer Ring mit 1. Dann nennt man die Untermenge $I \subseteq R$ ein **Ideal** in R, wenn

- I bezüglich „+" eine abelsche Gruppe ist und
- $xI \subseteq I$ für alle $x \in R$ ist.

Beispiele für Ideale sind etwa

$$<2> := 2\mathbb{Z} \subset \mathbb{Z}\,, \quad \{0\} \subseteq R\,, \quad R \subseteq R\,,$$

$$\{p(x) \in \mathbb{Q}[x] \mid p(1) = p(-1) = 0\} \subset \mathbb{Q}[x]\,,$$

$$\{p(x,y) \in \mathbb{Q}[x,y] \mid p(0,0) = 0\} \subset \mathbb{Q}[x,y]$$

(Ring der Polynome in zwei Variablen x, y mit rationalen Koeffizienten). Für jeden Ringhomomorphismus $f : R \to S$ ist

$$\ker f := \{r \in R \mid f(r) = 0\}\,,$$

der *Kern* von f, ein Ideal in R. Wie bei Gruppen ist f injektiv genau dann, wenn $\ker f = 0$ ist. Wenn 1 in einem Ideal enthalten ist, dann muss dieses bereits der ganze Ring sein. Körper K haben nur $\{0\}$ und K als Ideale.

Satz 3.8 (und Definition) *Sei I ein Ideal des kommutativen Rings R und*

$$x \equiv y \bmod I \quad :\Longleftrightarrow \quad x - y \in I \quad \Longleftrightarrow \quad x \in I + y$$

(**kongruent modulo I** *). „$\equiv$" ist eine Äquivalenzrelation, die Restklassen seien mit $[x]_I$ oder $x \bmod I$ bezeichnet, die Menge der Restklassen mit R/I. Auf R/I werden Addition und Multiplikation durch*

$$[x]_I + [y]_I := [x+y]_I$$
$$[x]_I \cdot [y]_I := [xy]_I$$

(wohl-)definiert und R/I dadurch zum **Restklassenring** *gemacht mit $[0]_I$ und $[1]_I$ als 0 und 1. Die* **kanonische Projektion**

$$\kappa : R \to R/I : x \mapsto [x]_I$$

ist ein Ringhomomorphismus mit $\ker \kappa = I$.

Satz 3.9 (Homomorphiesatz für Ringe) *Sei $f : R \to S$ ein surjektiver Ringhomomorphismus mit $\ker f = I$. Dann ist $R/I \cong S$ vermöge eines Isomorphismus*

$$i : R/I \to S : [x]_I \mapsto f(x) \quad mit \quad i \circ \kappa = f\,.$$

Die *Beweise* laufen genau wie für die Beispiele $\mathbb{Z}/m\mathbb{Z}$ bzw. wie für den Homomorphiesatz für Gruppen.

3.2.2 Erzeugung. Teilbarkeit

1.) **Hauptideale** $<r> := \{ar \mid a \in R\} = rR = Rr$ gibt es in jedem Ring R (wie immer hier als kommutativ vorausgesetzt). Es gibt sogar Ringe, in denen *jedes* Ideal Hauptideal ist, sogenannte **Hauptidealringe**: Sei z.B. I ein beliebiges Ideal in $\mathbb{Z}$. Wenn $I \neq \{0\} = <0>$, so hat I ein kleinstes positives Element m. Mit einer Schlussweise, die wir z.B. schon im Beweis von Satz 2.6 kennengelernt haben, zeigt man, dass

$$I = <m>$$

ist: Jedes $n \in I$ lässt sich mit Rest durch m teilen, und

$$n = qm + r \quad \Rightarrow \quad r = n - qm \in I \,,$$

also ist m entweder nicht minimal gewählt oder $r = 0$, also $n \in <m>$.

2.) Für zwei Ideale I_1, I_2 des Rings sagt man, I_1 **teilt** I_2, geschrieben $I_1 \mid I_2$, genau dann wenn $I_2 \subseteq I_1$. Man überzeugt sich sofort, dass diese Definition bei Hauptidealen der Teilbarkeitsdefinition für die Erzeugenden genau entspricht:

$$<r_1> \mid <r_2> \quad \Longleftrightarrow \quad r_1 \mid r_2$$

3.) Der Durchschnitt $I_1 \cap I_2$ zweier (oder auch beliebig vieler) Ideale ist wieder ein Ideal, das **kleinste gemeinsame Vielfache** oder kgV dieser Ideale, d.h. das größte Ideal, das in allen I_ν enthalten ist.

4.) Entsprechend ist der ggT zweier (oder beliebig vieler) Ideale das kleinste Ideal, welches I_1 und I_2 (bzw. alle I_ν) umfasst, und das ist natürlich

$$I_1 + I_2 := \{a + b \mid a \in I_1 \,, b \in I_2\} \quad \text{bzw.}$$

$$\sum_\nu I_\nu := \{ \sum_\nu a_\nu \mid a_\nu \in I_\nu \,, \text{ fast alle } a_\nu = 0 \} \,.$$

Anwendung: Für den ggT $d = (a, b)$ von a und $b \in \mathbb{Z}$ ist $<d> = <a> + <b>$, d.h. es gibt x und $y \in \mathbb{Z}$ mit

$$d = xa + yb \,,$$

vergleiche Satz 1.5. Nun ist aber klar, dass der Satz nicht nur in $\mathbb{Z}$, sondern für alle Hauptidealringe richtig ist; bei der Verallgemeinerung der Primfaktorzerlegung auf Ringe wird dies eine wichtige Rolle spielen.

5.) Die Elemente a_ν, ν in einer Indexmenge J, heißen **Erzeugende** des Ideals I, wenn

$$I = \sum_J <a_\nu> \,, \quad \text{anders geschrieben} \quad I = <a_\nu \mid \nu \in J> \,.$$

Dies ist besonders wichtig für **endlich erzeugte Ideale**

$$I = <a_1,\ldots,a_n> = \{\sum_{\nu=1}^{n} x_\nu a_\nu \mid x_\nu \in R\}\ .$$

3.2.3 Noethersche Ringe

Das Beispiel $I := <2, x>$ aller Polynome mit geradem konstantem Glied im Ring der Polynome $\mathbb{Z}[x]$ mit ganzzahligen Koeffizienten zeigt, dass keineswegs alle Ideale Hauptideale sind. Allerdings haben sehr viele kommutative Ringe (in der Tat alle, die wir hier benutzen werden) wenigstens die Eigenschaft, dass alle Ideale endlich erzeugt sind. Diese werden **Noethersche Ringe** genannt nach der Begründerin der modernen Algebra, EMMY NOETHER (1882 – 1935). Die definierende Eigenschaft hat wichtige Umformulierungen:

Satz 3.10 *Sei R ein kommutativer Ring. Folgende Aussagen sind äquivalent:*

1. *Alle Ideale sind endlich erzeugt.*
2. *Jede aufsteigende Kette von Idealen $I_1 \subset I_2 \subset \ldots$ bricht ab.*
3. *Jede nichtleere Menge $\mathcal{M}$ von Idealen besitzt maximale Elemente, d.h.*

$$\exists M \in \mathcal{M} \quad mit \quad I \in \mathcal{M}, M \subseteq I \Rightarrow I = M\ .$$

Zum *Beweis* von 1. $\Rightarrow$ 2. sei $I := \bigcup_{\nu \in \mathbb{N}} I_\nu$. I ist ein Ideal, also $I = <x_1,\ldots,x_n>$. Jedes x_i liegt in einem I_{ν_i}. Mit $\nu := \max\{\nu_i \mid i = 1,\ldots,n\}$ ist $I = I_\nu$.
Zum Beweis von 2. $\Rightarrow$ 3. sei $I_1 \in \mathcal{M}$. Wenn I_1 nicht selbst maximal ist, gibt es ein $I_2 \in \mathcal{M}$, welches I_1 echt enthält, u.s.w. Da die so konstruierte aufsteigende Kette von Idealen aus $\mathcal{M}$ mit einem $I_n = M$ abbrechen muss, ist $M \in \mathcal{M}$ maximal.
Um 3. $\Rightarrow$ 1. zu beweisen, sei I ein beliebiges Ideal in R und $x_1 \in I$. Wenn $<x_1> \neq I$, wähle ein $x_2 \in I - <x_1>$, wenn $<x_1, x_2> \neq I$, wähle ein $x_3 \in I - <x_1, x_2>$ usw. Man erhält so eine echt aufsteigende Folge von Idealen in I. Diese muss ein maximales Element $<x_1,\ldots,x_n>$ haben, und dieses muss I sein. $\square$

3.2.4 Primideale und maximale Ideale

Ein Ideal P eines kommutativen Rings R mit Eins heißt **Primideal**, wenn

$$\forall a, b \in R : ab \in P \Rightarrow a \text{ oder } b \in P\ .$$

Beispiele für Primideale sind
  1. alle $<p>$ in $\mathbb{Z}$ für Primzahlen p,

2. $<x>$ in $\mathbb{Z}[x]$,

3. $<p(x)>$ für alle linearen Polynome in $\mathbb{Q}[x]$, oder allgemeiner für alle *irreduziblen* Polynome p , die in $\mathbb{Q}[x]$ keine echten Teiler außer den Einheiten $\mathbb{Q}^*$ besitzen (vgl. Satz 3.17),

4. $<x>$ im Ring der Polynome in zwei Variablen $\mathbb{Q}[x,y]$.

Maximale Ideale M in R sind solche, die $\neq R$ sind und kein echtes Oberideal besitzen, d.h. außer M selbst oder R. Von den Beispielen oben sind das erste und das dritte gleichzeitig maximale Ideale: In $\mathbb{Z}$ ist das einzige Ideal, was $<p>$ echt umfasst (teilt!), das Ideal $\mathbb{Z} = <1>$ selbst; die entsprechende Eigenschaft für irreduzible Polynome in einer Variablen werden wir bald kennenlernen. Beispiele 2. und 4. sind nicht maximal:

$$<x> \subset <2,x> \subset \mathbb{Z}[x] , \qquad <x> \subset <x,y> \subset \mathbb{Q}[x,y]$$

Die Beispiele dienen gleichzeitig als Illustration für folgenden

Satz 3.11 R sei kommutativer Ring mit Eins.
1. $P \subsetneq R$ Primideal $\iff$ R/P Integritätsbereich.
2. $M \subsetneq R$ maximales Ideal $\iff$ R/M Körper.
3. $M \subsetneq R$ maximales Ideal $\implies$ M Primideal.
4. Jedes Ideal $I \subsetneq R$ ist in einem maximalen Ideal enthalten.

Beweis: 1. ist klar nach Definition.
2. Sei M maximal und $x \notin M$. Dann ist $<x> + M = R$, insbesondere gibt es $y \in R$, $m \in M$ mit

$$xy + m = 1 \quad \Rightarrow \quad xy \equiv 1 \bmod M ,$$

d.h. $[x]_M$ hat in R/M ein multiplikatives Inverses, damit ist R/M ein Körper. Die Umkehrung geht fast analog: Sei R/M ein Körper und I ein Ideal mit $M \subsetneq I \subseteq R$, $x \in I - M$. Dann gibt es eine Lösung der Kongruenz

$$xy \equiv 1 \bmod M \quad \Rightarrow \quad 1 \in I \quad \Rightarrow \quad I = R .$$

3. folgt aus 1. und 2.
4. ist eine Behauptung ganz anderen Typs und erfordert Hilfsmittel aus der Mengenlehre, die wir bisher noch nicht gebraucht haben. Jede *vollständig geordnete Teilmenge* $\{I_\nu\}$ von Idealen $\neq R$ (als Ordnung verwenden wir die Inklusion, und „vollständig" heißt, dass für je zwei dieser Ideale $I_\nu \subseteq I_\mu$ oder $I_\mu \subseteq I_\nu$ gilt) hat eine obere Grenze in der Menge aller Ideale, nämlich die Vereinigung $\bigcup I_\nu$ aller dieser Ideale. Dann sagt das ZORN*sche Lemma* (was man als ein Axiom der Mengenlehre ansehen kann), dass jedes Element der betrachteten Menge von einem maximalen Element überboten wird, hier also: Jedes Ideal $I \neq R$ ist in einem maximalen Ideal enthalten. □

3.3 Polynome

3.3.1 Grundbegriffe

Sei R ein kommutativer Ring mit Eins. Warum kann man Polynome mit Koeffizienten in R nicht einfach wie in der Analysis als **Polynomfunktionen** der Form

$$R \to R \;:\; x \mapsto p(x) = a_n x^n + a_{n-1} x^{n-1} + \ldots + a_1 x + a_0\,, \quad \text{alle } a_j \in R, \quad (3.1)$$

einführen? Als *Beispiel* diene das Polynom

$$p(x) := x^2 + x\,, \qquad R = \mathbb{F}_2 = \mathbb{Z}/2\mathbb{Z}\,,$$

welches in $\mathbb{F}_2$ die Nullfunktion beschreibt. Es gibt aber gute Gründe, p nicht mit dem Nullpolynom zu identifizieren: In Körpern, die $\mathbb{F}_2$ in natürlicher Weise enthalten (wir werden in Kap. 7 Körper mit 2^n Elementen kennenlernen, die das tun), beschreibt das Polynom mit den gleichen Koeffizienten *nicht* die Nullfunktion. Wir definieren also den **Polynomring** $R[x]$ als die Menge der formalen Summen der Gestalt (3.1), vornehmer ausgedrückt (um nicht näher erklären zu müssen, was mit x eigentlich gemeint ist) als die Menge aller Abbildungen

$$f : \mathbb{N} \cup \{0\} \to R \;:\; j \mapsto a_j\,,\; a_j = 0 \quad \text{für fast alle } j\,.$$

Addition von Polynomen wird durch punktweise Addition dieser Abbildungen definiert und die Multiplikation durch die **Faltung**

$$(f * g)(k) := \sum_{j=0}^{k} f(j) g(k-j)\,.$$

Man überzeuge sich davon, dass diese Definition gerade die übliche Multiplikation von Polynomen ergibt. Für den praktischen Gebrauch ist diese Definition nicht immer übersichtlich; wir werden also künftig weiter die Schreibweise (3.1) verwenden, allerdings sorgfältig unterscheiden müssen, wann von Polynomen die Rede ist und wann von den ihnen zugeordneten Polynomfunktionen.

Der **Grad** des Polynoms ist das Maximum der Indizes j, für die der Koeffizient $a_j \neq 0$ ist, m.a.W. der höchste wirklich vorkommende Exponent von x. Für $\operatorname{grad} p = n$ nennt man a_n den **führenden Koeffizienten** von p. Für das Nullpolynom ergänzen wir diese Definition durch $\operatorname{grad} 0 := -\infty$. Weil bei der Multiplikation von Polynomen der führende Koeffizient des Produkts genau das Produkt der führenden Koeffizienten wird, erhält man so den

Hilfssatz 3.12 *Sei R ein Integritätsbereich und $f, g \in R[x]$. Dann gilt*

$$\operatorname{grad}(fg) = \operatorname{grad} f + \operatorname{grad} g .$$

Insbesondere ist auch $R[x]$ ein Integritätsbereich.

Den Polynomring in n Variablen kann man induktiv definieren als

$$R[x_1, \ldots, x_n] = (R[x_1, \ldots, x_{n-1}])[x_n] .$$

In der Tat ist $(R[x])[y] = (R[y])[x]$, was man leicht einsieht, wenn man z.B. die oben angegebene vornehme Definition auf Polynome zweier Variablen verallgemeinert.

3.3.2 Symmetrische Polynome

Sei R ein kommutativer Ring mit Eins. Ein Polynom $f(x_1, \ldots, x_n) \in R[x_1, \ldots, x_n]$ heißt **symmetrisch** in $x_1, \ldots, x_n$, wenn es unter allen Permutationen der Variablen invariant bleibt, m.a.W. wenn für alle $\sigma \in S_n$

$$f(x_{\sigma(1)}, \ldots, x_{\sigma(n)}) = f(x_1, \ldots, x_n) .$$

Als *Beispiele* sind die **elementarsymmetrischen Polynome**

$$\begin{aligned}
s_1(x_1, \ldots, x_n) &:= x_1 + x_2 + \ldots + x_n \\
s_2(x_1, \ldots, x_n) &:= x_1 x_2 + \ldots + x_1 x_n + x_2 x_3 + \ldots + x_2 x_n + \ldots + x_{n-1} x_n \\
s_3(x_1, \ldots, x_n) &:= x_1 x_2 x_3 + \ldots \\
&\ \ \vdots \qquad\qquad \vdots \\
s_n(x_1, \ldots, x_n) &:= x_1 x_2 \cdot \ldots \cdot x_n
\end{aligned}$$

wohlbekannt, weil sie im VIETA*schen Wurzelsatz* als Koeffizienten des Polynoms

$$f(x) = (x - x_1)(x - x_2) \cdot \ldots \cdot (x - x_n) =$$

$$= x^n - s_1(x_1, \ldots, x_n) x^{n-1} \pm \ldots + (-1)^n s_n(x_1, \ldots, x_n) \qquad (3.2)$$

auftreten; wir werden diesen Sachverhalt sowohl so benutzen, dass $x_1, \ldots, x_n$ als Variable angesehen werden, also $f \in R[x, x_1, \ldots, x_n]$ annehmen, als auch spezielle Werte für die x_j einsetzen, d.h. also die **Nullstellen** von $f(x) \in R[x]$. Dass wir hier von *den* Nullstellen sprechen können (wenn $R = K$ ein geeigneter Körper ist), müssen wir natürlich noch rechtfertigen.— Die elementarsymmetrischen Polynome sind aber auch deswegen so wichtig, weil sich alle symmetrischen Polynome aus diesen Grundbausteinen durch Ringoperationen konstruieren lassen:

Satz 3.13 *Sei $f(x_1, \ldots, x_n) \in R[x_1, \ldots, x_n]$ ein symmetrisches Polynom. Dann existiert ein eindeutig bestimmtes Polynom $g(t_1, \ldots, t_n) \in R[t_1, \ldots, t_n]$ mit der Eigenschaft*

$$f(x_1, \ldots, x_n) = g(s_1(x_1, \ldots, x_n), \ldots, s_n(x_1, \ldots, x_n)) \ .$$

Wir verschieben den (etwas technischen) Beweis auf den nächsten Abschnitt und erläutern den Satz zunächst an *Beispielen*:

1. $x_1^2 + x_2^2 + x_3^2 = (x_1 + x_2 + x_3)^2 - 2(x_1 x_2 + x_1 x_3 + x_2 x_3)$
2. $x_1^3 + x_2^3 = (x_1 + x_2)^3 - 3(x_1^2 x_2 + x_1 x_2^2) = (x_1 + x_2)^3 - 3(x_1 + x_2)x_1 x_2$
3. Sei $f(x) = (x - x_1)(x - x_2) \cdot \ldots \cdot (x - x_n)$ und

$$D(f) := \prod_{1 \leq i < j \leq n} (x_j - x_i)^2$$

die **Diskriminante** von f ($\sqrt{D(f)}$ haben wir bereits in 2.6.4 zur Definition der alternierenden Gruppe A_n verwendet). Als symmetrisches Polynom der $x_1, \ldots, x_n$ lässt sich $D(f)$ ausdrücken durch die elementsymmetrischen Polynome s_j der x_ν, m.a.W. durch die Koeffizienten des Polynoms f ; da wir über R keine Voraussetzungen gemacht haben, lässt sich $D(f)$ z.B. in $\mathbb{Z}[s_1, \ldots, s_n]$ schreiben. Wir werden für Integritätsbereiche R noch zeigen, dass die Nullstellen von f eindeutig bestimmt sind (Satz 3.18), und dann gilt die folgende wichtige Aussage:

$$D(f) = 0 \quad \Longleftrightarrow \quad \exists i \neq j : x_i = x_j \ , \tag{3.3}$$

d.h. f hat mehrfache Nullstellen.

4. Insbesondere erhält man für $n = 2$ und 3

$$f(x) = x^2 - s_1 x + s_2 \quad \Rightarrow \quad D(f) = s_1^2 - 4 s_2 \ ,$$

$$f(x) = x^3 - s_1 x^2 + s_2 x - s_3 \quad \Rightarrow \quad D(f) = s_1^2 s_2^2 - 4 s_2^3 - 4 s_1^3 s_3 - 27 s_3^2 + 18 s_1 s_2 s_3.$$

Bemerkung: Implizit oder explizit haben wir nun schon öfter von **Einsetzungshomomorphismen** Gebrauch gemacht, etwa in 3.1.3: Indem man in jedes Polynom anstelle der Variablen x das Ringelement $a \in R$ einsetzt, erhält man einen natürlichen Homomorphismus

$$R[x] \to R \ : \ f(x) \mapsto f(a) \ ,$$

in dessen Kern genau die Polynome mit Nullstelle a liegen. Natürlich kann man einen solchen Einsetzungshomomorphismus auch für Polynomringe in mehreren Variablen definieren, oder auch dann, wenn die Werte nicht in R selbst, sondern in einem anderen Ring liegen, der R enthält. Der Satz über die elementarsymmetrischen Polynome lässt sich dann so formulieren, dass *die symmetrischen Polynome das Bild des Einsetzungshomomorphismus*

$$R[t_1,\ldots,t_n] \to R[x_1,\ldots,x_n] \; : \; t_j \mapsto s_j(x_1,\ldots,x_n) \quad \forall\, j=1,\ldots,n$$

bilden.

3.3.3 Beweis von Satz 3.13

Wir führen den Beweis durch eine Induktion über die Größe des maximalen Exponenten im Polynom f: Wenn der größte Exponent $e = 0$ ist, ist f konstant $= b$ und g kann als konstantes Polynom b gewählt werden, also gilt die Behauptung. Sei nun die Existenz von g für kleinere maximale Exponenten nachgewiesen. Für alle symmetrischen f mit höchstem Exponenten e gibt es Exponenten-n-Tupel

$$e = \lambda_1 \geq \lambda_2 \geq \ldots \geq \lambda_n \quad \text{und Glieder} \quad a x_1^{\lambda_1} x_2^{\lambda_2} \cdot \ldots \cdot x_n^{\lambda_n}$$

in f mit $a \neq 0$, $\lambda_2,\ldots,\lambda_n$ ebenfalls maximal gewählt (d.h. unter allen Gliedern mit maximalem x_1-Exponenten $e = \lambda_1$ betrachte diejenigen mit maximalem x_2-Exponenten λ_2, unter diesen wieder die mit maximalem x_3-Exponenten λ_3 u.s.w. — man führt also eine *lexikographische Ordnung* der Exponenten-n-Tupel ein). Da f symmetrisch ist, muss es von folgender Form sein:

$$a x_1^{\lambda_1 - \lambda_2} (x_1 x_2)^{\lambda_2 - \lambda_3} (x_1 x_2 x_3)^{\lambda_3 - \lambda_4} \cdot \ldots \cdot (x_1 x_2 \cdot \ldots \cdot x_n)^{\lambda_n} + \text{alle Glieder, die daraus}$$

durch Permutation der Variablen entstehen $\quad + \quad$ ein symmetrisches Polynom mit kleineren Exponenten–n–Tupeln $=$

$$= a s_1(x_1,\ldots,x_n)^{\lambda_1 - \lambda_2} s_2(x_1,\ldots,x_n)^{\lambda_2 - \lambda_3} \cdot \ldots \cdot s_n(x_1,\ldots,x_n)^{\lambda_n} +$$

$+$ ein anderes symmetrisches Polynom mit kleineren Exponenten–n–tupeln, die sich nach Induktionsannahme schon als Polynome in $s_1,\ldots,s_n$ schreiben lassen. Damit ist die Existenz einer solchen Darstellung ($=$ Surjektivität des oben genannten Einsetzungshomomorphismus) klar. Die Eindeutigkeit von g ($=$ Injektivität des Einsetzungshomomorphismus) folgt aus

Satz 3.14 *Die elementarsymmetrischen Polynome sind* **algebraisch unabhängig**, *d.h. für* $h(t_1,\ldots,t_n) \in R[t_1,\ldots,t_n]$ *ist*

$$h(s_1(x_1,\ldots,x_n),\ldots,s_n(x_1,\ldots,x_n)) = 0 \iff h \equiv 0.$$

Da die eine Richtung der Behauptung trivial ist, beschränken wir uns auf die Annahme $h \not\equiv 0$ und leiten daraus ab, dass auch bei Einsetzen der s_j ein symmetrisches Polynom $\neq 0$ entsteht. Dabei verwenden wir eine andere lexikographische

Exponentenanordnung: Es existieren Summanden von h der Form $at_1^{\nu_1} \cdot \ldots \cdot t_n^{\nu_n}$ mit $a \neq 0$ und maximaler Exponentensumme $\sum_{j=1}^{n} \nu_j$, unter diesen kann man wieder Glieder mit maximalem $\sum_{j=2}^{n} \nu_j$ finden, unter diesen solche mit maximalem $\sum_{j=3}^{n} \nu_j, \ldots$, maximalem ν_n. Beim Einsetzen der elementarsymmetrischen Polynome ergibt sich

$$h(s_1(x_1,\ldots,x_n),\ldots,s_n(x_1,\ldots,s_n)) = ax_1^{\nu_1}(x_1x_2)^{\nu_2}(x_1x_2x_3)^{\nu_3}\cdot\ldots\cdot(x_1\cdot\ldots\cdot x_n)^{\nu_n} +$$

alle Glieder, die daraus durch Variablenpermutation entstehen + Glieder mit kleineren Exponentensummen. Also ist dieses Polynom $\not\equiv 0$. □

3.3.4 Derivationen

Sei R ein kommutativer Ring mit Eins. Eine Abbildung

$$\partial : R[x] \to R[x]$$

wird als **Derivation** bezeichnet, wenn sie folgende Eigenschaften besitzt: $\forall a \in R, f, g \in R[x]$ gilt

1. $\partial(af) = a\partial(f)$ und $\partial(f+g) = \partial(f) + \partial(g)$, d.h. ∂ ist R–linear,
2. $\partial(fg) = \partial(f) \cdot g + f \cdot \partial(g)$,
3. $\partial(1) = 0$ und $\partial(x) = 1$.

$\partial(f)$ wird auch einfach als f' geschrieben. Die Derivation ist durch die angegebenen Eigenschaften bereits eindeutig bestimmt, denn man erhält z.B. durch Induktion über den Grad

$$\partial(a_nx^n + a_{n-1}x^{n-1} + \ldots + a_1x + a_0) = na_nx^{n-1} + (n-1)a_{n-1}x^{n-2} + \ldots + a_1 \quad (3.4)$$

Dabei ist nb zu lesen als die Summe $b + b + \ldots + b$ mit n Summanden.

3.4 Euklidische und faktorielle Ringe

3.4.1 Division mit Rest für Polynome. Primpolynome

Satz 3.15 *Sei K ein Körper, $a = a(x)$ und $b = b(x) \neq 0$ Polynome in $K[x]$. Dann gibt es Polynome $q = q(x)$ und $r = r(x)$ in $K[x]$ mit*

$$a = qb + r \quad \text{und} \quad \text{grad}\, r < \text{grad}\, b.$$

Mit $b \neq 0$ ist gemeint, dass b nicht das Nullpolynom ist; Nullstellen darf es besitzen. Der *Beweis* beruht auf einer Induktion über $\text{grad}\, a - \text{grad}\, b$ und liefert gleichzeitig ein rekursives Verfahren zur Bestimmung von q und r. Für $\operatorname{grad} b > \operatorname{grad} a$ ist nichts zu zeigen, denn man kann $q = 0$ wählen. Sei also

$$a(x) = a_n x^n + \ldots, \quad b(x) = b_m x^m + \ldots \quad \text{mit} \quad a_n, b_m \neq 0 \quad \text{und} \quad n \geq m,$$

wobei die Punkte jeweils die Summanden mit kleineren Exponenten andeuten sollen. Das führende Glied des Polynoms q ist nun $a_n b_m^{-1} x^{n-m}$, denn offenbar ist

$$\operatorname{grad}(a(x) - a_n b_m^{-1} x^{n-m} b(x)) < \operatorname{grad} a(x),$$

und genauso kann man von dem linksstehenden Polynom weitere Vielfache von $b(x)$ abziehen, um den Grad des Restes weiter zu vermindern, bis er schließlich $< \operatorname{grad} b$ ist. □

Definition: Wir nennen ein Polynom f und allgemeiner ein Element eines Rings R **irreduzibel**, wenn es weder 0 noch Einheit ist, und wenn es nur von sich selbst und von Einheiten des Rings geteilt wird, genauer: wenn alle Teiler in R^* und fR^* liegen. Aus Hilfssatz 3.12 folgt sofort:

Hilfssatz 3.16 *Sei R ein Integritätsbereich. Dann ist die Einheitengruppe R^* auch die Einheitengruppe des Polynomrings $R[x]$.*

Da es bei Teilbarkeitsfragen auf Multiplikation mit Einheiten nicht ankommt, liegt es nahe, ein Repräsentantensystem der Bahnen auszuwählen, wenn man die Einheitengruppe auf dem Ring durch Multiplikation operieren lässt. Das legt folgende Definition nahe:

Definition: Im Polynomring $K[x]$ über einem Körper K nennen wir ein Polynom **normiert**, wenn es von der Form

$$x^n + a_{n-1} x^{n-1} + \ldots + a_0$$

ist. Es heißt **Primpolynom**, wenn es normiert und irreduzibel ist.

Für jeden Körper K sind die linearen normierten Polynome $x - a$, $a \in K$, Primpolynome von $K[x]$, aber je nach Wahl von K kann es in $K[x]$ noch mehr Primpolynome geben: $x^2 + 1$ ist Primpolynom für $K = \mathbb{Q}$, nicht aber für $K = \mathbb{C}$. Dieser Unterschied wird uns in den späteren Abschnitten über Körpererweiterungen noch eingehend beschäftigen.

3 Ringe

3.4.2 Eindeutige Primpolynomzerlegung

Satz 3.17 *Sei K ein Körper. Im Polynomring $K[x]$*

1. *ist jedes Ideal ein Hauptideal,*

2. *gibt es für je zwei Polynome a, b einen (normierten) größten gemeinsamen Teiler,*

3. *der sich durch höchstens $n = \min\{\operatorname{grad} a, \operatorname{grad} b\}$ Divisionen mit Rest bestimmen lässt,*

4. *gilt für beliebige $a, b \in K[x]$ und Primpolynome $p \in K[x]$*

$$p \mid ab \quad \Rightarrow \quad p \mid a \quad oder \quad p \mid b\,,$$

5. *lässt sich jedes Polynom $a(x) \neq 0$ bis auf Einheiten und Reihenfolge eindeutig in ein Produkt von Primpolynomen zerlegen.*

Da der *Beweis* ganz analog zu dem in Abschnitt 1.3 geführten Beweis für $\mathbb{Z}$ verläuft und ohnehin gleich noch im allgemeinerem Rahmen der euklidischen Ringe abgehandelt werden wird, sei hier als Beispiel nur der erste Punkt bewiesen: Wenn das Ideal $I \subseteq K[x]$ nicht $\{0\}$ ist, enthält es ein Polynom b kleinsten Grades. Jedes andere Polynom $a \in I$ lässt sich mit Rest durch b teilen. Dieser Rest

$$r = a - qb$$

liegt aber auch in I und hat kleineren Grad als b, muss daher 0 sein. Also ist $a \in <b>$, folglich $I = <b>$. $\square$

3.4.3 Nullstellen

Satz 3.18 *Sei R ein Integritätsbereich und $a(x) \in R[x]$ ein Polynom vom Grad n. Dann hat a höchstens n Nullstellen in R. Wenn $R = K$ ein Körper ist, besteht eine Bijektion*

$$x_j \longleftrightarrow (x - x_j)$$

zwischen den Nullstellen $x_j \in K$ von a und den linearen Primpolynomteilern $(x - x_j) \mid a(x)$ von a.

Zum *Beweis* betrachten wir zuerst den Fall, dass $R = K$ ein Körper ist. Wenn $(x - x_j) \mid a(x)$, dann ist natürlich $a(x_j) = 0$. Wenn umgekehrt $a(x_j) = 0$, teile man $a(x)$ durch $(x - x_j)$ mit Rest

$$r = a(x) - q(x)(x - x_j)\,,$$

und dieser Rest muss grad $r < 1$ erfüllen, also konstant sein. Setzt man rechts für x den Wert x_j ein, so sieht man, dass $r = 0$ ist, also gilt $(x - x_j) \mid a(x)$. Wegen Hilfssatz 3.12 kann $a(x)$ höchstens n Linearfaktoren haben, demnach höchstens n verschiedene Nullstellen. Diese Aussage bleibt für Integritätsbereiche anstelle von Körpern richtig, weil man immer zum Quotientenkörper übergehen kann und dabei die Anzahl der Nullstellen allenfalls größer werden kann. □

Natürlich können Primpolynomteiler in der Faktorzerlegung von $a(x)$ mehrfach auftreten, und wie in der Zahlentheorie von $\mathbb{Z}$ kann man die Multiplizität des Primpolynoms p in der Zerlegung von a als p-**Ordnung** $\mathrm{ord}_p(a) = \nu_p(a)$ einführen. Handelt es sich bei p um ein lineares Polynom $(x - x_0)$, das also auch einer Nullstelle entspricht, so nennt man $\nu_p(a)$ die **Nullstellenordnung** von a im Punkt x_0 und schreibt dafür $\mathrm{ord}_{x_0} a$. Im Fall $R = \mathbb{R}$ oder $\mathbb{C}$ steht dieser Begriff in Übereinstimmung mit den entsprechenden Begriffen aus Analysis und Funktionentheorie.

Der oben bewiesene Satz wird für Ringe mit Nullteilern falsch: Im Ring $\mathbb{Z}/8\mathbb{Z}$ hat das Polynom $x^2 - 1$ die vier Nullstellen $[1], [3], [5], [7]$, vgl. auch die Bemerkungen in Abschnitt 1.5.2.

Schließlich sei erwähnt, dass es Körper gibt, in deren Polynomring *jedes* Polynom in Linearfaktoren zerfällt, wo also (mit Multiplizität gezählt) jedes Polynom ebensoviele Nullstellen besitzt, wie sein Grad angibt. Solche Körper nennt man *algebraisch abgeschlossen* aus einem Grund, der später im Kapitel über Körpererweiterungen klar werden wird. Es genügt natürlich, dazu zu verlangen, dass jedes Polynom überhaupt eine Nullstelle hat: Dann kann man durch den entsprechenden Linearfaktor dividieren und die Voraussetzung auf den Quotienten anwenden, u.s.w.. Der Körper der komplexen Zahlen $\mathbb{C}$ ist ein algebraisch abgeschlossener Körper, wie wir im *Fundamentalsatz der Algebra* 6.16 sehen werden.

3.4.4 Eine Anwendung: Involutionen zyklischer Gruppen

Bei unserem ersten Versuch, endliche Gruppen zu klassifizieren, sind wir auf das Problem gestossen, alle ihre Involutionen zu bestimmen, d.h. alle Automorphismen σ mit $\sigma \neq \mathrm{id}$, $\sigma^2 = \mathrm{id}$. Aus Satz 2.6 wissen wir, dass wir uns auf die additiven Gruppen $\mathbb{Z}/n\mathbb{Z}$ beschränken können. Wir müssen noch beweisen:

Hilfssatz 2.30 *Sei $p > 2$ Primzahl. $\mathbb{Z}/p\mathbb{Z}$ hat nur die Involution*

$$\sigma : \mathbb{Z}/p\mathbb{Z} \to \mathbb{Z}/p\mathbb{Z} : [n] \mapsto -[n] .$$

Zum *Beweis* sei $\sigma([1]) = x \in \mathbb{Z}/p\mathbb{Z}$. Da $[1]$ die Gruppe erzeugt, ist σ durch x eindeutig bestimmt: Für alle $a \in \mathbb{Z}/p\mathbb{Z}$ ist $\sigma(a) = ax$, wobei man ax durch Multiplikation der Repräsentanten ausrechnen kann, also Multiplikation im Körper

3 Ringe

$\mathbb{F}_p = \mathbb{Z}/p\mathbb{Z}$. Nach Voraussetzung muss nun $x \neq 1$ sein (vereinfacht für $\neq [1]$), aber $x^2 = 1$. Das Polynom $x^2 - 1$ hat aber nach unserem Satz im Körper $\mathbb{F}_p$ nur die Nullstellen 1 und -1, daher die Behauptung. □

Für nicht-Primzahl-Ordnungen ist der Satz in dieser Form nicht richtig: $\mathbb{Z}/8\mathbb{Z}$ hat drei Involutionen

$$[n] \mapsto [3n], \quad [5n] \quad \text{oder} \quad [7n],$$

entsprechend der Tatsache, dass $x^2 - 1$ im Ring $\mathbb{Z}/8\mathbb{Z}$ vier Nullstellen hat. Die Zahlentheorie dieser Restklassenringe werden wir im nächsten Kapitel allgemeiner und systematischer kennenlernen.

3.4.5 Eine Anwendung auf die elementare Zahlentheorie

Satz 3.19 (WILSON) *Sei p eine Primzahl. Dann ist*

$$(p-1)! \equiv -1 \bmod p.$$

Beweis: Links steht das Produkt über alle Elemente der multiplikativen Gruppe des Körpers $\mathbb{F}_p$. Da mit jedem $a \in \mathbb{F}_p^*$ auch $a^{-1} \in \mathbb{F}_p^*$ ist, lassen sich die Faktoren zu Paaren $a \cdot a^{-1} = 1$ zusammenfassen mit Ausnahme der Elemente $a \in \mathbb{F}_p^*$, welche $a^2 = 1$ erfüllen. Da die Gleichung $x^2 = 1$ im Körper $\mathbb{F}_p$ genau die Lösungen ± 1 hat, folgt daraus die Behauptung. □

3.4.6 Euklidische Ringe

Ein Integritätsbereich R wird **euklidischer Ring** genannt, wenn eine **Gradfunktion** g auf R existiert, die auf $R - \{0\}$ nichtnegative ganzzahlige Werte annimmt und eine **Division mit Rest** in folgendem Sinne erlaubt: $\forall a, b \in R$, $b \neq 0$,

$$\exists\, q, r \in R \quad \text{mit} \quad a = qb + r \quad \text{und} \quad r = 0 \quad \text{oder} \quad g(r) < g(b) \tag{3.5}$$

Wir wissen schon, dass $\mathbb{Z}$ und Polynomringe $K[x]$ über Körpern K Beispiele euklidischer Ringe sind, im ersten Fall mit $g(b) = |b|$ und im zweiten Fall mit $g(b) = \text{grad}\, b$ als Gradfunktion. Weitere wichtige Beispiele werden wir bald kennenlernen. Der euklidische Algorithmus zur Bestimmung des ggT und die eindeutige Primfaktorzerlegung lässt sich auf alle euklidischen Ringe ganz wie für $\mathbb{Z}$ und $K[x]$ entwickeln, wir werden letzteres herleiten aus dem

Satz 3.20 *Euklidische Ringe sind Hauptidealringe.*

Der *Beweis* verläuft wie schon zweimal gehabt: In einem Ideal $I \neq \{0\}$ nehme man ein Element $m \neq 0$ kleinsten Grades. Für ein beliebiges $a \in I$ wende man Division mit Rest durch m an, dann gehört der Rest r ebenfalls zu I und erfüllt $g(r) < g(m)$, also hat man

$$r = 0 \Rightarrow a = qm \Rightarrow a \in <m> \Rightarrow I = <m>\ . \square$$

3.4.7 Faktorielle Ringe

Einen Integritätsbereich R nennen wir einen **faktoriellen Ring**, wenn jedes Element in R bis auf Einheiten und Reihenfolge eindeutig in ein Produkt von irreduziblen Elementen zerlegt werden kann; zur Defininition von *irreduzibel* vgl. 3.4.1. Die Einschränkung kommt daher, dass – wie bei Polynomen – auch in anderen Ringen jedes $p \in R$ von allen Elementen aus R^* und aus pR^* geteilt wird, bei irreduziblen p aber *nur* von diesen. Man nennt Elemente, die sich um Faktoren aus der Einheitengruppe R^* unterscheiden, **assoziiert** (diese bilden eine Bahn für die Multiplikationsoperation von R^* auf R) und wählt zweckmäßigerweise unter den irreduziblen Elementen ein Repräsentantensystem $\mathbb{P}$ der Klassen assoziierter Elemente aus; in $\mathbb{Z}$ waren das die positiven unter den irreduziblen Zahlen, in $K[x]$ die normierten unter den irreduziblen Polynomen. Mit diesen Bezeichnungen liegt ein faktorieller Ring genau dann vor, wenn sich jedes $a \in R, a \neq 0$, bis auf die Reihenfolge eindeutig schreiben lässt als

$$a = rp_1 \cdot \ldots \cdot p_n \quad \text{mit} \quad r \in R^*, \quad \text{alle} \quad p_j \in \mathbb{P}\ .$$

Satz 3.21 *Sei R Integritätsbereich und Hauptidealring, z.B. also ein ein euklidischer Ring. Dann ist R faktoriell.*

Hilfssatz 3.22 *Sei R ein Hauptidealring. Dann besitzt jede nichtleere Menge von Hauptidealen $\neq R$ maximale Elemente.*

Insbesondere ist nämlich R Noethersch, und daher ist die Aussage des Hilfssatzes ein Spezialfall von Satz 3.10. $\square$
Dieser Hilfssatz dient zum Nachweis der Existenz einer Primfaktorzerlegung: Zu jedem Hauptideal $<a_0> \neq R$ gibt es ein maximales $<m> \supseteq <a_0>$. Nach Abschnitt 3.2.2.2 heißt das, dass m keinen nichttrivialen Teiler haben kann, also irreduzibel ist, wir können also o.B.d.A. $m \in \mathbb{P}$ voraussetzen. Gäbe es also Elemente $a \in R$ ohne Primfaktorzerlegung, dann könnte man die davon erzeugten Ideale $<a>$ betrachten und ein maximales $<a_0>$ unter diesen Idealen auswählen. Dann wäre das oben gefundene m ein Teiler von a_0 , $<a_0> \subsetneq <a_0 m^{-1}>$, also hat $a_0 m^{-1}$ eine Primfaktorzerlegung, somit auch a_0, Widerspruch.— Die Eindeutigkeit der Primfaktorzerlegung folgt aus

Hilfssatz 3.23 *Sei R Hauptidealring, $p \in \mathbb{P}$ irreduzibel in R und $a, b \in R$. Dann gilt*
$$p \mid ab \Rightarrow p \mid a \quad oder \quad p \mid b.$$

Zum *Beweis des Hilfssatzes* nehmen wir an, dass $p \nmid a$. Dann ist
$<p> \subsetneq <p> + <a>$, also ($<p>$ ist maximal)

$$<p> + <a> = R \Rightarrow \exists x, y \in R \quad \text{mit} \quad px + ay = 1 \Rightarrow bpx + aby = b.$$

p teilt beide Summanden links, also auch b, wie behauptet. □

Der *Beweis des Satzes* folgt daraus wie der von Satz 1.11: Wir wissen bereits, dass jedes $a \in R$ eine Primfaktorzerlegung besitzt. Wäre diese nicht eindeutig, so gäbe es — nach Division durch gleiche Faktoren — zwei gleiche Produkte

$$rq_1 \cdot \ldots \cdot q_k = sp_1 \cdot \ldots \cdot p_l$$

mit $r, s \in R^*$, alle q_i und $p_j \in \mathbb{P}$, kein $p_j = q_i$. Der Hilfssatz zeigt aber, dass q_1 Teiler von s (unmöglich) oder von einem p_j sein muss. Da beide irreduzibel sind, muss

$$<q_1> = <p_j> \quad \Rightarrow \quad q_1 \in R^* p_j$$

sein, beide also Repräsentanten der gleichen R^*-Bahn, nach Konstruktion also $q_1 = p_j$, Widerspruch. □

Eine genauere Betrachtung des Beweises zeigt, dass nicht die Eigenschaft gebraucht wurde, dass R Hauptidealring ist, sondern dass die Aussagen der beiden Hilfssätze gelten. Da diese umgekehrt leicht aus der Tatsache gefolgert werden können, dass R faktoriell ist (Übungsaufgabe), kann man einen schärferen Satz so formulieren:

Satz 3.24 *Der Integritätsbereich R ist genau dann faktoriell, wenn*

1. *jede nichtleere Menge von Hauptidealen maximale Elemente besitzt,*

2. *für alle $a, b \in R$ und alle irreduziblen $p \in R$ gilt*

$$p \mid ab \quad \Rightarrow \quad p \mid a \quad oder \quad p \mid b.$$

Dieser Satz zeigt z.B., dass auch Ringe wie $\mathbb{Z}[x]$, die nicht selbst Hauptidealringe sind, faktoriell sein können; vgl. dazu Folgerung 6.12. Auch für andere Ringe R nennt man irreduzible Elemente $p \in R$ *prim*, wenn sie für alle $a, b \in R$ die Implikation aus 3.24.2 erfüllen.

3.4.8 Noch mehr euklidische Ringe

Außer $\mathbb{Z}$ und $K[x]$ sind noch einige Ringe $\mathcal{O}_d$ euklidisch, die wir in Satz 3.5 eingeführt haben.

Satz 3.25 *Die Ringe* $\mathcal{O}_d = \mathbb{Z}[\alpha]$ *der ganzen Zahlen quadratischer Zahlkörper* $\mathbb{Q}(\sqrt{d})$ *sind euklidisch für* $d = -11, -7, -3, -2, -1, 2, 3, 5, 13$.

Wir erläutern den *Beweis* zunächst am Beispiel des Rings $\mathcal{O}_{-1} = \mathbb{Z}[i]$ der ganzen Gaußschen Zahlen. Als Gradfunktion für die Division mit Rest nimmt man die **Norm**, hier einfach das komplexe Betragsquadrat

$$g(m+ni) = N(m+ni) := |m+ni|^2 = m^2 + n^2$$

und muss zeigen, dass für alle $a, b \in \mathbb{Z}[i]$ ein $q \in \mathbb{Z}[i]$ existiert mit der Eigenschaft $N(a - qb) < N(b)$. Da sich die Norm multiplikativ verhält, genügt es, durch b zu dividieren und zu zeigen, dass zu jedem $\beta = \frac{a}{b} \in \mathbb{Q}(i)$ ein ganzes $q \in \mathbb{Z}[i]$ existiert mit $N(\beta - q) < 1$. Da N einfach das Quadrat des euklidischen Abstands zum Nullpunkt bezeichnet, muss m.a.W. gezeigt werden, dass es zu jedem β einen Punkt q des Gitters $\mathbb{Z}[i]$ gibt, der zu β einen Abstand < 1 hat. Da der größte Abstand zum Gitter $\mathbb{Z}[i]$ für die Punkte $\frac{1}{2}(1+i) + \mathbb{Z}[i]$ erreicht wird und < 1 ist, ist $\mathbb{Z}[i]$ euklidisch. Für die anderen negativen d verläuft der Beweis genauso: Jedesmal nutzt man aus, dass $\mathcal{O}_d = \mathbb{Z}[\alpha]$ ein Gitter in $\mathbb{C}$ bildet mit kleiner Maschengröße, so dass der größte Abstand aller komplexen β zu den Gitterpunkten < 1 bleibt.

Für die genannten $d > 0$ ist die Situation komplizierter, weil die Wahl der Gradfunktion weniger auf der Hand liegt als im imaginärquadratischen Fall. Für jedes $\beta = r + s\sqrt{d} \in \mathbb{Q}(\sqrt{d})$ definiert man das **algebraisch konjugierte** als $\beta' := r - s\sqrt{d}$ und bettet $\mathcal{O}_d$ vermöge

$$\beta \mapsto (\beta, \beta') = (x, y)$$

in den $\mathbb{R}^2$ ein. Das Bild wird ebenfalls ein Gitter O, d.h. besteht aus den ganzzahligen Linearkombinationen zweier über $\mathbb{R}$ linear unabhängiger Vektoren, nämlich $(1,1)$ (Bild von 1) und

$$(\sqrt{d}, -\sqrt{d}) \quad \text{für} \quad d \equiv 2, 3 \bmod 4,$$

$$\frac{1}{2}(1 + \sqrt{d}, 1 - \sqrt{d}) \quad \text{für} \quad d \equiv 1 \bmod 4$$

(Bild von α). Als Gradfunktion für die Division mit Rest benutzt man hier den **Normbetrag** $|N(\beta)| := |\beta \beta'| = |xy|$ und wie oben muss man zeigen, dass für alle $\beta \in \mathbb{Q}(\sqrt{d})$ ein $q \in \mathcal{O}_d$ existiert mit $|N(\beta - q)| < 1$. Man überlege sich zunächst, dass für alle reellen x, y

$$|x+y| < 2 \quad \text{und} \quad |x-y| < 2 \quad \Longrightarrow \quad |xy| < 1$$

implizieren. Nach Konstruktion von N genügt es dann, zu zeigen, dass für alle $(x, y) \in \mathbb{R}^2$ ein Gitterpunkt $(x_0, y_0) \in O$ existiert mit

$$|(x - x_0) + (y - y_0)| \quad \text{und} \quad |(x - x_0) - (y - y_0)| < 2 \, .$$

Das führt wieder auf eine geometrische Frage über Gitter, ob nämlich die auf der Spitze stehenden Quadrate mit Diagonalenlänge 4, deren Mittelpunkte die Gitterpunkte sind, die Ebene lückenlos überdecken. Diese Frage lässt sich in den angegebenen vier Fällen positiv beantworten. □

Es gibt noch mehr reellquadratische $\mathcal{O}_d$, für die $|N|$ eine Gradfunktion für den euklidischen Algorithmus darstellt, aber für diese muss man den Beweis sorgfältiger führen. Aber auch ohne euklidisch zu sein, kann $\mathcal{O}_d$ sehr wohl faktoriell sein: Man vermutet sogar, dass es unendlich viele reellquadratische Hauptidealringe $\mathcal{O}_d$ gibt. Im Gegensatz dazu stehen die imaginärquadratischen Ringe ganzer Zahlen: Hier weiß man — erst seit 1966 — nach Arbeiten von A. BAKER bzw. H. STARK nach Vorarbeiten von HEEGNER, dass man Hauptidealringe in genau neun Fällen hat, nämlich für

$$-d = 1, \, 2, \, 3, \, 7, \, 11, \, 19, \, 43, \, 67, \, 163 \, .$$

Erinnerung: Wir haben schon in 1.3.2 gezeigt, dass $\mathcal{O}_{-26}$ nicht faktoriell ist. Im Licht unserer neueren Erkenntnisse liegt das daran, dass das irreduzible Element 3 zwar das Produkt $(1 + \sqrt{-26})(1 - \sqrt{-26})$ teilt, aber keinen der Faktoren. Klar, dass der Ring dann auch nicht euklidisch sein kann.

Es gibt noch einen wesentlichen Unterschied zwischen imaginärquadratischen und reellquadratischen Ringen ganzer Zahlen zu erwähnen: Im ersten Fall ist die Einheitengruppe endlich, nämlich

$$\{1, -1, i, -i\} \quad \text{für} \quad d = -1 \, ,$$

$$\{e^{\frac{2\pi i k}{6}} \mid k = 1, \ldots, 6\} \quad \text{für} \quad d = -3 \, ,$$

$$\{1, -1\} \quad \text{für} \quad d < -3 \, .$$

Im Gegensatz dazu sind $1 + \sqrt{2}$ Einheit in $\mathcal{O}_2$, $2 + \sqrt{3} \in \mathcal{O}_3^*$, $\frac{1+\sqrt{5}}{2} \in \mathcal{O}_5^*$, und alle erzeugen eine unendliche Gruppe von Einheiten (warum? Nachrechnen!). Dass in *jedem* reellquadratischen Ring ganzer Zahlen solch eine unendliche Einheitengruppe existiert, ist aber ein nichttrivialer Satz der *algebraischen Zahlentheorie*. Dazu gehört auch eine genauere Untersuchung der Primfaktorzerlegung und ihrer Beziehung zur Primfaktorzerlegung in $\mathbb{Z}$. Im Ring der Gaußschen ganzen Zahlen beginnt die Folge der Primzahlen beispielsweise mit

$1+i, \, 3, \, 2+i, \, 2-i, \, 7, \, 11, \, 3+2i, \, 3-2i, \, 4+i, \, 4-i, \, 19, \, 23, \, 5+2i, \, 5-2i, \, 31, \ldots$

(wie geordnet?). Der Leser versuche, ähnliche Primzahltafeln für die anderen $\mathcal{O}_d$ aufzustellen und zu einer Vermutung darüber zu kommen, was die Primzahlen in $\mathbb{Z}$ mit diesen zu tun haben. Mit etwas größerem Methodenrepertoire werden wir diese Frage in Abschnitt 4.6 erneut aufrollen.

3.5 Diophantische Fragen zu Zahlen und Polynomen

Diophantische Gleichungen oder Ungleichungen sind solche, bei denen ganzzahlige Lösungen gesucht werden. Von solchen diophantischen Problemen haben wir bisher nur die Gleichung (1.1) kennengelernt. Das liegt nicht daran, dass diophantische Probleme für die Zahlentheorie weniger wichtig wären: Als Triebfeder für die Entwicklung von Techniken und Theorien haben sie immer eine große Rolle gespielt, wenn auch vielleicht nur deswegen, weil sie wie wenig anderes die Neugier gereizt haben. Aber von alters her sind diophantische Probleme mit so vielen verschiedenen ad-hoc-Methoden angegangen worden, dass sich eine mehr systematische Entwicklung erst in den letzten Jahrzehnten abzeichnet, die *Diophantische bzw. arithmetische Geometrie*. Für einen einführenden Kurs ist diese aber bei weitem zu schwierig. Hier soll darum nur als Exkurs an wenigen Beispielen gezeigt werden,

- dass und warum diophantische Gleichungen reizvoll und schwierig sind,
- dass ihr Analogon für Ringe von Funktionen sehr viel leichter zugänglich sein kann.

Letzteres ist eine Erfahrung, die sich spätestens seit dem BILHARZschen Beweis (1937) [Bi] des Analogons der ARTINschen Vermutung (vgl. Abschnitt 4.2.1) für Funktionenkörper immer wieder bestätigt hat, die aber hier nur an einem typischen Beispiel vorgeführt werden soll.

3.5.1 Pythagoräische Zahlentripel

Gesucht ist eine Übersicht über die Gesamtheit aller ganzzahligen Lösungen der Gleichung
$$x^2 + y^2 = z^2 \tag{3.6}$$
wie z.B. die Tripel $(3, 4, 5)$, $(5, 12, 13)$. Da mit jedem Lösungstripel auch alle Vielfachen Lösungstripel sind, darf man o.B.d.A. annehmen, dass x, y, z teilerfremd sind. Da Quadrate nur $\equiv 0$ oder $1 \mod 4$ sein können, bleibt dann nur die Möglichkeit, dass z ungerade und genau eines der x, y gerade ist. O.B.d.A. darf man also $2 \mid x$ voraussetzen und natürlich, dass alle $x, y, z > 0$ sind:

Satz 3.26 *Die positiven teilerfremden Lösungen der Gleichung (3.6) mit $2 \mid x$ sind genau von der Form*
$$x = 2ab, \quad y = a^2 - b^2, \quad z = a^2 + b^2$$

mit teilerfremden ganzen $a > b > 0$, *von denen genau eines gerade ist.*

Dass jedes Paar (a,b) in der angegebenen Weise auf eine Lösung von (3.6) führt, sieht man sofort. Zum Beweis der Umkehrung beachte, dass $(x,y) = 1$, $(y,z) = 1$ und y, z beide ungerade sein müssen. Also sind

$$\frac{z-y}{2}, \frac{z+y}{2} \in \mathbb{Z}$$

teilerfremd und nach (3.6)

$$\left(\frac{x}{2}\right)^2 = \left(\frac{z-y}{2}\right)\left(\frac{z+y}{2}\right).$$

Wegen der Eindeutigkeit der Primfaktorzerlegung müssen beide Klammern rechts Quadrate b^2 und a^2 natürlicher Zahlen sein, daher die Behauptung. □

3.5.2 Das Fermatproblem

Bleibt Gleichung (3.6) lösbar, wenn man 2 durch größere Exponenten ersetzt? Der französische Jurist und Verwaltungsbeamte PIERRE DE FERMAT hat um das Jahr 1640 herum gezeigt, dass die entsprechende Gleichung für vierte Potenzen nur triviale Lösungen (mit x oder $y = 0$) besitzt. Man kann sogar etwas mehr zeigen, nämlich

Satz 3.27 *Die Gleichung* $x^4 + y^4 = z^2$ *hat keine Lösung durch natürliche Zahlen.*

Zum *Beweis* dürfen wir annehmen, wir hätten eine Lösung der Gleichung mit minimalem $z \in \mathbb{N}$. Dann sind x und y notwendig teilerfremd und von verschiedener Parität. x^2, y^2, z bilden dann ein Pythagoräisches Zahlentripel, müssen also von der Form

$$x^2 = 2ab, \ y^2 = a^2 - b^2, \ z = a^2 + b^2$$

sein mit $a > b > 0$ von verschiedener Parität. Wegen $y^2 \equiv 1 \bmod 4$ kommt nur $2 \mid b$, $2 \nmid a$ in Frage, also

$$b = 2c, \ \left(\frac{x}{2}\right)^2 = ac, \quad \text{und}$$

$$(x,y) = 1 \Rightarrow (a,b) = 1 \Rightarrow (a,c) = 1 \Rightarrow a = d^2, c = f^2$$

für teilerfremde natürliche Zahlen d und f, $2 \nmid d$. Daher ist

$$y^2 = a^2 - b^2 = d^4 - 4f^4,$$

was eine neue teilerfremde Lösung der Pythagorasgleichung

$$(2f^2)^2 + y^2 = (d^2)^2$$

ergibt. Also existieren teilerfremde natürliche l und m mit

$$2f^2 = 2lm , \; d^2 = l^2 + m^2 .$$

Wie gehabt müssen dann aber auch l und m selbst Quadrate r^2 und s^2 sein, man hätte also eine Lösung der Ausgangsgleichung

$$r^4 + s^4 = d^2$$

mit $d \leq d^2 = a \leq a^2 < z$ im Widerspruch zur Minimalität von z . □

FERMAT hat darüber hinaus behauptet, er könne entsprechendes für alle anderen Exponenten > 2 zeigen; häufig wurde diese Behauptung als der „große Fermatsche Satz" bezeichnet, im Gegensatz zum „kleinen Fermatschen Satz" 2.11, den er wirklich beweisen konnte. Was den „großen" Fermatschen Satz betrifft, so sind wir heute davon überzeugt, dass FERMAT sich in seiner Behauptung geirrt hat, denn man hat das Problem 350 Jahre lang mit einer Vielzahl von Methoden attackiert, und es hat sich als äußerst widerstandsfähig erwiesen. Man sollte betonen, dass das Problem eigentlich uninteressant ist: Seine Lösung hat keine wichtigen Konsequenzen für die übrige Mathematik. Andererseits hat es vielen mathematischen Theorien wichtige Denkanstöße gegeben und sich so als sehr theoriestiftend erwiesen.

Hier ist zunächst die algebraische Zahlentheorie zu nennen. Man kann den Zusammenhang mit algebraischen Zahlen plausibel machen anhand der Gleichung

$$x^3 + y^3 = (x + \zeta_3 y)(x + \zeta_3^2 y)(x + y) = z^3$$

mit der dritten Einheitswurzel $\zeta_3 = \frac{-1+\sqrt{-3}}{2}$; man wird also auf ein zahlentheoretisches Problem im Ring $\mathcal{O}_{-3}$ geführt, und analog kann man für höhere Exponenten die Arithmetik der *Kreisteilungskörper* einsetzen, von denen später noch die Rede sein wird. Man hat so eine Vielzahl von Kriterien für die Behandlung des Fermatproblems entwickelt und auf diesem Wege bewiesen (WAGSTAFF, s. [Ri1]), dass

$$x^n + y^n = z^n \tag{3.7}$$

für $2 < n < 125000$ nur triviale ganzzahlige Lösungen mit x oder $y = 0$ besitzt.

Aus der *algebraischen Geometrie* weiß man seit 1983 (Satz von FALTINGS, vormals Vermutung von MORDELL, vgl. [CSi]), dass auf den algebraischen Kurven

$x^n + y^n = 1$ für $n > 3$ nur endlich viele *rationale Punkte*, d.h. Punkte mit rationalen Koordinaten, liegen können. Daraus folgt, dass (3.7) für jedes feste $n > 3$ höchstens endlich viele ganzzahlige teilerfremde Lösungen (x, y, z) haben kann.

Unter Verwendung eines alten Kriteriums von SOPHIE GERMAIN und neuer analytischer (*Sieb-*) Methoden haben ADLEMAN, FOUVRY und HEATH-BROWN ([AHB], [Fou]) gezeigt, dass für mehr als zwei Drittel aller Primzahlexponenten $n = p \in \mathbb{P}$ die Gleichung (3.7) höchstens dann nichttriviale Lösungen haben kann, wenn eine der Zahlen x, y, z durch p teilbar ist (es genügt natürlich, die Unlösbarkeit von (3.7) für $n = 4$ und für Primzahlexponenten zu beweisen).

Die größte Evidenz für die Richtigkeit der Fermatschen Behauptung hat sich aber in der Folgezeit daraus ergeben, dass sie aus weitergehenden Vermutungen folgt, die für die Zahlentheorie sehr viel wichtiger sind als die Fermat-Vermutung selbst. Das eine ist eine Vermutung von TANIYAMA und SHIMURA über *elliptische Kurven*

$$y^2 = x^3 + ax + b \quad \text{mit} \quad a, b \in \mathbb{Q}$$

(das kubische Polynom rechts ohne doppelte Nullstellen), die hier zu kompliziert zu erklären ist. Jedenfalls weiß man seit 1987 aus Arbeiten von HELLEGOUARCH, FREY, RIBET, SERRE, dass aus einem Beweis dieser Vermutung die Lösung des Fermatproblems folgt; eine Lösungsstrategie ist 1993 von A. WILES vorgelegt worden, reichte aber in einem wichtigen Punkt noch nicht aus. In zwei neuen Manuskripten vom Oktober 1994 ist es dann WILES und R. TAYLOR gelungen, die Lücke zu schließen ([Wi], [TWi]).

3.5.3 Die abc-Vermutung

Die andere große Vermutung, deren Lösung die Lösung des Fermatproblems implizieren würde, ist die **abc-Vermutung** von MASSER und OESTERLÉ, welche leichter zu erklären ist:
Zu jedem $\varepsilon > 0$ sollte eine Konstante $C(\varepsilon)$ existieren, so dass für alle teilerfremden $a, b, c \in \mathbb{Z}$ gilt:

$$a + b + c = 0 \Rightarrow \max\{|a|, |b|, |c|\} \leq C(\varepsilon) K^{1+\varepsilon} \quad \text{für} \quad K := \prod_{p \in \mathbb{P}, p | abc} p$$

Der Exponent $1 + \varepsilon$ ist möglicherweise zu optimistisch; jedenfalls kann er nicht durch 1 ersetzt werden, wie das folgendes Beispiel zeigt: Es ist $\varphi(3^m) = 2 \cdot 3^{m-1}$, also nach 2.10

$$2^{2 \cdot 3^{m-1}} \equiv 1 \bmod 3^m \quad \Rightarrow \quad 4^{3^m} = 3^m k + 1 \quad \Rightarrow$$

$$a = 1, \; b = 3^m k, \; c = -4^{3^m}$$

erfüllen die Bedingungen der abc-Vermutung mit $K \leq 6k$, also $|b|/K \to \infty$ für $m \to \infty$. Andererseits würde aber $|b|/K^{1+\varepsilon}$ gegen 0 gehen für $m \to \infty$, wenn K in der Größenordnung von $6k$ bleibt.

Gäbe es nun eine nichttriviale Lösung von (3.7), so setze man

$$a = x^n, \ b = y^n, \ c = -z^n.$$

Da der quadratfreie Kern K von abc gleich dem von xyz ist, sollte nach der abc-Vermutung z^n kaum schneller wachsen als $xyz < z^3$. Man könnte also die Fermat-Vermutung jedenfalls für große n (je nach der Größe von $C(\varepsilon)$) aus der abc-Vermutung ableiten.

Leider ist man von einem Beweis der abc-Vermutung weit entfernt: Die besten heute bekannten Ergebnisse (TIJDEMAN, STEWART, YU KUNRUI nach Vorarbeiten von WALDSCHMIDT [ST], [SY]) gehören zur Theorie der *diophantischen Approximationen* und besagen leider nur

$$\log \max\{|a|, |b|, |c|\} < C(\varepsilon) K^{2/3+\varepsilon}.$$

3.5.4 abc und Fermat für Polynome

Dass es auch Pythagoräische Tripel in Polynomringen $R[x]$ gibt, ist leicht zu sehen, und das Fermatproblem ist leicht zu verallgemeinern. Weniger klar ist, was eine vernünftige Verallgemeinerung der abc-Vermutung sein soll. Es hat sich als zweckmäßig herausgestellt, den Absolutbetrag durch den Grad des Polynoms zu ersetzen und analog den quadratfreien Kern durch seinen Grad. Wir beschränken uns dabei der Einfachheit halber auf Polynome über $\mathbb{C}$, wo alle Primpolynome linear sind und die Anzahl der verschiedenen Primpolynomteiler von K daher gerade die Anzahl $n_0(abc)$ der verschiedenen Nullstellen von abc ist, also ohne Multiplizität gezählt. R. MASON hat Diophantische Probleme für Polynomringe und Funktionenkörper in großer Allgemeinheit bearbeitet [Mas]; ihm wird zumeist der folgende bemerkenswerte Satz zugeschrieben, der jedoch schon 1981 von STOTHERS bewiesen wurde. Die hier wiedergegebene elementare Version stammt von SERGE LANG:

Satz 3.28 *Seien $a, b, c \in \mathbb{C}[x]$ teilerfremde Polynome mit $a + b + c = 0$, nicht alle konstant. Dann gilt*

$$\max\{\operatorname{grad} a, \operatorname{grad} b, \operatorname{grad} c\} < n_0(abc).$$

Beweis: Die Polynome a, b, c sind sogar paarweise teilerfremd, haben also disjunkte Nullstellen bzw. Linearfaktoren in

$$a = A \prod (x - \alpha_i)^{m_i}, \quad b = B \prod (x - \beta_j)^{n_j}, \quad c = C \prod (x - \gamma_k)^{r_k}.$$

Sei etwa a das Polynom mit dem größten Grad (also $\sum m_i$). Mit $f := \frac{a}{c}$, $g := \frac{b}{c}$ gilt
$$f + g + 1 = 0 \quad \Rightarrow \quad f' + g' = 0 \quad \Rightarrow \quad \frac{a}{b} = \frac{f}{g} = -\frac{g'/g}{f'/f}.$$

Nun sind aber g'/g und f'/f die aus der Analysis wohlbekannten *logarithmischen Ableitungen* und lassen sich daher leicht berechnen, wenn man die Produktzerlegung von f und g in Linearfaktoren kennt; mit Hilfe von Derivationen lässt sich das auch rein algebraisch, d.h. über beliebigen algebraisch abgeschlossenen Grundkörpern rechtfertigen:

$$\frac{a}{b} = -\frac{\sum \frac{n_j}{x-\beta_j} - \sum \frac{r_k}{x-\gamma_k}}{\sum \frac{m_i}{x-\alpha_i} - \sum \frac{r_k}{x-\gamma_k}}.$$

Erweitert man diesen Bruch mit dem quadratfreien Kern
$$K := \prod(x-\alpha_i)\prod(x-\beta_j)\prod(x-\gamma_k),$$
so erhält man in Zähler und Nenner ein Polynom eines Grades $< n_0(abc) = \operatorname{grad} K$. Da a und b teilerfremd sind, und weil die eindeutige Primpolynomzerlegung gilt, muss also gelten
$$\operatorname{grad} a < n_0. \quad \square$$

Satz 3.29 *Sei $n \in \mathbb{N}$, $n > 2$. Dann hat die Gleichung*
$$u^n + v^n = w^n$$
nur triviale Lösungen $u, v, w \in \mathbb{C}[x]$, d.h. u, v, w stimmen bis auf konstante Faktoren überein.

Andernfalls darf man nach Division durch gemeinsame Teiler voraussetzen, dass u, v, w teilerfremd sind (Division durch gemeinsame Teiler) und nicht alle konstant. Man setze $a = u^n$, $b = v^n$, $c = -w^n$; wenn etwa u den maximalen Grad unter den drei Polynomen hat, folgt aus dem abc-Satz der Widerspruch

$$n \operatorname{grad} u = \operatorname{grad} a < n_0(abc) = n_0(uvw) \leq \operatorname{grad} uvw \leq 3 \operatorname{grad} u. \quad \square$$

3.6 Aufgaben

1. Sei p eine Primzahl und $\mathbb{Z}(p) := \{\frac{a}{b} \in \mathbb{Q} \mid p \nmid b\}$. Man zeige, dass $\mathbb{Z}(p)$ ein Ring ist, und bestimmen Sie alle Ideale von $\mathbb{Z}(p)$, etwa durch Angabe von Erzeugenden: Überlegen Sie sich zuerst, dass $\mathbb{Z}(p)$ ein Hauptidealring ist. Beweisen Sie, dass $\mathbb{Z}(p)$ genau ein maximales Ideal P besitzt und dass gilt:
$$\mathbb{Z}(p)/P \cong \mathbb{Z}/p\mathbb{Z} = \mathbb{F}_p$$

2. Zeigen Sie anhand des Ideals $<3, 1+\sqrt{-26}>$, dass der Ring $\mathbb{Z}[\sqrt{-26}]$ kein Hauptidealring ist.

3. Formulieren und beweisen Sie Isomorphiesätze für die Ringtheorie (analog zu Abschnitt 2.5.3).

4. Schreiben Sie $x_1^4 + x_2^4 + x_3^4$ als Polynom in elementarsymmetrischen Polynomen.

5. Benutzen Sie den kleinen Fermatschen Satz 2.11, um das Polynom $x^p - x \in \mathbb{F}_p[x]$ in Primpolynome zu zerlegen.

6. Seien $m, n \in \mathbb{N}$ und $d = (m, n)$ ihr ggT, und sei K ein Körper. Zeigen Sie, dass $x^d - 1$ der ggT der Polynome $x^n - 1$ und $x^m - 1$ in $K[x]$ ist.

7. Zeige $\mathbb{Q}[x]/x\mathbb{Q}[x] \cong \mathbb{Q}$.

8. Überlegen Sie sich, dass der Restklassenring $\mathbb{Z}[i]/2\mathbb{Z}[i]$ vier Elemente hat, darunter einen Nullteiler.

9. Man beweise, dass der Restklassenring $\mathbb{F}_3[x]/<x^2+1>$ ein Körper mit 9 Elementen ist.

10. Führen Sie den Beweis aus, dass $\mathcal{O}_{13} = \mathbb{Z}[\frac{1}{2}(1+\sqrt{13})]$ ein euklidischer Ring ist.

11. Zeigen Sie, dass $\mathcal{O}_{13}$ eine unendliche Einheitengruppe hat.

12. Man beweise: $\mathcal{O}_{-7} = \mathbb{Z}[\frac{1}{2}(1+\sqrt{-7})]$ ist euklidisch, der Unterring $\mathbb{Z}[\sqrt{-7}]$ ist aber kein Hauptidealring.

13. Zeigen Sie, dass $\mathcal{O}_{-2} = \mathbb{Z}[\sqrt{-2}]$ nur die Einheiten ± 1 besitzt, und bestimmen Sie mindestens zehn (nicht-assoziierte) Primelemente von $\mathcal{O}_{-2}$. Hinweis: Überlegen Sie sich zunächst, dass eine Primzahl $p \in \mathbb{N}$ entweder Primzahl in $\mathcal{O}_{-2}$ bleibt oder das Produkt zweier komplex konjugierter Primelemente in $\mathcal{O}_{-2}$ wird.

14. Sei $4^{3^m} = 3^m k_m + 1$. Beweisen Sie: Wenn k_m quadratfrei ist für alle $m \geq 0$, erfüllen $a = 1$, $b = 3^m k_m$ und $c = -4^{3^m}$ die abc-Vermutung. Genügt auch weniger als „quadratfrei"?

15. Die (inzwischen durch MIHAILESCU [Mi] gelöste) *Catalansche Vermutung* über die Abstände reiner Potenzen natürlicher Zahlen sagt u.a., dass die Gleichung
$$x^2 - y^3 = 1$$
in den natürlichen Zahlen nur die Lösung $(x, y) = (3, 2)$ besitzt. Man zeige: Wenn die abc-Vermutung richtig ist, kann man daraus folgern, dass die Gleichung jedenfalls nur endlich viele Lösungen besitzt.

4 Arithmetik modulo n

4.1 Multiplikative zahlentheoretische Funktionen

4.1.1 Definition

Wie wir bereits in Satz 1.29 am Beispiel der Eulerschen Phi-Funktion erwähnt haben, heißt eine Funktion $f : \mathbb{N} \to \mathbb{C}$ **multiplikative zahlentheoretische Funktion**, wenn

$$f(1) = 1 \quad \text{und} \quad f(nm) = f(n)f(m)$$

ist für alle teilerfremden $n, m \in \mathbb{N}$. Durch die Werte $f(p^s)$ auf den Primzahlpotenzen ist f also eindeutig bestimmt. Erinnerung:

$$\varphi(n) := \operatorname{ord}(\mathbb{Z}/n\mathbb{Z})^* = |\{a \in \mathbb{N} \mid a \leq n,\ (a,n) = 1\}| = n \prod_{p \in \mathbb{P},\, p|n} \left(1 - \frac{1}{p}\right).$$

Neben der Phi-Funktion sind einige weitere multiplikative Funktionen von großer Bedeutung für die Zahlentheorie, besonders für dieses Kapitel.

4.1.2 Weitere Beispiele

1.) Die ε-Funktion

$$\varepsilon \ : \ \begin{cases} 1 \mapsto 1 \\ n \mapsto 0 \ \forall n \geq 2 \end{cases}.$$

2.) Die Identität $I : n \mapsto n \ \forall n \in \mathbb{N}$ und ihre Potenzen $I^m(n) = n^m$.

3.) Die Einsfunktion $1 = I^0 : n \mapsto 1 \ \forall n \in \mathbb{N}$.

4.) Die **Möbiussche μ-Funktion**

$$\mu(n) = \begin{cases} 1 & \text{für} \quad n = 1 \\ (-1)^l & \text{für} \quad n = p_1 \cdot \ldots \cdot p_l \quad \text{Produkt von } l \text{ verschiedenen Primzahlen} \\ 0 & \text{für} \quad n \text{ mit quadratischen Teilern} \quad b^2 \mid n,\ b \in \mathbb{N},\ b > 1, \end{cases}$$

eingeführt von dem Geometer und Astronomen A.F. MÖBIUS (1790–1868), dem Entdecker des *Möbiusbandes*. Für die μ-Funktion ist

$$\mu(p^s) = \begin{cases} -1 & \text{für } s = 1 \\ 0 & \text{für } s > 1 \end{cases}.$$

5.) Die **Teilerfunktion** $\sigma_0(n) := |\{d \mid n \mid d \in \mathbb{N}\}|$. Diese erfüllt $\sigma_0(p^s) = s + 1 \,\forall\, s \geq 0$. Zum Beweis der Multiplikativität beachte (Aufgabe 1.4), dass für $(n, m) = 1$ zu jedem $d \mid nm$ genau ein $d_1 \mid n$ und genau ein $d_2 \mid m$ in $\mathbb{N}$ existieren mit $d = d_1 d_2$, d.h. eine Bijektion

$$\{d \mid nm\} \leftrightarrow \{d_1 \mid n\} \times \{d_2 \mid m\}. \tag{4.1}$$

6.) Die **Teilersummenfunktion** $\sigma_1(n) := \sum_{d \mid n} d$ mit $\sigma_1(p^s) = 1 + p + \ldots + p^s = (p^{s+1} - 1)/(p - 1)$. Zum Beweis der Multiplikativität benutzt man wieder die Bijektion (4.1):

$$(n, m) = 1 \quad \Rightarrow \quad \sigma_1(nm) = \Big(\sum_{d_1 \mid n} d_1\Big) \Big(\sum_{d_2 \mid m} d_2\Big).$$

Allgemeiner kann man ganz analog für alle $k \in \mathbb{N}$ **Teilerpotenzsummenfunktionen** $\sigma_k(n) := \sum_{d \mid n} d^k$ definieren. Wegen (4.1) sind alle multiplikativ.

4.1.3 Exkurs: Vollkommene Zahlen

Einige klassische Probleme der elementaren Zahlentheorie ranken sich um die **vollkommenen Zahlen**, d.h. solche natürlichen Zahlen n wie z.B. 6 oder 28, welche für $\sigma := \sigma_1$ der Gleichung

$$\sigma(n) = 2n \iff n = \sum_{d \mid n,\, d \neq n} d$$

genügen. Man vermutet z.B., dass es keine ungeraden vollkommenen Zahlen gibt. Beweisen kann man allerdings bis heute nur, dass ungerade vollkommene Zahlen größer als $1,9 \times 10^{2550}$ sein müssten [GW] und mindestens 420 verschiedene Primfaktoren besitzen müssten. Über gerade vollkommene Zahlen wissen wir wesentlich mehr, obwohl auch hier eine Reihe offener Probleme existieren: Man vermutet, dass es davon unendlich viele gibt; diese Vermutung lässt sich auf die Vermutung zurückführen, dass es unendlich viele **Mersennesche Primzahlen** gibt. Das sind Primzahlen der Form $2^p - 1$, $p \in \mathbb{P}$, benannt nach dem Minoritenpater MARIN MERSENNE (1588–1648), der mit vielen Mathematikern seiner Zeit in Briefwechsel stand. Die Reduktion nimmt man folgendermaßen vor:

4 Arithmetik modulo n

Satz 4.1 $n = 2^m u$, $m, u \in \mathbb{N}$, $2 \nmid u$ *ist genau dann eine vollkommene Zahl, wenn*
$$n = 2^m \left(2^{m+1} - 1\right)$$
ist mit einer Primzahl $2^{m+1} - 1$. *In diesem Fall muss notwendig auch* $m+1$ *eine Primzahl* p *sein, und* $2^p - 1$ *wird dann die Mersennesche Primzahl* M_p *genannt.*

Zum *Beweis* beachte man, dass $\sigma(2^m) = 2^{m+1} - 1$ und $\sigma(2^k - 1) \geq 2^k$; das Gleichheitszeichen gilt hier genau dann, wenn $2^k - 1$ Primzahl ist. Damit ist die eine Richtung der Behauptung bereits klar, dass für Mersennesche Primzahlen die Zahl $2^{p-1} M_p$ vollkommen ist.

Für die Umkehrung sei nun $n = 2^m u$ vollkommen, $2 \nmid u$, also
$$2n = 2^{m+1} u = \sigma(n) = \left(2^{m+1} - 1\right) \sigma(u),$$
und daraus folgt offenbar $2^{m+1} - 1 \mid u$. Zerlegt man u in Primpotenzen p^s und berücksichtigt, dass σ multiplikativ ist und
$$\frac{p^s}{\sigma(p^s)} = \frac{p^s(p-1)}{p^{s+1} - 1}$$
mit wachsendem s monoton fällt, so folgt daraus die erste Ungleichung in
$$\frac{u}{\sigma(u)} \leq \frac{2^{m+1} - 1}{\sigma(2^{m+1} - 1)} \leq \frac{2^{m+1} - 1}{2^{m+1}}.$$

Die zweite Ungleichung wurde bereits zu Beginn des Beweises erwähnt; wenn n vollkommen ist, gilt die Gleichheit, und diese tritt genau dann ein, wenn $2^{m+1} - 1$ prim ist, was zu zeigen war. Bleibt noch die Zusatzaussage zu beweisen, dass in diesem Fall notwendig $m+1$ selbst Primzahl ist: Wäre $m+1 = kh$ mit k und $h > 1$, so hätte man die Zerlegung
$$2^{kh} - 1 = \left(2^h - 1\right)\left(2^{(k-1)h} + 2^{(k-2)h} + \ldots + 2^h + 1\right). \quad \square$$

4.1.4 Mersennesche Primzahlen

Es gibt bis heute kein einfaches Verfahren, unendliche Folgen von Primzahlen „automatisch" zu produzieren; leider sind auch für Primzahlen $p \in \mathbb{P}$ nicht alle $2^p - 1$ wieder Primzahlen: Das kleinste Gegenbeispiel ist $2^{11} - 1 = 23 \cdot 89$. Es sind also spezielle Tests erforderlich, um festzustellen, ob M_p wirklich Primzahl ist. In Kapitel 5 werden wir näher auf solche Primzahltests eingehen und auf die Frage, warum große Primzahlen für mehr gut sind als für das „Guinness' Buch der Rekorde". Primzahlrekorde sind zumeist mit Mersenneschen Primzahlen aufgestellt worden. Die Fortschritte bei der Konstruktion von Primzahltests wie bei der Konstruktion elektronischer Rechenmaschinen zeigt sich an der folgenden (sehr unvollständigen) Liste, wenn wir in Klammern jeweils das Entdeckungsjahr notieren: M_p ist Mersenne-Primzahl für

$$p = 2281 \quad (1952), \quad 3217 \quad (1957), \quad 4423 \quad (1961), \quad 11213 \quad (1963),$$

$$19937 \ (1971), \quad 21701 \ (1978), \quad 86243 \ (1982), \quad 216091 \ (1985), \quad 756839 \ (1992),$$

$$1398269 \quad (1996), \quad 13466917 \quad (2001), \quad 43112609 \quad (2008).$$

Ingesamt sind heute (2010) 47 Mersenne-Primzahlen bekannt, und die Vermutung, dass es unendlich viele gibt, kann einigermaßen plausibel gemacht werden.

4.1.5 Faltung

Zurück zu den multiplikativen zahlentheoretischen Funktionen. Für zwei solche Funktionen f und g definieren wir eine **Faltung** durch

$$(f * g)(n) := \sum_{d|n} f(d)\, g(\frac{n}{d}).$$

Die Summation wird hier immer nur über die natürlichen Teiler von n durchgeführt; die Definition sollte nicht mit der für Polynome in Kap. 3, Abschnitt 3.3.1 eingeführten Faltung verwechselt werden. Hier gilt der erfreuliche

Satz 4.2 *Die multiplikativen zahlentheoretischen Funktionen bilden bezüglich des Faltungsprodukts eine abelsche Gruppe.*

Zum *Beweis* ist zunächst zu zeigen, dass mit f und g auch $f * g$ multiplikativ ist. Dazu seien n und $m \in \mathbb{N}$ teilerfremd. Nach (4.1) hat jeder Teiler d von nm eine eindeutige Zerlegung $d = d_1 d_2$ in Teiler $d_1 \mid n$, $d_2 \mid m$, zusätzlich gilt dabei

$$(d_1, d_2) = 1 \quad , \quad (\frac{n}{d_1}, \frac{m}{d_2}) = 1 \quad . \tag{4.2}$$

Darum ist

$$(f * g)(nm) = \sum_{d|nm} f(d)\, g(\frac{nm}{d}) = \sum_{d_1|n}\sum_{d_2|m} f(d_1 d_2)\, g(\frac{n}{d_1} \cdot \frac{m}{d_2}) =$$

$$= \left(\sum_{d_1|n} f(d_1)\, g(\frac{n}{d_1})\right) \left(\sum_{d_2|m} f(d_2)\, g(\frac{m}{d_2})\right) = (f * g)(n) \cdot (f * g)(m).$$

Zum Beweis der Assoziativität beachte man, dass unabhängig von der Klammersetzung

$$(f * g * h)(n) = \sum_{\substack{d_1, d_2, d_3 | n \\ d_1 d_2 d_3 = n}} f(d_1)\, g(d_2)\, h(d_3)$$

4 Arithmetik modulo n 95

ist, ebenso wie bei den nächsten Punkten übrigens unabhängig von der Multiplikativität der beteiligten Funktionen. Die Kommutativität folgt daraus, dass in der Summationsvorschrift d und $\frac{n}{d}$ austauschbar sind. Die Funktion ε spielt die Rolle des Einselements, und die Existenz des Inversen $\check{f}$ zu der multiplikativen zahlentheoretischen Funktion f zeigt man durch eine induktive Konstruktion: $\check{f}(1) := 1$. Sei $\check{f}$ für alle $m < n$ bereits definiert, dann setze

$$\check{f}(n) := - \sum_{d|n, d>1} f(d)\,\check{f}(\frac{n}{d}),$$

woraus unmittelbar $f * \check{f} = \varepsilon$ folgt. Die Multiplikativität von $\check{f}$ folgt ebenfalls induktiv aus der Multiplikativität von f und aus (4.1), (4.2): Sei $(n,m) = 1$ und die Multiplikativität von $\check{f}$ für alle Produkte aus Faktoren $< n$, $< m$ bereits gezeigt (trivial für n oder $m = 1$). Dann ist

$$\check{f}(nm) = - \sum_{\substack{d_1|n,\, d_2|m \\ d_1 d_2 > 1}} f(d_1)\,f(d_2)\,\check{f}(\frac{n}{d_1})\,\check{f}(\frac{m}{d_2}) =$$

$$= - \left(\sum_{\substack{d_1|n \\ d_1>1}} f(d_1)\,\check{f}(\frac{n}{d_1})\right) \left(\sum_{\substack{d_2|m \\ d_2>1}} f(d_2)\,\check{f}(\frac{m}{d_2})\right) - \check{f}(n) \left(\sum_{\substack{d_2|m \\ d_2>1}} f(d_2)\,\check{f}(\frac{m}{d_2})\right) -$$

$$- \check{f}(m) \left(\sum_{\substack{d_1|n \\ d_1>1}} f(d_1)\,\check{f}(\frac{n}{d_1})\right) = -\check{f}(n)\,\check{f}(m) + \check{f}(n)\,\check{f}(m) + \check{f}(m)\,\check{f}(n)\,.\square$$

4.1.6 Beispiele und Folgerungen

1.) Die **summatorische Funktion** $F(n) := \sum_{d|n} f(d)$ einer multiplikativen zahlentheoretischen Funktion f ist wieder multiplikativ wegen

$$F = f * 1\ .$$

2.) Für die summatorische Funktion der μ-Funktion gilt

$$\sum_{d|n} \mu(d) = \begin{cases} 1 & \text{für } n = 1 \\ 0 & \text{für } n > 1 \end{cases},$$

denn für alle Primpotenzen > 1 gilt

$$\sum_{d|p^s} \mu(d) = \sum_{0 \le \nu \le s} \mu(p^\nu) = 1 + (-1) = 0\,.$$

Anders gesagt gilt

$$\mu * 1 = \varepsilon \quad \text{bzw.} \quad \check{1} = \mu \quad \text{bzw.} \quad \check{\mu} = 1 \,.$$

3.) $(1 * 1)(n) = \sum_{d|n} 1 = \sigma_0(n) \Rightarrow 1 * 1 = \sigma_0 \Rightarrow \sigma_0 * \mu = 1$

4.) Allgemeiner: $(1 * I^m)(n) = \sum_{d|n} d^m = \sigma_m(n) \Rightarrow 1 * I^m = \sigma_m$

5.) Die **Möbiussche Umkehrformel** für die summatorische Funktion F von f :

$$f(n) = \sum_{d|n} F(d)\, \mu(\frac{n}{d}) \quad \forall\, n \in \mathbb{N}\,, \quad \text{denn}$$

$$F = f * 1 \quad \Rightarrow \quad f = f * \varepsilon = f * 1 * \mu = F * \mu\,.$$

6.) Für die Eulersche Phi-Funktion ist die summatorische Funktion

$$\Phi := \varphi * 1 = I \quad \Longleftrightarrow \quad \varphi = I * \mu \quad \Longleftrightarrow \quad \sum_{d|n} \varphi(d) = n \quad \forall\, n\,,$$

weil für Primpotenzen > 1

$$\varphi(p^s) = p^s - p^{s-1} = \sum_{d|p^s} I(d)\, \mu(\frac{p^s}{d}) = \sum_{0 \le \nu \le s} I(p^\nu)\, \mu(p^{s-\nu})\,.$$

4.2 Die Struktur der primen Restklassengruppe

4.2.1 Die multiplikative Gruppe endlicher Körper. Primitivwurzeln

Ziel dieses ganzen Abschnitts ist es, näheres über die (multiplikative) prime Restklassengruppe $(\mathbb{Z}/m\mathbb{Z})^*$ zu erfahren. Wir wissen bereits, dass es sich um ein direktes Produkt der primen Restklassengruppen zu den Primpotenzmoduln $p^{\nu_p(m)}$ handelt (Sätze 2.35 und 3.6), wir können uns daher auf Primpotenzen $m = p^s$ beschränken und beginnen mit dem einfachsten Fall $m = p \in \mathbb{P}$. Nach Satz 3.2 ist $\mathbb{Z}/p\mathbb{Z}$ dann ein Körper $\mathbb{F}_p$ mit p Elementen, und erste Experimente mit kleinen Primzahlen lassen bereits vermuten, dass $\mathbb{F}_p^*$ zyklisch ist:

$$\mathbb{F}_5^* = \langle\, [2]_5\,\rangle,\ \mathbb{F}_7^* = \langle\, [3]_7\,\rangle,\ \mathbb{F}_{11}^* = \langle\, [2]_{11}\,\rangle,\ \mathbb{F}_{13}^* = \langle\, [2]_{13}\,\rangle,\ \mathbb{F}_{17}^* = \langle\, [3]_{17}\,\rangle$$

In der Tat gilt der

Satz 4.3 *Die multiplikative Gruppe $\mathbb{F}^*$ eines endlichen Körpers $\mathbb{F}$ ist zyklisch. Insbesondere gilt dies für alle $\mathbb{F}_p^* = (\mathbb{Z}/p\mathbb{Z})^*$, p Primzahl.*

Eine häufig gebrauchte äquivalente Formulierung der zweiten Aussage sagt, dass eine *Primitivwurzel* mod p existiert, d.h. eine Restklasse $[a]_p$ mit der Eigenschaft

$$(\mathbb{Z}/p\mathbb{Z})^* = \{a, a^2, \ldots, a^{p-1} \equiv 1 \bmod p\},$$

oder anders gesagt mit Ordnung $p-1$ in der primen Restklassengruppe. Zum Beweis überlegt man sich zunächst, dass nach den Sätzen von EULER und FERMAT als Ordnungen der Elemente von $\mathbb{F}^*$ nur Teiler d von $N := \operatorname{ord} \mathbb{F}^*$ in Frage kommen. Nach Satz 3.18 hat die Gleichung

$$x^d - 1 = 0$$

im Körper $\mathbb{F}$ höchstens d Lösungen. Gibt es nun ein Element $a \in \mathbb{F}^*$ mit $\operatorname{ord} a = d$, so hat die Gleichung wirklich d Lösungen, nämlich $a, a^2, \ldots, a^d = 1$. Nicht alle dieser Lösungen haben selbst die Ordnung d, sondern nur die a^m mit $(m, d) = 1$, also insgesamt $\varphi(d)$ Elemente; man benutze dazu die Isomorphie der zyklischen Gruppe $<a>$ zu $(\mathbb{Z}/d\mathbb{Z}, +)$, vgl. Satz 2.6, und etwa Folgerung 1.24. Wenn wir also mit $\psi(d)$ die Anzahl der Elemente der Ordnung d in $\mathbb{F}^*$ bezeichnen, dann wissen wir jetzt

- $\psi(d) = 0$ für $d \nmid N$,
- $\psi(d) = 0$ oder $\varphi(d)$ für $d \mid N$.

Daraus und aus unserer Kenntnis der summatorischen Funktion von φ (Abschnitt 4.1.6.6) folgt

$$N = \sum_{d \mid N} \psi(d) \leq \sum_{d \mid N} \varphi(d) = N.$$

Demnach muss für alle $d \mid N$ die Gleichheit $\psi(d) = \varphi(d)$ gelten, insbesondere muss es Elemente $a \in \mathbb{F}^*$ der Ordnung N geben, was zu zeigen war. □

Der Beweis liefert übrigens keinen Hinweis darauf, wo im Fall $\mathbb{F} = \mathbb{F}_p = \mathbb{Z}/p\mathbb{Z}$ diese Primitivwurzeln $a \bmod p$ zu suchen sind. Lässt man einen Computer die kleinsten Primitivwurzeln $k(p)$ auflisten (genauer: die kleinsten positiven Repräsentanten von Primitivwurzeln mod p), so zeigt sich ein sehr unregelmäßiges Verhalten. Einem umfangreichen Tafelwerk [WM] der britischen Royal Mathematical Society entnimmt man, dass für Primzahlen $p < 10000$ weniger als ein Zehntel aller Werte $k(p) > 10$ sind. Die Rekordwerte in diesem Bereich, welche also die Werte an kleineren Primzahlargumenten erstmals übertreffen, sind

$$k(7) = 3, \ k(23) = 5, \ k(41) = 6, \ k(71) = 7, \ k(191) = 19,$$

$$k(409) = 21, \ k(2161) = 23, \ k(5881) = 31.$$

Wegen der Unregelmäßigkeit von k wäre man schon mit der Kenntnis einer möglichst langsam wachsende Funktion f zufrieden, welche $k(p) \leq f(p)$ für alle $p \in \mathbb{P}$ erfüllt. Das nächste Kapitel wird zeigen, dass eine gute Antwort auf diese

Frage von einiger praktischer Bedeutung wäre. Aus einer Verallgemeinerung der Riemannschen Vermutung würde

$$f(p) = O((\log p)^2 \sigma_0(p-1))$$

folgen (WANG [WY]), ohne diese Hypothese ist nur $f(p) = O(p^{1/4+\delta})$ bewiesen (BURGESS [Bu]). Erwähnt sei in diesem Zusammenhang eine Vermutung von EMIL ARTIN, dass es zu jeder natürlichen Zahl a, welche kein Quadrat ist, Primzahlen p gibt, für welche a Primitivwurzel mod p ist. Auch diese Vermutung ist bis heute nur unter Annahme einer Verallgemeinerung der Riemannschen Vermutung bewiesen worden (HOOLEY [Hoo]).

4.2.2 Primpotenzmoduln

Hilfssatz 4.4 *Sei p Primzahl, $s \in \mathbb{N}$, $a, b \in \mathbb{Z}$.*

1. $a \equiv b \bmod p^s \quad \Rightarrow \quad a^p \equiv b^p \bmod p^{s+1}$
2. $s \geq 2$, $p \neq 2 \quad \Rightarrow \quad (1+ap)^{p^{s-2}} \equiv 1 + ap^{s-1} \bmod p^s$
3. $p \nmid a$, $p \neq 2 \quad \Rightarrow \quad \operatorname{ord}[1+ap]_{p^s} = p^{s-1}$ in $(\mathbb{Z}/p^s\mathbb{Z})^*$
4. $s > 2 \quad \Rightarrow \quad 5^{2^{s-3}} \equiv 1 + 2^{s-1} \bmod 2^s \quad \Rightarrow \quad \operatorname{ord}[5]_{2^s} = 2^{s-2}$.

Beweis: Sei $a = b + kp^s$. Da alle Binomialkoeffizienten $\binom{p}{r}$, $0 < r < p$, durch p teilbar sind, ist a^p von der Form $b^p + lp^{s+1}$, und das ist die erste Behauptung. Die zweite folgt daraus durch Induktion über s : Der Induktionsanfang $s = 2$ ist klar, und der Induktionsschluss zeigt

$$(1+ap)^{p^{s-1}} = (1+ap)^{p^{s-2} \cdot p} \equiv (1+ap^{s-1})^p \bmod p^{s+1}$$

(wegen des zusätzlichen Exponenten p darf man nach der ersten Behauptung auch den Exponenten des Moduls um 1 erhöhen), und nach der binomischen Formel ist $(1+ap^{s-1})^p = 1 + ap^s + B$ mit einer Summe B, deren Glieder alle $\binom{p}{r} p^{(s-1)r}$, $1 < r \leq p$ enthalten, also mindestens durch p^{s+1} teilbar sind. Damit ist auch die zweite Behauptung bewiesen.— Aus dieser folgt

$$(1+ap)^{p^{s-2} \cdot p} \equiv (1+ap^{s-1})^p \equiv 1 \bmod p^s$$

und somit $\operatorname{ord}[1+ap]_{p^s} \mid p^{s-1}$. Eine kleinere Ordnung kommt aber nicht in Frage, da nach Voraussetzung $p \nmid a$ und daher $(1+ap)^{p^{s-2}} \equiv 1 + ap^{s-1} \not\equiv 1 \bmod p^s$ ist. Auch die letzte Behauptung wird ganz analog durch Induktion über s bewiesen. $\square$

Satz 4.5 *Sei $p > 2$ Primzahl und $s \in \mathbb{N}$. Dann ist die prime Restklassengruppe $(\mathbb{Z}/p^s\mathbb{Z})^*$ zyklisch.*

Beweis: Nach Satz 4.3 kann man ein $g \in \mathbb{Z}$ als Primitivwurzel mod p wählen. Zu zeigen ist, dass man diese Wahl sogar so treffen kann, dass $\text{ord}\,[g]_{p^s} = (p-1)p^{s-1} = \text{ord}\,(\mathbb{Z}/p^s\mathbb{Z})^*$ ist. Für die Wahl von g ergeben sich folgende Möglichkeiten: Wenn $g^{p-1} \equiv 1 \bmod p^2$, so ist $g+p$ immer noch Primitivwurzel mod p, aber nun mit

$$(g+p)^{p-1} \equiv g^{p-1} + (p-1)g^{p-2}p \equiv 1 + ap \bmod p^2\,, \quad a \not\equiv 0 \bmod p\,,$$

denn natürlich ist $g^{p-2} \not\equiv 0 \bmod p$. Wir können also o.B.d.A. annehmen, dass g Primitivwurzel mod p ist mit $g^{p-1} \equiv 1 + ap \bmod p^2$, $p \nmid a$. Nach Hilfssatz 4.4.2 ist dann aber auch

$$g^{(p-1)p^{s-2}} \equiv 1 + ap^{s-1} \not\equiv 1 \bmod p^s\,,$$

und für alle anderen Teiler d von $(p-1)p^{s-1}$ gilt erst recht $g^d \not\equiv 1 \bmod p^s$ (warum?), darum also $\text{ord}\,[g]_{p^s} = (p-1)p^{s-1}$, was zu zeigen war. □

Satz 4.6 $(\mathbb{Z}/2^s\mathbb{Z})^*$ *ist nur für* $s = 1$ *und* 2 *zyklisch (mit Erzeugenden* $[1]_2$ *bzw.* $[3]_4$*), für* $s > 2$ *ist*

$$(\mathbb{Z}/2^s\mathbb{Z})^* = \{\,[(-1)^b 5^c]_{2^s} \mid b = 0, 1\,;\, c = 0, 1, \ldots, 2^{s-2} - 1\,\} \cong$$

$$\cong\ <[-1]_{2^s}>\ \times\ <[5]_{2^s}>\ .$$

Für $s = 1$ und 2 ist der Satz klar. Für $s > 2$ folgt aus Hilfssatz 4.4.4, dass $[5]_{2^s}$ die Untergruppe aller primen Restklassen $\equiv 1 \bmod 4$ erzeugt. Da diese vom Index 2 in $(\mathbb{Z}/2^s\mathbb{Z})^*$ ist und (-1) die einzige nichttriviale Restklasse repräsentiert, folgt der Rest der Behauptung. □

4.2.3 Zusammengesetzte Moduln

Satz 4.7 $(\mathbb{Z}/m\mathbb{Z})^*$ *ist genau dann zyklisch, wenn*

$$m = 2\,,\ 4\,,\ p^s\quad \text{oder}\quad 2p^s$$

ist für eine ungerade Primzahlpotenz p^s.

Dass die prime Restklassengruppe in den angegebenen Fällen zyklisch ist, folgt unmittelbar aus den eben bewiesenen Sätzen. Dass dies die einzigen zyklischen primen Restklassengruppen sind, folgt aus der direkten Produktzerlegung von $(\mathbb{Z}/m\mathbb{Z})^*$ in prime Restklassengruppen nach Primpotenzmoduln und dem folgenden nützlichen und einfachen

Hilfssatz 4.8 *Sei G das direkte Produkt der endlichen Gruppen $Z_1, \ldots, Z_k$ und*
$$a = (a_1, \ldots, a_k), \quad \text{alle } a_j \in Z_j, \quad \text{ord } a_j = n_j \in \mathbb{N}.$$
Dann ist $\text{ord } a$ das kleinste gemeinsame Vielfache von $n_1, \ldots, n_k$.

So ein $a \in G$ erzeugt G genau dann, wenn seine Ordnung die Gruppenordnung ist, also das Produkt aller $\text{ord } Z_j$. Nach dem Hilfssatz müssen dann alle $\text{ord } a_j = \text{ord } Z_j$ sein und ihr kgV mit ihrem Produkt übereinstimmen. Nach Folgerung 1.5 kann man das so formulieren:

Hilfssatz 4.9 *Unter den gleichen Voraussetzungen ist G zyklisch genau dann, wenn alle Z_j zyklisch sind mit paarweise teilerfremden Ordnungen.*

Da alle Ordnungen primer Restklassengruppen gerade sind mit Ausnahme der Moduln 1 und 2, sind diese Ordnungen nicht paarweise teilerfremd mit Ausnahme der im Satz genannten Fälle. □

4.2.4 Potenzreste

Die direkte Produktzerlegung erlaubt es, das Lösen von Gleichungen in $\mathbb{Z}/m\mathbb{Z}$ auf das simultane Lösen von Gleichungen modulo Primpotenzen zurückzuführen. Hier sind die gruppentheoretischen Resultate dieses Abschnitts besonders hilfreich für sogenannte *reine* Gleichungen vom Typ

$$x^n \equiv b \mod p^s.$$

Sei zunächst $s = 1$ und $p \nmid b \in \mathbb{Z}$. Wenn diese Kongruenz eine Lösung hat, nennt man b einen n-**ten Potenzrest** mod p. Zur Entscheidung, ob es sich bei b um einen n-ten Potenzrest handelt oder nicht, nützt man die Isomorphie $(\mathbb{Z}/p\mathbb{Z})^* \cong (\mathbb{Z}/(p-1)\mathbb{Z}, +)$ aus Satz 4.3 bzw. 2.6 folgendermaßen aus: Sei mit a eine Primitivwurzel mod p bezeichnet und sei $b \equiv a^z$, $x \equiv a^y$ mod p. Dann ist

$$x^n \equiv b \mod p \iff ny \equiv z \mod (p-1),$$

und nach 1.25 ist letztere Kongruenz genau dann lösbar, wenn $d := (n, p-1) \mid z$. Dieses ist genau dann erfüllt, wenn $(n, p-1) \mid (z, p-1)$ bzw. $\frac{p-1}{(z,p-1)} \mid \frac{p-1}{(n,p-1)}$. Wie im Beweis von 2.36 verwenden wir eine Übungsaufgabe zu Kapitel 1: Da $m = \frac{p-1}{(z,p-1)}$ die kleinste natürliche Zahl ist mit der Eigenschaft $mz \equiv 0 \mod (p-1)$, haben wir

$$\text{ord }[b]_p = \frac{p-1}{(z, p-1)}, \quad \text{also } d \mid z \iff b^{\frac{p-1}{(n,p-1)}} \equiv 1 \mod p,$$

also

Satz 4.10 $b \not\equiv 0 \mod p$ *ist genau dann n-ter Potenzrest* $\mod p$, *wenn*

$$b^{\frac{p-1}{(n,p-1)}} \equiv 1 \mod p .$$

In diesem Fall gibt es genau $d = (n, p-1)$ *Lösungen der Kongruenz* $x^n \equiv b \mod p$ *in* $(\mathbb{Z}/p\mathbb{Z})^*$.

Für ungerade Primpotenzen und die meisten n gilt das gleiche Kriterium:

Satz 4.11 *Seien* $p > 2$, $p \nmid b \in \mathbb{Z}$, $p \nmid n \in \mathbb{N}$, $s \in \mathbb{N}$. *Dann gilt*

$$x^n \equiv b \mod p^s \quad \text{lösbar} \quad \Longleftrightarrow \quad x^n \equiv b \mod p \quad \text{lösbar} ,$$

und zwar mit der gleichen Lösungsanzahl in $\mathbb{Z}/p\mathbb{Z}$ *wie in* $\mathbb{Z}/p^s\mathbb{Z}$.

Zum *Beweis* überlege man sich, dass $p - 1$ durch $\varphi(p^s)$ zu ersetzen ist, und dass wegen $p \nmid n$

$$(n, p-1) = (n, (p-1)p^{s-1})$$

gilt. □

Das entsprechende Resultat für Zweierpotenzmoduln ist etwas komplizierter, weil hier ein Produkt von zwei zyklischen Gruppen vorliegt, aber der Beweis verläuft völlig analog:

Satz 4.12 *Sei* $2 \nmid b \in \mathbb{Z}$, $s \in \mathbb{N}$, $s > 2$. *Dann gilt:*

1. $2 \nmid n \Rightarrow x^n \equiv b \mod 2^s$ *eindeutig in* $(\mathbb{Z}/2^s\mathbb{Z})^*$ *lösbar.*

2. $2 \mid n \Rightarrow x^n \equiv b \mod 2^s$ *genau dann lösbar, wenn* $b \equiv 1 \mod 4$ *und*

$$b^{2^{s-2}/d} \equiv 1 \mod 2^s \quad \text{für} \quad d := (n, 2^{s-2}) .$$

In diesem Fall existieren $2d$ *Lösungen in* $(\mathbb{Z}/2^s\mathbb{Z})^*$.

3. *Sei* $\nu_2(n) = k$, *d.h.* $2^k \mid n$, $2^{k+1} \nmid n$ *und sei* $x^n \equiv b \mod 2^{k+2}$ *lösbar. Dann ist auch* $x^n \equiv b \mod 2^s$ *für alle* $s \geq k+2$ *lösbar, und zwar mit der gleichen Lösungsanzahl.*

4.2.5 Periodische Dezimalbrüche

Eine Erinnerung an unsere Schulmathematik sagt uns, dass rationale Zahlen — hier o.B.d.A. als positiv vorausgesetzt und in teilerfremder Darstellung geschrieben — in periodische Dezimalbrüche entwickelt werden können: Für alle $a, b \in \mathbb{N}$, $(a, b) = 1$ gibt es $n \in \mathbb{N}$, $s, r, v \in \mathbb{N} \cup \{0\}$ mit

$$\frac{a}{b} = s \cdot 10^{-v} + r \cdot \sum_{k \geq 1} 10^{-kn} .$$

Dabei bestimmen s und v die **Vorperiode**, $r \in \{0, 1, \ldots, 10^n-2\}$ ist die **Periode** — warum lassen wir $r = 10^n - 1$ nicht zu? — und n die **Periodenlänge**, die wir als minimal gewählt voraussetzen; im Fall $r = 0 \Rightarrow n = 1$ hat man **abbrechende Dezimalbrüche**. Zum Beweis, dass eine solche Darstellung existiert, zerlege man den Bruch mit Hilfe von (1.1) zunächst in der Form

$$\frac{a}{b} = \frac{s}{10^v} + \frac{d}{c}$$

mit $v = \max\{\nu_2(b), \nu_5(b)\}$ und $(10, c) = 1$; eine solche Zerlegung ist sogar eindeutig, wenn man $0 \le d < c$ verlangt. Dann ist nur noch der zweite Summand in einen periodischen Dezimalbruch zu entwickeln, dessen Nenner c zu 10 teilerfremd ist. Wegen

$$\sum_{k \ge 1} 10^{-kn} = \frac{1}{10^n - 1}$$

erhalten wir für d/c einen periodischen Dezimalbruch der (minimalen) Periodenlänge n genau dann, wenn $c \mid 10^n - 1$, n minimal. Diese Kongruenz $10^n \equiv 1 \bmod c$ ist in der Tat lösbar, und zwar gilt genauer der

Satz 4.13 *Die positive rationale Zahl $\frac{a}{b}$ (in teilerfremder Darstellung) hat eine abbrechende Dezimalbruchentwicklung genau dann, wenn b nur aus den Primfaktoren 2 und 5 zusammengesetzt ist. Andernfalls hat $\frac{a}{b}$ eine periodische Dezimalbruchentwicklung der Periodenlänge*

$$n = \mathrm{ord}\,[10]_c \quad in \quad (\mathbb{Z}/c\mathbb{Z})^* ,$$

wo c der maximale zu 10 teilerfremde Teiler von b ist.

Damit liegt eine natürliche Erklärung dafür vor, dass für die Nenner 3 und 9 die Periodenlänge 1 auftritt, für 11 die Periodenlänge 2, für 7 und 13 die Periodenlänge 6 und für 17 die Periodenlänge 16. Natürlich lässt sich das entsprechende Spiel für jede andere Ziffernbasis ebenso betreiben. c ist jeweils zu ersetzen durch den maximalen Teiler von b, der zur Ziffernbasis g teilerfremd ist. Nach dem Eulerschen Satz und wegen der Multiplikativität von φ ist

$$\mathrm{ord}\,[g]_c \mid \varphi(c) \mid \varphi(b)$$

und somit gilt

Folgerung 4.14 *Die Periodenlänge von $\frac{a}{b}$ bei der Entwicklung in der Ziffernbasis g ist stets ein Teiler von $\varphi(b)$. Die Periodenlänge ist gleich $\varphi(b)$ genau dann, wenn die Ziffernbasis g modulo b die Gruppe $(\mathbb{Z}/b\mathbb{Z})^*$ erzeugt.*

4.3 Quadratische Reste

4.3.1 Das Legendresymbol

Wir bleiben beim Thema „Potenzreste", spezialisieren uns allerdings auf den Fall $n = 2$. Für $(b, m) = 1$ heißt b **quadratischer Rest** mod m, $m \in \mathbb{N}$, $m > 1$, wenn $x^2 \equiv b \bmod m$ eine Lösung in $(\mathbb{Z}/m\mathbb{Z})^*$ besitzt, andernfalls **quadratischer Nichtrest**. Wir wissen bereits, dass b quadratischer Rest mod m ist genau dann, wenn b quadratischer Rest modulo allen Primpotenzteilern von m ist. Aus 4.10 bis 4.12 ergeben sich die folgenden einfachen Konsequenzen:

Satz 4.15 (und Definition) *1. b ist quadratischer Rest mod 2 bzw. mod 4 genau dann, wenn $b \equiv 1 \bmod 2$ bzw. mod 4.*

2. b ist quadratischer Rest mod 2^s, $s > 2$, genau dann, wenn $b \equiv 1 \bmod 8$.

3. Für $s \in \mathbb{N}$ und $p > 2$ prim ist b quadratischer Rest mod p^s genau dann, wenn b quadratischer Rest mod p ist.

4. Die quadratischen Reste $b \bmod p$, $p > 2$ prim, bilden eine Untergruppe vom Index 2 in $(\mathbb{Z}/p\mathbb{Z})^*$, charakterisiert durch die Eigenschaft

$$b^{\frac{p-1}{2}} \equiv 1 \bmod p .$$

Modulo p gibt es also jeweils $\frac{p-1}{2}$ quadratische Reste und Nichtreste.

5. Für ungerade Primzahlen p sei (nach A.-M. LEGENDRE 1752 − 1833) das **Legendresymbol** *definiert durch*

$$\left(\frac{b}{p}\right) := \begin{cases} 1 & , \text{ wenn } b \text{ quadratischer Rest} \bmod p \\ -1 & , \text{ wenn } b \text{ quadratischer Nichtrest} \bmod p \\ 0 & , \text{ wenn } b \equiv 0 \bmod p \end{cases} .$$

Insbesondere gilt also das **Eulersche Kriterium**

$$\left(\frac{b}{p}\right) \equiv b^{\frac{p-1}{2}} \bmod p .$$

6. Das Legendresymbol ist eine multiplikative zahlentheoretische Funktion

$$\mathbb{Z} \to \{0, 1, -1\} : b \mapsto \left(\frac{b}{p}\right) .$$

Da der Wert aber nur von $b \bmod p$ abhängt, definiert es ebenso einen Gruppenhomomorphismus

$$(\mathbb{Z}/p\mathbb{Z})^* \to \{\pm 1\} ,$$

dessen Kern genau aus der Untergruppe der quadratischen Reste mod p besteht.

4.3.2 Das „erste Ergänzungsgesetz"

Ein Spezialfall des Eulerschen Kriteriums trägt den vornehmen Namen „Erstes Ergänzungsgesetz zum quadratischen Reziprozitätsgesetz" (letzteres ist ein zentrales Thema dieses ganzen Kapitels und hat wichtige Auswirkungen darüber hinaus):

Satz 4.16 *Sei $p > 2$ Primzahl. Dann ist*

$$\left(\frac{-1}{p}\right) = (-1)^{\frac{p-1}{2}}$$

d.h. -1 ist quadratischer Rest mod p *genau dann, wenn $p \equiv 1 \bmod 4$ ist.*

In der Tat kann man nicht nur für -1, sondern für beliebige feste Zähler des Legendresymbols zeigen, dass sein Wert von einer Kongruenzbedingung an den Nenner abhängt. Zunächst jedoch zu einer lehrreichen Anwendung.

4.3.3 Eine Abschweifung: Primzahlverteilung in Restklassen

P.L. DIRICHLET (1805 – 1859) hat bewiesen, dass in jeder primen Restklasse mod m, also in jeder arithmetischen Progression $n + km$, $(n, m) = 1$ und $k \in \mathbb{N}$, unendlich viele Primzahlen liegen (eine etwas andere Aussage als die, von der in Abschnitt 1.4.4 die Rede war). Dieser Satz gehört eigentlich in die analytische Zahlentheorie, und dort wird auch eine präzisere Version gezeigt, dass die Anzahl der Primzahlen $\leq x$ in jeder solchen Restklasse asymptotisch gleich $\frac{x}{\varphi(m) \cdot \log x}$ ist. Durch eine Variation des Beweises von EUKLID (Abschnitt 1.4.1) und mit Hilfe unserer bisher gewonnenen Erkenntnisse über quadratische Reste können wir immerhin in Spezialfällen einen kleinen Teil des Dirichletschen Satzes herleiten:

Satz 4.17 *In jeder primen Restklasse* mod 4 *liegen unendlich viele Primzahlen.*

Beweis: a) Gäbe es nur endlich viele Primzahlen $p_1, \ldots, p_m \equiv -1 \bmod 4$, so könnte man
$$n := 4p_1 p_2 \cdot \ldots \cdot p_m - 1$$
definieren. Nach Konstruktion ist $n \equiv -1 \bmod 4$, enthält keinen der verwendeten Primteiler p_j, kann aber auch nicht ausschließlich aus 2 und Primteilern $\equiv 1 \bmod 4$ zusammengesetzt sein, Widerspruch.
b) Nun nehmen wir an, es gäbe nur endlich viele Primzahlen $p_1, \ldots, p_m \equiv 1 \bmod 4$; dann wäre
$$n := (2p_1 \cdot \ldots \cdot p_m)^2 + 1 \equiv 1 \bmod 4,$$

und $-1 \equiv n-1 \mod n$ wäre quadratischer Rest $\mod n$. Daraus folgt, dass -1 quadratischer Rest modulo allen Primteilern von n ist. Nach Voraussetzung und Konstruktion hat n aber nur Primteiler $\equiv -1 \mod 4$, und für diese ist -1 quadratischer Nichtrest nach dem ersten Ergänzungsgesetz, Widerspruch. □

Der erste Teil des Beweises lässt sich analog führen für Primzahlen $\equiv -1 \mod 6$, und es lässt sich entsprechend zeigen, dass es zu jedem Modul $m > 2$ unendlich viele Primzahlen gibt, die quadratische Nichtreste $\mod m$ sind.

4.3.4 Ein Kriterium von GAUSS

Satz 4.18 *Sei $p > 2$ Primzahl, $p \nmid a \in \mathbb{Z}$, und sei*

$$S := \{1, 2, \ldots, \frac{p-1}{2}\}, \quad -S := \{-1, -2, \ldots, -\frac{p-1}{2}\}$$

*($S \cup -S$ bildet das **absolut kleinste Restsystem**, d.h. Repräsentantensystem, für $(\mathbb{Z}/p\mathbb{Z})^*$). Sei ferner μ die Anzahl der Repräsentanten aus $-S$, welche zu einem der Vielfachen $a, 2a, 3a, \ldots, \frac{p-1}{2}a \mod p$ kongruent sind. Dann ist*

$$\left(\frac{a}{p}\right) = (-1)^\mu.$$

Zum *Beweis* bezeichnen wir den absolut kleinsten Rest von $la \mod p$ mit $\pm m_l$, $m_l \in S$ für $p \nmid l$. Für $1 \leq l \neq k \leq \frac{p-1}{2}$ ist $m_l \neq m_k$, denn aus $m_l = m_k$ folgt entweder

$$la \equiv ka \mod p \quad \Rightarrow \quad l \equiv k \mod p \quad \Rightarrow \quad l = k$$

oder

$$la \equiv -ka \mod p \quad \Rightarrow \quad p \mid (l+k),$$

was beides unmöglich ist. Es ist also

$$\{1, 2, \ldots, \frac{p-1}{2}\} = \{m_1, m_2, \ldots, m_{\frac{p-1}{2}}\},$$

die Multiplikation der $\frac{p-1}{2}$ Kongruenzen $la \equiv \pm m_l \mod p$ ergibt also

$$(\frac{p-1}{2})! \, a^{\frac{p-1}{2}} \equiv (-1)^\mu (\frac{p-1}{2})! \mod p \quad \Rightarrow \quad \left(\frac{a}{p}\right) = (-1)^\mu$$

nach dem Kriterium von EULER. □

4.3.5 Das „zweite Ergänzungsgesetz"

Satz 4.19 *Sei $p > 2$ Primzahl. Dann ist*

$$\left(\frac{2}{p}\right) = (-1)^{\frac{p^2-1}{8}},$$

d.h. 2 ist quadratischer Rest mod p *genau dann, wenn* $p \equiv \pm 1 \bmod 8$ *ist.*

Den *Beweis* führen wir durch Anwendung des Gaußschen Kriteriums: Sei $m \in \mathbb{N}$ so bestimmt, dass

$$2m \leq \frac{p-1}{2} \quad \text{und} \quad 2(m+1) > \frac{p-1}{2};$$

Dann ist also $\mu = \frac{p-1}{2} - m$. Die Behauptung ergibt sich somit aus folgender naheliegenden Fallunterscheidung:

$$\begin{aligned}
p \equiv 1 \bmod 8 &\Leftrightarrow p = 8k+1 \Leftrightarrow \tfrac{p-1}{2} = 4k, & m &= 2k, & 2 \mid \mu &= 2k \\
p \equiv -1 \bmod 8 &\Leftrightarrow p = 8k+7 \Leftrightarrow \tfrac{p-1}{2} = 4k+3, & m &= 2k+1, & 2 \mid \mu &= 2k+2 \\
p \equiv 3 \bmod 8 &\Leftrightarrow p = 8k+3 \Leftrightarrow \tfrac{p-1}{2} = 4k+1, & m &= 2k, & 2 \nmid \mu &= 2k+1 \\
p \equiv -3 \bmod 8 &\Leftrightarrow p = 8k+5 \Leftrightarrow \tfrac{p-1}{2} = 4k+2, & m &= 2k+1, & 2 \nmid \mu &= 2k+1. \square
\end{aligned}$$

4.4 Das quadratische Reziprozitätsgesetz

In den beiden Ergänzungsgesetzen hat sich bereits gezeigt, dass bei festem Zähler a das Legendresymbol $\left(\frac{a}{p}\right)$ nur von der Restklasse $p \bmod 4a$ abhing. In der Tat ist das nicht nur für $a = -1$ oder 2 richtig, wie sich an folgendem bereits von EULER um 1745 vermuteten Sachverhalt zeigt:

Satz 4.20 (Quadratisches Reziprozitätsgesetz) *Seien $p \neq q$ Primzahlen $\neq 2$. Dann ist*

$$\left(\frac{p}{q}\right) = (-1)^{\frac{p-1}{2} \cdot \frac{q-1}{2}} \left(\frac{q}{p}\right).$$

Mit anderen Worten:

$$\left(\frac{p}{q}\right) = \left(\frac{q}{p}\right) \quad \text{außer für} \quad p \equiv q \equiv 3 \bmod 4;$$

im letzteren Fall sind die beiden Legendresymbole verschieden.

C.F. GAUSS hat als erster verschiedene Beweise für dieses Gesetz gegeben (ab 1796), u.a. den bis heute beliebtesten sehr elementaren Beweis, der auf einer Anzahlbetrachtung für Gitterpunkte beruht; dieser erweckt allerdings den falschen

Eindruck, es handele sich bei dem Satz um ein bloß kombinatorisches Phänomen. In Wahrheit hat dieses Gesetz wichtige Auswirkungen auf die ganze Zahlentheorie, insbesondere auf die Arithmetik algebraischer Zahlkörper; deswegen hat es seit GAUSS' Zeiten die Mathematiker immer wieder beschäftigt — ebenso wie seine Verallgemeinerungen, die *höheren Potenzrestgesetze*. Wir werden in Kap. 7 noch zwei weitere Beweise des Satzes kennenlernen, beginnen aber hier mit einem neueren *Beweis* von M. GERSTENHABER aus dem Jahr 1962, Abwandlung von Ideen von T. KUBOTA 1961 und G. EISENSTEIN 1844, nach Zählung GERSTENHABERs der 152. Beweis des quadratischen Reziprozitätsgesetzes! Er beruht auf der Konstruktion nichttrivialer Relationen zwischen p-ten und q-ten Einheitswurzeln, genauer gesagt zwischen sogenannten *Kreiseinheiten* des pq-ten Kreisteilungskörpers:

1.) Seien

$$\eta := e^{\frac{2\pi i}{p}} \quad \text{und} \quad \zeta := e^{\frac{2\pi i}{q}}$$

oder andere p-te bzw. q-te Einheitswurzeln $\neq 1$, die also die zyklischen Gruppen aller p-ten bzw. q-ten Einheitswurzeln erzeugen, und wie im Gaußschen Kriterium sei

$$S := \{1, 2, \ldots, \frac{p-1}{2}\}, \quad T := \{1, 2, \ldots, \frac{q-1}{2}\}.$$

Das Legendresymbol lässt sich dann folgendermaßen ausdrücken:

$$\left(\frac{p}{q}\right) = \prod_{a \in T} \frac{\zeta^{pa} - \zeta^{-pa}}{\zeta^a - \zeta^{-a}} \tag{4.3}$$

Man zeigt nämlich wie im Beweis von Satz 4.18, dass jeder Faktor des Zählers bis auf das Vorzeichen genau einmal als Nennerfaktor vorkommt; dieses Vorzeichen ist genau dann negativ zu wählen, wenn $pa \equiv -a' \bmod q$ ist für ein $a' \in T$ (Man beachte, dass ζ^a nur von der Restklasse $a \bmod q$ abhängt). Die Anzahl dieser Vorzeichenwechsel ist aber nach dem Gaußschen Kriterium gerade der Exponent μ in $\left(\frac{p}{q}\right) = (-1)^\mu$.

2.) Die Identität

$$x^p - x^{-p} = \prod_{b \bmod p} (\eta^b x - \eta^{-b} x^{-1})$$

für alle $x \in \mathbb{C}^*$ lässt sich begründen, indem man auf beiden Seiten mit x^p multipliziert: Beide Seiten haben dann den führenden Koeffizienten 1, weil $p \mid \sum_{b \bmod p} b$, und beide Seiten haben ihre $2p$ Nullstellen an den Punkten $\pm \eta^b$. Einsetzen von $x = \zeta^a$ ergibt

$$\frac{\zeta^{pa} - \zeta^{-pa}}{\zeta^a - \zeta^{-a}} = \prod_{0 \neq b \bmod p} (\eta^b \zeta^a - \eta^{-b} \zeta^{-a}) \tag{4.4}$$

3.) Einsetzen von (4.4) in (4.3) ergibt

$$\left(\frac{p}{q}\right) = \prod_{a \in T} \prod_{0 \neq b \bmod p} (\eta^b \zeta^a - \eta^{-b} \zeta^{-a}) =$$

$$= \prod_{a\in T}\prod_{b\in S} (\eta^b\zeta^a - \eta^{-b}\zeta^{-a})(\eta^{-b}\zeta^a - \eta^b\zeta^{-a}) = \prod_{a\in T, b\in S} [(\zeta^{2a}+\zeta^{-2a})-(\eta^{2b}+\eta^{-2b})].$$

Vertauscht man jetzt die Rollen von p und q, so ändert sich in jedem dieser $\frac{p-1}{2}\cdot\frac{q-1}{2}$ Faktoren das Vorzeichen, man erhält also das gewünschte Ergebnis

$$\left(\frac{q}{p}\right) = (-1)^{\frac{p-1}{2}\cdot\frac{q-1}{2}} \left(\frac{p}{q}\right). \square$$

4.5 Das Jacobisymbol

4.5.1 Definition und einfache Eigenschaften

Sei $b \in \mathbb{N}$ ungerade mit Primfaktorzerlegung $b = p_1 \cdot \ldots \cdot p_m$, die p_i nicht notwendig verschieden. C.G.J. JACOBI (1804–1851) hat für $a \in \mathbb{Z}$ ein neues Symbol als Produkt von Legendresymbolen

$$\left(\frac{a}{b}\right) := \left(\frac{a}{p_1}\right) \cdot \left(\frac{a}{p_2}\right) \cdot \ldots \cdot \left(\frac{a}{p_m}\right)$$

definiert. Die Schreibweise des Legendresymbols wird beibehalten, da dieses **Jacobisymbol** mit dem Legendresymbol übereinstimmt, wenn b Primzahl ist. Für $b = 1$ steht rechts das leere Produkt, man definiert also zweckmäßigerweise $\left(\frac{a}{1}\right) := 1$. Dann hat das Jacobisymbol die folgenden Eigenschaften:

Hilfssatz 4.21 *Das Jacobisymbol $\left(\frac{a}{b}\right)$*

1. *hängt nur von der Restklasse $a \bmod b$ ab,*
2. *ist multiplikativ als Funktion von a,*
3. *ist multiplikativ als Funktion von b,*
4. *ist $= 0$ genau dann, wenn $(a,b) \neq 1$,*
5. *definiert als Funktion von $[a]_b$ einen Gruppenhomomorphismus*

$$J : (\mathbb{Z}/b\mathbb{Z})^* \to \{\pm 1\}.$$

6. *J ist surjektiv genau dann, wenn b keine Quadratzahl ist.*
7. *Die Untergruppe der quadratischen Reste in $(\mathbb{Z}/b\mathbb{Z})^*$ liegt im Kern von J.*

Anders als für das Legendresymbol kann es aber sehr wohl vorkommen, dass $\left(\frac{a}{b}\right) = 1$ und trotzdem a quadratischer Nichtrest mod b ist, wenn nämlich a quadratischer Nichtrest für eine gerade Anzahl von Primfaktoren von b ist.

4 Arithmetik modulo n

4.5.2 Das Reziprozitätsgesetz für das Jacobisymbol

Hilfssatz 4.22 *Seien $r, s, r_1, \ldots, r_m \in \mathbb{Z}$ ungerade. Dann gelten folgende Kongruenzen* mod 2:

$$\frac{rs-1}{2} \equiv \frac{r-1}{2} + \frac{s-1}{2} \quad bzw. \quad \frac{r_1 r_2 \cdot \ldots \cdot r_m - 1}{2} \equiv \sum_{i=1}^{m} \frac{r_i - 1}{2}$$

$$\frac{r^2 s^2 - 1}{8} \equiv \frac{r^2 - 1}{8} + \frac{s^2 - 1}{8} \quad bzw. \quad \frac{r_1^2 r_2^2 \cdot \ldots \cdot r_m^2 - 1}{8} \equiv \sum_{i=1}^{m} \frac{r_i^2 - 1}{8}$$

Die erste Kongruenz folgt aus

$$(r-1)(s-1) \equiv 0 \bmod 4 \quad \Rightarrow \quad rs - 1 \equiv (r-1) + (s-1) \bmod 4 \quad,$$

die zweite Kongruenz aus

$$r^2 - 1 \equiv s^2 - 1 \equiv 0 \bmod 4 \quad \Rightarrow \quad (r^2 - 1)(s^2 - 1) \equiv 0 \bmod 16 \quad \Rightarrow$$

$$\Rightarrow \quad r^2 s^2 - 1 \equiv (r^2 - 1) + (s^2 - 1) \bmod 16 \,. \quad \square$$

Satz 4.23 *Seien $a, b \in \mathbb{N}$ ungerade und teilerfremd. Dann ist*

$$\left(\frac{-1}{b}\right) = (-1)^{\frac{b-1}{2}} \tag{4.5}$$

$$\left(\frac{2}{b}\right) = (-1)^{\frac{b^2-1}{8}} \tag{4.6}$$

$$\left(\frac{a}{b}\right)\left(\frac{b}{a}\right) = (-1)^{\frac{a-1}{2} \cdot \frac{b-1}{2}} \,. \tag{4.7}$$

Der *Beweis* der ersten beiden Formeln (der *Ergänzungsgesetze*) folgt unmittelbar aus der Definition und dem Hilfssatz. Zum Beweis der dritten Formel seien $b = p_1 \cdot \ldots \cdot p_m$ und $a = q_1 \cdot \ldots \cdot q_l$ die Primfaktorzerlegungen von b und a. Dann ist

$$\left(\frac{a}{b}\right)\left(\frac{b}{a}\right) = \prod_{i=1}^{m}\prod_{j=1}^{l} \left(\frac{q_j}{p_i}\right)\left(\frac{p_i}{q_j}\right) = \prod_i \prod_j (-1)^{\frac{q_j-1}{2} \cdot \frac{p_i-1}{2}},$$

und nach dem Hilfssatz gilt für die Exponenten

$$\sum_i \sum_j \frac{q_j - 1}{2} \cdot \frac{p_i - 1}{2} \equiv \left(\sum_j \frac{q_j - 1}{2}\right)\left(\sum_i \frac{p_i - 1}{2}\right) \equiv \frac{a-1}{2} \cdot \frac{b-1}{2} \bmod 2 \,. \quad \square$$

4.5.3 Schnelle Berechnung von Legendre- und Jacobisymbolen

Die Berechnung von $\left(\frac{a}{b}\right)$ für teilerfremde $a, b \in \mathbb{N}$, $2 \nmid b$, erfolgt nun nach folgendem naheliegenden Algorithmus (die Schritte 2 und 3 können auch vertauscht werden):

1. Division von a durch b mit Rest, um $0 < a < b$ zu erzwingen,
2. Zerlegung $a = 2^k a'$ mit $2 \nmid a'$ und Anwendung des zweiten Ergänzungsgesetzes auf $\left(\frac{2}{b}\right)$, wenn $2 \nmid k$.
3. Wenn $b/2 < a$, verwende

$$\left(\frac{a}{b}\right) = \left(\frac{-1}{b}\right)\left(\frac{b-a}{b}\right)$$

und wende das erste Ergänzungsgesetz an, anschließend auf $b - a$ wieder den zweiten Schritt,

4. wenn dann noch nicht $a = 1$ erreicht ist, wende das Reziprozitätsgesetz an und fahre mit Schritt 1 fort.

Beispiel:

$$\left(\frac{131311}{151515}\right) = -\left(\frac{20204}{151515}\right) = -\left(\frac{5051}{151515}\right) = \left(\frac{151515}{5051}\right) =$$

$$= \left(\frac{5036}{5051}\right) = -\left(\frac{15}{5051}\right) = \left(\frac{5051}{15}\right) = \left(\frac{11}{15}\right) = -\left(\frac{4}{15}\right) = -1.$$

Da bei jedem Durchlaufen der Schritte 1 bis 4 das Minimum von a und b mindestens halbiert wird, gewinnt man mit vollständiger Induktion sofort die

Folgerung 4.24 *Für teilerfremde ungerade $a, b \in \mathbb{N}$ lässt sich das Jacobisymbol $\left(\frac{a}{b}\right)$ mit Hilfe von höchstens*

$$1 + 4 \cdot {}_2\log(\max\{a, b\})$$

Divisionen mit Rest berechnen.

Man beachte dabei, dass auch die Anwendung der Ergänzungsgesetze und des Reziprozitätsgesetzes nur jeweils Divisionen durch 4 bzw. 8 erfordert. Ohne die Verwendung des Jacobisymbols könnte man das Legendresymbol nur auf sehr viel aufwendigerem Wege explizit berechnen: Ein ähnlicher Algorithmus wie eben würde ständig die Primfaktorzerlegung des Zählers erfordern; wollte man das quadratische Reziprozitätsgesetz ganz vermeiden, müsste man auf die Kriterien von EULER oder GAUSS zurückgreifen, die beide rechnerisch aufwendig sind.

4.5.4 Noch ein Existenzsatz für Primzahlen

Ein kleiner Schritt in Richtung auf die Artinsche Vermutung wird geleistet durch den folgenden

Satz 4.25 *Sei $a \in \mathbb{N}$ kein Quadrat. Dann gibt es unendlich viele Primzahlen p so, dass a quadratischer Nichtrest mod p ist.*

Zum *Beweis* darf man natürlich annehmen, dass a sogar *quadratfrei* ist, d.h. von der Form $2^s q_1 \cdot \ldots \cdot q_n$ mit $s = 0$ oder 1 und ungeraden, paarweise verschiedenen Primteilern $q_1, \ldots, q_n$.
1. Fall: Sei $a = 2$ und seien $l_1, \ldots, l_k$ die einzigen ungeraden Primzahlen $\neq 3$, für die $\left(\frac{2}{l_i}\right) = -1$. Dann sei

$$b := 8 l_1 \cdot \ldots \cdot l_k + 3 \equiv 3 \bmod 8, \quad \text{also mit} \quad \left(\frac{2}{b}\right) = -1,$$

dabei ist b weder durch 3 noch durch eines der l_i teilbar. Es muss also einen anderen Primfaktor p von b geben, für den 2 quadratischer Nichtrest ist.
2. Fall: a sei durch die ungeraden Primzahlen $q_1, \ldots, q_n$ teilbar, $n > 0$, dazu $l_1, \ldots, l_k$ andere Primzahlen, disjunkt zu den q_j (z.B. jene, für die $\left(\frac{a}{l_i}\right) = -1$). Dann sind die Kongruenzen

$$x \equiv 1 \bmod l_i, \ i = 1, \ldots, k$$
$$x \equiv 1 \bmod 8$$
$$x \equiv 1 \bmod q_j, \ j = 1, \ldots, n-1$$
$$x \equiv t \bmod q_n \quad \text{für ein} \quad t \in \mathbb{N} \quad \text{mit} \quad \left(\frac{t}{q_n}\right) = -1$$

simultan lösbar durch ein $b \in \mathbb{N}$ mit den Eigenschaften

$$b \equiv 1 \bmod 8 \Rightarrow \left(\frac{2}{b}\right) = 1 \quad \text{und} \quad \left(\frac{q_j}{b}\right) = \left(\frac{b}{q_j}\right) \ \forall j \Rightarrow$$

$$\left(\frac{a}{b}\right) = \left(\frac{2}{b}\right)^s \left(\frac{q_1}{b}\right) \cdot \ldots \cdot \left(\frac{q_n}{b}\right) = \left(\frac{b}{q_1}\right) \cdot \ldots \cdot \left(\frac{b}{q_n}\right) = -1.$$

Es gibt also einen Primfaktor p von b, offenbar disjunkt von den l_i und den q_j, für den a quadratischer Nichtrest ist. □

4.6 Verzweigung von Primzahlen

4.6.1 Konjugation und Norm für quadratische Zahlkörper

Wie schon in Abschnitt 3.4 erwähnt und benutzt, bezeichnen wir für $\beta = r + s\sqrt{d} \in \mathbb{Q}(\sqrt{d})$ das *algebraisch konjugierte* Element mit $\beta' := r - s\sqrt{d}$

und mit
$$N(\beta) := \beta\beta' = r^2 - s^2 d$$
die *Norm* von β. In imaginärquadratischen Zahlkörpern stimmt diese mit dem komplexen Betragsquadrat $|\beta|^2$ überein. Wenn $\beta, \gamma \in \mathcal{O}_d$ assoziiert sind, sich also nur um eine Einheit unterscheiden, schreiben wir dafür $\beta \sim \gamma$. Folgende Tatsachen lassen sich leicht nachrechnen:

Hilfssatz 4.26 *Die Abbildung $\beta \mapsto \beta'$ ist*

1. *ein Automorphismus des Körpers $\mathbb{Q}(\sqrt{d})$ (d.h. ein Körperisomorphismus in sich), der genau die Elemente von $\mathbb{Q}$ fest lässt,*
2. *ein Automorphismus des Rings $\mathcal{O}_d$, der genau die Elemente von $\mathbb{Z} = \mathcal{O}_d \cap \mathbb{Q}$ fest lässt,*
3. *führt irreduzible Elemente in irreduzible über und Einheiten in Einheiten.*

Die Norm bildet $\mathcal{O}_d$ in $\mathbb{Z}$ ab und verhält sich multiplikativ, d.h. für alle $\beta, \gamma \in \mathbb{Q}(\sqrt{d})$ ist
$$N(\beta\gamma) = N(\beta) N(\gamma).$$
Einheiten werden durch N auf ± 1 abgebildet.

4.6.2 Verzweigungsverhalten rationaler Primzahlen

Wir nehmen in diesem Abschnitt der Einfachheit halber an, dass der Ring $\mathcal{O}_d$, $d \in \mathbb{Z}$, $\neq 0$, $\neq 1$ und quadratfrei, ein faktorieller Ring ist wie z.B. die in 3.4 studierten euklidischen Ringe. Die algebraische Zahlentheorie erlaubt es zwar, auf diese Annahme zu verzichten, indem die eindeutige Primfaktorzerlegung durch eine eindeutige *Primidealzerlegung* ersetzt wird, aber der Preis ist ein Mehraufwand an Theorie, den wir hier nicht auf uns nehmen wollen: Es geht hier einstweilen nur darum, an Beispielen zu zeigen,

- was die Zahlentheorie in Erweiterungskörpern von $\mathbb{Q}$ mit der „alten" Zahlentheorie zu tun hat,
- warum sie sogar Rückwirkungen auf Fragestellungen über ganzrationale Zahlen hat,
- und welche Rolle das quadratische Reziprozitätsgesetz dabei spielt.

Satz 4.27 *Sei p eine Primzahl aus $\mathbb{Z}$. Dann besitzt p in dem faktoriellen Ring $\mathcal{O}_d$ eine der folgenden drei möglichen Primfaktorzerlegungen:*

1. *p bleibt auch in $\mathcal{O}_d$ Primzahl (**träge**).*
2. *$p = \pm \pi\pi' = \pm N(\pi)$ für zwei nicht-assoziierte, aber algebraisch konjugierte Primelemente $\pi, \pi' \in \mathcal{O}_d$ (**zerlegt**).*

3. $p \sim \pi^2$ *für ein Primelement* $\pi \in \mathcal{O}_d$ (**verzweigt**).

Jedes Primelement π *von* $\mathcal{O}_d$ *ist Teiler einer eindutig bestimmten rationalen Primzahl* $p \in \mathbb{Z}$.

Zum *Beweis* der letzten Aussage beachte man, dass $\pi\pi' = N(\pi) \in \mathbb{Z}$ ist und natürlich $\neq 0$ oder ± 1, sonst wäre $\pi = 0$ oder Einheit. π teilt also eine rationale Primzahl p. Zwei verschiedene Primzahlen $p \neq q \in \mathbb{N}$ sind teilerfremd in $\mathbb{Z}$, nach (1.1) also auch teilerfremd in $\mathcal{O}_d$, daher die Eindeutigkeit. Die übrigen Zerlegungsaussagen sieht man so ein: Wenn für eine rationale Primzahl p in $\mathcal{O}_d$ die Primfaktorzerlegung $p \sim \pi_1 \pi_2 \cdot \ldots \cdot \pi_k$ ist, so folgt daraus

$$N(p) = p^2 = \pm N(\pi_1) \cdot \ldots \cdot N(\pi_k),$$

und mit $N(\pi_j) \in \mathbb{Z}, \neq \pm 1$ sieht man, dass k nur 1 oder 2 sein kann. Dann ist die Fallunterscheidung evident. □

Welcher Fall im einzelnen eintritt, hängt völlig von der Wahl von d ab und soll anhand zweier Beispiele erklärt werden.

4.6.3 Rationale und Gaußsche Primzahlen

Mit π seien in diesem Abschnitt die Primzahlen des Rings $\mathbb{Z}[i]$ der ganzen Gaußschen Zahlen bezeichnet (vgl. die Liste am Ende von 3.4).

Satz 4.28   *In* $\mathbb{Z}[i]$ *ist*

- $2 = (-i)(1+i)^2 = N(1+i)$ *verzweigt und es sind*
- *alle rationalen Primzahlen* $p \equiv 3 \mod 4$ *träge,*
- *alle rationalen Primzahlen* $p \equiv 1 \mod 4$ *zerlegt.*

Die erste Aussage ist klar. Für die anderen beachte man, dass alle anderen Normen $a^2 + b^2$ von Primelementen $\pi = a + bi \in \mathbb{Z}[i]$ positiv und $\equiv 1 \mod 4$ sein müssen. Daraus folgt bereits, dass alle rationalen Primzahlen $p \equiv 3 \mod 4$ auch in $\mathbb{Z}[i]$ Primzahlen bleiben müssen. Es genügt also, zu beweisen, dass alle $p \equiv 1 \mod 4$ eine Darstellung

$$p = \pi\pi', \quad \pi \not\sim \pi',$$

besitzen. Nach dem ersten Ergänzungsgesetz zum quadratischen Reziprozitätsgesetz ist -1 quadratischer Rest $\mod p$, also $x^2 + 1 \equiv 0 \mod p$ lösbar. O.B.d.A. darf man $0 < x < p$ annehmen, d.h. für $\gamma := x + i$ ist

$$N(\gamma) = pm \quad \text{mit einem} \quad m \in \mathbb{N}, m < p.$$

γ muss in $\mathbb{Z}[i]$ also einen Primteiler π mit $N(\pi) = p$ haben. Da es in $\mathbb{Z}[i]$ nur die Einheiten $\pm 1, \pm i$ gibt, lässt sich leicht zeigen, dass hier $\pi \not\sim \pi'$ ist: Andernfalls wäre

$$p \sim \pi^2 = a^2 - b^2 + 2abi\,,$$

was sich nur für $p = 2$ erfüllen lässt. □

Mit der gleichen Begründung sieht man ein, dass die Darstellung $p = a^2 + b^2$, wenn sie existiert, im wesentlichen eindeutig ist.

Folgerung 4.29 *Eine rationale Primzahl $p \in \mathbb{N}$ lässt sich genau dann als Summe zweier Quadrate $a^2 + b^2$ natürlicher Zahlen schreiben, wenn $p = 2$ oder $\equiv 1 \bmod 4$ ist. Dabei sind a und b bis auf Permutation eindeutig bestimmt.*

Die Multiplikativität der Norm spiegelt sich wieder in einer multiplikativen Eigenschaft der *quadratischen Form* $x^2 + y^2$: Für alle $a, b, c, d \in \mathbb{Z}$ gilt

$$(a^2 + b^2)(c^2 + d^2) = (ac - bd)^2 + (ad + bc)^2\,.$$

Aus der letzten Folgerung ergibt sich damit sofort

Folgerung 4.30 *Eine natürliche Zahl n lässt sich genau dann als Summe zweier Quadrate schreiben, wenn in der Primfaktorzerlegung von n alle Primfaktoren $p \equiv 3 \bmod 4$ nur in gerader Multiplizität auftreten.*

4.6.4 Rationale und Eisensteinsche Primzahlen

Mit $\zeta := \zeta_3 = e^{2\pi i/3} = \frac{1}{2}(-1 + \sqrt{-3})$ ist $\mathcal{O}_{-3} = \mathbb{Z}[\zeta]$ der Ring der ganzen Zahlen des Zahlkörpers $\mathbb{Q}(\zeta) = \mathbb{Q}(\sqrt{-3})$ (wie der Gaußsche Zahlkörper gleichzeitig quadratischer Zahlkörper und Kreisteilungskörper; den Ring $\mathbb{Z}[\zeta]$ hat als erster G. EISENSTEIN eingehender untersucht im Zuge seines Beweises eines *kubischen Reziprozitätsgesetzes* [IR]).

Satz 4.31 *In $\mathbb{Z}[\zeta]$ ist*

- $3 = -(\sqrt{-3})^2 = N(1 - \zeta)$ *verzweigt und es sind*
- *alle rationalen Primzahlen $p \equiv 2 \bmod 3$ träge,*
- *alle rationalen Primzahlen $p \equiv 1 \bmod 3$ zerlegt.*

Wie in allen quadratischen Zahlkörpern lässt sich die Norm als quadratische Form schreiben, nämlich hier als

$$N(u + v\zeta) = u^2 - uv + v^2\,.$$

Daraus ergibt sich sofort die

Folgerung 4.32 *Eine rationale Primzahl p tritt genau dann als Wert der quadratischen Form* $u^2 - uv + v^2$, $u, v \in \mathbb{Z}$, *auf, wenn* $p = 3$ *oder* $\equiv 1 \mod 3$ *ist.*

Der erste Punkt des Satzes ist klar, und der zweite folgt daraus, dass $u^2 - uv + v^2$ modulo 3 nur die Werte 0 und 1 annehmen kann. Analog zum Fall des Gaußschen Zahlkörpers zeigen wir nun, dass jede rationale Primzahl $p \equiv 1 \mod 3$ in der Form $N(\pi)$ für eine Primzahl $\pi \in \mathbb{Z}[\zeta]$ geschrieben werden kann: Zunächst existiert ein

$$\gamma = x + 2\zeta \in \mathbb{Z}[\zeta] \quad \text{mit} \quad N(\gamma) = x^2 - 2x + 4 = (x-1)^2 + 3 \equiv 0 \mod p,$$

denn die Kongruenz $y^2 \equiv -3 \mod p$ ist lösbar wegen des quadratischen Reziprozitätsgesetzes

$$\left(\frac{-3}{p}\right) = \left(\frac{-1}{p}\right)\left(\frac{3}{p}\right) = \left(\frac{p}{3}\right) = 1;$$

man unterscheide die Fälle $p \equiv \pm 1 \mod 4$ und beachte $p \equiv 1 \mod 3$. Dabei kann o.B.d.A. $0 < x - 1 < \frac{p}{2}$ angenommen werden; dann ist $N(\gamma) = pm$ mit einem $m < p$. In der $\mathbb{Z}[\zeta]$-Primfaktorzerlegung von γ muss also das gesuchte Primelement π vorkommen. Bleibt noch zu zeigen, dass $\pi \not\sim \pi'$ ist. Das ist elementar, aber etwas mühsamer als im Fall des Gaußschen Zahlkörpers, weil es nun die sechs Einheiten $\epsilon = \pm 1, \pm \zeta, \pm \zeta^2$ gibt. Unter Verwendung von $\zeta' = \zeta^2$ sieht man ein, dass

$$\pi = u + v\zeta = \epsilon \pi' = \epsilon(u + v\zeta^2)$$

nur Lösungen hat, die als Primteiler rationaler Primzahlen $p \equiv 1 \mod 3$ nicht in Frage kommen. □

4.7 Aufgaben

1. Verifizieren Sie, dass für reelle $s > 1$ folgende Produktentwicklung gilt:

$$\zeta(s) = \sum_{\mathbb{N}} \frac{1}{n^s} = \prod_{\mathbb{P}} \frac{1}{1 - p^{-s}}$$

2. Folgern Sie daraus, dass für $s > 1$ bzw. $s > 2$

$$\zeta^{-1}(s) = \sum_{\mathbb{N}} \frac{\mu(n)}{n^s}, \quad \zeta^2(s) = \sum_{\mathbb{N}} \frac{\sigma_0(n)}{n^s},$$

$$\zeta(s)\zeta(s-1) = \sum_{\mathbb{N}} \frac{\sigma_1(n)}{n^s}.$$

3. $\psi(n)$ bezeichne die Anzahl der nicht-isomorphen abelschen Gruppen der Ordnung n. Beweisen Sie, dass ψ eine multiplikative zahlentheoretische Funktion ist und berechnen Sie $\psi(17^m)$ für $m = 0, 1, \ldots, 10$.

4. Berechnen Sie alle Primitivwurzeln modulo 11, 13, 17, 19.

5. Verwenden Sie die Existenz einer Primitivwurzel, um einen neuen Beweis des Wilsonschen Satzes
$$(p-1)! \equiv -1 \bmod p$$
zu geben.

6. Beweise: Alle Primitivwurzeln sind quadratische Nichtreste. Gibt es ungerade Primzahlen, für die alle quadratischen Nichtreste gleichzeitig Primitivwurzeln sind?

7. p sei eine Primzahl > 2. Zeigen Sie, dass die Kongruenz $x^4 \equiv -1 \bmod p$ genau dann lösbar ist, wenn die Primzahl $p \equiv 1 \bmod 8$ ist.

8. Verallgemeinern Sie Satz 4.11 auf den Fall $p \mid n$.

9. Zeigen Sie, dass $1/97$ eine Dezimalbruchentwicklung der Periodenlänge 96 besitzt.

10. $M_p = 2^p - 1$ sei eine Mersenneprimzahl. Zeigen Sie, dass 3 quadratischer Nichtrest mod M_p ist.

11. Man beweise: Wenn sich die natürliche Zahl n aus mehr als einer Primzahl $\equiv 1 \bmod 4$ zusammensetzt, besitzt n mehrere wesentlich verschiedene Darstellungen als Summe von zwei Quadraten.

12. Finden Sie die kleinste natürliche Zahl, welche zwei wesentlich verschiedene Darstellungen als Summe von zwei Qudraten besitzt.

13. $q \equiv 1 \bmod 4$ sei Primzahl und $p := 2q+1$ ebenfalls. Beweisen Sie, dass 2 eine Primitivwurzel mod p ist. Unter welchen Bedingungen an q ist auch 5 eine Primitivwurzel?

14. Seien wieder q und p Primzahlen mit $p = 2q+1$, jetzt aber mit $q \equiv 3 \bmod 4$. Beweisen Sie $2^q \equiv 1 \bmod p$ und leiten Sie daraus ab, dass $2^{11} - 1$ und $2^{23} - 1$ keine Mersenne-Primzahlen sein können.

15. Sei $p > 3$ prim, n durchlaufe alle quadratischen Reste mod p. Man zeige $\sum n \equiv 0 \bmod p$.

5 Primzahltests und Primfaktorzerlegung

5.1 Das RSA-Schema

5.1.1 Kleiner Fermatscher Satz und Verschlüsselung

Das von RIVEST, SHAMIR und ADLEMAN 1978 publizierte Verschlüsselungsverfahren funktioniert folgendermaßen: Man nehme zwei sehr große Primzahlen $p \neq q$ (geheim) und bilde ihr Produkt $n = pq$; dieses darf öffentlich bekannt sein. Nun schreibe man die Nachricht, die z.B. von einer Außenstelle oder einem Agenten verschlüsselt an die Zentrale durchgegeben werden soll, zunächst nach einem einfachen Verfahren in Ziffernform, z.B. indem die Buchstaben in Form der Zahlen 1 bis 27 geschrieben werden und entsprechend Wortzwischenräume, Satzzeichen und Sonderzeichen durch andere Zahlen zwischen 28 und 99 ausgedrückt werden (dieser Teil des Verfahrens lohnt nicht, geheimgehalten zu werden). Der Sender der Nachricht erhält von der Zentrale dann einen Exponenten $s \in \mathbb{N}$, der ebenfalls öffentlich bekannt sein darf und von dem nur gesichert sein muss, dass s zu $\varphi(n) = (p-1)(q-1)$ teilerfremd ist. Die Nachricht, also kleine natürliche Zahlen a, wird nun dadurch verschlüsselt, dass man zur s-ten Potenz mod n

$$a \mapsto a^s \bmod n$$

übergeht und diese — etwa in Form kleinster positiver Reste — übersendet. Wie wird nun die Nachricht a aus a^s rekonstruiert? Da s zu $\varphi(n)$ teilerfremd ist, gibt es eine Lösung $t \in \mathbb{N}$ der Kongruenz

$$st \equiv 1 \bmod \varphi(n), \quad \text{d.h. ein} \quad k \in \mathbb{Z} \quad \text{mit} \quad st = k\varphi(n) + 1.$$

Nach dem kleinen Fermatschen Satz 2.10 lässt sich also die Nachricht a aus ihrer Verschlüsselung a^s durch erneutes Potenzieren modulo n zurückgewinnen:

$$(a^s)^t = a^{st} = a^{\varphi(n)k+1} \equiv a \bmod n.$$

Man überzeuge sich davon, dass für quadratfreie Moduln n der kleine Fermatsche Satz in dieser Form auch gültig bleibt, wenn $(a, n) \neq 1$ ist. Es genügt bei allen diesen Rechnungen, in jedem Schritt mit dem kleinsten positiven Repräsentanten zu rechnen. Da a als kleine natürliche Zahl angenommen war, gewinnt man sie am Ende automatisch zurück.

5.1.2 Praktikabilität des Verfahrens

Selbst wenn die Primzahlen p, q in der Größenordnung von 10^{100} gewählt werden, sind die erforderlichen Rechnungen schon auf kleineren Rechnern durchführbar: Man beachte, dass nach jedem Rechenschritt eine Reduktion mod n durchgeführt werden kann, d.h. Division mit Rest durch n, so dass man es also höchstens mit Zahlen der Größenordnung n^2 zu tun hat. Dazu muss man wissen, dass schnelle Algorithmen existieren (SCHÖNHAGE-STRASSEN, vgl. [Kn]), die für Zahlen $< m$ Multiplikationen und Divisionen in einer Rechenzeit von $O((\log m)^{1+\epsilon})$ durchführen. Für $m = n^2$ heißt das also, dass der Aufwand für Multiplikation und Division nur wenig schneller als die Stellenzahl anwächst. Auch für die Potenzierung ist der Zeit- und Speicherplatzbedarf bescheiden: Natürlich kann man sich für s und t auf Exponenten $< n$ beschränken; entwickelt man z.B. s im Binärsystem in

$$s = s_0 + s_1 \cdot 2 + \ldots + s_{k-1} \cdot 2^{k-1} + s_k \cdot 2^k , \quad \text{alle} \quad s_j \in \{0, 1\}, \quad s_k = 1 ,$$

so ist natürlich $k \leq {}_2 \log s$. Demnach lässt sich $a^s \bmod n$ durch einen Algorithmus aus weniger als $\log s$ Quadrierungen, Multiplikationen und Reduktionen mod n berechnen, wobei alle beteiligten Zahlen $< n^2$ bleiben. In jedem Fall bleibt man also mit dem Aufwand für Rechenzeit und Speicherplatz unter einer bescheidenen Logarithmuspotenz von s bzw. n. Das gleiche gilt natürlich auch für die Kontrolle, ob s zu $\varphi(n)$ teilerfremd ist sowie in den späteren Paragraphen dieses Kapitels für die Berechnung von Jacobisymbolen. Die Primfaktoren p und q sind nicht nicht ganz so leicht zu finden, aber immer noch in realistischer Rechenzeit durch zahlentheoretische Algorithmen, von denen in den folgenden Abschnitten die Rede sein wird.

5.1.3 Sicherheit des Verfahrens

Das RSA-Schema ist ein **public-key-Kryptosystem**, d.h. das Verschlüsselungsverfahren (hier also gegeben durch den Modul n, den Exponenten s und die elementare Übersetzung in kleine Zahlen a) darf öffentlich bekannt sein; selbst der Verschlüsseler kann seine eigene Nachricht aus der Verschlüsselung nicht mehr ohne Zusatzinformationen rekonstruieren. Diese bestehen hier aus dem zweiten Exponenten t bzw. genauer aus der Kenntnis von $\varphi(n)$. Diese Kenntnis ist gleichbedeutend mit der Kenntnis der Primfaktorzerlegung von n, denn man kann natürlich die Primfaktoren aus

$$n = pq \quad \text{und} \quad \varphi(n) = (p-1)(q-1)$$

rekonstruieren (Aufgabe zu Kap. 1). Die Sicherheit des Verfahrens beruht also darauf, dass Primfaktorzerlegung großer Zahlen schwer ist, jedenfalls sehr viel schwerer als Primzahltests. Bis heute ist allerdings nicht klar, ob dies von Natur aus so sein muss, oder ob dies nur daran liegt, dass den Mathematikern bisher noch nicht die richtigen Ideen für diese Aufgabe gekommen sind. Denkbar ist also — wenn auch nicht sehr wahrscheinlich — dass ebenso schnelle Faktorisierungsalgorithmen wie Primzahltests gefunden werden könnten; dann würde das RSA-Schema sofort in den Archiven der Mathematikgeschichte verschwinden (was natürlich auch dann denkbar ist, wenn es von anderen eleganten und billigen public-key-Kryptosystemen überholt wird) und damit auch ein Großteil des öffentlichen Interesses an den Themen dieses ganzen Kapitels.

In den vergangenen Jahrzehnten hat sich das ganze Gebiet jedenfalls rapide entwickelt, was nur zum Teil an den schnell wachsenden maschinellen Möglichkeiten liegt; man findet vielmehr immer neue Algorithmen, die auf zahlentheoretischen Konzepten beruhen, welche im Prinzip lange bekannt sind. Inzwischen werden so tiefliegende Hilfsmittel eingesetzt (z.B. elliptische Kurven, abelsche Varietäten), dass eine einführende Vorlesung den aktuellen Stand der Kunst nicht mehr wiedergeben kann, der im übrigen auch ebenso schnell wieder überholt wäre. Ich werde mich also im folgenden darauf beschränken, anhand einiger ausgewählter und technisch nicht zu schwieriger Verfahren arithmetische Grundprinzipien von Primzahltests und Faktorisierungsalgorithmen zu erläutern. Die Umsetzung in die Praxis und/oder Maschinenfragen lasse ich ganz beiseite, und für ausgefeiltere Algorithmen sei auf Spezialvorlesungen und die inzwischen sehr umfangreiche Literatur verwiesen (z.B. [Kn], [Coh], [Ko3], [Rie]).

5.2 Der Kleine Fermatsche Satz als Primzahltest

5.2.1 Ein naiver Ansatz

In der Praxis wird man jeden Primzahltest und jeden Faktorisierungsversuch damit beginnen, dass man kontrolliert, ob die fragliche Zahl n nicht durch $2, 3, 5, 7$ etc. teilbar ist. Wie weit man damit geht, hängt aber ganz von den anderen zur Verfügung stehenden Verfahren ab: Um nämlich n etwa als Primzahl zu identifizieren, müsste man sonst probeweise durch alle Primzahlen $p \leq \sqrt{n}$ dividieren, da der kleinste nichttriviale Primfaktor von n immerhin diese Größe erreichen kann. Nach dem Primzahlsatz sind also etwa $2\sqrt{n}/\log n$ Divisionen durchzuführen, und das würde auch die schnellsten Rechner sehr bald überfordern, ganz abgesehen davon, dass Primzahltafeln nicht in dem dazu erforderlichen Umfang zur Verfügung stehen. Natürlich kann man durch alle Zahlen $\leq \sqrt{n}$ dividieren, was den Zeitbedarf noch um einen Faktor $\log n$ vergrößert; Zahlenfaktoren, die man durch Teilerfremdheitsbedingungen gewinnt (z.B. Dividieren nur durch Zahlen, die zu $210 = 2 \cdot 3 \cdot 5 \cdot 7$ teilerfremd sind) fallen dagegen für große n wenig ins Gewicht.

5.2.2 Pseudoprimzahlen und Carmichaelzahlen

Im Prinzip lässt sich jeder Satz, in dessen Voraussetzungen das Wort „Primzahl" vorkommt, daraufhin untersuchen, ob seine Aussage umgekehrt als Primzahltest tauglich ist. Ein einfaches Beispiel dazu ist der kleine Fermatsche Satz 2.11:

Hilfssatz 5.1 *Sei $n \in \mathbb{N}$. Wenn ein $a \in \mathbb{N}$, $0 < a < n$ mit*

$$a^{n-1} \not\equiv 1 \bmod n$$

existiert, ist n keine Primzahl.

Leider ist es keineswegs immer möglich, n mit Hilfe dieses einfachen Hilfssatzes als zusammengesetzt zu identifizieren.

Definition: $n \in \mathbb{N}$ heißt *pseudoprim zur Basis a*, wenn die Kongruenz

$$a^{n-1} \equiv 1 \bmod n \qquad (5.1)$$

erfüllt ist. Eine zusammengesetzte Zahl n heißt **Carmichaelzahl**, wenn (5.1) für alle zu n teilerfremden $a \in \mathbb{N}$ erfüllt ist.

Die kleinste dieser — nach ihrem Entdecker R.D. CARMICHAEL (1912) so benannten — Zahlen ist $n = 561 = 3 \cdot 11 \cdot 17$, denn nach dem chinesischen Restsatz und dem kleinen Fermatschen Satz ist n mit der Primfaktorzerlegung $n = p_1 \cdot \ldots \cdot p_k$ genau dann Carmichaelzahl, wenn alle $p_j - 1$ Teiler von $n - 1$ sind (dass Carmichaelzahlen keine quadratischen Faktoren haben können, ist leicht einzusehen). ERDÖS vermutete schon seit langem, dass es sehr viele Carmichaelzahlen gibt, genauer gesagt mehr als $x^{1-\epsilon}$ unterhalb x für genügend große $x > x_0(\epsilon)$; d.h. es gäbe danach mehr Carmichaelzahlen als Quadrate! Diese Vermutung wurde 1993 wenigstens insoweit bestätigt, dass es asymptotisch mehr als $x^{2/7}$ Carmichaelzahlen unterhalb x gibt (ALFORD, GRANVILLE, POMERANCE [AGP]). Jedenfalls gibt es unendlich viele Carmichaelzahlen, und damit ist klar, dass der Fermatsche Satz als Primzahltest alleine nicht ausreicht.

5.2.3 Ein einfacher Test von POLLARD

Der kleine Fermatsche Satz ist allerdings wesentlicher Bestandteil vieler Primzahltests. Eines der einfachsten nichttrivialen Beispiele ist folgender Satz von POLLARD, der eigentlich auf der Tatsache beruht, dass Carmichaelzahlen mindestens drei Primfaktoren haben müssen.

Satz 5.2 *Es gibt eine positive Konstante c, so dass für alle natürlichen Zahlen $n > c$ gilt: n ist Primzahl genau dann, wenn gleichzeitig*

1. n keine Quadratzahl ist,
2. n keinen Primteiler $p \leq \sqrt[3]{n}$ besitzt,
3. $k^{n-1} \equiv 1 \bmod n$ ist für alle natürlichen Zahlen $k < \sqrt[5]{n}$.

Wenn n Primzahl ist, sind natürlich alle drei Bedingungen erfüllt. Seien nun umgekehrt alle drei Bedingungen erfüllt. Nach 2. kann n höchstens das Produkt pq von zwei (nach 1. verschiedenen) Primzahlen sein, o.B.d.A. mit

$$n^{1/3} < q < p < n^{2/3}.$$

Nach dem schon einmal zitierten Resultat von BURGESS (vgl. Abschnitt 4.2.1) gibt es eine Primitivwurzel $k \bmod p$ mit $k = O(p^{1/4+\delta}) = O(n^{1/6+\delta}) < n^{1/5}$ für $n > c$, für die also

$$k^{p-1} \equiv 1 \bmod p, \quad \text{aber} \quad k^m \not\equiv 1 \bmod p \quad \text{für alle} \quad 0 < m < p-1.$$

Nach Bedingung 3. müsste aber $k^{n-1} \equiv 1 \bmod n$ sein, erst recht also $k^{n-1} \equiv 1 \bmod p$. Das geht nur, wenn

$$(p-1) \mid (n-1) = pq - 1 = (p-1)q + (q-1),$$

wenn also $p - 1$ Teiler von $q - 1$ wäre im Widerspruch zu $p > q$. □

Es ist klar, dass der Satz von POLLARD einen Primzahltest in $O(n^{1/3})$ Schritten liefert; hierbei werden Zeitaufwand und Kosten für die einzelnen Multiplikationen, Divisionen und Potenzierungen nicht eingerechnet. Wenn man dieses will, muss man noch mit kleinen Potenzen von $\log n$ multiplizieren. Außerdem ist sehr plausibel, dass die Idee dieses Satzes erheblich verbesserungsfähig ist. In der Tat gibt es verwandte Primzahltests mit einer Laufzeit der Größenordnung $O(n^{1/8})$, die allerdings aus verschiedenen Gründen nur von theoretischem Interesse sind; z.B. sind die zugrundeliegenden Konstanten nicht bekannt und mögen astronomisch groß sein.

5.2.4 Primzahltests für Kandidaten spezieller Bauart

Der Pollardsche Satz und seine Verschärfungen sind *universell*, d.h. für beliebige natürliche Zahlen in gleicher Weise verwendbar. Das ist nicht immer so: Gerade die Primzahlrekorde, die von Zeit zu Zeit ihren Niederschlag sogar in der Tagespresse finden, werden häufig mit Tests erzielt, die nur für Zahlen spezieller Bauart funktionieren. Einfaches Beispiel dafür ist folgender Primzahltest von BRILLHART und SELFRIDGE:

Satz 5.3 *Die Primfaktorzerlegung von $n-1$ sei bekannt, nämlich $\prod p_i^{l_i}$. Dann gilt: n ist Primzahl genau dann, wenn für alle Primteiler $p_i \mid (n-1)$ ein $a_i \in \mathbb{N}$ existiert, teilerfremd zu n, mit*

$$a_i^{n-1} \equiv 1 \bmod n \quad, \text{ aber } \quad a_i^{(n-1)/p_i} \not\equiv 1 \bmod n.$$

Wenn n nämlich Primzahl ist, tut's jede Primitivwurzel $a_i := a \bmod n$. Seien umgekehrt solche a_i gefunden, die die Kongruenzen des Satzes erfüllen, und sei $f_i := \text{ord}[a_i]_n$ in $(\mathbb{Z}/n\mathbb{Z})^*$. Dann ist offenbar $f_i \mid (n-1)$ und $f_i \nmid \frac{n-1}{p_i}$, also $p_i^{l_i} \mid f_i$. Nach dem Eulerschen Satz 2.9 ist also $p_i^{l_i} \mid f_i \mid \varphi(n)$ für alle i, also

$$(n-1) \mid \varphi(n) \leq n-1 \quad \Longrightarrow \quad \varphi(n) = n-1 \quad \Longrightarrow \quad n \text{ prim} . \quad \Box$$

Folgerung 5.4 *Sei $N \in \mathbb{N}$. Die Zahl $2^N + 1$ ist prim genau dann, wenn N eine Zweierpotenz 2^n ist und wenn für $n > 0$*

$$3^{2^{2^n}} \equiv 1 \quad \text{und} \quad 3^{2^{2^n - 1}} \not\equiv 1 \bmod (2^{2^n} + 1) \quad \text{ist}.$$

Dass für die Exponenten N in diesen **Fermatschen Primzahlen** F_n nur Zweierpotenzen 2^n in Frage kommen, ist eine elementare Übungsaufgabe, vgl. Abschnitt 5.6. Zum *Beweis* bleibt zu zeigen: Wenn F_n prim ist, ist 3 Primitivwurzel. Wenn nämlich F_n prim ist, hat die prime Restklassengruppe $(\mathbb{Z}/F_n\mathbb{Z})^*$ nach dem Beweis von Satz 4.3 insgesamt $\varphi(F_n - 1) = 2^{2^n - 1}$ Primitivwurzeln; diese müssen also mit den quadratischen Nichtresten übereinstimmen, denn quadratische Reste können keine Primitivwurzeln sein. Es genügt daher, zu zeigen, dass 3 quadratischer Nichtrest mod F_n ist. Aus $n > 0$ folgt

$$F_n \equiv 1 \bmod 4 \quad \text{und} \quad F_n \equiv 2 \bmod 3,$$

aus dem quadratischen Reziprozitätsgesetz also

$$\left(\frac{3}{F_n}\right) = \left(\frac{F_n}{3}\right) = \left(\frac{2}{3}\right) = -1,$$

wie behauptet. $\Box$

Das Interesse an Fermatschen Primzahlen hat seinen Ursprung in dem (vergeblichen) Versuch, leicht konstruierbare Serien von Primzahlen herzustellen, und in einer elementargeometrischen Frage, auf die wir im Kapitel 7 zu sprechen kommen. FERMAT hatte vermutet, dass alle F_n prim sind, gestützt auf die Fälle $n = 0, 1, 2, 3, 4$; EULER fand jedoch für F_5 den Teiler 641, und bis heute hat man unter den F_n keine einzige weitere Primzahl gefunden. Da sie mit n enorm schnell wachsen, liegen allerdings keine umfangreichen Erfahrungen vor.— In diesem Zusammenhang sei ein witziger Beweis von POLYA für die Unendlichkeit der Primzahlmenge erwähnt: $\mathbb{P}$ ist unendlich, weil $\{F_n \mid n \geq 0\}$ unendlich ist und weil je zwei verschiedene Fermatzahlen F_n, F_m teilerfremd sind: Wenn etwa $n < m$ und p Primteiler von F_n ist, hat man

$$2^{2^n} \equiv -1 \bmod p \quad \Longrightarrow \quad 2^{2^m} \equiv 1 \bmod p \quad \Longrightarrow \quad p \nmid F_m.$$

5.2.5 Der LUCAS-LEHMER-Test

Mersennesche Primzahlen $n = M_p = 2^p - 1$, $p \in \mathbb{P}$, sind uns bereits in den Abschnitten 4.1.3 und 4.1.4 begegnet. Hier ist, anders als bei Fermatzahlen, die Primfaktorzerlegung von $n+1$ anstelle jener von $n-1$ bekannt. Auch diese Information lässt sich zur Konstruktion spezieller Primzahltests verwenden, die letztlich auf dem kleinen Fermatschen bzw. Eulerschen Satz beruhen; nun wird aber nicht die Gruppe $(\mathbb{Z}/n\mathbb{Z})^*$ verwendet, sondern eine zyklische Gruppe der Ordnung $n^2 - 1$. Solche Gruppen findet man z.B. mit Hilfe quadratischer Zahlkörper: Wenn n prim ist und in $\mathcal{O}_d$ prim bleibt (träge, vgl. Abschnitt 4.6), so kann man leicht zeigen, dass $\mathcal{O}_d / <n>$ ein Körper mit n^2 Elementen ist. Wir wissen nach Satz 4.3, dass die multiplikative Gruppe dieses Körpers zyklisch ist, hier natürlich von der Ordnung $n^2 - 1$. Dann müsste auch eine Untergruppe der Ordnung $n+1$ existieren, auf deren Elemente sich der Eulersche Satz anwenden lässt. Soviel zur Motivation des nun folgenden Beweises (ROSEN [Ro], BRUCE [Br]).

Satz 5.5 *Sei $p > 2$ eine Primzahl und die Folge $(S_n)_{n \in \mathbb{N}}$ rekursiv durch*

$$S_1 := 4 \quad und \quad S_n := S_{n-1}^2 - 2$$

definiert. $M_p := 2^p - 1$ ist Primzahl genau dann, wenn M_p Teiler von S_{p-1} ist.

Beweis: Sei $\omega := 2+\sqrt{3} \in \mathcal{O}_3 = \mathbb{Z}[\sqrt{3}]$. Wegen $\omega' = 2-\sqrt{3}$ und $N(\omega) = \omega\omega' = 1$ ist ω Einheit in $\mathcal{O}_3$, und durch Induktion über m stellt man leicht fest, dass

$$S_m = \omega^{2^{m-1}} + (\omega')^{2^{m-1}}$$

ist. $M_p \mid S_{p-1}$ ist also gleichbedeutend mit

$$\omega^{2^{p-2}} + (\omega')^{2^{p-2}} \equiv 0 \mod M_p \quad \text{bzw.} \quad \omega^{2^{p-1}} + 1 \equiv 0 \mod M_p. \quad (5.2)$$

Angenommen nun, M_p hätte einen nichttrivialen Primteiler q, dann darf man o.B.d.A. $q^2 \leq M_p$ annehmen, und natürlich $q > 2$. Der Restklassenring $R := \mathbb{Z}[\sqrt{3}] / <q>$ hat genau q^2 Elemente, seine Einheitengruppe R^* hat höchstens $q^2 - 1$ Elemente, darunter insbesondere $-1 \not\equiv 1 \mod <q>$ und $\omega \mod <q>$. Aus

$$\omega^{2^{p-1}} \equiv -1 \quad \text{und folglich} \quad \omega^{2^p} \equiv 1 \mod <q>$$

erhält man ord $(\omega \mod <q>) = 2^p$, nach dem Eulerschen Satz 2.9 ist also 2^p Teiler der Gruppenordnung. Daraus folgt der Widerspruch

$$2^p \leq q^2 - 1 \leq M_p - 1 = 2^p - 2.$$

Sei nun umgekehrt M_p Primzahl; dann ist die Gültigkeit von (5.2) zu zeigen. Sei dazu

$$\tau := \frac{1+\sqrt{3}}{\sqrt{2}} \quad und \quad \tau' := \frac{1-\sqrt{3}}{\sqrt{2}},$$

also gelten
$$\tau^2 = \omega\,,\ (\tau')^2 = \omega'\,,\ \tau\tau' = -1\,,$$
und zum Beweis von (5.2) ist dann
$$\tau^{2^p} = \tau^{M_p+1} \equiv -1 \bmod M_p \tag{5.3}$$
zu zeigen; dies kann als Kongruenz in $\mathbb{Z}[\sqrt{3}]$ gelesen werden oder in $\mathbb{Z}[\sqrt{3}, \sqrt{2}]$, wie wir gleich sehen werden. Zur Vereinfachung schreiben wir hier $q := M_p$, erheben $\sqrt{2}\tau = 1 + \sqrt{3}$ in die q-te Potenz und erhalten
$$\tau^q\, 2^{(q-1)/2}\sqrt{2} \equiv 1 + 3^{(q-1)/2}\sqrt{3} \bmod q\,,$$
denn die gemischten Glieder auf der rechten Seite sind wegen ihrer Binomialkoeffizienten alle durch q teilbar. Aus dem Eulerschen Kriterium für quadratische Reste und dem Reziprozitätsgesetz erhalten wir
$$q \equiv -1 \bmod 8 \ \Rightarrow\ 2^{(q-1)/2} \equiv \left(\frac{2}{q}\right) \equiv 1 \bmod q$$
$$q \equiv -1 \bmod 4\,,\ q \equiv 1 \bmod 3 \ \Rightarrow\ 3^{(q-1)/2} \equiv \left(\frac{3}{q}\right) \equiv -\left(\frac{q}{3}\right) \equiv -1 \bmod q\,.$$
Daraus folgt
$$\tau^q \equiv \tau' \bmod q \quad \text{und} \quad \tau^{q+1} \equiv \tau\tau' \equiv -1 \bmod q\,,$$
also (5.3). □

Es ist plausibel, dass diese Idee nicht nur für Mersennezahlen verwendbar ist, und dass auch Zahlkörper verwendbar sind, die komplizierter als quadratisch sind (einen höheren *Grad* haben, den wir im nächsten Kapitel einführen werden). Auf diese Weise lassen sich Primzahltests konstruieren, die gut funktionieren, wenn die Primfaktorzerlegung — oder hinreichend viele Primfaktoren — von n^2+1, n^2+n+1 bzw. n^2-n+1 bekannt sind (WILLIAMS, JUDD, HOLTE [WJ], [WH]).

5.3 Riemannsche Vermutung und probabilistische Primzahltests

Andere schnelle Primzahltests funktionieren unter anderen Typen von Nebenbedingungen; dazu gehören einerseits Annahmen über die Verteilung zahlentheoretischer Größen wie z.B. quadratischer Nichtreste $\bmod p$. Andererseits gibt es Tests, die mit beliebig großer Wahrscheinlichkeit, nicht aber mit absoluter Sicherheit eine Zahl als Primzahl identifizieren. Typische Beispiele für beides werden wir in diesem Abschnitt skizzieren. Zunächst behandeln wir einen Primzahltest, der von G. MILLER 1976 entwickelt wurde und auf der Annahme der Gültigkeit einer Verallgemeinerung der Riemannschen Vermutung beruht; wir halten uns dabei an eine Vereinfachung von H.W. LENSTRA JR.

5.3.1 Vorbemerkungen über quadratfreie Zahlen

Hilfssatz 5.6 *Sei $p > 2$ Primzahl. Dann gibt es eine Primzahl $a < 4(\log p)^2$, welche $a^{p-1} \not\equiv 1 \bmod p^2$ erfüllt.*

Aus numerischen Experimenten weiß man sogar, dass für alle $p < 3 \cdot 10^9$ die Aussage des Hilfssatzes für $a = 2$ oder 3 erfüllt ist, und man darf vermuten, dass dies auch für alle größeren p so bleibt. Einen *Beweis* des Hilfssatzes für $p > 3 \cdot 10^9$ kann man folgendermaßen skizzieren: Aus einer scharfen Version des Primzahlsatzes von ROSSER und SCHOENFELD weiß man, dass es unterhalb der genannten Schranke $A := 4(\log p)^2$ jedenfalls $M > \frac{A}{\log A}$ Primzahlen a gibt. Wenn für alle diese Primzahlen $a^{p-1} \equiv 1 \bmod p^2$ erfüllt ist, dann auch für alle Potenzprodukte b dieser Primzahlen. Insbesondere gilt das für alle Potenzprodukte

$$b = \prod a^{\nu_a}, \quad \sum \nu_a \leq 2 \cdot \frac{\log p}{\log A},$$

die dann automatisch $< p^2$ und darum $\bmod p^2$ paarweise verschieden sind. Die Annahme wird durch zwei einander widersprechende Abschätzungen der Anzahl B dieser Restklassen $b \bmod p^2$ zum Widerspruch geführt: Einerseits ist die prime Restklassengruppe $(\mathbb{Z}/p^2\mathbb{Z})^*$ zyklisch von der Ordnung $(p-1)p$, erzeugt von $y \bmod p^2$, darum gibt es genau $p-1$ Lösungen der Kongruenz $x^{p-1} \equiv 1 \bmod p^2$, nämlich alle $y^{kp} \bmod p^2$, $k = 1, \ldots, p-1$, also hat man

$$B \leq p - 1.$$

Wenn man die größte ganze Zahl $\leq 2 \cdot \frac{\log p}{\log A}$ mit k bezeichnet, gibt es andererseits nach Annahme und Konstruktion mindestens

$$B \geq \frac{(M+1) \cdot (M+2) \cdot \ldots \cdot (M+k)}{k!} > \frac{M^k}{k!}$$

solche Restklassen (die erste Ungleichung beweist man z.B. durch Induktion über M, die zweite ist trivial). Eine sorgfältige Abschätzung von $\frac{M^k}{k!}$ mit Hilfe der Stirlingschen Formel für $k!$ und der Definition von M und k zeigt schließlich $B \geq p$ für alle hinreichend großen p, und für einen Zwischenbereich muss man wieder Numerik zu Hilfe nehmen. $\square$

Satz 5.7 *Sei $n \in \mathbb{N}$, $n > 4$, und sei $a^{n-1} \equiv 1 \bmod n$ für jede Primzahl $a < (\log n)^2$. Dann ist n quadratfrei, d.h. Produkt paarweise verschiedener Primzahlen.*

Zunächst ist nämlich n ungerade wegen

$$(\log n)^2 > 2 \implies 2^{n-1} \equiv 1 \bmod n$$

und damit ist auch jeder Primteiler p von n ungerade. Hätte n einen quadratischen Primteiler p, so wäre $4(\log p)^2 \leq (\log n)^2$, jede Primzahl $a < 4(\log p)^2$ erfüllt also automatisch $a < (\log n)^2$ und somit

$$a^{n-1} \equiv 1 \bmod n, \quad \text{erst recht also} \quad a^{n-1} \equiv 1 \bmod p^2.$$

$n-1$ ist also ein Vielfaches von $\operatorname{ord}[a]_{p^2}$ in $(\mathbb{Z}/p^2\mathbb{Z})^*$. Da aber $n-1$ zu p teilerfremd ist, muss $\operatorname{ord}[a]_{p^2}$ Teiler von $p-1$ sein, also

$$a^{p-1} \equiv 1 \bmod p^2,$$

was nach dem Hilfssatz nicht für alle $a < 4(\log p)^2$ möglich ist. □

5.3.2 Eine Verteilungshypothese

Für den MILLERschen Primzahltest — zumindest in der schnellen Form, die wir hier diskutieren wollen — braucht man die folgende

Hypothese (J) : Sei $d \equiv 1 \bmod 4$ Primzahl oder das Produkt zweier verschiedener Primzahlen. Es gibt eine von d unabhängige Konstante $c > 0$ so, dass stets ein $a \in \mathbb{N}$, $a < c(\log d)^2$ existiert mit Jacobisymbol

$$\left(\frac{a}{d}\right) = -1.$$

Bemerkungen: 1.) Wegen der Multiplikativität des Jacobisymbols kann man sich auf Primzahlen a beschränken.
2.) Annahmen wie diese sind höchst plausibel, aber extrem schwer zu beweisen. Primzahltests beruhen manchmal auf Verteilungshypothesen, für die es nur eine plausible Heuristik gibt. Hier ist man wenigstens insofern in einer besseren Lage, als man (J) aus Standard-Vermutungen der analytischen Zahlentheorie herleiten kann, deren Beweis freilich auch noch in den Sternen steht, vgl. dazu etwa auch die Aussagen über kleinste Primitivwurzeln in Abschnitt 4.2.1. Es gilt nämlich — im wesentlichen nach ANKENY und MONTGOMERY — der

Satz 5.8 *Sei $d \equiv 1 \bmod 4$ Primzahl oder das Produkt zweier verschiedener Primzahlen. Die L-Funktion*

$$L(s) := \sum_{k=1}^{\infty} \left(\frac{k}{d}\right) k^{-s}$$

konvergiert für alle komplexen s mit $\operatorname{Re} s > 1$ zu einer holomorphen Funktion und lässt sich meromorph auf ganz $\mathbb{C}$ fortsetzen. Wenn sie die verallgemeinerte

Riemannsche Vermutung erfüllt, dass alle Nullstellen von L im kritischen Streifen $0 < \operatorname{Re} s < 1$ auf der Geraden $\operatorname{Re} s = \frac{1}{2}$ liegen, dann existieren $a \in \mathbb{N}$ mit

$$a < 2 \, (\log d)^2 \quad \text{und} \quad \left(\frac{a}{d}\right) = -1 \, .$$

Wir werden darum die Hypothese (J) mit der Konstanten $c = 2$ verwenden.

5.3.3 Der Primzahltest von G. MILLER

Satz 5.9 *Sei $n > 4$ eine ungerade natürliche Zahl und sei*

$$n - 1 = 2^t u \, , \quad t, u \in \mathbb{N} \, , \, 2 \nmid u \, .$$

Die Hypothese (J) sei erfüllt. n ist Primzahl genau dann, wenn für alle Primzahlen $a < 2(\log n)^2$ gilt :

$$a^u \equiv 1 \mod n \tag{5.4}$$

oder es existiert ein $j \in \mathbb{Z}$ mit $0 \leq j < t$ und

$$a^{2^j \cdot u} \equiv -1 \mod n \, . \tag{5.5}$$

Bemerkungen: 1.) Nach diesen Kongruenzen gilt in jedem Fall

$$a^{n-1} \equiv 1 \mod n \, ,$$

sie können also auch als Verschärfungen des Fermatschen Satzes gelten.
2.) Wie plausibel die Hypothese (J) in diesem Zusammenhang ist, welche die Beschränkung auf $a < 2(\log n)^2$ erlaubt, entnimmt man einer Bemerkung aus dem Buch von KOBLITZ [Ko3]: Es gibt nur ein einziges zusammengesetztes $n < 25 \cdot 10^9$, für das die Kongruenzen (5.4) bzw. (5.5) mit den Primzahlen $a = 2, 3, 5, 7$ simultan erfüllt sind (nämlich $n = 3215031751$).
3.) Als Primzahltest benötigt der Millersche Test $O((\log n)^3)$ Potenzierungen. Die wirkliche Laufzeit ist also nur ein Polynom in $\log n$. Besser kann es nicht gehen! Es gibt allerdings einen Primzahltest (ADLEMAN, RUMELY, POMERANCE, H. COHEN, H.W. LENSTRA JR. 1983/84), der eine Laufzeit

$$O((\log n)^{c \log \log \log n})$$

besitzt und ohne unbewiesene Verteilungshypothesen auskommt. Er arbeitet mit einer Verallgemeinerung des Fermatschen Satzes auf Kreisteilungskörper und mit *Gaußschen Summen*, (s. Abschnitt 7.4) bzw. *Jacobisummen* (vgl. [IR]). Der Leser überzeuge sich, dass für alle menschlichen Zwecke die Funktion $\log \log \log n$ als Konstante angesehen werden kann, obwohl sie natürlich monoton gegen ∞

wächst. In praktischer Hinsicht wird dieser Test aber schon wieder von anderen übertroffen, z.B. von Tests, welche elliptische Kurven verwenden (wo man allerdings keine ganz schlüssigen *Beweise* für die Kürze der Laufzeit hat), oder von **Monte-Carlo-Tests**, die das Prädikat „Primzahl" nur mit einer gewissen Irrtumswahrscheinlichkeit vergeben können, s.u.

Die eine Richtung des *Beweises* ist sehr einfach: Wenn n prim ist, gilt für alle $a \neq 0$ im Körper $\mathbb{F}_n$

$$a^{n-1} = 1 \quad \text{und} \quad a^{2^j u} = 1 \Rightarrow a^{2^{j-1} u} = \pm 1$$

für alle $j = 1, \ldots, t$, weil $x^2 = 1$ im Körper $\mathbb{F}_n$ nur zwei Lösungen hat. Also sind (5.4) bzw. (5.5) erfüllt.

Nun nehmen wir an, n habe mindestens zwei Primteiler p und q, aber eine Kongruenz (5.4) oder (5.5) sei erfüllt; diese muss dann erst recht simultan $\bmod\, p$ und $\bmod\, q$ erfüllt sein. Nach Satz 5.7 ist n quadratfrei, also $p \neq q$, beide ungerade. O.B.d.A. dürfen wir annehmen, dass $p - 1$ mindestens ebensooft durch 2 teilbar ist wie $q - 1$, also

$$\nu_2(p - 1) \geq \nu_2(q - 1) \, .$$

Wenn hier Gleichheit vorliegt, setzen wir $d := pq$, sonst $d := p$. In jedem Fall ist $d \equiv 1 \bmod 4$, die Hypothese (J) ist also auf d anwendbar. Wegen der Multiplikativität des Jacobisymbols ist (J) sogar für eine Primzahl $a < 2(\log d)^2$ erfüllt, d.h. unter den a in (5.4) und (5.5) ist auf alle Fälle eines mit $\left(\frac{a}{d}\right) = -1$. Nun setzen wir $b := a^u$. Da u ungerade ist, muss $\left(\frac{b}{d}\right) = \left(\frac{a}{d}\right) = -1$ sein, insbesondere $b \not\equiv 1 \bmod d$. Die Kongruenz (5.4) scheidet somit aus, und es muss ein j, $0 \leq j < t$ geben mit

$$b^{2^j} \equiv -1 \bmod p \quad \text{und} \quad b^{2^j} \equiv -1 \bmod q \, ,$$

in den multiplikativen Restklassengruppen erhält man also als Ordnungen

$$\text{ord}\, [b]_p = \text{ord}\, [b]_q = 2^{j+1} \, .$$

1. Fall: $d = p$, $\nu_2(p - 1) > \nu_2(q - 1)$. Nach dem Eulerschen Satz ist

$$2^{j+1} = \text{ord}\, [b]_q \mid (q - 1) \implies 2^{j+1} \mid \frac{p - 1}{2}$$

$$\implies -1 = \left(\frac{b}{d}\right) = \left(\frac{b}{p}\right) \equiv b^{(p-1)/2} \equiv 1 \bmod p \, ,$$

Widerspruch.

2. Fall: $d = pq$, $\nu_2(p-1) = \nu_2(q-1)$. Wegen $-1 = \left(\frac{b}{d}\right) = \left(\frac{b}{p}\right)\left(\frac{b}{q}\right)$ dürfen wir o.B.d.A. annehmen, dass

$$\left(\frac{b}{p}\right) = -1 \quad \text{und} \quad \left(\frac{b}{q}\right) = 1$$

sind. Dass das unmöglich ist, sieht man so ein:

$$b^{(q-1)/2} \equiv 1 \mod q \implies 2^{j+1} = \text{ord}\,[b]_q \mid \frac{q-1}{2},$$

nach Voraussetzung teilt 2^{j+1} also auch $\frac{p-1}{2}$, demnach müsste auch gelten

$$\left(\frac{b}{p}\right) \equiv b^{(p-1)/2} \equiv 1 \mod p \,. \square$$

5.3.4 Der MILLER-RABIN-Test

MILLERs Idee hat eine größere praktische Bedeutung erlangt durch folgende von RABIN gefundene Variante:

Satz 5.10 *Wenn $n \in \mathbb{N}$, $n > 9$ ungerade, keine Primzahl ist, sind die Kongruenzen (5.4), (5.5) für höchstens ein Viertel aller primen Restklassen mod n erfüllt.*

Testet man also die Gültigkeit der Kongruenzen (5.4) bzw. (5.5) anhand von N unabhängig zufällig gewählten Basiszahlen a, so gilt:

1. Wenn für ein a weder (5.4) noch (5.5) erfüllt ist, ist n mit Sicherheit keine Primzahl.
2. Wenn für alle a (5.4) oder (5.5) erfüllt sind, ist n Primzahl mit einer Irrtumswahrscheinlichkeit $\leq 4^{-N}$.

Schon bei der Wahl von 100 Zufallszahlen wird die Irrtumswahrscheinlichkeit mikroskopisch klein; natürlich hat man bei Primzahlen „mit Irrtumswahrscheinlichkeit" ein für den Mathematiker ungewohntes Gefühl der Unsicherheit. Aber selbst bei Verwendung deterministischer Tests besteht offenbar eine gewisse — wesentlich schlechter kontrollierbare — Wahrscheinlichkeit, dass der mathematische Koprozessor nicht korrekt arbeitet oder dass ein „virus inside" vorliegt. Insofern kann man auch diese *Monte-Carlo*-Primzahltests getrost akzeptieren.

Der Beweis des Satzes beruht wieder darauf, dass die Kongruenzen (5.4) und (5.5) simultan modulo allen Primpotenzteilern von n erfüllt sein müssen und auf einer detaillierten Fallunterscheidung dazu, wie oft z.B. -1 gleichzeitig für alle Primpotenzteiler von n ein $2^j u$-ter Potenzrest sein kann. Diese Fragen lassen sich mit den Sätzen 4.10 und 4.11 angehen. Einzelheiten übergehen wir hier und beschäftigen uns lieber mit einem etwas langsameren, aber leichter zu begründenden Monte-Carlo-Test, der zudem noch eine andere zahlentheoretische Idee ins Spiel bringt, nämlich das quadratische Reziprozitätsgesetz.

5.3.5 Der SOLOVAY-STRASSEN-Test

Satz 5.11 *Sei n eine ungerade natürliche Zahl > 2.*

1. *Wenn n prim ist, erfüllen alle $a \in \mathbb{Z}$ die Kongruenz*

$$a^{(n-1)/2} \equiv \left(\frac{a}{n}\right) \mod n \, .$$

2. *Wenn n zusammengesetzt ist, ist diese Kongruenz für höchstens die Hälfte aller primen Restklassen $\mod n$ erfüllt.*

Bemerkung: Nach Folgerung 4.24 lässt sich das Jacobisymbol $\left(\frac{a}{n}\right)$ in $O(\log n)$ Schritten berechnen, unabhängig davon, ob n prim ist oder nicht, ebenso wie die Potenz $a^{(n-1)/2} \mod n$. Mit N zufällig gewählten natürlichen Zahlen a lässt sich also mit $O(N \log n)$ Multiplikationen und Divisionen entscheiden, ob entweder

- n mit Sicherheit zusammengesetzt ist (wenn die Kongruenz für ein a nicht erfüllt ist),
- oder andernfalls n mit Irrtumswahrscheinlichkeit $\leq 2^{-N}$ eine Primzahl ist.

Der erste Teil des Satzes ist einfach das Eulersche Kriterium 4.15.5. Der *Beweis* des zweiten Teils beruht darauf, dass nach den Eigenschaften des Jacobisymbols auch für zusammengesetzte natürliche Zahlen n

$$U := \{\, [a]_n \in (\mathbb{Z}/n\mathbb{Z})^* \mid a^{(n-1)/2} \equiv \left(\frac{a}{n}\right) \mod n \,\}$$

eine Untergruppe von $G := (\mathbb{Z}/n\mathbb{Z})^*$ ist. Es genügt also zu zeigen, dass U eine *echte* Untergruppe ist, da dann der Index in G mindestens 2 ist. Wäre nun $U = G$, so müsste $a^{n-1} \equiv 1 \mod n$ sein für alle $a \in G$, n ist also Carmichaelzahl. Eine Carmichaelzahl ist quadratfrei und hat mindestens drei Primteiler (Übungsaufgabe, vgl. auch den Beweis von Satz 5.2), wir können uns also o.B.d.A. auf die Voraussetzungen

$$n = p_1 \cdot \ldots \cdot p_m \, ,$$

$m \geq 3$, alle Primteiler p_j paarweise verschieden mit $(p_j - 1) \mid (n - 1)$

beschränken. Dann gibt es aber nach dem chinesischen Restsatz ein

$$a \in (\mathbb{Z}/n\mathbb{Z})^* \quad \text{mit} \quad \left(\frac{a}{p_1}\right) = -1 \, , \, \left(\frac{a}{p_j}\right) = 1$$

für alle $1 < j \leq m$, nach Definition des Jacobisymbols also mit $\left(\frac{a}{n}\right) = -1$. Nach dem Eulerschen Kriterium ist dann

$$a^{(p_1-1)/2} \equiv -1 \mod p_1 \, , \quad a^{(p_j-1)/2} \equiv 1 \mod p_j \quad \text{für} \quad j > 1$$

und wegen
$$\frac{p_j-1}{2} \mid \frac{n-1}{2}$$
$$a^{(n-1)/2} \equiv 1 \mod p_j \quad \text{für alle} \quad j > 1,$$

keinesfalls also $a^{(n-1)/2} \equiv -1 \mod n$. Demnach kann a nicht zu U gehören, also ist $U \neq G$. □

5.3.6 AKS, das ultimative Verfahren?

Im Jahr 2002 haben die drei indischen Informatiker AGRAWAL, KAYAL und SAXENA einen grundsätzlichen Durchbruch erzielt durch Angabe des ersten Polynomzeit-Primzahltests [AKS], der in einer Laufzeit von $0(\log^{12+\varepsilon} n)$ deterministisch entscheiden kann, ob n prim ist oder nicht, und zwar ohne unbewiesene Verteilungsannahmen wie z.B. eine verallgemeinerte Riemannsche Vermutung. Die entscheidende neue Idee — neben tieferliegenden Hilfsmitteln, die inzwischen zur Verbesserung des Algorithmus eingesetzt wurden — besteht darin, nicht mehr nur mit Restklassen in $\mathbb{Z}$, sondern mit Restklassen des Polynomrings $\mathbb{Z}[x]$ zu rechnen. Ausgangspunkt ist die folgende einfache Beobachtung:

n ist genau dann Primzahl, wenn für alle $a \in \mathbb{Z}$ mit $(a, n) = 1$ gilt
$$(x+a)^n \equiv x^n + a \mod n.$$

In dieser Form ist die Aussage natürlich nicht unmittelbar in einen Test zu übersetzen, denn es müssen zu viele a ausprobiert werden, bevor auf „alle" geschlossen werden kann. Es erweist sich als besser, nicht im Restklassenring $\mathbb{Z}[x]/n\mathbb{Z}[x]$, sondern in Restklassenringen $\mathbb{Z}[x]/(n, x^r - 1)\mathbb{Z}[x]$ zu rechnen.

In den folgenden Jahren ist u.a. von H.W. LENSTRA, JR. und POMERANCE der Algorithmus weiter verbessert worden bis auf eine Laufzeit $0(\log^{6+\varepsilon} n)$. Das heißt keineswegs, dass alle weiter oben geschilderten Überlegungen hinfällig wären: Für praktische Zwecke mögen Monte-Carlo-Verfahren noch für lange Zeit überlegen bleiben, und für Zahlen spezieller Bauart wie etwa jene aus Abschnitt 5.2.4 dürften die alten Verfahren wohl immer schneller bleiben. Dennoch: ein Fortschritt mindestens von grundsätzlichem theoretischen Interesse.

5.4 Faktorisierungsverfahren

5.4.1 Quadratische Formen

Die Primfaktorzerlegung einer großen Zahl n wird natürlich immer mit dem in Abschnitt 5.2.1 geschilderten Ansatz der probeweisen Division durch kleine Primzahlen beginnen. Für Teiler in der Größenordnung von $\sqrt{n}$ kann man, einer Empfehlung FERMATs folgend, versuchen, n als Differenz zweier Quadrate

$$n = x^2 - y^2 = (x+y)(x-y)$$

darzustellen. Ein in $O(\sqrt[3]{n})$ Schritten laufendes Faktorisierungsverfahren gewinnt man nach R.S. LEHMAN (1974) dadurch, dass man zunächst probeweise Division bis zu Teilern der Größenordnung $\sqrt[3]{n}$ durchführt und dann versucht, die Gleichung

$$x^2 - y^2 = 4kn$$

für $k \in \mathbb{N}$, $k < 0,1 \cdot \sqrt[3]{n}$ in kleinen Intervallen für x und y zu lösen, die von k abhängen und deren optimale Wahl ziemlich knifflig ist.

Eine sehr viel tiefer liegende Idee, die gut ausgebaute alte Theorie der binären quadratischen Formen für die Faktorisierung großer n nutzbar zu machen, stammt von SHANKS (1969). Sie verwendet fundamentale Resultate aus der Idealtheorie quadratischer Zahlkörper, auf die wir nur kurz in Abschnitt 8.11 zu sprechen kommen werden. Es sei einstweilen nur soviel gesagt, dass jedem nichttrivialen Teiler von n spezielle, sogenannte *ambige* quadratische Formen mit ganzzahligen Koeffizienten und Diskriminante n bzw. $4n$ entsprechen, und dass das Shankssche Verfahren diese ambigen quadratischen Formen systematisch erzeugt. Unter Annahme der Richtigkeit einer geeigneten Verallgemeinerung der Riemannschen Vermutung ist gezeigt worden (LAGARIAS, MONTGOMERY, ODLYZKO, OESTERLÉ, LENSTRA), dass dieses Verfahren in $O(\sqrt[5]{n})$ Schritten zum Ziel führt. Auch für dieses Verfahren gibt es inzwischen Monte-Carlo-Versionen (SCHNORR, SEYSEN).

5.4.2 Quadratische Reste

Es lässt sich in $O(\log n)$ Schritten testen, ob n eine reine r-te Potenz ist, darum wollen wir nun o.B.d.A. voraussetzen, dass n paarweise verschiedene Primfaktoren besitzt und ungerade ist. Aus Abschnitt 4.2 wissen wir, dass Kongruenzen

$$x^2 \equiv b \bmod n$$

genau dann eine Lösung besitzen, wenn sie modulo allen Primteilern von n lösbar sind; in diesem Fall haben sie aber nicht nur 2, sondern 2^s Lösungen, wo s die Anzahl der verschiedenen Primfaktoren von n angibt. Wenn man es also schafft, Kongruenzen

$$x^2 \equiv y^2, \quad x \not\equiv \pm y \bmod n$$

zu erzeugen, so erhält man automatisch nichttriviale Faktoren von n in Form der leicht zu berechnenden größten gemeinsamen Teiler

$$(x+y, n), \quad (x-y, n).$$

Seit Ende der sechziger Jahre sind verschiedene Techniken entwickelt worden, auf die hier nicht näher eingegangen werden soll (Monte-Carlo-Verfahren, *quadratisches Sieb, Kettenbrüche*), mit denen man in kurzer Zeit viele quadratische Reste mod n gewinnen kann. Wie erhält man nun Kongruenzen zwischen diesen quadratischen Resten $y_1^2 \equiv x_1, \ldots, y_m^2 \equiv x_m$ mod n?

Man stelle die x_j im kleinsten positiven Restsystem dar, d.h. durch natürliche Zahlen, und versuche, daraus Produkte in Form von Quadraten natürlicher Zahlen

$$x_1^{\epsilon_1} x_2^{\epsilon_2} \cdot \ldots \cdot x_m^{\epsilon_m} = t^2, \quad t \in \mathbb{N}, \quad \text{alle} \quad \epsilon_j = 0 \quad \text{oder} \quad 1 \tag{5.6}$$

zu bilden; wenn dies gelingt, hat man eine Kongruenz

$$x^2 \equiv t^2 \mod n \quad \text{für} \quad x := y_1^{\epsilon_1} \cdot \ldots \cdot y_m^{\epsilon_m},$$

die $x \not\equiv \pm t \mod n$ wenigstens mit Wahrscheinlichkeit $1 - 2^{-(s-1)}$ erfüllt und dann auf einen nichttrivialen Faktor von n führt. Wie findet man nun t und die ϵ_j? Man wähle die H kleinsten Primzahlen $p_1, \ldots, p_H$ mit $\left(\frac{p_h}{n}\right) = 1$ und versuche durch Hm Divisionen, die quadratischen Reste x_j in Potenzprodukte der p_h zu zerlegen; die anderen kleinen Primzahlen p mit $\left(\frac{p}{n}\right) = -1$ kommen höchstens als quadratische Teiler der x_j in Frage, da diese quadratische Reste mod n sind. Sei also

$$x_j = p_1^{a_{1j}} p_2^{a_{2j}} \cdot \ldots \cdot p_H^{a_{Hj}} \cdot k_j, \quad k_j \in \mathbb{N}, \quad \text{alle} \quad a_{hj} \geq 0,$$

dann treffe man folgende Entscheidung:

1. Wenn k_j eine Quadratzahl ist, lasse man sie einfach weg; natürlich ist auch x_j/k_j quadratischer Rest mod n; der triviale Fall $k_j = 1$ ist darin eingeschlossen.

2. Wenn sich k_j auf Grund eines schnellen Tests als Primzahl erweist, nehme man diese unter die *Faktorisierungsbasis* $p_1, \ldots, p_H$ mit auf.

3. In allen anderen Fällen, wenn also k_j mehrere unbekannte Primfaktoren $> p_H$ besitzt, streiche man x_j aus der Liste der quadratischen Reste.

Man behält also eine Liste mit quadratischen Resten übrig, die (bis auf ohnehin quadratische Faktoren) vollständig in die Primzahlen p_h der Faktorisierungsbasis zerfallen. Die Lösung der Gleichung (5.6) läuft damit auf die Lösung eines linearen Gleichungssystems über dem Körper $\mathbb{F}_2$ in den Exponenten der p_h hinaus: Für alle $h = 1, \ldots, H$ muss

$$a_{h1} \epsilon_1 + a_{h2} \epsilon_2 + \ldots + a_{hm} \epsilon_m \equiv 0 \mod 2$$

sein, dann bilden die ϵ_j, die man o.B.d.A. als 0 oder 1 annehmen kann, eine Lösung der Gleichung (5.6).

Um eine realistische Chance auf nichttriviale Lösungen ϵ_j dieses Gleichungssystems zu erhalten, sollte m etwas größer als H sein. Das eigentliche Problem ist die optimale Wahl von H; wird es zu klein gewählt, erhält man zuwenig quadratische Reste, die sich in dieser Faktorisierungsbasis zerlegen lassen, wird es zu groß gewählt, werden die Kosten für die Faktorisierungen der x_j und das Lösen des Gleichungssystems zu hoch. Die *mittlere* Laufzeit des Verfahrens — eine deterministische Abschätzung ist nicht bekannt — hängt also davon ab,

- wie schnell man die quadratischen Reste x_j erzeugen kann,
- wie viele unter diesen in hinreichend kleine Primfaktoren zerfallen,
- und wie schnell man lineare Gleichungssysteme lösen kann.

Ohne auf Details einzugehen, sei hier nur soviel berichtet, dass das optimale H bzw. m in der Größenordnung von

$$e^{c\sqrt{\log n \log \log n}}$$

liegt (die Konstante c fällt je nach Verfahren anders aus) und dass daraus für die mittlere Laufzeit eine ähnliche Länge (mit anderm c) folgt. Dies ist mehr als jede Logarithmuspotenz, aber immerhin weniger als jede n-Potenz.

5.4.3 POLLARDs Rho-Methode

Ein anderes Monte-Carlo-Verfahren zur Primfaktorzerlegung großer Zahlen ist von POLLARD 1975 veröffentlicht worden; es ist zwar asymptotisch bei weitem nicht so schnell wie die oben skizzierten Verfahren, aber es ist verblüffend einfach und hat den großen Vorzug, dass es kleine Primfaktoren $p \mid n$ besonders schnell entdeckt, nämlich im Mittel in $O(p^{\frac{1}{2}+\epsilon})$ Schritten. Wenn n also nicht mehrere kleine Primfaktoren besitzt, muss man zur Faktorisierung von n mit einer mittleren Laufzeit von $n^{\frac{1}{4}+\epsilon}$ rechnen.

POLLARDs Faktorisierungsverfahren beruht darauf, dass bei Iteration einer „zufällig gewählten" Abbildung einer endlichen Menge S sehr viel schneller als anschaulich erwartet Periodizitäten auftreten, genauer:

Satz 5.12 *Sei S eine endliche Menge mit r Elementen, $x_0 \in S$ und*

$$f : S \to S, \quad x_{j+1} := f(x_j) \quad \text{für alle} \quad j.$$

Ferner sei λ reell positiv und $l := 1 + [\sqrt{2\lambda r}]$ (Gaußklammer). Unter allen möglichen Paaren (f, x_0) ist der Anteil derjenigen mit paarweise verschiedenen $x_0, \ldots, x_l$ kleiner als $e^{-\lambda}$.

5 Primzahltests und Primfaktorzerlegung

Man wird also bei zufällig gewählten Abbildungen und Startwerten schon nach etwa $\sqrt{r}$ Folgengliedern mit Periodizitäten rechnen müssen (gleichzeitig eine Warnung an alle, die mit der Iteration möglichst komplizierter Abbildungen endlicher Mengen Zufallszahlen erzeugen wollen!), und die Periodenlänge wird im Mittel ebenfalls unter dieser Schranke bleiben. Wählt man also z.B.

$$f \;:\; \mathbb{Z}/n\mathbb{Z} \to \mathbb{Z}/n\mathbb{Z} \;:\; x \mapsto x^2 - 1$$

mit einem zufällig gewählten Startwert x_0, so darf man mit einer Periodizität einer Länge der Größenordnung $\sqrt{n}$ rechnen. Wenn n aber einen kleinen Primfaktor p besitzt, dürfte die Folge der $(x_j \bmod p)$ sehr viel schneller periodisch werden, und man sollte p oder andere nichttriviale Teiler von n dadurch identifizieren können, dass man viele größte gemeinsame Teiler

$$(x_j - x_i, n) \quad \text{für} \quad i < j$$

berechnet. Natürlich ist es nicht ökonomisch, mit den Folgengliedern x_j alle Differenzen $x_j - x_i$ zu berechnen. Man geht zweckmäßigerweise so vor, dass man parallel zu den x_j die Folge

$$y_i := \prod_{j=1}^{i} (x_{2j} - x_j) \bmod n$$

berechnet und jeweils nach einer angemessenen Schrittzahl den ggT (y_i, n) berechnet. Die einzig problematischen Punkte des Verfahrens könnten sein:

- Die zur rekursiven Definition der Folge gewählte Funktion ist nicht geeignet, weil sie zufällig eine wesentlich längere Periode hat.
- Modulo aller Primteiler von n wird die Folge ungefähr gleichzeitig periodisch; dann wird der berechnete ggT sehr schnell n, was auch nicht weiterhilft (im oben gewählten Beispiel etwa für $x_0 = 0$ oder ± 1).

Beide Schwierigkeiten lassen sich verkleinern, indem man bei Misserfolg andere Funktionen bzw. Startwerte ausprobiert. Es ist allerdings ein grundsätzliches Problem, inwieweit Polynomfunktionen überhaupt als „zufällig gewählt" angesehen werden können.

Zum *Beweis* des Satzes überlegt man sich zunächst, dass man für die Wahl von (f, x_0) insgesamt r^{r+1} Möglichkeiten hat. Verlangt man zusätzlich, dass $x_0, \ldots, x_l$ paarweise verschieden sind, so bleiben davon nur

$$r^{r-l} \prod_{j=0}^{l} (r - j)$$

Möglichkeiten; ihr relativer Anteil ist also

$$r^{-l-1} \prod_{j=0}^{l} (r-j) = \prod_{j=1}^{l} (1 - \frac{j}{r}).$$

Durch Logarithmieren und unter Verwendung von $\log(1-x) < -x$ für $0 < x < 1$ ergibt sich daraus

$$\log \prod_{j=1}^{l} (1 - \frac{j}{r}) = \sum_{j=1}^{l} \log(1 - \frac{j}{r}) < -\sum_{j=1}^{l} \frac{j}{r} =$$

$$= -\frac{l(l+1)}{2r} < -\frac{l^2}{2r} < -\frac{(\sqrt{2\lambda r})^2}{2r} = -\lambda$$

wie behauptet. □

5.4.4 POLLARDs $p - 1$-Methode

Ähnlich wie es besonders schnelle Primzahltests für Zahlen besonderer Bauart gibt — Abschnitte 5.2.4 und 5.2.5 —, kann man auch Primfaktoren p von n besonders schnell finden, wenn $p - 1$ in kleine Primpotenzen $\leq B$ zerfällt:

1. Wähle ein gemeinsames Vielfaches k aller Primpotenzen $\leq B$.
2. Wähle ein $a \in \mathbb{N}$, $1 < a < n - 1$.
3. Berechne den ggT $d := (a^k - 1, n)$.
4. Wenn dieses d ein trivialer Teiler von n ist, versuche ein anderes a.

Die Effizienz dieses Algorithmus beruht auf der folgenden einfachen Konsequenz des Fermatschen Satzes:

Satz 5.13 *Wenn für den Primteiler $p \mid n$ alle Primpotenzteiler $q^\nu \mid (p-1)$ die Ungleichung $q^\nu \leq B$ erfüllen, gilt*

$$a^k \equiv 1 \mod p.$$

Beweis: $p - 1$ ist nach Konstruktion ein Teiler von k. □

Die praktische Bedeutung dieses Algorithmus ist weniger groß als die Fruchtbarkeit seiner Idee, die wir im nächsten Abschnitt an entscheidender Stelle wiederfinden werden.

5.5 Ein Ausblick auf elliptische Kurven

5.5.1 Elliptische Kurven über Körpern

Sei K zunächst ein beliebiger Körper; wir wollen nur der Einfachheit halber voraussetzen, dass die *Charakteristik* von K nicht 2 oder 3 ist (vgl. nächstes Kapitel), d.h. K soll nicht $\mathbb{F}_2$ oder $\mathbb{F}_3$ als Unterkörper enthalten oder elementarer gesagt, es sollen

$$1+1 \quad \text{und} \quad 1+1+1 \neq 0$$

sein. Man nennt die Lösungsmenge einer Gleichung

$$y^2 = x^3 + ax + b$$

in K^2 zusammen mit dem Punkt $0 := (\infty, \infty)$ eine **elliptische Kurve** $E = E(a,b)$; einheitlich lässt sich E als die Punktmenge der projektiven Ebene über K beschreiben, welche der Gleichung

$$y^2 t = x^3 + a\,x\,t^2 + b\,t^3$$

genügen. Man setzt stets voraus, dass $a, b \in K$ sind und dass das Polynom $x^3 + ax + b$ keine doppelten Nullstellen hat, dass also seine *Diskriminante*

$$4a^3 + 27b^2 \neq 0$$

ist (stimmt bis aufs Vorzeichen mit der in Abschnitt 3.3.2 gegebenen Definition überein). Dadurch wird garantiert, dass E nichtsingulär ist, d.h. dass überall sinnvoll Tangenten an E gelegt werden können. Der Name „elliptische Kurve" kommt nicht von ihrer geometrischen Gestalt für $K = \mathbb{R}$, sondern daher, dass Funktionen, die für $K = \mathbb{C}$ in natürlicher Weise auf E definierbar sind (*elliptische Funktionen*) eine entscheidende Rolle spielen bei der Berechnung der Bogenlänge auf Ellipsen.

Auf der elliptischen Kurve E lässt sich nun die Struktur einer additiv geschriebenen abelschen Gruppe definieren; der Punkt im Unendlichen übernimmt dabei die Rolle des neutralen Elements (daher die Bezeichnung 0). Für

$$P = (x_1, y_1), \quad Q = (x_2, y_2) \in E, \quad \text{beide} \neq 0,$$

definiert man $P + Q := (x_3, y_3)$ durch

$$x_3 := \left(\frac{y_2 - y_1}{x_2 - x_1}\right)^2 - x_1 - x_2$$

$$y_3 := -y_1 + \left(\frac{y_2 - y_1}{x_2 - x_1}\right)(x_1 - x_3),$$

wenn $P \neq Q$ ist, andernfalls

$$x_3 := \left(\frac{3x_1^2 + a}{2y_1}\right)^2 - 2x_1$$

$$y_3 := -y_1 + \left(\frac{3x_1^2 + a}{2y_1}\right)(x_1 - x_3),$$

was für $y_1 = 0$ natürlich als der Punkt $0 = (\infty, \infty)$ zu interpretieren ist, ebenso wie in dem Fall $x_1 = x_2$, $y_1 \neq y_2$. Der inverse Punkt $-P$ wird dann notwendig durch die Koordinaten $(x_1, -y_1)$ beschrieben, und die maximal drei Punkte mit $y = 0$ sind zu sich selbst invers $\iff$ involutorisch $\iff$ von Ordnung 2. Definiert man einfach $P + 0 = 0 + P := P$ für alle $P \in E$, so sind die Gruppenaxiome nicht schwer nachzurechnen bis auf das extrem komplizierte Assoziativgesetz; da wir hier auch weit wichtigere Dinge weglassen werden, unterschlagen wir diesen Beweis und verweisen auf ein gutes Dutzend Bücher über elliptische Kurven ([Si], [La1], [Ko2],...). Es soll aber wenigstens erwähnt werden, dass die komplizierte Definition der Gruppenstruktur eine einfache geometrische Interpretation besitzt: Jede Gerade der projektiven Ebene über K, die mit E mehr als einen Punkt gemeinsam hat, schneidet E in drei Punkten P_1, P_2, P_3, von denen bei tangentialer Lage auch zwei zusammenfallen können. Die Addition wird gerade so eingerichtet, dass

$$P_1 + P_2 + P_3 = 0$$

ist. Insbesondere haben Parallelen zur y-Achse im Endlichen mit E keinen oder genau zwei Punkte $(x, \pm y)$ gemeinsam und gehen dann durch den Punkt 0. Die Inversenbildung muss also gerade durch Spiegelung an der x-Achse erfolgen.

5.5.2 Elliptische Kurven über endlichen Körpern

Nun setzen wir voraus, dass der Körper K ein endlicher Körper $\mathbb{F}_n$ ist mit einer Primzahl $n > 3$. Im nächsten Abschnitt wird deutlich werden, warum für die Primzahl hier die ungewöhnliche Bezeichnung n gewählt wird. Dass elliptische Kurven über endlichen Körpern zur Faktorisierung und für Primzahltests besonders gut tauglich sind, hat vier Gründe sehr unterschiedlicher Schwierigkeit:

1. Gruppenoperationen sind „schnell" oder „billig" in folgendem Sinne: Zur Addition von Punkten auf E sind rationale Operationen in $\mathbb{Z}/n\mathbb{Z}$ durchzuführen; dass Addition und Multiplikationen in einer Zeit durchführbar sind, die nur wie eine kleine $\log n$-Potenz mit n wächst, haben wir bereits in Abschnitt 5.1.2 erwähnt. Hier kommt noch die Division durch $(x_2 - x_1)$ bzw. $2y_1$ hinzu; diese lässt sich, wie bereits im Zusammenhang mit Satz 1.23 erwähnt, durch Anwendung des euklidischen Algorithmus auf n und diese Nenner durchführen. Wir wissen aus Satz 1.7, dass auch dessen Kosten nur mit einer $\log n$-Potenz anwachsen. Die Bildung von Vielfachen

mP eines Punktes auf E behandelt man ganz analog zur Potenzierung in 5.1.2: Man stelle m im Binärsystem dar und berechne mP durch höchstens $_2\log m$ Verdopplungen.

2. Nach einem von ARTIN vermuteten, von HASSE 1933 bewiesenen und später von WEIL und DELIGNE auf eine sehr viel größere Klasse von Kurven und Varietäten verallgemeinerten Satz liegt die Anzahl N der Punkte auf E, also die Gruppenordnung der Gruppe $(E,+)$ in der Größenordnung von $n+1$, der Anzahl der Punkte auf einer projektiven Geraden über $\mathbb{F}_n$. Genauer gilt
$$|N - (n+1)| < 2\sqrt{n} \ .$$

3. Die genaue Berechnung der Gruppenordnung von E ist aber nur in sehr speziellen Fällen leicht machbar (wenn sogenannte *komplexe Multiplikation* vorliegt). Nach H.W. LENSTRA JR. (unter Benutzung wesentlicher Vorarbeiten von DEURING [Deu]) treten aber alle ganzen N im Intervall
$$(n + 1 - 2\sqrt{n}, n + 1 + 2\sqrt{n})$$
als Ordnungen elliptischer Kurven über $\mathbb{Z}/n\mathbb{Z}$ auf, und in der mittleren Hälfte dieses Intervalls sind diese Ordnungen sogar sehr gleichmäßig verteilt: Bezeichnet man mit $f(S)$ die Anzahl der nicht-isomorphen elliptischen Kurven über $\mathbb{Z}/n\mathbb{Z}$ (Isomorphie bedutet hier nicht nur Isomorphie von Gruppen; der Isomorphismus muss auch durch rationale Funktionen in (x,y) gegeben sein), deren Ordnungen zu der endlichen Menge
$$S \subset \mathbb{N} \cap (n+1-\sqrt{n}, n+1+\sqrt{n})$$
gehören, dann gibt es positive Konstanten c,d, so dass gilt
$$c\,(|S|-2)\,\frac{\sqrt{n}}{\log n} \;<\; f(S) \;<\; d\,|S|\,\sqrt{n}\,(\log n)\,(\log\log n)^2 \ .$$

4. Nun *vermutet* man, dass in dem fraglichen N-Intervall genügend viele N aus kleinen Primfaktoren zusammengesetzt sind, genauer: Der Anteil der Ordnungen N im Intervall $(n+1-\sqrt{n}, n+1+\sqrt{n})$, die sich ausschließlich aus Primfaktoren $< y$ zusammensetzen, sollte etwa bei
$$u^{-u} \qquad \text{liegen für} \quad u = \frac{\log n}{\log y} \ .$$
Diese Vermutung wird gestützt durch entsprechende Resultate von CANFIELD, ERDÖS und POMERANCE, allerdings für das Intervall von 1 bis n und unter der Einschränkung $(\log n)^\epsilon < y < (\log n)^{1-\epsilon}$.

Wählt man m also als gemeinsames Vielfaches aller Primpotenzen $< n+1+\sqrt{n}$, die sich aus Primzahlen $< y$ bilden lassen, dazu einen Punkt P einer zufällig gewählten elliptischen Kurve E über $\mathbb{F}_n$, so darf man etwa mit Wahrscheinlichkeit u^{-u} erwarten, dass $mP = 0$ ist.

5.5.3 Faktorisierung mit Hilfe elliptischer Kurven

H.W. LENSTRA JR. hat einen Faktorisierungsalgorithmus entworfen, der auf eben diesen Punkten beruht. Angenommen, n sei nun eine große natürliche Zahl, von der wir wissen, dass sie zu 6 teilerfremd ist, und von der wir vermuten, dass sie einen unbekannten Primfaktor p besitzt. Wie kann man in elliptischen Kurven über $\mathbb{F}_p$ rechnen, ohne p zu kennen? Im Prinzip kann man alle Rechnungen mod n ausführen, da man ja jederzeit auf die Koordinaten den Ringhomomorphismus

$$\mathbb{Z}/n\mathbb{Z} \to \mathbb{F}_p : (x \bmod n) \mapsto (x \bmod p)$$

anwenden kann. Das einzige Problem besteht darin, dass in den Additions- und Verdopplungsformeln für die Punkte auf E durch die Nenner $x_1 - x_2$ bzw. $2y_1$ dividiert wird; in $\mathbb{Z}/n\mathbb{Z}$ ist diese Division genau dann durchführbar, wenn diese Nenner zu n teilerfremd sind. Da diese Division aber ohnehin mit Hilfe des euklidischen Algorithmus durchgeführt wird (Satz 1.23 ff.), scheitert die Berechnung von mP durch Rechnungen in $\mathbb{Z}/n\mathbb{Z}$ genau dann, wenn ein ggT

$$(x_1 - x_2, n) \quad \text{oder} \quad (2y_1, n) \neq 1$$

gefunden wird. Wenn dieser nicht zufällig gerade $= n$ ist, ist man aber schon fast am Ziel, man hat nämlich einen nichttrivialen Faktor von n. Auf Faktor und Cofaktor wird man dann einen Primzahltest anwenden bzw. das Verfahren erneut starten.

Systematisch geht man also so vor: 1.) Nachdem man festgestellt hat, dass n keine kleinen Primfaktoren besitzt, wählt man zufällig einen Punkt $P \neq 0$ auf einer zufälligen elliptischen Kurve E in Form ganzer Zahlen a, b, x, y mit

$$y^2 = x^3 + ax + b$$

und kontrolliert, ob die Diskriminante $4a^3 + 27b^2$ zu n teilerfremd ist; wenn nicht, hat man entweder schon einen echten Teiler von n gefunden oder muss eine andere Wahl treffen.
2.) Unabhängig von P und E wählt man eine von n abhängende Schranke y (zweckmäßig ist eine Potenz von $e^{\sqrt{\log n \log \log n}}$, s.u.) und ein gemeinsames Vielfaches m aller Primpotenzen $\leq \sqrt{n} + 2\sqrt[4]{n}$ aus Primzahlen $< y$ und berechnet mP, als ob $\mathbb{Z}/n\mathbb{Z}$ ein Körper wäre. Wenn n einen Primteiler p hat und wenn P in E über $\mathbb{F}_p$ eine Ordnung hat, die Teiler von m ist, so wird $mP = 0$; in der Berechnung mod n äußert sich das darin, dass einer der auftretenden Nenner $x_1 - x_2$ oder $2y_1$ mit n einen ggT > 1 hat, der automatisch mit ausgerechnet wird. Dieser Fall tritt mit Sicherheit dann ein, wenn E über $\mathbb{F}_p$ eine Ordnung besitzt, die in Primfaktoren $< y$ zerfällt. Dafür besteht, wie wir gesehen haben, je nach Wahl von y eine mehr oder weniger große Hoffnung.
3.) Ist dieser Fall nicht eingetreten oder ist der fragliche Nenner sogar $\equiv 0 \bmod n$, wird das Verfahren mit einer neuen Wahl von E und P wiederholt.

5 Primzahltests und Primfaktorzerlegung

Um die mittlere Laufzeit klein zu halten, ist natürlich die Wahl von y zu optimieren. Unter Annahme der oben genannten Heuristik über Zahlen, die in kleine Primfaktoren zerfallen, kann man die mittlere Laufzeit durch

$$e^{\sqrt{(1+\sigma(n))(\log n \log \log n)}}$$

abschätzen für eine Funktion σ, welche $\lim_{n\to\infty} \sigma(n) = 0$ erfüllt.

Eine weit ausführlicherere Darstellung des Themas *elliptische Kurven* und seiner Bedeutung für die *computational number theory* findet man z.B. in [We].

5.5.4 Schlussbemerkungen

1.) Der aufmerksame Leser wird die Verwandtschaft der LENSTRA-Faktorisierung mit POLLARDs $p-1$-Methode bemerkt haben: In beiden Fällen wird in Gruppen gerechnet, deren Ordnungen in kleine Primfaktoren zerfallen. Nun haben wir aber den großen Vorzug, eine Riesenauswahl an solchen Gruppen in Form von elliptischen Kurven über $\mathbb{F}_p$ zu besitzen, wo vorher nur die prime Restklassengruppe mod p zur Verfügung stand, die i.a. die erforderliche Eigenschaft nicht besaß.

2.) Da eben diese prime Restklassengruppe auch für Primzahltests eine zentrale Rolle gespielt hat, ist nicht weiter verwunderlich, dass sich elliptische Kurven auch mit großem Erfolg für Primzahltests einsetzen lassen. GOLDWASSER, KILIAN und später ATKIN haben sehr effiziente Monte-Carlo-Primzahltests mittels elliptischer Kurven konstruiert, in denen der Zufall eine ganz andere Rolle spielt als in den Abschnitten 5.3.4 und 5.3.5: Wenn der Test für eine zufällig gewählte elliptische Kurve E die Antwort „Primzahl" gibt, ist p mit Sicherheit eine Primzahl; die Unsicherheit besteht hier darin, dass sich E als ungeeignet für den Primzahltest erweisen kann und dann keine Antwort gegeben wird. Man kann also etwa den ATKIN- und den MILLER-RABIN-Test parallel laufen lassen und wird auf diese Weise eine deterministische Antwort erhalten, allerdings nach einer Laufzeit, über die nur im Mittel Aussagen gemacht werden kann.

3.) Die LENSTRA-Faktorisierung ist von großer praktischer Bedeutung u.a. deswegen, weil sie ähnlich wie die Rho-Methode, aber im Gegensatz zu anderen ausgefeilten Faktorisierungsmethoden, *kleine* Primfaktoren von n besonders schnell entdeckt. Für einige Jahre hat man vermutet, dass ihre Laufzeit eine gewisse Schallgrenze für Faktorisierungsverfahren überhaupt darstellt, da die angegebene Funktion immer wieder auch in anderen Methoden auftauchte (vgl. die Schlussbemerkungen in der ersten Auflage von KOBLITZ' Buch [Ko3] aus dem Jahr 1987). Seit 1990 ist von POLLARD und anderen eine neue Methode, das *Zahlkörpersieb*, entwickelt worden, die asymptotisch für $n \to \infty$ schon wieder schneller ist, deren Laufzeit nämlich im Mittel zumindest heuristisch durch

$$e^{c(\log n)^{1/3}(\log \log n)^{2/3}}$$

abgeschätzt werden kann (mit einer Konstanten $c < 2$, an deren Verbesserung heftig gearbeitet wird), und die für sehr große n wie z.B. die Fermatzahl F_9 bereits ihre praktische Verwendbarkeit unter Beweis gestellt hat [LL]. Natürlich handelt es sich auch hier um ein Monte-Carlo-Verfahren, das zusätzlich auf plausiblen, aber schwierigen und unbewiesenen Annahmen der algebraischen Zahlentheorie aufbaut.

4.) Das sollte nicht zu der Annahme verleiten, elliptische Kurven seien dadurch überflüssig geworden. Sie stehen ganz unabhängig von den Zielen dieses Kapitels im Schnittpunkt vieler Interessen von Zahlentheorie, Algebra und Analysis, weil sie einen ungeheuren Reichtum an mathematischer Struktur aufweisen, von dem hier nur ein winziger Teil referiert worden ist. Selbst wenn in einigen Jahren die Verfahren von LENSTRA und ATKIN vielleicht nur noch von historischem Interesse sein sollten, werden elliptische Kurven auf Grund ihrer vielfachen Querverbindungen zu anderen mathematischer Disziplinen (Riemannsche Flächen, automorphe Funktionen, holomorphe Differentialgleichungen, diophantische Gleichungen — vgl. Abschnitt 3.5.2 —, algebraische Gruppen,...) immer wieder Anwendungen finden (dies ist kein mathematischer Satz, aber eine wohlbegründete Überzeugung). Vielleicht werden wir elliptische Kurven dann als wesentliche Bestandteile physikalischer Theorien wiederfinden ([NP]).

5.6 Aufgaben

1. Beweisen Sie, dass Carmichaelzahlen quadratfrei sind und mindestens drei Primteiler haben.

2. Man verifiziere, dass $2^N + 1$ nur prim sein kann, wenn N eine Zweierpotenz ist.

3. Beweise: Die Fermatzahl F_4 ist prim, F_5 nicht.

4. Ist die Mersennezahl M_{13} prim?

5. Zeigen Sie, dass man aus M paarweise verschiedenen Primzahlen p genau
$$\frac{(M+1)(M+2)\cdot\ldots\cdot(M+k)}{k!}$$
verschiedene Potenzprodukte $b = \prod p^{\nu_p}$

   mit $\sum \nu_p \leq k$ bilden kann.

6. Beweisen Sie die Behauptung, dass $x^2 \equiv 1 \bmod n$ genau 2^s Lösungen besitzt, wenn n ungerade ist und in s paarweise verschiedene Primfaktoren zerfällt.

7. Bestimmen Sie alle Lösungen von $x^2 \equiv 4 \bmod 105$.

8. Man zerlege 2047 mit Pollards Rho-Methode.

9. Warum sollte man in Pollards Rho-Methode kein lineares Polynom verwenden?

10. Experimentalmathematik: Wie viele der Zahlen zwischen $10^n \pm 20$ lassen sich vollständig in Primfaktoren ≤ 19 zerlegen? Man probiere dies wenigstens für $n = 2, 3, 4, 5$ aus.

11. Sei $n \equiv 3 \bmod 4$ Primzahl. Man beweise, dass auf der elliptischen Kurve $y^2 = x^3 - x$ über $\mathbb{F}_n$ genau $n+1$ Punkte liegen.

12. Wenn n Primzahl ist, gilt in $\mathbb{Z}[x]$ für alle $a \in \mathbb{Z}$ mit $(a, n) = 1$

$$(x+a)^n \equiv x^n + a \bmod n$$

13. Finden Sie die inverse Abbildung von $(\mathbb{Z}/451\mathbb{Z})^* \to (\mathbb{Z}/451\mathbb{Z})^* : a \mapsto a^{17}$.

6 Körper und Körpererweiterungen

6.1 Grundbegriffe

6.1.1 Primkörper und Charakteristik

Was Körper sind, wissen wir bereits aus Kap. 3 : Ringe oder genauer Integritätsbereiche K, in denen $K-\{0\}$ eine multiplikative Gruppe ist. Wenn $L \supseteq K$ auch ein Körper ist, nennt man L einen *Erweiterungskörper, Oberkörper* oder eine **Körpererweiterung** von K. Entsprechend heißt K dann *Unterkörper* von L.

Satz 6.1 *Jeder Körper L hat einen eindeutig bestimmten kleinsten Unterkörper k, den **Primkörper**. Dieser ist entweder isomorph zum Körper der rationalen Zahlen $\mathbb{Q}$ oder zu einem Restklassenkörper $\mathbb{F}_p$ für eine rationale Primzahl p. Die* **Charakteristik** *von L definiert man durch*

$$\operatorname{car}(L) := \begin{cases} 0 & \text{für} \quad k \cong \mathbb{Q} \\ p & \text{für} \quad k \cong \mathbb{F}_p \end{cases}.$$

Zum *Beweis* überlegt man sich, dass L (und k, wenn es existiert) jedenfalls 0 und 1 enthält und alle endlichen Summen $\pm(1+1+\ldots+1)$. Sind diese alle paarweise verschieden, so erhält man auf diesem Wege eine Einbettung, d.h. einen eindeutig bestimmten injektiven Ringhomomorphismus von $\mathbb{Z}$ in L. Wegen der universellen Eigenschaft des Quotientenkörpers (Satz 3.7) gibt es daher auch eine eindeutige Einbettung von $\mathbb{Q}$ in L, wir sind somit im ersten Fall. Sind die endlichen Summen aus Einsen nicht paarweise verschieden, so gibt es eine kleinste Summe dieser Art, welche 0 ergibt (Differenzbildung!). Da L keine Nullteiler besitzt, muss die Anzahl der Summanden in dieser Summe eine Primzahl p sein, sonst könnte man nach dem Distributivgesetz diese Summe als Produkt echter Teilsummen $\neq 0$ schreiben. Somit erhält man einen eindeutig bestimmten Ringhomomorphismus

$$h : \mathbb{Z} \to L \quad \text{mit} \quad \ker(h) = p\mathbb{Z},$$

der nach dem Homomorphiesatz für Ringe einen Isomorphismus

$$\mathbb{F}_p = \mathbb{Z}/p\mathbb{Z} \cong h(\mathbb{Z}) =: k \subseteq L$$

induziert.— Abstrakter formuliert, haben wir hier eine universelle Eigenschaft des Rings $\mathbb{Z}$ verwendet, dass es nämlich für jeden Integritätsbereich R einen eindeutig bestimmten Ringhomomorphismus $\mathbb{Z} \to R$ gibt; in unserem Fall, weil $R = L$ ein Körper ist, kann sein Kern nur ein Primideal, also $\{0\}$ oder $p\mathbb{Z}$ sein. □

6.1.2 „Algebraisch" und „transzendent"

Wie eben sei L ein Erweiterungskörper von K, was oft durch die Schreibweise L/K ausgedrückt wird. *Beispiele* kennen wir bereits:

1. $\mathbb{Q}(\sqrt{2})/\mathbb{Q}$
2. $\mathbb{Q}(\sqrt{3})/\mathbb{Q}$
3. $\mathbb{C}/\mathbb{R}$
4. $K(x)/K$ für einen beliebigen Körper K und den Körper $K(x)$ der rationalen Funktionen mit Koeffizienten in K, d.h. dem Quotientenkörper des Polynomrings $K[x]$
5. $\mathbb{Q}(e)/\mathbb{Q}$ mit $e := \sum_{n \geq 0} \frac{1}{n!}$, also allen reellen Zahlen, die durch Einsetzen von e in rationale Funktionen aus $\mathbb{Q}(x)$ entstehen.
6. $\mathbb{R}/\mathbb{Q}$

Zwischen den Beispielen 1 bis 3 und den Beispielen 4 bis 6 besteht ein grundsätzlicher Unterschied, wie wir gleich sehen werden: Ein Element a aus L heißt **algebraisch** über K, wenn ein Polynom $p \in K[x]$, $p \neq 0$ existiert mit $p(a) = 0$, und die ganze Körpererweiterung L/K heißt algebraisch, wenn jedes $a \in L$ algebraisch über K ist. Jedes $a \in K$ ist automatisch algebraisch über K, weil Nullstelle des Polynoms $p(x) = x - a$. Das Polynom $x^2 - 3$ hat $\sqrt{3}$ zur Nullstelle, also ist $\sqrt{3}$ algebraisch über $\mathbb{Q}$, und analog findet man zu jedem a aus $\mathbb{Q}(\sqrt{d})$ ein Polynom $p \in \mathbb{Q}[x]$, $p \neq 0$, somit sind die beiden ersten Beispiele algebraische Körpererweiterungen. Dass $\mathbb{Q}(\sqrt{2})$ und $\mathbb{Q}(\sqrt{3})$ nicht gleich oder isomorph sind, ist übrigens keineswegs banal; man kann es z.B. dadurch einsehen, dass das Verzweigungsverhalten rationaler Primzahlen (s. Abschnitt 4.6) in beiden Körpererweiterungen wesentlich verschieden ist. Einen anderen Beweis für die Nicht-Isomorphie werden wir in Abschnitt 7.4.2 kennenlernen. Auch $\mathbb{C}/\mathbb{R}$ ist ein Beispiel für algebraische Körpererweiterungen: Für jedes $z \in \mathbb{C}$ hat das Polynom

$$x^2 - (z + \bar{z})x + z\bar{z}$$

reelle Koeffizienten und die Nullstelle z. — Abstrakter können wir die Eigenschaft „algebraisch" so ausdrücken:

Satz 6.2 *$a \in L$ ist algebraisch über dem Unterkörper $K \subseteq L$ genau dann, wenn der Einsetzungshomomorphismus*

$$K[x] \to L : \quad p(x) \mapsto p(a)$$

einen nichttrivialen Kern hat.

Diesen Kern werden wir im nächsten Abschnitt 6.2 eingehender studieren. Wenn andernfalls dieser Einsetzungshomomorphismus injektiv ist, d.h. trivialen Kern

hat (s. Abschnitt 3.2.1), so nennt man a **transzendent** über K, also wenn für alle Polynome $p \in K[x]$ aus $p \neq 0$ auch $p(a) \neq 0$ folgt. In diesem Fall lässt sich der Einsetzungshomomorphismus nach Satz 3.7 zu einem (injektiven) Körperhomomorphismus
$$K(x) \to K(a) \subseteq L$$
fortsetzen. L heißt dann eine *transzendente Erweiterung* von K. Klar, dass der Körper $K(x)$ der rationalen Funktionen selbst eine transzendente Erweiterung von K ist (Beispiel 4). Der Einbettungsisomorphismus $K(x) \cong K(a)$ ist übrigens ein sogenannter K-**Isomorphismus**, d.h. der auf K die Identität ist. Für die Zahl e (Beispiel 5, HERMITE 1873) wie die meisten anderen mathematischen Naturkonstanten ist ein Beweis für die Transzendenz keineswegs einfach; bis heute ist z.B. ungeklärt, ob etwa $e+\pi$ oder $\zeta(3)$ transzendente Zahlen sind. Aus der Transzendenz der Erweiterung $\mathbb{Q}(e)/\mathbb{Q}$ folgt natürlich erst recht die von $\mathbb{R}/\mathbb{Q}$. Einfacher werden wir dies mit einem Abzählbarkeitsargument einsehen (Abschnitt 6.3). Bei den Begriffen „algebraisch" und „transzendent" lässt man üblicherweise den Zusatz „über K" weg, wenn unter K der Primkörper verstanden wird. In diesem Sinne ist also e eine transzendente Zahl und $\mathbb{Q}(\sqrt{2})$ ein algebraischer Zahlkörper.

6.1.3 Erzeugende

Sei L/K eine Körpererweiterung und M eine Untermenge von L. Man nennt M ein **Erzeugendensystem** für L/K oder sagt, dass L aus K durch **Adjunktion** von M entsteht, geschrieben
$$L = K(M),$$
wenn L der kleinste Körper $\subseteq L$ ist, der K und M enthält. Besonders wichtig sind die *endlich erzeugten Körpererweiterungen* L/K, für die $M = \{a_1, \ldots, a_n\}$ ist und für die man kurz $L = K(a_1, \ldots, a_n)$ schreibt und die man natürlich auch charakterisieren kann als
$$L = \left\{ \frac{p(a_1, \ldots, a_n)}{q(a_1, \ldots, a_n)} \;\middle|\; p, q \in K[x_1, \ldots, x_n],\; q(a_1, \ldots, a_n) \neq 0 \right\}.$$

Die oben genannten Beispiele für Körpererweiterungen sind bis auf das letzte endlich erzeugt, ja sogar **einfach**, d.h. von einem einzigen $a \in L$ erzeugt. Nur $\mathbb{R}/\mathbb{Q}$ ist nicht endlich erzeugt, wie man durch ein Abzählbarkeitsargument einsehen kann.

6.1.4 Grad einer Körpererweiterung

Wie immer: L/K sei eine Körpererweiterung. Dann ist L gleichzeitig ein K-Vektorraum. Die Dimension dieses Vektorraums nennt den **Grad** der Körpererweiterung L/K und bezeichnet ihn mit $[L : K]$. Da der Polynomring $K[x]$ als K-

Vektorraum bereits unendliche Dimension hat und da bei transzendenten Körpererweiterungen L/K ein injektiver Einsetzungshomomorphismus $K[x] \to L$ existiert, der gleichzeitig K-Vektorraumhomomorphismus ist, haben transzendente Körpererweiterungen unendlichen Grad, es gilt also der

Satz 6.3 *Körpererweiterungen endlichen Grades sind stets algebraisch.*

Die ersten drei Beispiele in Abschnitt 6.1.2 haben in der Tat den Grad 2. Der Körpergrad verhält sich ähnlich wie Gruppenindizes (was kein Zufall ist, wie wir im nächsten Kapitel sehen werden):

Satz 6.4 M/L *und* L/K *seien Körpererweiterungen.* $[M:K]$ *ist endlich genau dann, wenn* $[M:L]$ *und* $[L:K]$ *endlich sind, und zwar ist dann*

$$[M:K] = [M:L] \cdot [L:K].$$

Zum *Beweis* nehme man sich L-linear unabhängige Elemente $a_1, \ldots, a_n \in M$ und K-linear unabhängige Elemente $b_1, \ldots, b_m \in L$ bzw. jeweils eine Vektorraumbasis, wenn der Grad endlich ist. Dann sind alle nm Produkte $a_i b_j \in M$ linear unabhängig über K (bzw. eine K-Basis von M, wenn man von Basen ausgegangen ist), und daraus folgt sofort die Behauptung. □

Endliche Körper müssen als Primkörper einen Körper $\mathbb{F}_p$ enthalten; ein ähnliches Anzahlargument wie eben zeigt daher:

Satz 6.5 *Die Anzahl der Elemente eines endlichen Körpers* $\mathbb{F}$ *ist eine Primzahlpotenz* p^n. *Dabei ist*

$$n = [\mathbb{F} : \mathbb{F}_p].$$

Im nächsten Kapitel werden wir sehen, dass diese endlichen Körper durch ihren Körpergrad über $\mathbb{F}_p$ bis auf Isomorphie bereits eindeutig bestimmt sind. Wir werden diese darum mit $\mathbb{F}_{p^n}$ bezeichnen.
Wenn einfach vom *Körpergrad* von L ohne Nennung des Grundkörpers K die Rede ist, versteht man darunter den Grad der Körpererweiterung von L über seinem Primkörper.

6.2 Algebraische Körpererweiterungen

6.2.1 Restklassenkörper und algebraische Erweiterungen

Sei a ein über dem Körper K algebraisches Element irgendeiner Körpererweiterung L/K; der Einfachheit halber können wir $L = K(a)$ annehmen. Da der Einsetzungshomomorphismus

$$K[x] \to K[a] \subseteq L : \quad x \mapsto a$$

einen nichttrivialen Kern hat (Satz 6.2) und da $K[a]$ keine Nullteiler besitzt, muss der Kern ein Primideal $P \neq 0$ von $K[x]$ sein, nach dem Satz 3.17 über die eindeutige Primpolynomzerlegung darum erzeugt von einem eindeutig bestimmten Primpolynom $p(x) =: p_{a,K}(x)$. In diesem Zusammenhang spricht man von dem **irreduziblen Polynom des Elements** a **über** K. Da dieses Primideal gleichzeitig maximales Ideal ist, wird sein Restklassenring sogar ein Körper (Satz 3.11), und der Homomorphiesatz für Ringe impliziert somit die erste Aussage im

Satz 6.6 *Sei a algebraisch über dem Körper K und $p \in K[x]$ sein irreduzibles Polynom über K. Dann gilt*

1. $K(a) = K[a] \cong K[x]/P$ *mit* $P = <p>$.
2. *Dieser Isomorphismus ist ein K-Isomorphismus, wobei man sich K in $K[x]/P$ durch die natürliche Abbildung $c \mapsto c \bmod P$ eingebettet denkt.*
3. $[K(a) : K] = \operatorname{grad} p$.

Die zweite Aussage folgt daraus, dass sowohl der Einsetzungshomomorphismus $K[x] \to K[a]$ wie die kanonische Projektion $K[x] \to K[x]/P$ auf K die Identität sind. Zum *Beweis* der dritten Aussage sei $n := \operatorname{grad} p$ (natürlich > 0). Dann sind wegen $p(a) = 0$ die $n+1$ Elemente $1, a, \ldots, a^{n-1}, a^n$ linear abhängig über K, aber es sind $1, a, \ldots, a^{n-1}$ linear unabhängig über K. Andernfalls hätte man ein Polynom $q \in K[x]$, $q \neq 0$, kleineren Grades als n mit $q(a) = 0$, also mit $q \in P$ bzw. $p \mid q$, Widerspruch. Natürlich kann man rekursiv auch alle höheren a-Potenzen K-linear durch $1, \ldots, a^{n-1}$ ausdrücken und ebenso a^{-1} (Übungsaufgabe!). □

Die gleiche Idee lässt sich umgekehrt zur Konstruktion algebraischer Körpererweiterungen verwenden: Wie eben in Satz 6.6.2 identifiziere man stets K in der angegebenen Weise mit einem isomorphen Unterkörper von $K[x]/P$ für Primideale P. Dann lässt sich zu jedem Primpolynom aus $K[x]$ ein Erweiterungskörper angeben, in dem p eine Nullstelle hat (die Eindeutigkeit folgt aus Satz 6.6):

Satz 6.7 *Sei $p \in K[x]$ ein Primpolynom vom Grad n (> 0). Dann gibt es eine Körpererweiterung $L = K[a]$ vom Grad n über K, nämlich $K[x]/<p>$, in der p eine Nullstelle besitzt, nämlich $a := x \bmod <p>$. Dann ist p das irreduzible Polynom von a über K. Bis auf K-Isomorphie ist L eindeutig bestimmt.*

6.2.2 Der Zerfällungskörper eines Polynoms

Aus dem letzten Satz folgt ein wichtiger Schritt in Richtung auf einen algebraisch abgeschlossenen Körper, nämlich der

Satz 6.8 *Sei K ein Körper und $f \in K[x]$ ein nichtkonstantes Polynom vom Grad n. Dann gibt es eine algebraische Körpererweiterung Z/K von einem Grad*

$\leq n!$, die über K von den Nullstellen von f erzeugt wird, in der f also insbesondere in ein Produkt von Linearfaktoren zerfällt, d.h. n (nicht notwendig verschiedene) Nullstellen besitzt. Man nennt Z den **Zerfällungskörper des Polynoms** f; er ist bis auf K-Isomorphie eindeutig bestimmt.

Beweis durch Induktion über n: Für $n = 1$ ist f linear und hat seine einzige Nullstelle in $K = Z$, es ist also nichts zu zeigen. Sei nun der Satz für kleinere Polynom- bzw. Körpergrade als n schon gezeigt und p ein Primteiler von f in $K[x]$. Wir wissen bereits, dass ein Erweiterungskörper $L = K[a]$ von K vom Grad $\operatorname{grad} p \leq n$ über K existiert, in dem p und somit auch f mindestens die eine Nullstelle a besitzt. In $L[x]$ gilt also

$$f(x) = (x - a)\,g(x)$$

für ein Polynom $g \in L[x]$ vom Grad $n - 1$. Nach Induktionsvoraussetzung existiert also ein Zerfällungskörper Z von g über L vom Grad $[Z : L] \leq (n - 1)!$. Gleichzeitig dient Z als Zerfällungskörper von f über K und erfüllt nach Satz 6.4 $[Z : K] \leq n!$. Nach Satz 6.3 kann Z/K nur algebraisch sein. Es bleibt noch die Eindeutigkeit von Z zu zeigen. Da Z nach Konstruktion über K von den n Wurzeln von f erzeugt wird, also durch schrittweise einfache Erweiterungen, lässt sich auf jeden einzelnen dieser Erweiterungsschritte die Eindeutigkeitsaussage der Sätze 6.6 bzw. 6.7 anwenden. Bleibt noch zu rechtfertigen, dass sich die gefundenen Isomorphismen jeweils auf die nächsthöhere Stufe fortsetzen lassen. Dies ist ein wichtiges Prinzip, welches wir so oft verwenden werden, dass dafür ein eigener Satz gerechtfertigt ist.

6.2.3 Fortsetzung von Isomorphismen. Exakte Sequenzen

Satz 6.9 *Seien $k \subset K$ und $l \subset L$ Körper, $\rho : k \to l$ Körperisomorphismus, $k[x]$ bzw. $l[y]$ Polynomringe, $a \in K$ und $b \in L$. Dann gilt:*

1. *ρ lässt sich zu einem Ringisomorphismus $\sigma : k[x] \to l[y]$ fortsetzen, sogar zu einem Körperisomorphismus $\sigma : k(x) \to l(y)$, eindeutig bestimmt durch*

$$\sigma|_k = \rho \quad \text{und} \quad \sigma(x) = y\,.$$

2. *Es gibt genau dann eine Fortsetzung*

$$\tau : k(a) \to l(b) \quad \text{von} \quad \rho \quad \text{mit} \quad \tau|_k = \rho \quad \text{und} \quad \tau(a) = b\,,$$

wenn eine der beiden folgenden Bedingungen erfüllt ist:
- *a und b sind beide transzendent über k bzw. l.*

6 Körper und Körpererweiterungen

- *a und b sind beide algebraisch über k bzw. l, und der Isomorphismus σ der Polynomringe bildet die irreduziblen Polynome von a und b aufeinander ab, d.h. erfüllt*

$$\sigma(p_{a,k}(x)) = p_{b,l}(y).$$

Der *Beweis* des ersten Teils erfolgt durch direkte Angabe von σ: In jedem Polynom aus $k[x]$ wird x durch y ersetzt und jeder Koeffizient durch sein ρ-Bild. Das ist die einzige Möglichkeit, die mit den Bedingungen an σ verträglich ist, und die Fortsetzung auf $k(x)$ erhält man wieder aus Satz 3.7. Dass die Bedingungen des zweiten Teils *notwendig* sind, zeigt eine direkte Rechnung: Anwendung von τ auf die Gleichung $p_{a,k}(a) = 0$ muss eine ebenfalls irreduzible normierte algebraische Gleichung für b ergeben, und τ^{-1} leistet dasselbe für die umgekehrte Richtung. Bleibt zu zeigen, dass die Bedingungen *hinreichend* sind; im Fall transzendenter a und b ist das klar, da dann $k(a) \cong k(x)$ durch σ isomorph auf $l(y) \cong l(b)$ abgebildet wird. Im algebraischen Fall schreiben wir kurz

$$p := p_{a,k}(x), \quad q := p_{b,l}(y)$$

und P bzw. Q für die davon in $k[x]$ bzw. $l[y]$ erzeugten Ideale. Dann ist nach Voraussetzung $\sigma(P) = Q$ und $\sigma^{-1}(Q) = P$. Bezeichnet man mit κ den kanonischen Einsetzungshomomorphismus

$$l[y] \to l[b] \cong l[y]/Q,$$

so hat der (surjektive) zusammengesetzte Ringhomomorphismus

$$\kappa \circ \sigma : k[x] \to l[b]$$

den genauen Kern P. Nach dem Homomorphiesatz für Ringe induziert dieser also einen Isomorphismus

$$\tau : k[x]/P \cong k[a] \to l[b]. \quad \Box$$

In der griffigen Bildersprache der kommutativen Diagramme lässt sich dieser Beweis folgendermaßen beschreiben:

$$\begin{array}{ccccccccc} \{0\} & \to & P & \to & k[x] & \to & k[a] & \to & \{0\} \\ & & \downarrow & & \downarrow & & \downarrow & & \\ \{0\} & \to & Q & \to & l[y] & \to & l[b] & \to & \{0\} \end{array} \quad (6.1)$$

In den Zeilen dieses Diagramms stehen von links nach rechts zunächst zwei Inklusionsabbildungen, dann der Einsetzungshomomorphismus und schließlich die Projektion auf den trivialen Ring $\{0\}$. Diese Zeilen sind sogenannte **exakte Sequenzen**, und damit ist gemeint, dass für jeden der beteiligten Ringe das Bild des von links ankommenden Homomorphismus der Kern des nach rechts ausgehenden Homomorphismus ist. Die Exaktheit von

$$\{0\} \to R \to S$$

heißt also nur, dass der (Ring-) Homomorphismus $R \to S$ injektiv ist, und die Exaktheit von

$$R \to S \to \{0\}$$

bedeutet, dass $R \to S$ surjektiv ist. Die Exaktheit der Zeilen in (6.1) heißt nach dem Homomorphiesatz für Ringe nichts anderes als $k[a] \cong k[x]/P$ bzw. $l[b] \cong l[y]/Q$. Der mittlere vertikale Pfeil des Diagramms ist der Isomorphismus σ, der linke vertikale Pfeil seine Restriktion auf P (ebenfalls Isomorphismus), und wir haben im letzten Teil des Beweises daraus die Existenz eines dritten Isomorphismus gezeigt, der als rechter vertikaler Pfeil das ganze Diagramm kommutativ macht. Von den speziellen Eigenschaften der hier verwendeten Ringe bzw. Körper ist dieser Schluss unabhängig; was wir eigentlich gezeigt haben, ist ein sehr allgemeiner Satz über kommutative Diagramme von Homomorphismen:

Satz 6.10 *Im folgenden kommutativen Diagramm aus Homomorphismen abelscher Gruppen (oder kommutativer Ringe, R und A nicht notwendig mit 1)*

$$\begin{array}{ccccccccc} \{0\} & \to & R & \to & S & \to & T & \to & \{0\} \\ & & \downarrow & & \downarrow & & & & \\ \{0\} & \to & A & \to & B & \to & C & \to & \{0\} \end{array}$$

seien die Zeilen exakte Sequenzen und die vertikalen Pfeile Isomorphismen. Dann lässt sich das Diagramm durch einen weiteren vertikalen Isomorphismus

$$T \to C$$

zu einem kommutativen Diagramm vervollständigen.

6.2.4 Irreduzibilität. Reduktion modulo p

Bisher kennen wir als konkrete Beispiele von Körpererweiterungen endlichen Grades neben der trivialen Erweiterung K/K nur quadratische Körpererweiterungen. Das liegt daran, dass wir noch kein einfaches Entscheidungsverfahren zur Verfügung haben, ob ein vorgelegtes Polynom vom Grad $n > 2$ irreduzibel ist oder nicht. Natürlich hängt die Beantwortung dieser Frage vom Grundkörper ab; wir beschränken uns hier auf den Grundkörper $\mathbb{Q}$ der rationalen Zahlen. Durch Multiplikation mit einer Konstanten, d.h. ohne die Nullstellen bzw. die Faktorzerlegung zu ändern, können wir stets erreichen, dass das fragliche Polynom $f(x) \in \mathbb{Q}[x]$ sogar $\in \mathbb{Z}[x]$ ist und teilerfremde Koeffizienten besitzt. Für $f \neq 0$ kann man sogar erreichen, dass der führende Koeffizient positiv ist; solche Polynome nennt man **primitiv**. Nach GAUSS gilt der

6 Körper und Körpererweiterungen

Hilfssatz 6.11 *Das Produkt zweier primitiver Polynome ist primitiv.*

Sind nämlich $f, g \in \mathbb{Z}[x]$ primitiv, so ist gewiss $fg \in \mathbb{Z}[x]$ mit positivem führenden Koeffizienten. Angenommen, fg wäre nicht primitiv, so hätten die Koeffizienten von fg einen echten gemeinsamen Teiler, insbesondere also einen Primteiler p. Das **modulo p reduzierte Polynom**

$$(fg \bmod p) \in \mathbb{F}_p[x],$$

welches aus fg dadurch entsteht, dass man alle Koeffizienten durch ihre Restklasse $\bmod p$ ersetzt, wäre also das Nullpolynom. Nun ist auch $\mathbb{F}_p[x]$ ein Integritätsbereich und die Reduktion modulo p ein Ringhomomorphismus $\mathbb{Z}[x] \to \mathbb{F}_p[x]$, darum ist $f \bmod p$ oder $g \bmod p$ das Nullpolynom, die Koeffizienten von f oder von g müssen also mindestens den gemeinsamen Teiler p haben im Widerspruch zur Annahme. □

Folgerung 6.12   1. *Ein in $\mathbb{Z}[x]$ irreduzibles Polynom ist auch in $\mathbb{Q}[x]$ irreduzibel.*

2. *$\mathbb{Z}[x]$ ist — obwohl kein Hauptidealring — ein faktorieller Ring.*

3. *In $\mathbb{Q}[x]$ gelte die Zerlegung $f = gh$, $f, h \in \mathbb{Z}[x]$ primitiv. Dann ist auch $g \in \mathbb{Z}[x]$ und primitiv.*

Zum *Beweis* von 1. darf man das in $\mathbb{Z}[x]$ irreduzible f o.B.d.A. als primitiv annehmen. Gäbe es für f eine nichttriviale Zerlegung in $\mathbb{Q}[x]$, so darf man diese in der Form

$$f = rgh \quad \text{mit} \quad r \in \mathbb{Q}, \, g, h \in \mathbb{Z}[x] \quad \text{primitiv}$$

ansetzen. Nach 6.11 ist gh primitiv, also $= f$ im Widerspruch zur Annahme. 2. und 3. lassen sich ganz ähnlich beweisen. □

Satz 6.13 (EISENSTEIN) *Das Polynom*

$$f(x) = a_n x^n + \ldots + a_1 x + a_0 \in \mathbb{Z}[x]$$

ist in $\mathbb{Q}[x]$ irreduzibel, wenn eine Primzahl p existiert, welche

$$p \nmid a_n, \quad p \mid a_j \, \forall j = 0, \ldots, n-1, \quad p^2 \nmid a_0$$

erfüllt.

Zum *Beweis* nehmen wir an, f sei zerlegbar in gh. Nach der Folgerung dürfen wir sogar annehmen, dass g und h in $\mathbb{Z}[x]$ liegen. Die Reduktion modulo p zeigt

$$g(x) h(x) \equiv a_n x^n \bmod p,$$

dass also g und h mod p von der Form bx^k bzw. cx^{n-k} sein müssen. Insbesondere sind die konstanten Glieder von g und h beide durch p teilbar, also deren Produkt a_0 durch p^2 teilbar, Widerspruch. □

Damit können wir unser Spektrum an Beispielen algebraischer Zahlkörper erheblich erweitern. Es ist nun klar, dass alle Polynome $x^n - d$ in $\mathbb{Q}[x]$ irreduzibel sind, für die $d \in \mathbb{Z}$ einen einfachen Primfaktor p besitzt, also mit $p \mid d, p^2 \nmid d$. Nach Satz 6.6 gilt somit beispielsweise

$$[\mathbb{Q}(\sqrt[n]{2}) : \mathbb{Q}] = n \,.$$

6.3 Der algebraische Abschluss

6.3.1 Ein Endlichkeitsprinzip

Satz 6.14 *Sei L/K eine Körpererweiterung. Ein Element $a \in L$ ist algebraisch über K genau dann, wenn ein endlichdimensionaler K-Vektorraum $V \subseteq L$ existiert mit*

$$aV \subseteq V \quad, \text{ d.h. } \quad av \in V \quad \forall\, v \in V \,.$$

Beweis: Wenn a algebraisch über K ist, nehme man einfach $V := K(a)$. Wenn andererseits ein endlichdimensionales V mit der angegebenen Eigenschaft existiert, wähle man eine K-Basis $v_1, \ldots, v_n$ von V und beschreibe die Operation von a auf V durch eine Matrix (b_{ij}) bezüglich dieser Basis:

$$a\, v_i = \sum_{j=1}^n b_{ij} v_j \,, \quad \text{alle } b_{ij} \in K \quad \Longrightarrow \quad 0 = \sum_j (b_{ij} - \delta_{ij} a)\, v_j \quad \forall\, i \quad \Longrightarrow$$

$$\det(b_{ij} - \delta_{ij} x) \in K[x]$$

vom Grad n mit Nullstelle a, also ist a algebraisch über K. □

Aus diesem Satz folgen viele nützliche Informationen, die wir natürlich zum Teil schon kennen (vgl. Satz 6.3):

Folgerung 6.15   1. *Jede Körpererweiterung endlichen Grades ist algebraisch.*

2. *Sind a und b algebraisch über K, so sind $a \pm b$, ab und für $b \neq 0$ auch $\frac{a}{b}$ über K algebraisch.*

3. *Ist a algebraisch über K und b algebraisch über $K(a)$, so ist b auch algebraisch über K.*

4. *Ist L algebraische Körpererweiterung von K und a algebraisch über L, so ist a auch algebraisch über K.*

6 Körper und Körpererweiterungen

5. *Wenn die Körpererweiterung L/K von algebraischen Elementen erzeugt wird, ist sie algebraisch.*

Um 2. zu begründen, wähle man endlich-dimensionale Vektorräume $V, W \subset L$, die gemäß Satz 6.14 a-invariant bzw. b-invariant sind. Zunächst überlege man sich, dass für $b \neq 0$ aus $bW \subseteq W$ sogar

$$bW = W \quad \text{und} \quad b^{-1}W = W$$

folgt und dass alle Produkte vw, $v \in V$, $w \in W$, einen endlich-dimensionalen K-Vektorraum VW in L erzeugen. Dieser ist invariant unter Multiplikation mit a und b; der Satz zeigt somit die 2. Behauptung. Für die 3. Behauptung sei W ein b-invarianter endlich-dimensionaler $K(a)$-Vektorraum; dann ist W auch ein endlich-dimensionaler K-Vektorraum. Bei 4. beachte man schließlich, dass a schon algebraisch über einem endlich erzeugten Teilkörper M von L sein muss: Man wähle etwa $M = K(a_1, \ldots, a_n)$, wo die a_j die Koeffizienten des irreduziblen Polynoms für a über L sind. Da alle a_j algebraisch über K sind, können wir etwa mit Behauptung 2 oder 3 und Induktion über n einsehen, dass M/K endlichen Grad haben muss, also auch $M(a)/K$; nach 1. ist darum a algebraisch über K. □

6.3.2 Der „Fundamentalsatz der Algebra"

So wird der folgende Satz genannt, den wir schon in Abschnitt 3.4.3 erwähnt haben, und der üblicherweise in der Funktionentheorie bewiesen wird.

Satz 6.16 *Jedes nichtkonstante Polynom $p \in \mathbb{C}[x]$ besitzt in $\mathbb{C}$ eine Nullstelle.*

Da zur Konstruktion von $\mathbb{C}$ topologische Methoden verwendet werden, überrascht es nicht weiter, dass rein algebraische Methoden zum *Beweis* nicht ausreichen. Man kann aber durchaus mit sehr bescheidenen Stetigkeitsbetrachtungen und Betragsabschätzungen auskommen (z.B. TERKELSEN [Te] 1976, offenbar Wiederentdeckung eines 150 Jahre älteren beweises von Argand, vgl. [Z]): Angenommen, das nichtkonstante komplexe Polynom p habe keine Nullstellen, dann wächst $|p(z)|$ gleichmäßig gegen ∞ mit $z \to \infty$, nimmt also in einem Punkt z_0 sein Betragsminimum an. Vermöge einer Translation $z \mapsto z + z_0$ darf man o.B.d.A. annehmen, dass dieses Minimum $|a| \neq 0$ im Punkt 0 angenommen wird und dass

$$p(x) = a + b\,x^n + x^{n+1} Q(x), \quad a, b \neq 0, \ Q \in \mathbb{C}[x]$$

ist. Dass man in $\mathbb{C}$ n-te Wurzeln ziehen kann, ist elementar. Es existieren also $w \in \mathbb{C}$ und reelle t, $0 < t < 1$, mit

$$w^n = -\frac{a}{b} \quad \text{und} \quad t\,|w^{n+1} Q(tw)| < |a|\,.$$

Für diese gilt
$$p(tw) = a(1-t^n) + t^{n+1} w^{n+1} Q(tw),$$
nach der Dreiecksungleichung ist also
$$|p(tw)| \le |a|(1-t^n) + t^n t |w^{n+1} Q(tw)| < |a|$$
im Widerspruch zur Annahme über das Minimum. □

Sukzessive Division durch Linearfaktoren zeigt, dass jedes Polynom $p \in \mathbb{C}[x]$ sogar in Linearfaktoren zerfällt und bezeichnet darum $\mathbb{C}$ als einen **algebraisch abgeschlossener Körper**. Äquivalent dazu ist, dass $\mathbb{C}$ keine echten algebraischen Erweiterungen besitzt, da nach Satz 6.6.3 alle einfachen algebraischen Körpererweiterungen von $\mathbb{C}$ den Grad 1 haben müssen. Anders gesagt: Jedes über $\mathbb{C}$ algebraische Element liegt bereits selbst in $\mathbb{C}$. Insbesondere liegt jede algebraische Zahl (d.h. hier: algebraisch über dem Primkörper $\mathbb{Q}$) bereits in $\mathbb{C}$, und nach 6.15.2 bilden alle diese algebraischen Zahlen einen Körper $\bar{\mathbb{Q}}$. Dieser ist nach Folgerung 6.15.3 selbst algebraisch abgeschlossen und wird darum auch der **algebraische Abschluss** von $\mathbb{Q}$ genannt.

6.3.3 Existenz und Eindeutigkeit des algebraischen Abschlusses

Natürlich hätte man gern eine Konstruktion von $\bar{\mathbb{Q}}$, die von der Analysis unabhängig ist, sowie eine Verallgemeinerung auf andere Grundkörper. In der Tat lässt sich zu jedem Körper K eine im wesentlichen eindeutige maximale algebraische Erweiterung angeben:

Satz 6.17 *Jeder Körper K hat einen — bis auf K-Isomorphie eindeutig bestimmten — algebraischen Abschluss $\bar{K}$, d.h. einen algebraisch abgeschlossenen algebraischen Erweiterungskörper von K.*

Im *Beweis* wollen wir uns auf den Fall beschränken, dass es in $K[x]$ nur abzählbar viele Primpolynome p_n, $n \in \mathbb{N}$, gibt (im nächsten Abschnitt werden wir sehen, dass diese Voraussetzung sehr oft zutrifft). Dann konstruiert man induktiv K_1 als Zerfällungskörper von p_1 über K, K_2 als Zerfällungskörper von p_2 über K_1 und allgemein K_{n+1} als Zerfällungskörper von p_{n+1} über K_n. Man erhält so eine aufsteigende Kette
$$K \subseteq K_1 \subseteq K_2 \subseteq \ldots \subseteq K_n \subseteq \ldots$$
von Körpererweiterungen, deren Vereinigung
$$\bar{K} := \bigcup_{n \in \mathbb{N}} K_n$$

ein Körper ist, in dem sämtliche p_n in Linearfaktoren zerfallen. Nach Konstruktion enthält $\bar{K}$ genau alle Elemente, die über K algebraisch sind, muss also ein algebraischer Abschluss von K sein. Nach Satz 6.8 ist jedes K_n als Zerfällungskörper von $p_1 p_2 \cdot \ldots \cdot p_n$ bis auf K-Isomorphie eindeutig bestimmt. Gäbe es also einen zweiten algebraischen Abschluss A von K, so müsste dieser ebenso Vereinigung von Zerfällungskörpern sein, die K-isomorph zu K_n sind; man könnte dann einen K-Isomorphismus $\bar{K} \to A$ induktiv über die K-Isomorphismen der K_n auf die entsprechenden Unterkörper von A definieren.— Wenn die hier angenommene Abzählbarkeitsvoraussetzung nicht zutrifft, muss man stärkere mengentheoretische Geschütze wie transfinite Induktion und den Wohlordnungssatz bzw. das Auswahlaxiom verwenden, aber im übrigen verläuft der Beweis ähnlich. □

6.3.4 Abzählbarkeitseigenschaften

Die Anwendung des ersten CANTORschen Diagonalverfahrens, das wir von dem üblichen Abzählbarkeitsbeweis für $\mathbb{Q}$ her als bekannt voraussetzen, beweist sehr einfach und Schritt für Schritt den

Satz 6.18 *Sei K ein abzählbarer Körper. Dann sind ebenso abzählbar*

1. *die Polynomringe $K[x]$ und $K[x_1, \ldots, x_n]$,*
2. *deren Quotientenkörper $K(x)$ und $K(x_1, \ldots, x_n)$,*
3. *alle endlich erzeugten Körpererweiterungen $K(a_1, \ldots, a_n)$,*
4. *alle von abzählbaren Mengen M erzeugten Körpererweiterungen $K(M)$,*
5. *der algebraische Abschluss $\bar{K}$.*

$\bar{\mathbb{Q}}$ und alle algebraischen Abschlüsse $\overline{\mathbb{F}_p}$ der endlichen Primkörper sind also abzählbar, ebenso der Körper $\overline{\mathbb{Q}(x)}$ aller algebraischen Funktionen in x mit algebraischen Koeffizienten. Da nach dem zweiten CANTORschen Diagonalverfahren $\mathbb{R}$ und $\mathbb{C}$ überabzählbar sind, folgt daraus andererseits — wie schon in Abschnitt 6.1.2 erwähnt — die Existenz transzendenter Zahlen; es muss in $\mathbb{R}$ und $\mathbb{C}$ sogar überabzählbare Mengen von über $\mathbb{Q}$ algebraisch unabhängigen Elementen geben, vgl. Abschnitt 6.5.1

6.4 Normalität und Separabilität

6.4.1 Normale Körpererweiterungen

Aus Abschnitt 6.2.4 wissen wir, dass $\mathbb{Q}(\sqrt[3]{2})$ ein *kubischer* Zahlkörper ist, d.h. vom Grad 3 über $\mathbb{Q}$. Das irreduzible Polynom $x^3 - 2$ seines erzeugenden Elements hat allerdings nur eine reelle Nullstelle, zerfällt also nicht im Körper $\mathbb{Q}(\sqrt[3]{2})$

in Linearfaktoren, sein Zerfällungskörper ist erst der Körper sechsten Grades $\mathbb{Q}(\sqrt[3]{2},\zeta_3)$. Aus vielen Gründen, die im nächsten Kapitel besonders deutlich werden, ist es günstig, wenn eine algebraischen Körpererweiterung gleichzeitig der Zerfällungskörper der irreduziblen Polynome ihrer Erzeugenden ist. Dieser Fall kann folgendermaßen charakterisiert werden:

Satz 6.19 (mit Definition) *Sei L/K eine algebraische Körpererweiterung endlichen Grades, $L \subset \bar{K}$. Diese heißt* **normal**, *wenn eine der folgenden äquivalenten Bedingungen erfüllt ist:*

1. *Jedes irreduzible Polynom $p \in K[x]$, das in L eine Nullstelle besitzt, zerfällt in $L[x]$ vollständig in Linearfaktoren.*

2. *L ist Zerfällungkörper eines Polynoms aus $K[x]$.*

3. *Jeder K-Isomorphismus von $L \subseteq \bar{K}$ auf einen anderen Erweiterungskörper $M \subseteq \bar{K}$ von K ist ein Automorphismus, d.h. erfüllt $L = M$.*

Beweis der Äquivalenz: 1. $\Rightarrow$ 2. : Da L endlichen Grad über K hat, ist L von endlich vielen $a_1,\ldots,a_m$ über K erzeugt. Deren irreduzible Polynome $p_1,\ldots,p_m \in K[x]$ zerfallen nach Voraussetzung in $L[x]$ in Linearfaktoren, darum ist L Zerfällungskörper des Polynoms $p_1 \cdot \ldots \cdot p_m \in K[x]$.
2. $\Rightarrow$ 3. : Sei L der Zerfällungskörper von $f \in K[x]$ und $f = p_1 \cdot \ldots \cdot p_m$ die Primfaktorzerlegung von f in $K[x]$, ferner sei $\sigma : L \to M \subset \bar{K}$ ein K-Isomorphismus von L, dazu $a \in L$ eine Nullstelle eines der Primfaktoren p_j. Wegen $\sigma|_K = id$ gilt

$$p_j(\sigma(a)) = 0, \quad \text{also} \quad \sigma(a) \in L,$$

denn L enthält alle Nullstellen von f. Da L/K von den Nullstellen von f erzeugt wird, ist $\sigma(L) = M \subseteq L$, wegen $[M : K] = [L : K]$ sogar $M = L$. Eigentlich haben wir den ersten Teil des folgenden Hilfssatzes bewiesen; der zweite Teil ist noch einfacher, aber ebenso nützlich, wie wir gleich sehen werden.

Hilfssatz 6.20 *Sei $p \in K[x]$ Primpolynom mit Nullstellen $a_1,\ldots,a_n$ in einem algebraischen Abschluss $\bar{K}$, dazu σ ein K-Isomorphismus von Körpererweiterungen $L \to M$, die beide $K(a_1,\ldots,a_n) \supseteq K$ enthalten.*

1. *σ permutiert die $a_1,\ldots,a_n$.*

2. *p ist irreduzibles Polynom für alle a_j, d.h. $p = p_{a_j,K}$ für $j = 1,\ldots,n$.*

Zum Beweis von 6.19, Teil 3. $\Rightarrow$ 1., sei $p \in K[x]$ ein Primpolynom mit einer Nullstelle $a \in L$ und einer anderen Nullstelle b. Nach Satz 6.6 und dem zweiten Teil des Hilfssatzes ist

$$K(a) \cong K[x]/<p> \cong K(b),$$

6 Körper und Körpererweiterungen

mit einem Isomorphismus $\sigma : K(a) \to K(b)$, der $\sigma(a) = b$ erfüllt; dieser lässt sich über schrittweise einfache algebraische Erweiterungen mit Hilfe von Satz 6.9 zu einem Isomorphismus von L auf einen Körper $M \subset \bar{K}$ fortsetzen. Nach Voraussetzung muss $M = L$ sein, somit ist auch $b \in L$. □

Bemerkungen: 1. Wenn L normale Körpererweiterung von K ist, dann auch von jedem Zwischenkörper F, $K \subseteq F \subseteq L$.
2. Jede Körpererweiterung L/K endlichen Grades ist in einer normalen Körpererweiterung N/K enthalten; man adjungiere zu L sämtliche Nullstellen aller irreduziblen Polynome $p_{a,K}$, wenn a die (o.B.d.A. endlich vielen) erzeugenden Elemente von L/K durchläuft.
3. Der Begriff „Normalität" lässt sich auf algebraische Erweiterungen unendlichen Grades ausdehnen: Die Eigenschaften 1. und 3. des Satzes behalten auch für Erweiterungen unendlichen Grades ihren Sinn und sind nach wie vor äquivalent: Bei algebraischen Erweiterungskörpern sind K-Isomorphismen durch alle ihre Restriktionen auf Teilkörper endlichen Grades über K bereits eindeutig bestimmt. Nur die zweite Eigenschaft muss umformuliert werden; L ist dann Vereinigung von Zerfällungskörpern.

6.4.2 Separabilität

Definition: L/K sei algebraische Körpererweiterung, $a \in L$.

1. a heißt **separabel** über K, wenn sein irreduzibles Polynom $p_{a,K}$ nur einfache Nullstellen in $\bar{K}$ hat.

2. L heißt **separabel** über K, wenn L nur über K separable Elemente besitzt.

3. K heißt **vollkommener Körper**, wenn K nur separable algebraische Erweiterungen besitzt.

Andernfalls spricht man von **inseparablen** Elementen bzw. Körpererweiterungen.

Satz 6.21 *Körper der Charakteristik 0 sowie endliche Körper sind vollkommen.*

Der *Beweis* zerfällt wie der Satz in zwei Teile; sei zunächst $\mathrm{car}(K) = 0$ und $f(x) = p_{a,K}(x)$ das irreduzible Polynom eines über K algebraischen Elements a, $\mathrm{grad}\, f = n > 0$. Für seine Derivation (s. Abschnitt 3.3.4) gilt $f' \neq 0$, denn nach (3.4) ist

$$f(x) = x^n + \ldots \quad \Rightarrow \quad f'(x) = n x^{n-1} + \ldots,$$

wobei hier der Koeffizient n als Summe von n Einsen in K zu lesen ist. Dieser Koeffizient ist aber $\neq 0$ wegen $\mathrm{car}(K) = 0$ und $\mathrm{grad}\, f > 0$, also kann nicht

$f' = 0$ sein. Hätte nun f mehrfache Nullstellen, so hätten f und f' einen Linearfaktor in $\bar{K}[x]$ gemeinsam (warum?), d.h. der $\mathrm{ggT}(f, f')$ wäre nichtkonstant. Da dieser ggT aber bereits Element von $K[x]$ ist, hätte f einen echten Teiler im Widerspruch zur Irreduzibilitätsvoraussetzung, also kann f keine mehrfache Nullstelle haben, K ist vollkommen.

Für endliche Körper wissen wir, dass jedes algebraische Element in einem Körper $\mathbb{F}$ mit p^n Elementen liegt. 0 ist trivialerweise separabel, und jedes andere $a \in \mathbb{F}$ liegt in der zyklischen Gruppe $\mathbb{F}^*$ (Satz 4.3), ist also Nullstelle des Polynoms

$$f(x) = x^{p^n - 1} - 1,$$

dessen $p^n - 1$ Nullstellen gerade alle Elemente von $\mathbb{F}^*$ sind, demnach alle paarweise verschieden. Für alle Körpererweiterungen $K/\mathbb{F}_p$ muss das irreduzible Polynom von a über K ein Teiler von f sein, kann also auch nur einfache Nullstellen haben. □

Um ein *Beispiel* für eine inseparable Körpererweiterung L/K zu finden, muss man also unter den Körpern mit $\mathrm{car}(K) = p$ suchen, die über dem Primkörper transzendent sind. Das einfachste Beispiel dafür ist der rationale Funktionenkörper $K = \mathbb{F}_p(t)$. Das irreduzible Polynom f des inseparablen Elements muss zudem $f' = 0$ erfüllen (vgl. den oben geführten Beweis). Dies ist erfüllt für

$$f(x) = x^p - t = (x - a)^p, \quad a = \sqrt[p]{t};$$

wie im Kap. 4 schon mehrfach benutzt, gilt nämlich in Körpern der Charakteristik p die stark vereinfachte binomische Formel

$$(x + y)^p = x^p + y^p, \tag{6.2}$$

und weil a sicher kein Element von $\mathbb{F}_p[t]$ ist, kann f keinen echten Teiler in $K[x]$ haben, ist also irreduzibel. a und L sind folglich inseparabel über K.— Inseparable Körpererweiterungen haben einige Bedeutung für die algebraische Geometrie (etwa für den Beweis des in Abschnitt 5.5.2 erwähnten Satzes von HASSE-WEIL), werden aber für uns im folgenden keine Rolle spielen. Für spätere Zwecke nützlich ist folgender einfache

Satz 6.22 *L/K sei algebraische Körpererweiterung vom Grad n. Sie ist separabel genau dann, wenn n paarweise verschiedene K-Isomorphismen von L in $\bar{K}$ existieren.*

Zum *Beweis* überlege man sich zunächst, dass im Fall einer inseparablen Erweiterung mindestens ein erzeugendes Element a als inseparabel über K gewählt werden kann. Ferner genügt es, den Satz für einfache Körpererweiterungen $L = K(a)$

6 Körper und Körpererweiterungen 161

zu beweisen, denn bei schrittweiser Adjunktion mehrerer Erzeugender multiplizieren sich die Körpergrade ebenso wie die Anzahl der Isomorphismen. Jeder K-Isomorphismus von $K(a)$ ist aber eindeutig bestimmt durch sein Bild von a, und für dieses Bild kommen nach Hilfssatz 6.20 genau alle Nullstellen a_j (o.B.d.A. $\in \bar{K}$) in Frage. Diese Anzahl ist genau dann gleich $n = \operatorname{grad} p_{a,K}$, wenn a separabel über K ist.□

Das gleiche Argument zeigt:

Folgerung 6.23 *Die algebraische Körpererweiterung L von K ist genau dann separabel über K, wenn sie von separablen Elementen erzeugt wird.*

6.4.3 Der Satz vom primitiven Element

Satz 6.24 *Jede separable Körpererweiterung L/K endlichen Grades ist einfach, d.h. besitzt ein* **primitives Element** *$a \in L$ mit $L = K(a)$.*

Beweis: Wenn K — und damit auch L — endlich sind, kann man a als erzeugendes Element der zyklischen Gruppe L^* wählen (Satz 4.3). Wir setzen darum o.B.d.A. voraus, dass K und L unendliche Körper sind, dass $L = K(a_1, a_2, \ldots, a_r)$ ist, und führen den Beweis durch Induktion über r. Für $r = 1$ ist nichts zu zeigen. Für $r > 1$ dürfen wir als Induktionsvoraussetzung annehmen, dass $K(a_1, \ldots, a_{r-1}) = K(c)$ einfache Körpererweiterung ist. Mit $b := a_r$ ist also nur

$$K(b, c) = K(a)$$

zu beweisen, d.h. die Existenz eines primitiven Elements a für den Fall $r = 2$ zu zeigen. Dazu seien f und g die irreduziblen Polynome für b bzw. c in $K[x]$ und Z der Zerfällungskörper von fg über K, in dem also

$$f(x) = (x - b_1) \cdot \ldots \cdot (x - b_n)$$
$$g(x) = (x - c_1) \cdot \ldots \cdot (x - c_m)$$

jeweils in paarweise verschiedene Linearfaktoren zerfallen (Separabilität!); o.B.d.A. seien $b = b_1$, $c = c_1$. Da K unendlich ist und die b_i, c_j jeweils paarweise verschieden sind, gibt es sicher ein $d \in K$ mit

$$b_i + dc_j \neq b + dc \quad \forall\, i = 1, \ldots, n,\ j = 2, \ldots, m.$$

Dieses $a := b + cd$ ist unser Kandidat für das primitive Element: Wenn

$$f(a - dx) = (a - dx - b_1) \cdot \ldots \cdot (a - dx - b_n)$$

und $g(x)$ einen (o.B.d.A. normierten) Linearfaktor gemeinsam haben, muss dieser von der Form

$$(x - c_j) = (-d)^{-1}(a - dx - b_i)$$

sein, d.h. man hat eine Gleichheit
$$dc_j = a - b_i,$$
die nach Konstruktion von a nur für $i = j = 1$ auftreten kann. Demnach ist
$$(x - c) = \mathrm{ggT}(f(a - dx), g(x)) \quad \text{in} \quad Z[x],$$
und da beide Polynome $f(a - dx)$ und $g(x)$ in $K(a)[x]$ liegen, muss das auch für diesen ggT gelten: Andernfalls wären $f(a-dx)$ und $g(x)$ teilerfremd in $K(a)[x]$, dann aber auch in $Z[x]$, denn in beiden könnte man 1 als Linearkombination von $f(a - dx)$ und $g(x)$ schreiben. Daher ist
$$c \in K(a) \Rightarrow b \in K(a) \Rightarrow L = K(b, c) \subseteq K(a) \subseteq L,$$
es muss also sogar $L = K(a)$ sein, wie behauptet. □

6.5 Transzendente Körpererweiterungen

6.5.1 Algebraische Unabhängigkeit

Eine naheliegende Verallgemeinerung des Transzendenzbegriffs ist uns bereits bei den elementarsymmetrischen Polynomen in Satz 3.14 begegnet.

Definition: Die Elemente $a_1, a_2, \ldots, a_n$ der Körpererweiterung L/K heißen *algebraisch unabhängig* über K, wenn der Einsetzungshomomorphismus
$$K[x_1, \ldots, x_n] \to L : \quad \text{alle} \quad x_j \mapsto a_j$$
injektiv ist. Dann enthält L einen Unterkörper $K(a_1, \ldots, a_n)$, der zum rationalen Funktionenkörper $K(x_1, \ldots, x_n)$ isomorph ist. Wenn sogar Elemente $a_1, \ldots, a_n \in L$ existieren, die über K algebraisch unabhängig sind und für die $L = K(a_1, \ldots, a_n)$ ist, heißt L eine *rein transzendente* Erweiterung von K.

So ist $\mathbb{Q}(e)$ rein transzendent (und $\cong \mathbb{Q}(x)$), während $\mathbb{R}$ sicher keine rein transzendente Erweiterung von $\mathbb{Q}$ ist. Ob eine gegebene endlich erzeugte Erweiterung von K rein transzendent ist oder nicht, ist häufig nicht leicht zu entscheiden: Für zwei Variable x, y über K sind die drei Erzeugenden von
$$L = K(x, y, \sqrt{x + y})$$
nicht algebraisch unabhängig. Trotzdem ist L rein transzendent über K, weil man natürlich mit y und $\sqrt{x + y}$ als Erzeugenden auskommt.

Wenn K der Primkörper ist, lassen wir bei den Begriffen „algebraisch unabhängig" und „rein transzendent" wie immer die Angabe des Grundkörpers weg. Ebenso werden wir mit den nun einzuführenden Begriffen verfahren.

6.5.2 Transzendenzbasis und Transzendenzgrad

Eine Untermenge M der Körpererweiterung L von K nennen wir eine **Transzendenzbasis** von L/K, wenn je endlich viele paarweise verschiedene $a_1, \ldots, a_n \in M$ algebraisch unabhängig über K sind und M eine der folgenden äquivalenten Eigenschaften besitzt:

- M ist maximal.
- L ist algebraische Körpererweiterung von $K(M)$.

Wie die Basen von Vektorräumen sind auch Transzendenzbasen niemals eindeutig bestimmt — ausgenommen für algebraische Körpererweiterungen, wo die Transzendenzbasis natürlich leer ist —, wohl aber ihre Mächtigkeit, die wir als **Transzendenzgrad** der Körpererweiterung bezeichnen, kurz

$$\operatorname{trg} L/K .$$

Dass $\operatorname{trg} L/K$ nicht von der Auswahl der Transzendenzbasis abhängt, wollen wir nur für den Fall endlichen Transzendenzgrads zeigen, und zwar ganz analog zum STEINITZschen Austauschsatz der linearen Algebra:

Hilfssatz 6.25 *Seien $a_1, \ldots, a_n \in L$ algebraisch unabhängig über dem Unterkörper $K \subset L$ und sei $t \in L$ algebraisch über $K(a_1, \ldots, a_n)$ und transzendent über K. Dann lässt sich eines der a_j, o.B.d.A. a_1, durch t ersetzen, so dass $t, a_2, \ldots, a_n$ algebraisch unabhängig über K sind und a_1 algebraisch über $K(t, a_2, \ldots, a_n)$ ist.*

Beweis. Da t transzendent über K und algebraisch über $K(a_1, \ldots, a_n)$ ist, gibt es eine algebraische Gleichung

$$f(a_1, \ldots, a_n, t) = 0 \qquad (6.3)$$

für t mit einem $f \neq 0$, $f \in K(x_1, \ldots, x_n)[y]$, Polynom in der Variablen y, für die dann t eingesetzt wird, und mit Koeffizienten, welche rationale Funktionen über K in Variablen $x_1, \ldots, x_n$ sind, für die dann jeweils $a_1, \ldots, a_n$ einzusetzen ist. Vermöge Multiplikation mit dem Hauptnenner dieser Koeffizientenfunktionen darf man sogar annehmen, dass $f \in K[x_1, \ldots, x_n, y]$ Polynom in allen diesen Variablen ist. Da t nicht algebraisch über K ist, muss f wenigstens in einer der Variablen x_j nichtkonstant sein, o.B.d.A. in x_1. Dann lässt sich Gleichung (6.3) aber ebensogut als algebraische Gleichung für a_1 über dem Körper $K(a_2, \ldots, a_n, t)$ lesen, was die zweite Behauptung beweist. Wären nun $a_2, \ldots, a_n, t$ algebraisch abhängig, so gäbe es dafür zwei Möglichkeiten:

1. Bereits $a_2, \ldots, a_n$ sind algebraisch abhängig, Widerspruch zur algebraischen Unabhängigkeit von $a_1, a_2, \ldots, a_n$.

2. t ist algebraisch über $K(a_2, \ldots, a_n)$. Dann ist nach Folgerung 6.15.3 auch a_1 algebraisch über $K(a_2, \ldots, a_n)$, was zum gleichen Widerspruch führt. □

Benutzt man den Hilfssatz, um induktiv Transzendenzbasen gegeneinander auszutauschen, so ergibt sich

Satz 6.26 *Wenn eine Körpererweiterung L/K eine endliche Transzendenzbasis besitzt, so sind alle Transzendenzbasen endlich und gleichmächtig, und zwar mit $\operatorname{trg} L/K$ Elementen.*

Der Körper der rationalen Funktionen $K(x_1, \ldots, x_n)$ hat also den Transzendenzgrad n über K, der Körper $\mathbb{R}$ der reellen Zahlen hat überabzählbaren Transzendenzgrad über $\mathbb{Q}$ (eine Konsequenz aus Satz 6.18.4), und für die Zahl e ist

$$\operatorname{trg} \mathbb{Q}(e)/\mathbb{Q} = 1,$$

was wir aber erst am Ende des nächsten Kapitels beweisen werden; noch mehr als für die Transzendenz gilt, dass Beweise für algebraische Unabhängigkeit mathematischer „Naturkonstanten" sehr schwer sind.

6.5.3 Linear disjunkte Erweiterungen

Definition: Seien K und L zwei Körpererweiterungen des Körpers k, beide in einem festen algebraisch abgeschlossenen Körper Ω enthalten. Dann heißen K und L **linear disjunkt** über k, wenn je endlich viele $a_1, \ldots, a_n \in K$, welche über k linear unabhängig sind, auch über L linear unabhängig bleiben.

Scheinbar ist diese Definition asymmetrisch in K und L, darum ist zunächst folgendes nachzuprüfen:

Hilfssatz 6.27 *Seien K und L linear disjunkte Körpererweiterungen von k und seien $b_1, \ldots, b_m \in L$ linear unabhängig über k. Dann sind sie auch linear unabhängig über K.*

Andernfalls gäbe es $a_1, \ldots, a_m \in K$, nicht alle $= 0$, mit

$$a_1 b_1 + \ldots + a_m b_m = 0. \tag{6.4}$$

Dabei darf man annehmen, dass etwa $a_1, \ldots, a_n$ linear unabhängig über k sind und die übrigen k-Linearkombinationen

$$a_j = \sum_{i=1}^{n} c_{ji} a_i, \quad j = n+1, \ldots, m$$

6 Körper und Körpererweiterungen

dieser ersten n Koeffizienten. Gleichung (6.4) nimmt dann die Form

$$0 = \sum_{j=1}^{n} a_j b_j + \sum_{j=n+1}^{m} \sum_{i=1}^{n} c_{ji} a_i b_j = \sum_{j=1}^{n} \left(b_j + \sum_{i=n+1}^{m} c_{ij} b_i \right) a_j$$

an (Indexvertauschung in der Doppelsumme), und nach Definition müssen die Koeffizienten dieser $a_1, \ldots, a_n$ alle verschwinden im Widerspruch zu den Voraussetzungen über die b_j. □

Linear disjunkte Körpererweiterungen weisen eine wichtige Querverbindung zur algebraischen Unabhängigkeit auf:

Satz 6.28 *K und L seien linear disjunkte Körpererweiterungen von k, und $b_1, \ldots, b_n \in L$ seien algebraisch unabhängig über k. Dann sind $b_1, \ldots, b_n$ auch algebraisch unabhängig über K.*

„Algebraisch unabhängig" über k heißt nämlich, dass außer 0 kein Polynom f über k in n Variablen existiert mit

$$f(b_1, \ldots, b_n) = 0,$$

bzw. dass alle Potenzprodukte der $b_1, \ldots, b_n$ über k *linear* unabhängig sind. Nach der Disjunktheitsvoraussetzung sind diese Potenzprodukte sogar über K linear unabhängig, demnach die $b_1, \ldots, b_n$ algebraisch unabhängig über K. □

Für zwei Körpererweiterungen K und L von k, beide in einem festen algebraisch abgeschlossenen Körper Ω gelegen, bezeichnen wir mit KL das **Kompositum** von K und L, d.h. den von L über K (und ebenso von K über L) erzeugten Körper. Der letzte Satz hat eine offensichtliche Konsequenz:

Satz 6.29 *K und L seien zwei linear disjunkte Körpererweiterungen von k. Dann ist*

$$\operatorname{trg} KL/k = \operatorname{trg} K/k + \operatorname{trg} L/k.$$

Wenn einer der Transzendenzgrade unendlich ist, bleibt die Aussage trivialerweise richtig. Wie könnte eine entsprechende Aussage für Körpergrade linear disjunkter algebraischer Körpererweiterungen aussehen? Zum Schluss sei noch eine analoge Aussage für die Schachtelung transzendenter Körpererweiterungen erwähnt.

Satz 6.30 *$k \subseteq K \subseteq L$ seien Körper. Dann gilt*

$$\operatorname{trg} L/k = \operatorname{trg} L/K + \operatorname{trg} K/k.$$

Der *Beweis* lässt sich auf Satz 6.29 zurückführen, indem man eine Transzendenzbasis M für L/K wählt und beachtet, dass K und $k(M)$ linear disjunkt über k sind und $\operatorname{trg} L/K = \operatorname{trg} k(M)/k$ erfüllen. Eine eventuell erforderliche algebraische Erweiterung von $Kk(M)$ zu L ändert die Transzendenzgrade nicht. □

Wenn dabei K/k algebraisch ist und somit den Transzendenzgrad 0 besitzt, ergibt sich insbesondere die

Folgerung 6.31 $\quad k \subseteq K \subseteq L$ seien Körper, K algebraisch über k. Dann gilt

$$\operatorname{trg} L/k = \operatorname{trg} L/K.$$

6.6 Aufgaben

1. Man zeige: Jede Körpererweiterung $L/\mathbb{Q}$ vom Grad 2 ist von der Form $L = \mathbb{Q}(\sqrt{d})$ mit $d \in \mathbb{Z}$, $d \neq 0$ oder 1.

2. Man beweise $[\mathbb{Q}(\sqrt{-2}, \sqrt{2}) : \mathbb{Q}] = 4$. Außer $\mathbb{Q}(\sqrt{-2})$ und $\mathbb{Q}(\sqrt{2})$ enthält $\mathbb{Q}(\sqrt{-2}, \sqrt{2})$ noch einen weiteren quadratischen Zahlkörper, nämlich welchen?

3. Überlegen Sie sich, dass alle Automorphismen eines Körpers eine Gruppe bilden (mit der Hintereinanderausführung als Multiplikation).

4. Bestimmen Sie die Automorphismengruppen von $\mathbb{Q}(\sqrt{-2})$, $\mathbb{Q}(\sqrt{2})$ und von $\mathbb{Q}(\sqrt{-2}, \sqrt{2})$. Welche Untergruppen H hat diese Automorphismengruppe? Welche Elemente bleiben fest bei der Operation aller Automorphismen? Welche Elemente bleiben fest bei der Operation aller Automorphismen einer Untergruppe H? Vergleichen Sie Ihre Antworten mit Aufgabe 2 und formulieren Sie eine Vermutung!

5. Finden Sie ein Polynom $f \in \mathbb{Q}[x]$ mit Nullstelle $\sqrt{2} + \sqrt{3}$!

6. Man führe den Beweis von Folgerung 6.12.2. und 3. aus.

7. p sei eine Primzahl. Beweisen Sie, dass das Polynom

$$x^{p-1} + x^{p-2} + \ldots + x + 1 \in \mathbb{Q}[x]$$

irreduzibel ist.

8. Sei K ein Körper der Charakteristik p. Man zeige, dass $x \mapsto x^p$ einen Isomorphismus von K in sich definiert. Ist es immer ein Automorphismus?

9. $K(a)$ sei eine einfache inseparable Körpererweiterung des Körpers K der Charakteristik p. Konstruieren Sie eine maximale separable Körpererweiterung S von K mit

$$K \subseteq S \subseteq K(a)$$

und zeigen Sie, dass ein $t \in S$ und ein $n \in \mathbb{N}$ existieren mit $a^{p^n} = t$.

10. L/K sei eine algebraische Körpererweiterung. Man zeige, dass die Menge S aller über K separablen Elemente in L einen Körper bildet. Wenn $[L:K]$ endlich ist, ist $[L:S]$ eine Primpotenz.

11. Konstruieren Sie eine nicht einfache Körpererweiterung endlichen Grades.

12. K sei ein Körper, $K(x_1,\ldots,x_n)$ der Körper der rationalen Funktionen in den n Variablen x_j, und $s_1,\ldots,s_n$ seien die elementarsymmetrischen Funktionen in den x_j. Aus Satz 3.14 wissen wir bereits, dass $K(s_1,\ldots,s_n)$ rein transzendent ist. Beweisen Sie, dass $K(x_1,\ldots,x_n)$ algebraische Körpererweiterung von $K(s_1,\ldots,s_n)$ ist.

13. (Bezeichnungen wie eben) Beweise, dass die Gruppe der $K(s_1,\ldots,s_n)$-Automorphismen von $K(x_1,\ldots,x_n)$ zur symmetrischen Gruppe S_n isomorph ist.

14. L und K seien linear disjunkte Körpererweiterungen von k. Man zeige
$$L \cap K = k.$$

15. L und K seien linear disjunkte algebraische Körpererweiterungen von k. Man zeige
$$[LK:K] = [L:k] \quad, \quad [LK:L] = [K:k],$$
$$[LK:k] = [L:k] \cdot [K:k].$$

16. L sei algebraische Körpererweiterung von K und R sei ein Ring mit $K \subset R \subset L$. Zeigen Sie, dass R ein Körper ist.

7 Galoistheorie

7.1 Der Hauptsatz der Galoistheorie

7.1.1 Die Galoisgruppe

Sei L/K eine Körpererweiterung. Die Menge der K-Isomorphismen $\sigma : L \to L$ von L in sich bildet eine Gruppe, die **Automorphismengruppe** $\operatorname{Aut} L/K$ der Körpererweiterung, die auf L operiert (vgl. Abschnitt 2.6). Für jedes $\sigma \in \operatorname{Aut} L/K$ ebenso wie für jede Untergruppe $G \subseteq \operatorname{Aut} L/K$ bilden

$$\operatorname{Fix}\sigma := \{\, x \in L \mid \sigma(x) = x \,\}$$

bzw.

$$\operatorname{Fix} G := \{\, x \in L \mid \sigma(x) = x \ \forall \ \sigma \in G \,\}$$

Zwischenkörper zwischen K und L, die **Fixkörper** von σ bzw. G; man beachte, dass nach Definition der K-Isomorphismen K stets in diesen Fixkörpern enthalten ist. Analog bildet für alle Zwischenkörper M, $K \subseteq M \subseteq L$, die Menge

$$\operatorname{Fix} M := \{\, \sigma \in \operatorname{Aut} L/K \mid \sigma|_M = \operatorname{id}|_M \,\}$$

eine Untergruppe von $\operatorname{Aut} L/K$, die **Fixgruppe** von M. Das Ziel der Galoistheorie ist es, eine bijektive Beziehung zwischen Untergruppen von $\operatorname{Aut} L/K$ und Zwischenkörpern von L/K herzustellen und nutzbar zu machen. Für die Konstruktion von Körperautomorphismen werden wir systematischen Gebrauch von Satz 6.9 und Hilfssatz 6.20 machen; wie wir schon in Satz 6.22 gesehen haben, ist für inseparable Körpererweiterungen L von K die Anzahl der verschiedenen K-Isomorphismen in den algebraischen Abschluss $\bar{K}$ kleiner als $[L:K]$, insbesondere gilt also

$$\operatorname{ord}\operatorname{Aut} L/K < [L:K].$$

In dem für uns weit interessanteren Fall separabler Erweiterungen ist 6.22 gerade die erste Aussage im folgenden

Satz 7.1 (mit Definition) *Sei L/K eine separable Körpererweiterung vom Grad $n = [L:K] \in \mathbb{N}$. Es existieren genau n K-Isomorphismen von L in einen festgewählten algebraischen Abschluss $\bar{K}$, somit ist*

$$\operatorname{ord}\operatorname{Aut} L/K \leq n.$$

Folgende Aussagen sind äquivalent:

1. $\operatorname{Aut} L/K$ hat genau n Elemente.
2. L/K ist normale Körpererweiterung.
3. $\operatorname{Fix} \operatorname{Aut} L/K = K$.

Wenn diese Aussagen erfüllt sind, nennt man die Körpererweiterung L/K eine **Galoiserweiterung** und $\operatorname{Aut} L/K$ ihre **Galoisgruppe** $\operatorname{Gal} L/K$.

Wir dürfen o.B.d.A. $L \subseteq \bar{K}$ annehmen. Dann folgt die Äquivalenz der beiden ersten Aussagen direkt aus der Definition von „normal" (Satz 6.19) und aus der Angabe der Zahl der K-Isomorphismen. Für 1. $\Rightarrow$ 3. nehmen wir an, es sei $M := \operatorname{Fix} \operatorname{Aut} L/K$. Dann ist offenbar

$$\operatorname{Aut} L/K = \operatorname{Aut} L/M ,$$

also $n \leq [L:M]$, was aber nur für $M = K$ möglich ist. Zum *Beweis* von 3. $\Rightarrow$ 2. sei $G := \operatorname{Aut} L/K$ und $L = K(a)$ mit einem primitiven Element $a \in L$. Das Polynom

$$f(x) := \prod_{\sigma \in G} (x - \sigma(a))$$

zerfällt nach Konstruktion in $L[x]$ in Linearfaktoren und hat als Koeffizienten die elementarsymmetrischen Funktionen der $\sigma(a)$. Diese sind G-invariant, liegen also nach Voraussetzung in K. Als Polynom in $K[x]$ mit Nullstelle a ist f Vielfaches des irreduziblen Polynoms $p_{a,K}$. Dieses muss dann auch in $L[x]$ in Linearfaktoren zerfallen, L ist somit Zerfällungskörper, daher normal. $\square$

Satz 7.2 *L/K sei separable Körpererweiterung endlichen Grades und H eine Untergruppe von $\operatorname{Aut} L/K$ mit Fixkörper $M = \operatorname{Fix} H$. Dann ist die Erweiterung L/M separabel und normal mit Galoisgruppe $\operatorname{Gal} L/M = H$.*

Zum *Beweis* beachte man, dass für jedes $a \in L$ das irreduzible Polynom $p_{a,M}$ ein Teiler von $p_{a,K}$ ist und darum keine mehrfachen Nullstellen haben kann; also ist L/M separabel. Die Normalität erhält man ähnlich wie oben: Für ein primitives Element a von L/K ist auch $L = M(a)$, und L ist Zerfällungskörper des Polynoms

$$f(x) := \prod_{\sigma \in H} (x - \sigma(a)) .$$

f hat H-invariante Koeffizienten, also ist sogar $f \in M[x]$. Aus $p_{a,M} \mid f$ folgt

$$[L:M] = \operatorname{grad} p_{a,M} \leq \operatorname{grad} f = \operatorname{ord} H ,$$

und aus $H \subseteq \operatorname{Aut} L/M$ und $\operatorname{Fix} H = M$ folgt erst recht $\operatorname{Fix} \operatorname{Aut} L/M = M$, nach Satz 7.1 also $\operatorname{Aut} L/M = \operatorname{Gal} L/M$ und

$$\operatorname{ord} H \leq \operatorname{ord} \operatorname{Gal} L/M = [L:M] .$$

7 Galoistheorie

Also muss überall das Gleichheitszeichen gelten, insbesondere gilt $H = \operatorname{Gal} L/M$. Da der Schluss auf die Separabilität von a über M unabhängig von den anderen Voraussetzungen dieser Folgerung ist, notieren wir als nützlichen

Hilfssatz 7.3 *Die Körpererweiterung L/K sei separabel. Für jeden Zwischenkörper M, $K \subseteq M \subseteq L$, ist auch L/M separabel.*

Wir werden in diesem Kapitel sehen, dass die Galoisgruppe von L/K wichtige Informationen über die Körpererweiterung liefert. Man bezeichnet darum L/K als **abelsche** bzw. **zyklische** bzw. **auflösbare Körpererweiterung**, wenn sie endlichen Grades, normal und separabel ist und wenn ihre Galoisgruppe abelsch bzw. zyklisch bzw. auflösbar ist (zum letzteren vgl. Folgerung 2.28).

7.1.2 Der Hauptsatz

Satz 7.4 *Sei L/K eine separable normale Körpererweiterung endlichen Grades. Es gibt eine bijektive Beziehung zwischen der Menge der Untergruppen H der Galoisgruppe $G := \operatorname{Gal} L/K$ einerseits und der Menge der Zwischenkörper M, $K \subseteq M \subseteq L$ andererseits; diese wird gegeben durch zwei zueinander inverse inklusionsumkehrende Abbildungen*

$$g(M) := \operatorname{Fix} M = H$$

$$k(H) := \operatorname{Fix} H = M.$$

$$\begin{array}{ccc} \{\text{id}\} & \longleftrightarrow & L \\ \cap & & \cup \\ H & \longleftrightarrow & M \\ \cap & & \cup \\ N & \longleftrightarrow & F \\ \triangle & & \cup \\ G & \longleftrightarrow & K \end{array}$$

Für alle Zwischenkörper M ist L/M normale und separable Erweiterung mit Galoisgruppe $g(M)$. Für alle $\sigma \in G$ und alle M gilt

$$g(\sigma(M)) = \sigma g(M) \sigma^{-1}, \quad \text{also} \quad k(\sigma H \sigma^{-1}) = \sigma k(H).$$

Insbesondere ist eine Körpererweiterung F/K, $F \subseteq L$, genau dann normal, wenn die ihr entsprechende Untergruppe $N = g(F)$ Normalteiler in G ist. In diesem Fall ist die Galoisgruppe $\operatorname{Gal} F/K$ isomorph zur Restklassengruppe G/N.

Beweis: 1. Aus dem letzten Hilfssatz und aus Abschnitt 6.4.1 wissen wir bereits, dass alle Erweiterungen L/M normal und separabel sind.
2a. Nach Definition und nach Satz 7.1 ist gerade

$$g(M) = \operatorname{Aut} L/M = \operatorname{Gal} L/M$$

und hat M zum genauen Fixkörper, also gilt $k(g(M)) = M$.
2b. Sei andererseits H Untergruppe von G. Dann lässt H alle Elemente von

Fix $H = k(H)$ fest, also ist sicher $H \subseteq g(k(H))$. Nach Satz 7.2 ist H aber sogar die Galoisgruppe von $L/\mathrm{Fix}\,H$ und erfüllt darum insbesondere ord $H = [L : k(H)]$ und macht darum nach Satz 7.1 schon die volle Gruppe $g(k(H))$ aus. Demnach sind

$$k \circ g = \mathrm{id} \quad \text{und} \quad g \circ k = \mathrm{id},$$

jeweils auf dem Verband der Zwischenkörper von L/K bzw. der Untergruppen von G, die Abbildungen k und g müssen daher bijektiv sein.

3. Sei nun $g(M) = H$ und $\sigma \in G$; dann ist offenbar

$$g(\sigma(M)) = \mathrm{Fix}\,\sigma(M) \subseteq \sigma H \sigma^{-1}.$$

Es muss sogar die Gleichheit gelten, weil ord $H = [L : M] = [L : K]/[M : K]$ ist und weil sich diese Körpergrade bei Anwendung des K-Isomophismus σ nicht ändern, ebensowenig wie die Gruppenordnung bei Konjugation mit σ. Natürlich kann man diese Aussage genausogut mit Hilfe der Abbildung k formulieren.

4. Wann ist ein Zwischenkörper F normale Körpererweiterung von K? Wir dürfen o.B.d.A. annehmen, dass L im algebraischen Abschluss $\bar{K}$ enthalten ist und können nach Satz 6.9 jeden Isomorphismus von F in $\bar{K}$ nach L fortsetzen. Da aber alle K-Isomorphismen von L in $\bar{K}$ Automorphismen von L sind, gehören sie zu G. Für diese σ haben wir eben gesehen, dass sie Automorphismen von F genau dann beschreiben, wenn $g(F)$ invariant ist unter Konjugation mit σ. Man sieht also

$$F/K \text{ normal} \iff \sigma(F) = F \ \forall \sigma \in G \iff N = g(K) \text{ Normalteiler in } G.$$

Zur Bestimmung der Galoisgruppe dieser normalen Erweiterung F/K verwenden wir nochmals, dass jedes Element von $\mathrm{Gal}\,F/K$ Restriktion eines Automorphismus aus $\mathrm{Gal}\,L/K$ ist. Die Restriktionsabbildung

$$\mathrm{Gal}\,L/K \to \mathrm{Gal}\,F/K \ : \ \sigma \mapsto \sigma|_F$$

ist also ein surjektiver Gruppenhomomorphismus mit Kern N. Mit dem Homomorphiesatz der Gruppentheorie folgt daraus die letzte Behauptung. □

Bemerkungen und Beispiele: 1. Insbesondere ist jetzt offensichtlich, dass in jeder Körpererweiterung endlichen Grades nur endlich viele Zwischenkörper existieren und dass Gruppenordnungen und -indizes mit Graden von Körpererweiterungen übereinstimmen müssen. Mit den Bezeichnungen und unter den Voraussetzungen des Hauptsatzes gilt

$$\mathrm{ord}\,H = [L : \mathrm{Fix}\,H] \quad \text{und} \quad (G : H) = [\mathrm{Fix}\,H : K].$$

2. Die einfachsten Beispiele sind natürlich die quadratischen Zahlkörper, d.h. die Körpererweiterungen $L/\mathbb{Q}$ vom Grad 2. Aus den Aufgaben zu Kap. 6 wissen

wir, dass jeder quadratische Zahlkörper von der Form $L = \mathbb{Q}(\sqrt{d})$ ist mit einer quadratfreien ganzrationalen Zahl $d \neq 0, 1$. Die Galoisgruppe besteht dann aus dem Einselement id_L und aus der in Abschnitt 4.6.1 eingeführten algebraischen Konjugation $\beta \mapsto \beta'$.

3. Der Zerfällungskörper des Polynoms $x^3 - 2$, nach Abschnitt 6.4.1 also $L = \mathbb{Q}(\sqrt[3]{2}, \zeta_3)$ ist eine normale und separable Körpererweiterung von $\mathbb{Q}$ vom Grad 6 und hat die Galoisgruppe

$$\mathrm{Gal}\, L/\mathbb{Q} \cong S_3 ,$$

wobei die symmetrische Gruppe S_3 als Permutationsgruppe auf den Wurzeln von $x^3 - 2$ operiert. Es gibt vier echte Zwischenkörper, nämlich den (über $\mathbb{Q}$ normalen, quadratischen) Eisensteinschen Zahlkörper $\mathbb{Q}(\zeta_3)$ entsprechend dem Normalteiler A_3 der Drehungen in S_3 (s. Abschnitte 2.1.4 und 2.2.1) und die drei isomorphen nicht-normalen kubischen Körper

$$\mathbb{Q}(\sqrt[3]{2}) \quad , \quad \mathbb{Q}(\zeta_3 \sqrt[3]{2}) \quad , \quad \mathbb{Q}(\zeta_3^2 \sqrt[3]{2})$$

entsprechend den drei zueinander konjugierten Spiegelungsuntergruppen von S_3.

4. Zwei wichtige Verallgemeinerungen des Hauptsatzes der Galoistheorie sollen wenigstens kurz erwähnt werden: Wenn L/K zwar normal, aber inseparabel ist, betrachte man die Untermenge M aller über K separablen Elemente in L. Diese bildet einen Zwischenkörper (Übungsaufgabe!), den *separablen Abschluss* von K in L oder die *maximale separable Erweiterung* von K in L. Sie ist normal über K und es gilt $\mathrm{Aut}\, L/K \cong \mathrm{Gal}\, M/K$. Die Erweiterung L/M ist *rein inseparabel*, d.h. wird ausschließlich durch Adjunktion (inseparabler) p^e-ter Wurzeln von Elementen aus M erzeugt, $p = \mathrm{car}\, K$, und besitzt $\{\mathrm{id}\}$ als Automorphismengruppe.

5. Schließlich gibt es eine Version des Hauptsatzes für normale separable algebraische Körpererweiterungen unendlichen Grades. Die bijektive Beziehung der Zwischenkörper besteht dann allerdings nicht mehr zur Menge *aller* Untergruppen von $\mathrm{Aut}\, L/K$, sondern nur noch zu den abgeschlossenen Untergruppen in der sogenannten KRULL-Topologie auf $\mathrm{Aut}\, L/K$. Diese Topologie wird dadurch erklärt, dass für jedes $\sigma \in \mathrm{Aut}\, L/K$ die Restklassen

$$\sigma \operatorname{Fix} M \quad , \quad M \quad \text{endliche normale separable Erweiterung von} \quad K$$

als Basis eines Umgebungssystems von σ verwendet werden. Dass dadurch tatsächlich eine Topologie definiert wird, in der die Gruppenoperationen in $\mathrm{Aut}\, L/K$ stetige Funktionen sind, und dass die angegebene Verallgemeinerung des Hauptsatzes richtig ist, erfordert natürlich aufwendige Beweise, die wir hier nicht wiedergeben wollen.

7.2 Kreisteilungskörper

7.2.1 Einheitswurzeln

Die Nullstellen des Polynoms $x^n - 1$ (über einem beliebigen Körper K) heißen n-te **Einheitswurzeln**. Sie bilden im Zerfällungskörper dieses Polynoms eine multiplikative Gruppe μ_n. Im Fall von $\mathrm{car}\, K = 0$ kann man diese realisieren als

$$\mu_n = \{\, e^{2\pi i k/n} \mid k = 0, \ldots, n-1 \,\} \subset \bar{\mathbb{Q}}^* \subset \mathbb{C}^* \,.$$

μ_n ist also eine zyklische Gruppe der Ordnung n. Wir werden hier dieses Faktum unabhängig von der Charakteristik und den speziellen Eigenschaften der Exponentialfunktion zu beweisen versuchen. Im Fall von $\mathrm{car}\, K = p \in \mathbb{P}$ ist nach (6.2)

$$x^{pn} - 1 = (x^n - 1)^p \,, \quad \text{also} \quad \mu_{pn} = \mu_n \,.$$

Damit ist klar, dass die Voraussetzung des folgenden Satzes keine echte Einschränkung ist.

Satz 7.5 *$\mathrm{car}\, K$ sei kein Teiler von $n \in \mathbb{N}$. Dann ist die Gruppe μ_n der n-ten Einheitswurzeln zyklisch von der Ordnung n.*

Nach Voraussetzung ist nämlich $x^n - 1$ ein separables Polynom über K, also $\mathrm{ord}\,\mu_n = n$. Der Rest des *Beweises* geht genauso wie der von Satz 4.3: μ_n kann nur Elemente mit Ordnungen $d \mid n$ haben, etwa $\psi(d)$ Stück. Wenn es überhaupt solche Elemente gibt, sind sie Nullstellen von $x^d - 1$, aber davon kommen nicht alle Nullstellen in Frage, sondern nur $\varphi(d)$, da die anderen kleinere Ordnung haben. Nach der Summationsformel für die Eulersche Phi-Funktion erhält man

$$n = \sum_{d \mid n} \psi(d) \leq \sum_{d \mid n} \varphi(d) = n \,.$$

Es muss also überall $\psi(d) = \varphi(d)$ sein. Insbesondere gibt es erzeugende Elemente der Ordnung n, somit muss μ_n zyklisch sein. □

Diese erzeugenden Elemente nennt man **primitive n-te Einheitswurzeln**. Es gibt davon also $\varphi(n)$ Stück; mit ζ_n wird eine solche festgewählte primitive Einheitswurzel bezeichnet. Diese Wahl ist eigentlich willkürlich, im Fall komplexer Einheitswurzeln wird i.a. $\zeta_n := e^{2\pi i/n}$ gesetzt. Die Menge der ζ_n^k, $k \in \mathbb{Z}$ oder besser $k \in \mathbb{Z}/n\mathbb{Z}$, durchläuft ganz μ_n, und die primitiven Einheitswurzeln werden dabei genau durch die ζ_n^k, $k \in (\mathbb{Z}/k\mathbb{Z})^*$, beschrieben.

Weil alle Elemente endlicher Ordnung in K^* Einheitswurzeln sind und weil Untergruppen zyklischer Gruppen ebenfalls zyklisch sind (Aufgabe zu Kap. 2) haben wir nebenbei bewiesen:

Folgerung 7.6 *Endliche multiplikative Gruppen in Körpern sind stets zyklisch.*

7.2.2 Kreisteilungspolynome

Sei nun K Primkörper, also $\mathbb{Q}$ oder $\mathbb{F}_p$. Dann heißt die Körpererweiterung $K(\zeta_n) = K(\mu_n)$ der n-te **Kreisteilungskörper**. Als Zerfällungskörper des Polynoms $x^n - 1$ ist er normal, und nach unserer oben getroffenen Konvention car $K \nmid n$ ist auch klar, dass er separabel ist (andere Begründung: Vollkommenheit des Grundkörpers, Satz 6.21). Natürlich ist $x^n - 1$ nur für $n = 1$ irreduzibel, denn es wird von allen Polynomen $x^d - 1$, $d \mid n$, geteilt. Dividiert man $x^n - 1$ durch das kgV aller echten Teiler $x^d - 1$, so erhält man das n-te **Kreisteilungspolynom**

$$F_n(x) := \prod_{k \in (\mathbb{Z}/n\mathbb{Z})^*} (x - \zeta_n^k) \in K[x]$$

vom Grade $\varphi(n)$. Natürlich ist

$$x^n - 1 = \prod_{d \mid n} F_d(x) \tag{7.1}$$

und $K(\zeta_n)$ ist Zerfällungskörper von F_n, also gilt

$$[K(\zeta_n) : K] \leq \varphi(n).$$

Ziel dieses ganzen Abschnitts ist der Nachweis, dass hier für $K = \mathbb{Q}$ Gleichheit vorliegt, und dass die Galoisgruppe eigentlich eine „alte Bekannte" ist. Kernpunkt ist der Beweis, dass die F_n irreduzibel in $\mathbb{Q}[x]$ sind. Dies ist nicht ganz einfach, da das Eisensteinsche Kriterium nicht ohne weiteres anwendbar ist; dazu einige Beispiele ($p \in \mathbb{P}$):

$$F_p(x) = \frac{x^p - 1}{x - 1} = x^{p-1} + \ldots + x + 1$$

$$F_{p^n}(x) = \frac{x^{p^n} - 1}{x^{p^{n-1}} - 1} = x^{(p-1)p^{n-1}} + \ldots + x^{p^{n-1}} + 1$$

$$F_6(x) = \frac{x^6 - 1}{(x - 1)(x + 1)(x^2 + x + 1)} = x^2 - x + 1$$

Hilfssatz 7.7 *In $\mathbb{Q}[x]$ sind die Kreisteilungspolynome F_n sogar primitiv, d.h. liegen in $\mathbb{Z}[x]$ und haben teilerfremde Koeffizienten.*

Beweis durch Induktion über n: Die Behauptung ist klar für $F_1(x) = x - 1$. Da $x^n - 1$ primitives Polynom in $\mathbb{Z}[x]$ ist und als Induktionsannahme vorausgesetzt werden kann, dass alle $F_d \in \mathbb{Z}[x]$ primitiv sind für alle echten Teiler d von n, folgt aus Hilfssatz 6.12.3, dass in der Zerlegung (7.1) auch $F_n \in \mathbb{Z}[x]$ primitiv sein muss. $\square$

Hilfssatz 7.8 *Sei $q \in \mathbb{Q}[x]$ das irreduzible Polynom der primitiven n-ten Einheitswurzel $\zeta := \zeta_n$ und $p \nmid n$ prim. Dann ist auch $q(\zeta^p) = 0$.*

Beweis: Nach Konstruktion ist $q \mid F_n$. Wir ersetzen (ohne die Nullstellen und damit die Behauptung zu ändern) q durch ein assoziiertes primitives Polynom $f \in \mathbb{Z}[x]$, so dass also nun

$$F_n(x) = f(x) h(x)$$

ist mit einem weiteren primitiven Polynom $h \in \mathbb{Z}[x]$ (wieder nach 6.12.3). Wäre $f(\zeta^p) \neq 0$, so müsste wegen $F_n(\zeta^p) = 0$ jedenfalls $h(\zeta^p) = 0$ sein, es gäbe also ein (o.B.d.A. wieder primitives, irreduzibles) $g \mid h$ mit $g(\zeta^p) = 0$ und eine andere Zerlegung

$$F_n(x) = g(x) k(x)$$

mit einem primitiven $k \in \mathbb{Z}[x]$. Auch $g(x^p)$ ist primitiv und verschwindet auf ζ, erfüllt also auch $f(x) \mid g(x^p)$. Nun betrachten wir die Reduktion aller dieser Polynome mod p, die wir durch einen zusätzlichen Index p kennzeichnen: Wegen $p \nmid n$ bleibt $F_{n,p}$ das n-te Kreisteilungspolynom auch in $\mathbb{F}_p[x]$, hat also nach wie vor keine mehrfachen Wurzeln; alle bisher gefundenen Faktorzerlegungen bleiben für die reduzierten Polynome gültig, nach (6.2) und dem kleinen Fermatschen Satz, angewandt auf die Koeffizienten von g_p, gilt aber zusätzlich

$$f_p(x) \mid g_p(x^p) = (g_p(x))^p \ .$$

Da weder f_p noch g_p mehrfache Wurzeln haben, folgt daraus

$$f_p \mid g_p \mid h_p \ .$$

Dies ist ein Widerspruch, denn nun würde $F_{n,p} = f_p h_p$ den Faktor f_p zweimal enthalten. □

Satz 7.9 *Das Kreisteilungspolynom F_n ist in $\mathbb{Q}[x]$ irreduzibel.*

Zum *Beweis* sei wie eben $f \in \mathbb{Z}[x]$ ein primitiver irreduzibler Teiler von F_n, der auf $\zeta = \zeta_n$ verschwindet. Man wähle zu jedem $k \in (\mathbb{Z}/n\mathbb{Z})^*$ einen positiven Repräsentanten, zerlege diesen in Primfaktoren p_j (alle $\nmid n$) und wende den letzten Hilfssatz per Induktion über diese Primfaktorzerlegung an, um zu zeigen, dass

$$f(\zeta^k) = 0 \quad \text{auch für alle} \quad k \in (\mathbb{Z}/n\mathbb{Z})^* \ .$$

Das impliziert natürlich $F_n = f$, somit die Behauptung. □

7.2.3 Die Galoisgruppen der Kreisteilungskörper

Die Kreisteilungskörper über den endlichen Körpern $\mathbb{F}_p$ werden wir im nächsten Paragraphen behandeln, weil sie sich einfacher im Rahmen der Theorie *beliebiger* Erweiterungen endlicher Körper von endlichem Grad diskutieren lassen. Für den Grundkörper $\mathbb{Q}$ haben wir jetzt das Instrumentarium für das folgende Hauptresultat zusammen:

Satz 7.10 *Der Kreisteilungskörper $\mathbb{Q}(\zeta_n)$ ist eine normale und separable Erweiterung von $\mathbb{Q}$ vom Grad $\varphi(n)$. Die prime Restklassengruppe $(\mathbb{Z}/n\mathbb{Z})^*$ ist isomorph zur Galoisgruppe $\mathrm{Gal}\,\mathbb{Q}(\zeta_n)/\mathbb{Q}$ vermöge des Isomorphismus*

$$(\mathbb{Z}/n\mathbb{Z})^* \to \mathrm{Gal}\,\mathbb{Q}(\zeta_n)/\mathbb{Q} \;:\; [k]_n \mapsto \sigma_k,$$

wobei der Automorphismus σ_k eindeutig bestimmt ist durch

$$\sigma_k \;:\; \zeta_n \mapsto \zeta_n^k.$$

Dass $\mathbb{Q}(\zeta_n)$ normal und separabel über $\mathbb{Q}$ ist, haben wir bereits in den vorigen Abschnitten eingesehen. Die Aussage über den Körpergrad folgt aus der Irreduzibilität des Kreisteilungspolynoms F_n. Der *Beweis* der Aussage über die Struktur der Galoisgruppe ist sehr einfach: Jedes $\sigma \in \mathrm{Gal}\,\mathbb{Q}(\zeta_n)/\mathbb{Q}$ ist eindeutig bestimmt durch seine Wirkung auf die primitive Einheitswurzel ζ_n als erzeugendes Element der Körpererweiterung. $\sigma(\zeta_n)$ kann aber wieder nur primitive Einheitswurzel des gleichen Grades sein, muss also von der Form ζ_n^k sein, $k \in \mathbb{Z}$ teilerfremd zu n. Genauer gesagt hängt σ nur von der Restklasse k mod n ab. Man rechnet elementar nach, dass die so konstruierte Abbildung $\sigma \mapsto [k]_n$ ein injektiver Gruppenhomomorphismus ist; die Surjektivität folgt aus dem Vergleich der Gruppenordnungen oder aus der Tatsache, dass die ζ_n^k genau alle Nullstellen des irreduziblen Polynoms F_n durchlaufen. □

Da wir aus Kapitel 1 und Kapitel 4 genaue Informationen über die prime Restklassengruppe und ihre Untergruppen haben, können wir diese durch Anwendung des Hauptsatzes der Galoistheorie in Informationen über die Unterkörper der Kreisteilungskörper übersetzen. Zur Vereinfachung der Schreibweise identifizieren wir dabei $(\mathbb{Z}/n\mathbb{Z})^*$ mit $\mathrm{Gal}\,\mathbb{Q}(\zeta_n)/\mathbb{Q}$.

Folgerung 7.11 *Sei $K_n := \mathbb{Q}(\zeta_n)$.*

1. *K_n ist abelsch über allen Unterkörpern, für $n = 4, p^m, 2p^m$ ($p > 2$ prim, $m \in \mathbb{N}$) sogar zyklisch.*

2. *Jeder Unterkörper K von K_n ist normale, abelsche Körpererweiterung von $\mathbb{Q}$.*

3. Jedes K_n, $n > 2$, enthält einen reellen Unterkörper $R_n := \mathbb{Q}(\cos\frac{2\pi}{n})$ vom Grad $\varphi(n)/2$ als Fixkörper der Untergruppe $H = \{[1]_n, [-1]_n\}$.

4. Seien $n, m \in \mathbb{N}$. Dann entspricht dem Unterkörper K_n von K_{nm} die Untergruppe
$$H_n := \{\, [k]_{nm} \mid k \equiv 1 \bmod n \,\}.$$

Entsprechendes gilt natürlich für H_m und K_m. Für das Kompositum $K_n K_m = K_n(K_m) = K_m(K_n) = \mathbb{Q}(\zeta_n, \zeta_m)$ beider Körper lässt sich der chinesische Restsatz in den Verband der Kreisteilungskörper so übersetzen: Wenn $(n, m) = 1$ ist, gilt

$$H_n \cap H_m = \{[1]_{nm}\} \quad \longleftrightarrow \quad K_n K_m = K_{nm},$$
$$H_n H_m = (\mathbb{Z}/nm\mathbb{Z})^* \quad \longleftrightarrow \quad K_n \cap K_m = \mathbb{Q},$$

d.h. K_n und K_m sind linear disjunkt über $\mathbb{Q}$.

5. Jeder Kreisteilungskörper K_n wird erzeugt von den Kreisteilungskörpern K_{p^ν}, wenn die p^ν gerade die maximalen Primpotenzteiler von n durchlaufen. Je zwei verschiedene K_{p^ν} haben den trivialen Schnitt $\mathbb{Q}$.

6. Wenn n eine 2-Potenz ist, gibt es mit Ausnahme von
$$K_2 = \mathbb{Q} \quad \text{und} \quad K_4 = \mathbb{Q}(i)$$
in der Galoisgruppe $(\mathbb{Z}/2^\nu\mathbb{Z})^*$ von K_{2^ν} genau drei Untergruppen vom Index 2. Diesen entsprechen als Fixkörper die quadratischen Unterkörper
$$\mathbb{Q}(i),\ \mathbb{Q}(\sqrt{2}),\ \mathbb{Q}(\sqrt{-2}) \subset K_8 \subseteq K_{2^\nu}.$$

7. Für $p \neq 2$ prim enthält jedes K_{p^ν} genau einen quadratischen Zahlkörper $\mathbb{Q}(\sqrt{d}) \subseteq K_p$ als Fixkörper der Untergruppe Q der quadratischen Reste in $(\mathbb{Z}/p^\nu\mathbb{Z})^*$ bzw. $(\mathbb{Z}/p\mathbb{Z})^*$.

Die genaue Bestimmung dieses quadratischen Teilkörpers in Abhängigkeit von p werden wir in Abschnitt 7.4 vornehmen.— Die besondere Bedeutung der Kreisteilungskörper für die Arithmetik liegt darin, dass nach einem berühmten Resultat von KRONECKER und WEBER auch die Umkehrung der zweiten Folgerung richtig ist:

Satz 7.12 *Jede abelsche Erweiterung K des rationalen Zahlkörpers $\mathbb{Q}$ ist in einem Kreisteilungskörper enthalten.*

Der Beweis wird mit Methoden der *Klassenkörpertheorie* geführt und übersteigt den Rahmen dieser Einführung bei weitem; nur für quadratische Zahlkörper wird sich nebenbei in 7.4 eine Begründung ergeben. Es sei aber soviel gesagt, dass der

7 Galoistheorie

Versuch einer Verallgemeinerung dieses Satzes auf andere Grundkörper als $\mathbb{Q}$ oder nichtabelsche Erweiterungen eines der ganz großen Themen der algebraischen Zahlentheorie seit mehr als hundert Jahren ist (Stichworte: KRONECKERS Jugendtraum, die LANGLANDS-Philosophie); die Rolle der Exponentialfunktion, deren Werte $e^{2\pi i/n}$ die Kreisteilungskörper erzeugen, wird dabei z.T. von Funktionen übernommen, deren Konstruktion eng mit elliptischen Kurven zusammenhängt.

7.2.4 Noch einmal Primzahlverteilung in Restklassen

Kreisteilungspolynome und Kreisteilungskörper haben noch andere schöne Eigenschaften. Wir beginnen zunächst mit einem Aspekt, der zur elementaren Zahlentheorie gehört.

Hilfssatz 7.13 *Sei F_n das n-te Kreisteilungspolynom. Jeder Primteiler p eines Werts $F_n(k)$ an einem ganzzahligen Argument $k \in \mathbb{Z}$ erfüllt*

$$p \mid n \quad \text{oder} \quad p \equiv 1 \bmod n\,.$$

Zum *Beweis* nehmen wir $p \nmid n$ an und erinnern an (7.1) und Hilfssatz 7.7. Diese implizieren

$$p \mid (k^n - 1)\,, \quad \text{also} \quad k^n \equiv 1 \bmod p\,.$$

n ist also Vielfaches der Ordnung m der Restklasse $[k]_p$ in der zyklischen Gruppe $(\mathbb{Z}/p\mathbb{Z})^*$. Aus (7.1) und

$$p \mid (k^m - 1) \quad \text{folgt} \quad p \mid F_m(k)\,,$$

andernfalls müsste ein echter Teiler d von m existieren mit $p \mid F_d(k)$, dann hätte $[k]_p$ höchstens die Ordnung d. Wäre nun $n \neq m$, so folgt aus

$$p \mid F_n(k) \quad \text{und} \quad p \mid F_m(k)\,,$$

dass $[k]_p$ eine mehrfache Nullstelle des mod p reduzierten Polynoms $x^n - 1$ wäre im Widerpruch zu $p \nmid n$. Bleibt nur die Möglichkeit

$$n = m = \operatorname{ord}[k]_p\,,$$

nach dem Eulerschen Satz also $n \mid p - 1$ bzw. $p \equiv 1 \bmod n$. □

Dieser Hilfssatz lässt sich dazu verwenden, einen weiteren Spezialfall des Dirichletschen Primzahlsatzes zu beweisen.

Satz 7.14 *Sei n eine natürliche Zahl. In der Restklasse $[1]_n$ liegen unendlich viele Primzahlen.*

Seien $p_1, \ldots, p_s \equiv 1 \bmod n$ endlich viele Primzahlen in $[1]_n$. Dann sei $m := np_1 \cdot \ldots \cdot p_s$. Das Kreisteilungspolynom F_m ist nicht konstant, mit $k \in \mathbb{N}$ wachsen also auch die Werte $|F_m(km)|$ über alle Grenzen, es gibt demnach Primteiler p von Werten $F_m(km) \neq 0, \pm 1$. Wegen $p \mid ((km)^m - 1)$ ist $p \nmid m$, nach dem Hilfssatz also

$$p \equiv 1 \bmod m, \quad \text{insbesondere auch} \quad p \equiv 1 \bmod n.$$

Wegen $p \nmid m$ haben wir eine neue Primzahl in der Restklasse $[1]_n$ gefunden. □

7.2.5 Das Umkehrproblem, abelscher Fall

Gegeben eine endliche Gruppe G. Gibt es eine Galoiserweiterung L/K mit Galoisgruppe $\mathrm{Gal}\, L/K \cong G$? In dieser allgemeinen Form ist die Frage leicht zu beantworten: Aus Satz 2.5 wissen wir, dass jede endliche Gruppe zu einer Untergruppe einer symmetrischen Gruppe S_n isomorph ist. Nach dem Hauptsatz der Galoistheorie genügt es daher, Körpererweiterungen mit Galoisgruppe S_n zu konstruieren, und das werden wir in Abschnitt 7.7.7 in wenigen Zeilen tun, allerdings für einen sehr großen Grundkörper K. Bei weitem schwieriger (und bis heute nur für viele spezielle Gruppen positiv beantwortet) ist eine von HILBERT aufgeworfene Frage, ob sich jede endliche Gruppe als Galoisgruppe mit dem Grundkörper $\mathbb{Q}$ realisieren lässt. Wir werden auf das Problem an verschiedenen Stellen wieder zu sprechen kommen. Eine Teilantwort können wir schon jetzt geben:

Satz 7.15 *Sei A eine endliche abelsche Gruppe. Es gibt (unendlich viele verschiedene) normale separable Körpererweiterungen L von $\mathbb{Q}$ mit*

$$\mathrm{Gal}\, L/\mathbb{Q} \cong A.$$

Nach Satz 2.38 können wir nämlich A durch das direkte Produkt von Restklassengruppen

$$\mathbb{Z}/d_1\mathbb{Z} \times \ldots \times \mathbb{Z}/d_r\mathbb{Z}$$

ersetzen, alle $d_\nu \in \mathbb{N}$ mit $1 < d_1 \mid d_2 \mid \ldots \mid d_r$. Nach dem Dirichletschen Primzahlsatz existieren dazu r paarweise verschiedene Primzahlen

$$p_1 \equiv 1 \bmod d_1, \quad \ldots, \quad p_r \equiv 1 \bmod d_r,$$

(die man auf unendlich viele Weisen wählen kann!) für die jeweils d_j ein Teiler der Gruppenordnung $p_j - 1$ der zyklischen Gruppe $(\mathbb{Z}/p_j\mathbb{Z})^* \cong \mathrm{Gal}\, \mathbb{Q}(\zeta_{p_j})/\mathbb{Q}$ ist. Für jedes $j = 1, \ldots, r$ existiert also ein surjektiver Gruppenhomomorphismus

$$(\mathbb{Z}/p_j\mathbb{Z})^* \to \mathbb{Z}/d_j\mathbb{Z}.$$

Diese Homomorphismen lassen sich als Komponenten eines surjektiven Gruppenhomomorphismus

$$h : (\mathbb{Z}/p_1\mathbb{Z})^* \times \ldots \times (\mathbb{Z}/p_r\mathbb{Z})^* \to \mathbb{Z}/d_1\mathbb{Z} \times \ldots \times \mathbb{Z}/d_r\mathbb{Z}$$

benutzen. Bis auf Isomorphie steht rechts die Gruppe A, links (nach dem chinesischen Restsatz bzw. Folgerung 7.11.4) die Galoisgruppe von $\mathbb{Q}(\zeta_n)/\mathbb{Q}$ für $n = p_1 \cdot \ldots \cdot p_r$. Nach dem Homomorphiesatz der Gruppentheorie ist A daher Quotient dieser Galoisgruppe nach $\ker h$, und nach dem Hauptsatz der Galoistheorie gibt es einen normalen Zwischenkörper $L = \text{Fix} \ker h$ des Kreisteilungskörpers $\mathbb{Q}(\zeta_n)$, dessen Galoisgruppe isomorph zu A ist. □

7.3 Endliche Körper

Der Verband der Erweiterungen endlichen Grades für endliche Körper ist außerordentlich einfach zu beschreiben. Insbesondere gibt es nur (normale, separable) zyklische Körpererweiterungen, wie sich im folgenden Satz zeigen wird; aus Bequemlichkeit seien längst bekannte Aussagen (Sätze 4.3, 6.5, 6.21) noch einmal mit aufgeführt.

Satz 7.16
1. *Zu jedem endlichen Körper $\mathbb{F} = \mathbb{F}_q$ mit q Elementen gibt es eine Primzahl p und ein $n \in \mathbb{N}$ mit $q = p^n$. Der Körper $\mathbb{F}$ ist separable algebraische Körpererweiterung seines Primkörpers $\mathbb{F}_p$ vom Grad n.*

2. *$\mathbb{F}^*$ ist zyklisch von der Ordnung $q - 1$.*

3. *Zu jeder Primpotenz $q = p^n$ gibt es einen endlichen Körper $\mathbb{F}_q$ mit q Elementen; dieser ist in $\overline{\mathbb{F}_p}$ eindeutig bestimmt.*

4. *$\mathbb{F}_q$ ist Zerfällungskörper der Polynome*

$$x^{q-1} - 1 \quad bzw. \quad x^q - x,$$

darum normale Körpererweiterung von $\mathbb{F}_p$.

5. *Die Abbildung*

$$\sigma : \mathbb{F}_q \to \mathbb{F}_q : a \mapsto a^p$$

ist ein Automorphismus von $\mathbb{F}_q$, der sogenannte FROBENIUS-Automorphismus.

6. *σ erzeugt die Galoisgruppe $\text{Gal}\,\mathbb{F}_q/\mathbb{F}_p$ als zyklische Gruppe. Es gibt einen Isomorphismus der additiven Restklassengruppe $\mathbb{Z}/n\mathbb{Z}$ auf die Galoisgruppe $\text{Gal}\,\mathbb{F}_{p^n}/\mathbb{F}_p$*

$$[k]_n \mapsto \sigma^k,$$
$$\sigma^k : a \mapsto a^{p^k}.$$

7. *Alle Unterkörper von $\mathbb{F}_{p^n}$ sind von der Form $\mathbb{F}_{p^m}$ mit $m \mid n$. Die Galoisgruppe $\operatorname{Gal} \mathbb{F}_{p^n}/\mathbb{F}_{p^m}$ wird von*

$$\sigma^m : a \mapsto a^{p^m}$$

erzeugt.

8. *Sei nun $p \nmid s \in \mathbb{N}$. Dann ist der Kreisteilungskörper $\mathbb{F}_p(\zeta_s) = \mathbb{F}_p(\mu_s)$ jener endliche Körper $\mathbb{F}_{p^n}$ mit $s \mid p^n - 1$, $n \in \mathbb{N}$ minimal, d.h. mit*

$$n = \operatorname{ord}[p]_s \quad in \quad (\mathbb{Z}/s\mathbb{Z})^*.$$

Beweis: 1. und 2. wissen wir schon. Wenn $\mathbb{F}_q$ existiert, besteht $\mathbb{F}_q^*$ genau aus allen (einfachen!) Nullstellen von $x^{q-1}-1$, daraus folgt schon die Eindeutigkeitsaussage in 3. Wenn $\mathbb{F}_q$ existiert, ist 4. ebenfalls klar, und damit auch die Normalität der Körpererweiterung $\mathbb{F}_q/\mathbb{F}_p$. Dass σ in 5. ein additiver Homomorphismus ist, haben wir schon in (6.2) gezeigt, und σ ist trivialerweise auch ein multiplikativer Homomorphismus (vgl. die Aufgaben zu Kap. 6):

$$(ab)^p = a^p b^p$$

Jede Potenz von σ ist natürlich auch ein Körperautomorphismus jedes endlichen Körpers der Charakteristik p. Nun kann man die Existenz von $\mathbb{F}_q$ wie folgt einsehen: Bekanntlich gibt es einen Zerfällungskörper des Polynoms $x^q - x$ über $\mathbb{F}_p$, sagen wir etwa $\mathbb{F}_{p^N}$. Dann ist aber

$$\operatorname{Fix} \sigma^n = \{ a \in \mathbb{F}_{p^N} \mid a^{p^n} = a \}$$

einerseits ein Körper, andererseits die genaue Nullstellenmenge des Polynoms $x^q - x$ mit $q = p^n$ Elementen.
Bleibt noch der Beweis der Aussagen 6 bis 8. Dass σ^k ein Körperautomorphismus der angegebenen Form ist, ist unmittelbar nachzurechnen, ebenso dass auf $\mathbb{F}_{p^n}$ die Potenz $\sigma^n = \operatorname{id}$ ist; also ist $[k]_n \mapsto \sigma^k$ ein wohldefinierter Gruppenhomomorphismus in die Galoisgruppe. Für $k \in \mathbb{N}$ und ein erzeugendes Element a der zyklischen multiplikativen Gruppe $\mathbb{F}_q^* = \mathbb{F}_{p^n}^*$ ist

$$\sigma^k(a) = a \iff a^{p^k - 1} = 1 \iff (p^n - 1) \mid (p^k - 1) \iff n \mid k$$

(Aufgabe zu Kap. 2), also ist der Gruppenhomomorphismus injektiv. Die Surjektivität folgt einfach aus $n = [\mathbb{F}_{p^n} : \mathbb{F}_p] = \operatorname{ord} \operatorname{Gal} \mathbb{F}_{p^n}/\mathbb{F}_p$. Die Unterkörper von $\mathbb{F}_q$ liefert der Hauptsatz der Galoistheorie: Die Untergruppen von $\mathbb{Z}/n\mathbb{Z}$ werden gerade erzeugt von den Restklassen $[m]_n$, $m \mid n$, und $\operatorname{Fix} \sigma^m = \mathbb{F}_{p^m}$ haben wir oben schon hergeleitet (mit n anstelle von m). Die letzte Aussage folgt schließlich aus

$$\mathbb{F}_{p^n}^* = \mu_{(p^n - 1)}. \quad \square$$

7.4 Quadratische Gaußsche Summen

7.4.1 Grundbegriffe

Vereinbarung: In diesem ganzen Abschnitt 7.4 sei p stets eine Primzahl > 2, $\zeta := \zeta_p := e^{2\pi i/p} \in \bar{\mathbb{Q}}$, und alle Summationen werden von 0 bis $p-1$ geführt, soweit nicht ausdrücklich anders angegeben.

Hilfssatz 7.17 *Für alle $a \in \mathbb{Z}$ ist*
$$\sum_t \zeta^{at} = \begin{Bmatrix} p & \text{für} & a \equiv 0 \bmod p \\ 0 & \text{für} & a \not\equiv 0 \bmod p \end{Bmatrix}.$$

Beweis: Für $p \mid a$ ist $\zeta^a = 1$ und für $p \nmid a$ steht hier eine geometrische Summe
$$\sum_t \zeta^{at} = \frac{\zeta^{ap} - 1}{\zeta^a - 1} = 0. \ \square$$

Berücksichtigt man, dass ζ-Potenzen nur von der Restklasse ihrer Exponenten mod p abhängen, und bezeichnet man mit δ_{xy} wie üblich das Kroneckersymbol, so ergibt sich daraus die

Folgerung 7.18 *Für alle $x, y \in \mathbb{Z}/p\mathbb{Z}$ ist*
$$\frac{1}{p} \sum_t \zeta^{t(x-y)} = \delta_{xy}.$$

Wie in Kap. 4 bezeichne $\left(\frac{t}{p}\right)$ das Legendresymbol; wir definieren für alle $a \in \mathbb{Z}/p\mathbb{Z}$
$$g_a := \sum_t \left(\frac{t}{p}\right) \zeta^{at}, \quad \text{insbesondere} \quad g := g_1 = \sum_t \left(\frac{t}{p}\right) \zeta^t$$

als **quadratische Gaußsche Summe**. Für diese gilt der folgende fundamentale

Satz 7.19
1. $g_a = \left(\frac{a}{p}\right) g$
2. $g = \sum_t \zeta^{t^2}$
3. $g^2 = (-1)^{(p-1)/2} p$

Beweis: Für $p \mid a$ ist $\left(\frac{a}{p}\right) = 0$, die Behauptung 1. folgt also aus der Tatsache, dass gleichviele quadratische Reste und Nichtreste existieren (Satz 4.15.4), d.h.
$$\sum_t \left(\frac{t}{p}\right) = 0. \tag{7.2}$$

Für $p \nmid a$ ist $\left(\frac{a}{p}\right) = \left(\frac{a}{p}\right)^{-1}$ und

$$t \mapsto x = at : \mathbb{Z}/p\mathbb{Z} \to \mathbb{Z}/p\mathbb{Z}$$

bijektiv, die Behauptung folgt also aus

$$\left(\frac{a}{p}\right) g_a = \sum_t \left(\frac{at}{p}\right) \zeta^{at} = \sum_x \left(\frac{x}{p}\right) \zeta^x = g.$$

Zum Beweis von 2. addiere man

$$0 = \sum_t \zeta^t$$

zur definierenden Gleichung von g. Man erhält

$$g = 1 + 2 \sum_{a \in Q} \zeta^a = \sum_t \zeta^{t^2},$$

wenn man mit Q die Untergruppe der quadratischen Reste von $(\mathbb{Z}/p\mathbb{Z})^*$ bezeichnet.

Zum Beweis von 3. beachte man zunächst, dass für $p \nmid a$ nach Teil 1

$$g_a g_{-a} = \left(\frac{a}{p}\right) \left(\frac{-a}{p}\right) g^2 = \left(\frac{-1}{p}\right) g^2$$

ist. Daraus folgt

$$\sum_a g_a g_{-a} = (p-1) \left(\frac{-1}{p}\right) g^2.$$

Andererseits ist

$$g_a g_{-a} = \sum_x \sum_y \left(\frac{x}{p}\right) \left(\frac{y}{p}\right) \zeta^{a(x-y)},$$

nach der Folgerung 7.18 also

$$\sum_a g_a g_{-a} = p \sum_x \sum_y \left(\frac{x}{p}\right) \left(\frac{y}{p}\right) \delta_{xy} = p(p-1),$$

was zusammen mit dem ersten Ergänzungsgesetz zum quadratischen Reziprozitätsgesetz die Behauptung ergibt. □

7.4.2 Kreisteilungskörper und quadratische Körper

Mit diesem Resultat sind Gaußsche Summen bereits eindeutig bis auf das Vorzeichen bestimmt. Dieses wird uns im nächsten Abschnitt noch beschäftigen, aber es ist jetzt schon klar, dass und wann die Gaußschen Summen im Körper $\mathbb{Q}(\sqrt{p})$ oder $\mathbb{Q}(\sqrt{-p})$ liegen. Damit lassen sich Fragen klären, die im Abschnitt 7.2 offengeblieben sind:

Folgerung 7.20 *Sei p eine ungerade Primzahl. Dann enthält der Kreisteilungskörper $\mathbb{Q}(\zeta_p)$ genau einen quadratischen Zahlkörper, nämlich*

$$\mathbb{Q}(\sqrt{p}) \quad \text{für} \quad p \equiv 1 \bmod 4 \,,$$
$$\mathbb{Q}(\sqrt{-p}) \quad \text{für} \quad p \equiv 3 \bmod 4 \,.$$

Den anderen der beiden quadratischen Zahlkörper findet man dann natürlich als einen der drei quadratischen Unterkörper von $\mathbb{Q}(\zeta_{4p})$, und entsprechend findet man für jedes quadratfreie $d \in \mathbb{Z}$, $d \neq 0, 1$ den Körper $\mathbb{Q}(\sqrt{d})$ in $\mathbb{Q}(\zeta_d)$ oder $\mathbb{Q}(\zeta_{4d})$ wieder. Somit haben wir auch die

Folgerung 7.21 *Jeder quadratische Zahlkörper ist in einem Kreisteilungskörper enthalten.*

Ferner kann man nun leicht beweisen, dass zwischen verschiedenen quadratischen Zahlkörpern tatsächlich nur triviale Isomorphien bestehen können, indem man sie in einen gemeinsamen Kreisteilungsoberkörper einbettet und die zugehörigen Untergruppen der Galoisgruppe betrachtet. Als Übungsaufgabe beweise man mit Hilfe der Sätze 7.10, 7.11 und unseren Kenntnissen über die Struktur der primen Restklassengruppen die

Folgerung 7.22 *Seien $d \neq c \in \mathbb{Z}$ beide quadratfrei und $\neq 0, 1$. Dann sind $\mathbb{Q}(\sqrt{d})$ und $\mathbb{Q}(\sqrt{c})$ nicht isomorph.*

7.4.3 Das Vorzeichen der Gaußschen Summen

Ziel dieses Abschnitts ist der Beweis von

Satz 7.23
$$g = \begin{cases} \sqrt{p} & \text{für } p \equiv 1 \bmod 4 \\ \sqrt{-p} & \text{für } p \equiv 3 \bmod 4 \end{cases}$$

Gemeint sind dabei die positive Wurzel bzw. die Wurzel mit positivem Imaginärteil. Man mache sich zunächst klar, dass dieser Satz in bemerkenswert präziser Weise aussagt, dass quadratische Reste und Nichtreste nicht völlig zufällig über das Intervall zwischen 1 und $p-1$ verteilt sind. Man denke sich etwa eine Primzahl in der Größenordnung von 10^6, dann liegt g nur in der Nähe von 1000, was natürlich durch Kürzungen der Summe (aus Gliedern vom Betrag 1) erklärt werden kann. Das Ausmaß dieser Kürzungen wird also durch den Satz genau festgelegt. Neben Hilfssatz 7.17 ist der Satz ein Beispiel für die Berechnung von *Exponentialsummen*

$$\sum_t \zeta^{f(t)} \,, \quad f \in \mathbb{F}_p[t] \,,$$

hier für $f(t) = t^2$. Für höhere Grade von f darf man sich hier aber nur mehr oder weniger gute Abschätzungen erwarten, ein wichtiger Gegenstand sowohl der analytischen Zahlentheorie wie der algebraischen Geometrie.

Der Satz ist nicht ganz einfach und vor allem nicht mit rein algebraischen Hilfsmitteln zu beweisen. Das hat den Grund, dass $\pm\sqrt{p}$ durch Körperautomorphismen ineinander übergeführt werden können, also für die Algebra nicht ohne weiteres zu unterscheiden sind, ebensowenig wie verschiedene primitive Einheitswurzeln der Ordnung p. In der Tat erhält g das andere Vorzeichen, wenn ζ durch ζ^a ersetzt wird mit einem quadratischen Nichtrest $a \bmod p$ (Satz 7.19.1); entsprechend dem Hauptsatz der Galoistheorie und Folgerung 7.11.7 induzieren die quadratischen Nichtreste auf dem quadratischen Unterkörper $\mathbb{Q}(\sqrt{p})$ gerade die algebraische Konjugation. Hier spielt also die Festlegung von $\sqrt{p}$ als der positiven Wurzel von p und von ζ als $e^{2\pi i/p}$ eine große Rolle, und aus diesem Grund wird der Beweis nicht ganz ohne Analysis zu führen sein. Wir beginnen mit zwei Hilfssätzen, die an den schon in Abschnitt 4.4 geführten Beweis des quadratischen Reziprozitätsgesetzes erinnern und die in Wirklichkeit die Primfaktorzerlegung von p in $\mathbb{Z}[\zeta]$ wiedergeben (was aber in dieser Form weder formuliert noch gebraucht wird).

Hilfssatz 7.24

$$\prod_{k=1}^{\frac{p-1}{2}} (\zeta^{2k-1} - \zeta^{-(2k-1)})^2 = (-1)^{\frac{p-1}{2}} p$$

Beweis: Aus Abschnitt 7.2.2 wissen wir bereits, dass das Kreisteilungspolynom

$$F_p(x) = x^{p-1} + \ldots + x + 1 = \prod_{j=1}^{p-1} (x - \zeta^j)$$

ist. Einsetzen von $x = 1$ ergibt

$$p = \prod_{j=1}^{p-1}(1-\zeta^j) = \prod_{0 \neq r \bmod p}(1-\zeta^r) = \prod_{k=1}^{\frac{p-1}{2}}(1-\zeta^{4k-2})\prod_{k=1}^{\frac{p-1}{2}}(1-\zeta^{-(4k-2)}) =$$

$$= \prod_k(\zeta^{-(2k-1)} - \zeta^{2k-1})\prod_k(\zeta^{2k-1} - \zeta^{-(2k-1)}) = (-1)^{\frac{p-1}{2}}\prod_{k=1}^{\frac{p-1}{2}}(\zeta^{2k-1} - \zeta^{-(2k-1)})^2. \square$$

Hilfssatz 7.25

$$\prod_{k=1}^{\frac{p-1}{2}}(\zeta^{2k-1} - \zeta^{-(2k-1)}) = \left\{\begin{array}{ll} \sqrt{p} & \text{für } p \equiv 1 \bmod 4 \\ \sqrt{-p} & \text{für } p \equiv 3 \bmod 4 \end{array}\right\} \quad (= \pm g)$$

Zum *Beweis* erinnere man sich daran, dass

$$\sin\frac{2\pi x}{p} = \frac{1}{2i}\left(e^{\frac{2\pi i}{p}x} - e^{-\frac{2\pi i}{p}x}\right)$$

ist, dass sich also das Produkt dieses Hilfssatzes schreiben lässt als

$$\Pi = i^{\frac{p-1}{2}} \prod_{k=1}^{\frac{p-1}{2}} 2\sin\frac{(4k-2)\pi}{p}\,.$$

Den Absolutbetrag $\sqrt{p}$ des Produkts kennen wir schon aus Hilfssatz 7.24, es kommt also hier auf die Vorzeichen der Faktoren an. Man weiß, dass

$$\sin\frac{(4k-2)\pi}{p} < 0 \quad \text{genau dann ist, wenn} \quad \frac{p+2}{4} < k \le \frac{p-1}{2}\,.$$

Das Produkt hat also

$$\frac{p-1}{2} - \left[\frac{p+2}{4}\right] = \begin{cases} \frac{p-1}{4} & \text{für} \quad p \equiv 1\,(4) \\ \frac{p-3}{4} & \text{für} \quad p \equiv 3\,(4) \end{cases}$$

negative Glieder, d.h. man erhält

$$\frac{1}{\sqrt{p}}\Pi = \begin{cases} i^{\frac{p-1}{2}}(-1)^{\frac{p-1}{4}} = i^{p-1} = 1 & \text{für} \quad p \equiv 1\,(4) \\ i^{\frac{p-1}{2}}(-1)^{\frac{p-3}{4}} = i^{p-2} = i & \text{für} \quad p \equiv 3\,(4) \end{cases}\,.\quad\Box$$

Beweis von Satz 7.23: Nach dem letzten Hilfssatz ist

$$g = \varepsilon \prod_{k=1}^{\frac{p-1}{2}} (\zeta^{2k-1} - \zeta^{-(2k-1)}) \quad \text{mit} \quad \varepsilon = \pm 1\,.$$

Sei

$$f(x) := \sum_{j=1}^{p-1} \left(\frac{j}{p}\right) x^j - \varepsilon \prod_{k=1}^{\frac{p-1}{2}} (x^{2k-1} - x^{p-(2k-1)})\,,$$

dann ist nach Wahl von ε und nach (7.2) $f(\zeta) = f(1) = 0$, also

$$F_p(x) = x^{p-1} + \ldots + x + 1 \mid f(x)\,,\quad F_1(x) = x - 1 \mid f(x)\,,$$

$$F_1(x)\,F_p(x) = x^p - 1 \mid f(x) = (x^p - 1)\,h(x)\,.$$

Dabei ist $h \in \mathbb{Z}[x]$, weil $f \in \mathbb{Z}[x]$ ist und $x^p - 1$ primitiv. Nun ersetze man x durch e^z und entwickle beide Seiten von

$$\sum_{j=1}^{p-1} \left(\frac{j}{p}\right) e^{jz} - \varepsilon \prod_{k=1}^{\frac{p-1}{2}} (e^{(2k-1)z} - e^{(p-(2k-1))z}) = (e^{pz} - 1)\,h(e^z)$$

in eine z-Potenzreihe, berechne den Koeffizienten von $z^{(p-1)/2}$: Beachtet man

$$e^{(2k-1)z} - e^{(p-(2k-1))z} = (4k-2-p)z + \ldots,$$

so ergibt sich links als Koeffizient die Zahl

$$\frac{1}{(\frac{p-1}{2})!} \sum_{j=1}^{p-1} \left(\frac{j}{p}\right) j^{\frac{p-1}{2}} - \varepsilon \prod_{k=1}^{\frac{p-1}{2}} (4k-p-2),$$

rechts eine Zahl $\frac{pA}{B}$ mit $A, B \in \mathbb{Z}$, $p \nmid B$ wegen

$$e^{pz} - 1 = pz + \frac{p^2 z^2}{2} + \ldots \quad \text{und} \quad p \nmid j! \ \forall j = 1, \ldots, \frac{p-1}{2}.$$

Multiplikation beider Seiten mit $B(\frac{p-1}{2})!$ ergibt eine Gleichung zwischen ganzen Zahlen und mod p eine Kongruenz

$$\sum_{j=1}^{p-1} \left(\frac{j}{p}\right) j^{\frac{p-1}{2}} \equiv \varepsilon \left(\prod_{k=1}^{\frac{p-1}{2}} (4k-2)\right) \left(\frac{p-1}{2}\right)! \equiv$$

$$\equiv \varepsilon \cdot 2 \cdot 4 \cdot \ldots \cdot (p-1) \cdot \prod_{k=1}^{\frac{p-1}{2}} (2k-1) \equiv \varepsilon (p-1)! \equiv -\varepsilon \mod p$$

nach dem Satz 3.19 von WILSON. Andererseits ist nach dem Eulerschen Kriterium

$$j^{\frac{p-1}{2}} \equiv \left(\frac{j}{p}\right) \mod p.$$

Mit $\left(\frac{j}{p}\right)^2 = 1$ und

$$-\varepsilon \equiv \sum_{j=1}^{p-1} 1 = p-1 \equiv -1 \mod p$$

ergibt sich die Behauptung $\varepsilon = 1$. □

7.5 Nochmals das quadratische Reziprozitätsgesetz

7.5.1 Ein Beweis mit Gaußschen Summen

Wir behalten die Bezeichnungen des letzten Paragraphen bei und nehmen an, dass $q \neq p$ eine weitere ungerade Primzahl ist. Nach Satz 7.19 und nach dem ersten Ergänzungsgesetz 4.16 zum quadratischen Reziprozitätsgesetz ist

$$p^* := (-1)^{\frac{p-1}{2}} p = \left(\frac{-1}{p}\right) p = g^2.$$

Im Ring $\mathbb{Z}[\zeta] = \mathbb{Z}[\zeta_p]$ bzw. seinem Restklassenring modulo $q\mathbb{Z}[\zeta]$ (wie bei ganzrationalen Zahlen kurz als mod q geschrieben) kann man für die Gaußschen Summen folgende Rechnung aufmachen: Nach dem Eulerschen Kriterium ist

$$g^{q-1} = (g^2)^{\frac{q-1}{2}} = (p^*)^{\frac{q-1}{2}} \equiv \left(\frac{p^*}{q}\right) \mod q,$$

$$\left(\frac{p^*}{q}\right) g \equiv g^q \equiv \left(\sum \left(\frac{t}{p}\right) \zeta^t\right)^q \equiv \sum \left(\frac{t}{p}\right)^q \zeta^{qt} \equiv g_q \mod q.$$

Nach Satz 7.19 ist also

$$\left(\frac{p^*}{q}\right) g \equiv \left(\frac{q}{p}\right) g, \quad \text{somit} \quad \left(\frac{p^*}{q}\right) p^* \equiv \left(\frac{q}{p}\right) p^* \mod q.$$

$[p^*]_q$ ist Einheit in $\mathbb{Z}/q\mathbb{Z}$, darum folgt daraus sogar

$$\left(\frac{p^*}{q}\right) = \left(\frac{q}{p}\right), \tag{7.3}$$

was äquivalent ist zum quadratischen Reziprozitätsgesetz wegen

$$\left(\frac{-1}{q}\right)^{\frac{p-1}{2}} \left(\frac{p}{q}\right) = (-1)^{\frac{q-1}{2} \cdot \frac{p-1}{2}} \left(\frac{p}{q}\right) = \left(\frac{q}{p}\right). \quad \square$$

7.5.2 Das zweite Ergänzungsgesetz

Zur Primzahl 2 haben wir keine Gaußsche Summe eingeführt; als Analogon könnte man im Körper $\mathbb{Q}(\zeta_8)$ die Summe $\gamma := \zeta_8 + \zeta_8^{-1}$ ansehen, denn mit $\zeta := \zeta_8$, $\zeta^2 = i$, $\gamma^2 = 2$ wird $\gamma = \sqrt{2}$ (positive Wurzel, wenn ζ — wie hier vorgesehen — als $e^{2\pi i/8}$ gewählt wird) und $\zeta^3 + \zeta^{-3} = -\sqrt{2}$. Für ungerade Primzahlen p ist nach EULER

$$\gamma^{p-1} = (\gamma^2)^{\frac{p-1}{2}} = 2^{\frac{p-1}{2}} \equiv \left(\frac{2}{p}\right) \mod p,$$

andererseits

$$\gamma^p = (\zeta + \zeta^{-1})^p \stackrel{(p)}{\equiv} \zeta^p + \zeta^{-p} \stackrel{(p)}{\equiv} \begin{Bmatrix} \gamma & \text{für} & p \equiv \pm 1 \mod 8 \\ -\gamma & \text{für} & p \equiv \pm 3 \mod 8 \end{Bmatrix}.$$

Aus beiden Kongruenzen zusammen folgt

$$\left(\frac{2}{p}\right) \gamma^2 \equiv \gamma^{p+1} \equiv \begin{Bmatrix} \gamma^2 \\ -\gamma^2 \end{Bmatrix} \equiv (-1)^{\frac{p^2-1}{8}} \cdot 2 \mod p.$$

Analog zum vorigen Abschnitt ist nun $[2]_p$ Einheit in $\mathbb{Z}/p\mathbb{Z}$, daher gilt Satz 4.19:

$$\left(\frac{2}{p}\right) = \begin{cases} 1 & \text{für} & p \equiv \pm 1 \mod 8 \\ -1 & \text{für} & p \equiv \pm 3 \mod 8 \end{cases} \quad \square$$

7.5.3 Ein Beweis mit endlichen Körpern

Da Einheitswurzeln ebenso über endlichen Körpern gebildet werden können, verwundert es nicht, dass man auch dort analoge Konstruktionen vornehmen kann. Seien $p < q$ ungerade Primzahlen und $n \in \mathbb{N}$ so gewählt (z.B. als $n = p - 1$), dass $q^n \equiv 1 \mod p$. Sei nun

$$\mathbb{F} := \mathbb{F}_{q^n},$$

dann ist $\mathbb{F}^*$ zyklisch, erzeugt von einem Element z der Ordnung $q^n - 1$. Wir definieren nun

$$\zeta := z^{\frac{q^n-1}{p}}, \quad g_a := \sum_{t=0}^{p-1} \left(\frac{t}{p}\right) \zeta^{at}, \quad g := g_1,$$

womit ζ wieder eine primitive p-te Einheitswurzel wäre. Und mit dem gleichen Beweis wie für die quadratischen Gaußschen Summen zeigt man auch hier

$$g_a = \left(\frac{a}{p}\right) g \quad \text{und} \quad g^2 = (-1)^{\frac{p-1}{2}} [p]_q = [p^*]_q.$$

p^* ist also genau dann quadratischer Rest mod q, wenn nicht nur g^2, sondern bereits $g \in \mathbb{F}_q$ ist, die Anwendung des Frobeniusautomorphismus in $\mathbb{F}$ lehrt also

$$\left(\frac{p^*}{q}\right) = 1 \quad \Longleftrightarrow \quad g \in \mathbb{F}_q \quad \Longleftrightarrow$$

$$g = g^q = \left(\sum_t \left(\frac{t}{p}\right) \zeta^t\right)^q = \sum_t \left(\frac{t}{p}\right) \zeta^{qt} = g_q = \left(\frac{q}{p}\right) g.$$

Daraus folgt die Äquivalenz

$$\left(\frac{p^*}{q}\right) = 1 \quad \Longleftrightarrow \quad \left(\frac{q}{p}\right) = 1,$$

und damit gilt das quadratische Reziprozitätsgesetz in der Form (7.3). □

7.6 Konstruktionen mit Zirkel und Lineal

7.6.1 Eine Fragestellung der griechischen Mathematik

Einige Probleme, die die antike griechische Mathematik über Jahrhunderte beschäftigt haben und die bis ins 19. Jahrhundert fruchtbare Auswirkungen hatten, obwohl ihre praktische Bedeutung sicher gering ist, handelt von den Längen, die in der ebenen Geometrie vorkommen. In unsere Sprache umformuliert lassen sie sich häufig der folgenden Frage unterordnen: *Sei eine Strecke der Länge 1 gegeben. Welche Längen lassen sich daraus mit Zirkel und Lineal konstruieren?* Mit Elementargeometrie und/oder analytischer Geometrie findet man zunächst den folgenden Hilfssatz; um beim Wurzelziehen nicht immer zu positiven Größen übergehen zu müssen, ist es bequem, komplexe Zahlen als Streckenlängen zuzulassen, wenn man diese charakterisiert durch Betrag und Argument. Man beachte dabei, dass Addition und Halbierung von Winkeln (bei Multiplikation und Wurzelziehen erforderlich) mit Zirkel und Lineal möglich ist. Als Streckenlängen im Sinne der Elementargeometrie treten dann genau die Beträge der genannten komplexen Zahlen auf.

Hilfssatz 7.26 *Die aus der Streckenlänge 1 mit Zirkel und Lineal konstruierbaren Streckenlängen bilden einen Körper $Z \subset \mathbb{C}$, und zwar den kleinsten Unterkörper von $\mathbb{C}$, der mit jedem $z \in Z$ auch $\sqrt{z}$ enthält.*

Trivialerweise kann man nämlich durch Aneinanderlegen von Strecken auf einer Geraden oder durch Parallelverschiebung in $\mathbb{C}$ Streckenlängen addieren und subtrahieren. Der Strahlensatz sorgt dafür, dass man in Gleichungen des Typs

$$a : b = x : y$$

aus drei Stücken > 0 stets das vierte bestimmen kann. Damit ist Z abgeschlossen unter Multiplikation und Division. Dass man aus jedem positiven $z \in Z$ die Quadratwurzel in Z ziehen kann, folgt aus einem Satz über die Höhen in rechwinkligen Dreiecken: Die Höhe auf die Hypotenuse habe die Länge z und teile die Hypotenuse in Streckenabschnitte der Länge x und y. Dann ist

$$x y = z^2,$$

man kann also durch Wahl z.B. von $y = 1$ mit Hilfe des Satzes von THALES die Quadratwurzel aus x ziehen.
Umgekehrt zeigen die Schnittformeln für Kreise und Geraden aus der analytischen Geometrie, dass alle aus der Länge 1 mit Zirkel und Lineal konstruierbaren Streckenlängen in Z liegen müssen. □

Satz 7.27 *Jede mit Zirkel und Lineal aus der Streckenlänge 1 konstruierbare Strecke z liegt in einer normalen Körpererweiterung $L/\mathbb{Q}$ vom Grad 2^n. Jede normale Körpererweiterung $L/\mathbb{Q}$ vom Grad 2^n, $n = 0, 1, \ldots$, ist Unterkörper von Z, und Z ist gerade die Vereinigung aller dieser Körpererweiterungen.*

Der *Beweis* des ersten Teils des Satzes folgt direkt aus dem Hilfssatz zusammen mit der Beobachtung, dass Quadratwurzeln entweder im Körper selbst liegen oder eine Körpererweiterung vom Grad 2 erzeugen, und dass sich die Körpergrade bei sukzessiver Erweiterung multiplizieren (Satz 6.4). Die zweite Aussage lässt sich mit Galoistheorie und einer Erinnerung an die Sylowschen Sätze und ihre Folgerungen führen: $\operatorname{Gal} L/\mathbb{Q}$ ist eine p-Gruppe, hier mit $p = 2$, und darum nach Folgerung 2.28 auflösbar, d.h. es gibt eine Kette von Untergruppen

$$\{e\} = G_0 \triangleleft G_1 \triangleleft G_2 \triangleleft \ldots \triangleleft G_{n-1} \triangleleft G_n = \operatorname{Gal} L/\mathbb{Q},$$

dabei jedes G_i Normalteiler in G_{i+1} mit zyklischer Faktorgruppe G_{i+1}/G_i. Die Ordnungen dieser Faktorgruppen können auch nur Potenzen von 2 sein. Man kann darum solange weitere Untergruppen in diese Kette einschieben, bis alle Faktorgruppen $\cong \mathbb{Z}/2\mathbb{Z}$ sind (in Abschnitt 7.8 werden wir solche Situationen noch ausführlich untersuchen). Dann entspricht diesen Untergruppen eine absteigende Folge von Unterkörpern

$$L = L_0 \supset L_1 \supset \ldots \supset L_{n-1} \supset L_n = \mathbb{Q},$$

jeder Körper quadratische Erweiterung des nächsten, aus diesem also durch Adjunktion einer geeigneten Quadratwurzel zu gewinnen. Durch Induktion über n folgt also $L \subset Z$. Nach dem Hilfssatz liegt schließlich jedes $z \in Z$ in einem dieser Körper L, und daraus folgt die letzte Behauptung. □ Genauso beweist man die

Folgerung 7.28 *Gibt man sich nicht nur die Streckenlänge 1, sondern noch weitere (o.B.d.A. positive reelle) Längen $s_1, \ldots, s_m$ vor, so lässt sich z aus diesen genau dann mit Zirkel und Lineal konstruieren, wenn z in einer normalen Körpererweiterung L von $\mathbb{Q}(s_1, \ldots, s_m)$ von einem Grad 2^n liegt.*

7.6.2 Beispiele

1.) Das *Delische Problem der Würfelverdoppelung:* Gegeben ein Würfel der Kantenlänge 1. Kann man mit Zirkel und Lineal die Kantenlänge $a = \sqrt[3]{2}$ eines Würfels mit doppeltem Volumen konstruieren? Wir wissen inzwischen, dass

$$[\mathbb{Q}(a) : \mathbb{Q}] = 3$$

ist und darum a in keinem Körper vom Grad 2^n über $\mathbb{Q}$ enthalten ist. Damit ist klar, dass das Delische Problem unlösbar ist.

2.) Die *Quadratur des Kreises:* Man ersetze den Kreis von Radius 1 durch ein flächengleiches Quadrat, dessen Kantenlänge $\sqrt{\pi}$ mit Zirkel und Lineal zu konstruieren ist. Seit LINDEMANN (1882) weiß man, dass dieses Problem unlösbar ist, weil π transzendent ist. Auf den Transzendenzbeweis werden wir in Abschnitt 7.10 zu sprechen kommen.

3.) Die *Winkeldreiteilung*: Gegeben ein Winkel, o.B.d.A. am Einheitskreis. Ist es immer möglich, diesen mit Zirkel und Lineal in drei gleiche Teile zu teilen? Hier ist die komplexe Schreibweise besonders bequem, denn man hat sich nur ein $\zeta \in \mathbb{C}$ vom komplexen Betrag 1 vorzugeben und zu fragen, ob die Gleichung

$$z^3 - \zeta = 0$$

Lösungen in einer Körpererweiterung von $\mathbb{Q}(\zeta)$ vom Grad 2^n besitzt. In speziellen Fällen wie $\zeta = 1$ oder -1 ist das wirklich so, weil dann das Polynom reduzibel ist über $\mathbb{Q}(\zeta)$. Im allgemeinen ist aber auch dieses Problem mit Zirkel und Lineal nicht lösbar, weil die entstehende Körpererweiterung vom Grad 3 ist: Man sieht das am Beispiel $\zeta = \zeta_3$, denn dann ist ζ_9 eine Lösung der Gleichung, und wir wissen aus Abschnitt 7.2, dass

$$[\mathbb{Q}(\zeta_9) : \mathbb{Q}(\zeta_3)] = \frac{[\mathbb{Q}(\zeta_9) : \mathbb{Q}]}{[\mathbb{Q}(\zeta_3) : \mathbb{Q}]} = \frac{\varphi(9)}{\varphi(3)} = 3$$

ist. Natürlich besteht auch die Möglichkeit, das Problem reell anzugehen und eine entsprechende Gleichung für die Realteile x von z und c von ζ aufzustellen (die cosinus-Werte der fraglichen Winkel). Diese lautet

$$4x^3 - 3x - c = 0$$

und ist z.B. für $c = 3/4$ nach dem Eisensteinschen Kriterium irreduzibel.

4.) Welche *regelmäßigen n-Ecke* lassen sich mit Zirkel und Lineal konstruieren? Da wir mit Zirkel und Lineal stets den Mittelpunkt des n-Ecks finden können, ist die Frage dazu äquivalent, ob man in $\mathbb{C}$ die n-ten Einheitswurzeln mit Zirkel und Lineal konstruieren kann. Nach dem Satz und unseren Kenntnissen über n-te Einheitswurzeln ist das regelmäßige n-Eck genau dann konstruierbar, wenn $\varphi(n)$ eine Zweierpotenz ist. Da die Phi-Funktion multiplikativ ist, lautet das Resultat: Das regelmäßige n-Eck lässt sich genau dann mit Zirkel und Lineal konstruieren, wenn n Produkt einer Zweierpotenz und paarweise verschiedener Fermatscher Primzahlen $2^{2^m} + 1$ ist (unseres heutigen Wissens nach also der Primzahlen 3, 5, 17, 257, 65537; zu den Fermatzahlen F_m vgl. Folgerung 5.4 und die daran anschließenden Bemerkungen). Das 7- und das 9-Eck sind also die ersten nicht konstruierbaren n-Ecke. Die Konstruktion des regulären 5-Ecks ist sehr alt und hat über den „goldenen Schnitt" seit der Antike möglicherweise eine große Rolle in Malerei und Architektur gespielt; dass das reguläre 17-Eck konstruierbar ist, hat als erster C.F. GAUSS gezeigt. Herrn BEHR verdanke ich die Information, dass in den Archiven des Göttinger Mathematischen Seminars ein Manuskript über die explizite Konstruktion des 65537-Ecks schlummert (eine unter HILBERT entstandene Doktorarbeit!).

7.7 Kummer-Theorie. Auflösung algebraischer Gleichungen

Neben der Behandlung von Galois-Erweiterungen besonders einfachen Typs befasst sich auch dieser Abschnitt mit einer Frage, die in erster Linie von historischem Interesse ist: *Wann kann man die Lösungen algebraischer Gleichungen mit Hilfe von sukzessivem Wurzelziehen beschreiben?* Im Zeitalter ausgefeilter numerischer Methoden und schneller Computer scheint diese Frage unwichtig zu sein. Die Antwort, welche wieder einmal die Galoistheorie liefert, führt jedoch auf wichtige Konzepte der Gruppentheorie, die wir anschließend weiter verfolgen wollen und die auch unabhängig von der ursprünglichen Fragestellung Bedeutung besitzen.

7.7.1 Radikale

Satz 7.29 *Sei K ein Körper, $a \in K$, $n \in \mathbb{N}$ und $\operatorname{car} K \nmid n$, $\zeta = \zeta_n$ eine primitive n-te Einheitswurzel über K. Eine Nullstelle von $x^n - a$ in $\bar{K}$ wird als* **Radikal** $\sqrt[n]{a}$ *bezeichnet (welche der Nullstellen, muss man festlegen). $x^n - a$ hat den Zerfällungskörper $K(\sqrt[n]{a}, \zeta)$ und zerfällt dort in*

$$\prod_{j \bmod n} (x - \zeta^j \sqrt[n]{a}).$$

Beweis: Sei $r := \sqrt[n]{a} \in \bar{K}$ das Radikal und L der Zerfällungskörper des Polynoms. Dann gilt in $L[x]$

$$x^n - a = a(r^{-1}x)^n - a = a((r^{-1}x)^n - 1) = a \prod_{j \bmod n} (r^{-1}x - \zeta^j),$$

und daraus folgt die Behauptung. □

Satz 7.30 *Seien K ein Körper, $n \in \mathbb{N}$, $\operatorname{car} K \nmid n$, $a \in K$. Die primitive n-te Einheitswurzel ζ liege in K. Dann ist $K(\sqrt[n]{a})$ eine zyklische (separable, normale) Körpererweiterung von K mit Galoisgruppe*

$$\operatorname{Gal} K(\sqrt[n]{a})/K = <\sigma>,$$

wobei $m = [K(\sqrt[n]{a}) : K]$ ein Teiler von n ist und σ bestimmt durch

$$\sigma(\sqrt[n]{a}) := \zeta^{n/m} \cdot \sqrt[n]{a}.$$

m ist die kleinste natürliche Zahl mit $(\sqrt[n]{a})^m \in K$.

Beweis: Dass die Erweiterung separabel ist, folgt aus der Voraussetzung über die Charakteristik. Die Normalität sieht man an der Zerlegung des Polynoms $x^n - a$ in die Linearfaktoren $x - \zeta^j \sqrt[n]{a}$. Die Galoisgruppe kann diese Linearfaktoren nur permutieren (Hilfssatz 6.20) und lässt alle ζ^j fest, jeder Galois-Automorphismus ist also eindeutig bestimmt durch

$$\sigma(\sqrt[n]{a}) = \zeta^{j_\sigma} \cdot \sqrt[n]{a}, \quad j_\sigma \in \mathbb{Z}/n\mathbb{Z}.$$

Man rechnet leicht nach, dass

$$\sigma \mapsto [j_\sigma]_n \ : \ \operatorname{Gal} K(\sqrt[n]{a})/K \to \mathbb{Z}/n\mathbb{Z}$$

ein injektiver Gruppenhomomorphismus ist in die additive Restklassengruppe $\mathbb{Z}/n\mathbb{Z}$. Das Bild muss zyklisch sein, erzeugt von $[d]_n$, $d \mid n$, und von der Ordnung $m = \frac{n}{d} = [K(\sqrt[n]{a}) : K]$. Das irreduzible Polynom des Radikals $\sqrt[n]{a}$ ist

$$\prod_{k \bmod m} (x - \zeta^{\frac{n}{m}k} \sqrt[n]{a}) = x^m - (\sqrt[n]{a})^m = x^m - \sqrt[n/m]{a},$$

und daraus folgt auch die letzte Behauptung. $\square$

Im Abschnitt 7.7.3 werden wir sehen, dass dieser Satz eine natürliche Umkehrung besitzt. Es ist jedoch zweckmäßig, dazu zunächst ein einfaches Hilfsmittel einzuführen.

7.7.2 ARTINs Lemma

Hilfssatz 7.31 *Seien L und M Körper und $\sigma_1, \ldots, \sigma_n$ paarweise verschiedene Isomorphismen $L \to M$. Dann sind die σ_i linear unabhängig, d.h. wenn $a_1, \ldots, a_n \in M$ und*

$$a_1 \sigma_1(\alpha) + \ldots + a_n \sigma_n(\alpha) = 0 \quad \forall \alpha \in L, \quad \text{so ist} \quad a_1 = \ldots = a_n = 0.$$

Beweis: Andernfalls gäbe es $a_1, \ldots, a_r \in M$, alle $\neq 0$, mit der Eigenschaft

$$a_1 \sigma_1(\alpha) + \ldots + a_r \sigma_r(\alpha) = 0 \quad \forall \alpha \in L. \tag{7.4}$$

Dabei dürfen wir annehmen, dass $r \in \mathbb{N}$ minimal gewählt ist. Natürlich ist $r > 1$ und $\sigma_1 \neq \sigma_r$, es gibt also ein $\beta \in L$ mit $\sigma_1(\beta) \neq \sigma_r(\beta)$, also

$$a_1 \sigma_1(\beta\alpha) + \ldots + a_r \sigma_r(\beta\alpha) = a_1 \sigma_1(\beta)\sigma_1(\alpha) + \ldots + a_r \sigma_r(\beta)\sigma_r(\alpha) = 0. \tag{7.5}$$

Nun multipliziere man Gleichung (7.4) mit $\sigma_1(\beta)$

$$a_1 \sigma_1(\beta) \sigma_1(\alpha) + \ldots + a_r \sigma_1(\beta) \sigma_r(\alpha) = 0,$$

bilde die Differenz zur Gleichung (7.5)

$$a_1 (\sigma_1(\beta) - \sigma_1(\beta)) \sigma_1(\alpha) + \ldots + a_r (\sigma_1(\beta) - \sigma_r(\beta)) \sigma_r(\alpha) = 0;$$

man erhält eine nichttriviale verschwindende Linearkombination der $\sigma_2, \ldots, \sigma_r$ kleinerer Länge im Widerspruch zu unserer Annahme über r. $\square$

7.7.3 Zyklische Körpererweiterungen

Satz 7.32 *Der Körper K enthalte die n-ten Einheitswurzeln, dabei sei $\operatorname{car} K \nmid n \in \mathbb{N}$ und L/K eine (separable, normale) zyklische Körpererweiterung vom Grad n. Dann gibt es ein $a \in K$ mit*

$$L = K(\sqrt[n]{a}).$$

Beweis: Sei ζ eine primitive n-te Einheitswurzel in K und σ ein erzeugendes Element der Galoisgruppe $\operatorname{Gal} L/K$. Zu einem $\alpha \in L$ definiert man die LAGRANGEsche **Resolvente** durch

$$\theta := \alpha + \zeta\,\sigma(\alpha) + \zeta^2\,\sigma^2(\alpha) + \ldots + \zeta^{n-1}\,\sigma^{n-1}(\alpha).$$

Nach dem Artinschen Lemma kann man dabei α so wählen, dass $\theta \neq 0$ ist. Mit einer solchen Wahl ist wegen $\sigma^n = \operatorname{id}$, $\zeta^n = 1$

$$\sigma(\theta) = \sigma(\alpha) + \zeta\,\sigma^2(\alpha) + \ldots + \zeta^{n-1}\,\sigma^n(\alpha) = \zeta^{-1}\theta$$

$$\implies \sigma^2(\theta) = \zeta^{-2}\theta \implies \ldots \implies \sigma^j(\theta) = \zeta^{-j}\theta,$$

θ ist also in keinem echten Zwischenkörper von L/K enthalten, folglich gilt $L = K(\theta)$. Nun definiert man $a := \theta^n$, dann ist

$$\sigma^j(a) = (\sigma^j(\theta))^n = (\zeta^{-j}\theta)^n = \theta^n = a \quad \forall j,$$

also muss a im Grundkörper K liegen, wie behauptet. $\square$

7.7.4 Charaktere abelscher Gruppen

Um unsere Resultate über zyklische Körpererweiterungen auf eine größere Klasse von Galoisgruppen zu verallgemeinern, ist es zweckmäßig, zunächst eine Ergänzung zum Abschnitt 2.9 vorzunehmen. In Analogie zur Dualraumtheorie in der linearen Algebra gilt:

Satz 7.33 (mit Definition) *Sei A eine endliche abelsche Gruppe.*

1. *Die Gruppenhomomorphismen $h : A \to \mathbb{C}^*$ nennt man **Charaktere** der Gruppe A; die Charaktere von A bilden selbst eine abelsche Gruppe $\hat{A}$, die **Charaktergruppe** von A, wobei die Multiplikation durch die punktweise Multiplikation der Werte erklärt wird.*

2. *Die Werte der Charaktere sind Einheitswurzeln.*

3. $A \cong \hat{A}$

4. *Zu jeder Untergruppe $H \subseteq A$ gehört eine Untergruppe*
$$H^0 := \{\, h \in \hat{A} \mid h(a) = 1 \,\forall\, a \in H \,\} \subseteq \hat{A}$$
der Charaktergruppe. H^0 ist isomorph zur Charaktergruppe der Restklassengruppe A/H. Auf der Menge aller Untergruppen von A ist die Zuordnung $H \mapsto H^0$ bijektiv und inklusionsumkehrend. Es gilt $(H^0)^0 \cong H$.

5. *Seien A und B zwei endliche abelsche Gruppen und die Abbildung*
$$\beta : A \times B \to \mathbb{C}^*$$
*sei in jeder Komponente ein Gruppenhomomorphismus (eine **Paarung**), d.h. für alle $a \in A$ und für alle $b \in B$ werden durch*
$$a \mapsto \beta(a, \ ) \quad \text{und} \quad b \mapsto \beta(\ ,b)$$
*Homomorphismen $\beta_A : A \to \hat{B}$ und $\beta_B : B \to \hat{A}$ definiert. Diese β_A, β_B sind beide Isomorphismen genau dann, wenn die Paarung **nicht entartet** ist, d.h. wenn β_A und β_B injektiv sind.*

6. *Insbesondere ist*
$$\hat{A} \times A : \to \mathbb{C}^* : (h,a) \mapsto h(a)$$
eine nicht entartete Paarung.

7. *In jeder nicht entarteten Paarung $G \times A \to \mathbb{C}^*$ ist $G \cong \hat{A}$ und $A \cong \hat{G}$.*

Der *Beweis* von 1. ist Routine. Zum Beweis von 2. sei n die Ordnung von $a \in A$; für jedes $h \in \hat{A}$ ist dann $h(a)^n = 1$. Ähnlich lässt sich 3. beweisen: Wir wissen aus Satz 2.38, dass A isomorph ist zu $\mathbb{Z}/d_1\mathbb{Z} \times \ldots \times \mathbb{Z}/d_r\mathbb{Z}$ und bezeichnen mit $a_1, \ldots, a_r$ erzeugende Elemente jener Untergruppen von A, die zu den Faktoren dieses Produkts isomorph sind (also mit $\operatorname{ord} a_j = d_j$). Dann ist jeder Homomorphismus $h \in \hat{A}$ eindeutig bestimmt durch die Werte $h(a_j)$, diese sind frei wählbare d_j-te Einheitswurzeln, also ist
$$\hat{A} \cong \mu_{d_1} \times \ldots \times \mu_{d_r} \cong \mathbb{Z}/d_1\mathbb{Z} \times \ldots \times \mathbb{Z}/d_r\mathbb{Z} \cong A\,.$$
Da die Erzeugenden a_j i.a. nicht eindeutig bestimmt sind, ist diese Isomorphie allerdings nicht „kanonisch", d.h. eindeutig durch A bestimmt; auch dies ist ganz analog zur Dualraumtheorie für Vektorräume.— In 4. ist klar, dass H^0 eine Untergruppe von $\hat{A}$ ist und dass die Zuordnung $H \mapsto H^0$ inklusionsumkehrend ist. Nach dem Homomorphiesatz der Gruppentheorie lässt sich eine Bijektion
$$(h : A \to \mathbb{C}^*, h \in H^0) \longleftrightarrow (\bar{h} : A/H \to \mathbb{C}^*)$$
zwischen H^0 und den Charakteren von A/H leicht angeben. Daraus folgt $\operatorname{ord} H^0 = \operatorname{ord} A/\operatorname{ord} H$. Die inklusionsumkehrende Zuordnung $H \mapsto H^0$ muss darum wirklich eine Bijektion sein. Jedes $a \in A$ definiert vermöge
$$a : h \mapsto h(a) : \hat{A} \to \mathbb{C}^*$$

einen Charakter auf $\hat{A}$. Nach Definition liegen dabei Elemente a der Untergruppe H in $(H^0)^0$. Wegen

$$\operatorname{ord}(H^0)^0 = \frac{\operatorname{ord}\hat{A}}{\operatorname{ord} H^0} = \operatorname{ord} A \cdot \frac{\operatorname{ord} H}{\operatorname{ord} A} = \operatorname{ord} H$$

gilt sogar die Gleichheit $H = (H^0)^0$.— 5. und 6. sind wieder sehr leicht zu beweisen: Wenn β_A und β_B Isomorphismen sind, müssen sie natürlich injektiv sein. Umgekehrt folgt aus der Injektivität auch die Surjektivität vermöge

$$\operatorname{ord} A \leq \operatorname{ord}\hat{B} = \operatorname{ord} B \leq \operatorname{ord}\hat{A} = \operatorname{ord} A.$$

7. folgt aus 3. und 5. □

7.7.5 KUMMERsche Körpererweiterungen

Nach E. E. KUMMER (1810–1893), der sich u.a. große Verdienste um die Entwicklung der algebraischen Zahlentheorie erworben hat, sind die im folgenden Satz beschriebenen Körpererweiterungen benannt. Wie in der Galoistheorie beschränken wir uns dabei auf Erweiterungen endlichen Grades, obwohl eine gut ausgebaute Verallgemeinerung für unendlichen Grad existiert und hier sogar besonders reizvoll ist: Sie erlaubt es, unter geeigneten Voraussetzungen an den Grundkörper (Existenz n-ter Einheitswurzeln) alle abelschen Erweiterungen vom Exponenten n (s.u.) bereits an der Struktur der multiplikativen Gruppe des Grundkörpers abzulesen (Ein sehr viel tiefer gehendes Programm wird in dieser Richtung von der *Klassenkörpertheorie* verwirklicht).

Satz 7.34 *Sei* $n \in \mathbb{N}$ *und* K *ein Körper, der die n-ten Einheitswurzeln enthält,* $\operatorname{car} K \nmid n$. *Für eine algebraische Körpererweiterung* L/K *sind folgende Eigenschaften äquivalent:*

1. *Es gibt* $a_1, \ldots, a_r \in K$ *mit* $L = K(\sqrt[n]{a_1}, \ldots, \sqrt[n]{a_r})$.

2. *Es gibt eine Untergruppe* $M \subseteq K^*$, *welche die Untergruppe* K^{*n} *aller n-ten Potenzen in* K^* *von endlichem Index enthält, so dass* $L = K(\sqrt[n]{M})$ *ist, d.h. von allen n-ten Wurzeln aus* M *erzeugt wird.*

3. L *wird über* K *erzeugt von allen n-ten Wurzeln aus* $L^{*n} \cap K^*$, *und* $A := (L^{*n} \cap K^*)/K^{*n}$ *ist eine endliche abelsche Gruppe.*

4. *Die Körpererweiterung* L/K *ist normal und separabel; ihre Galoisgruppe* $G = \operatorname{Gal} L/K$ *ist abelsch „vom Exponenten n", d.h. für alle* $\sigma \in G$ *ist* $\sigma^n = 1$.

Wenn diese Eigenschaften erfüllt sind, existiert eine nicht ausgeartete Paarung

$$G \times A \to \mu_n \subset \mathbb{C}^*,$$

d.h. es bestehen kanonische Isomorphismen

$$G \cong \hat{A} \quad \text{und} \quad A \cong \hat{G}$$

und eine (nicht kanonische) Isomorphie

$$G = \operatorname{Gal} L/K \cong (L^{*n} \cap K^*)/K^{*n} = A\,.$$

Die Äquivalenz der ersten zwei Aussagen ist sehr leicht einzusehen: Zum *Beweis* von 1. ⇒ 2. wähle man M als die von K^{*n} und $a_1, \ldots, a_r$ erzeugte Gruppe. Für 2. ⇒ 1. wähle man $a_1, \ldots, a_r \in K^*$ als Repräsentanten von Erzeugenden von $A := M/K^{*n}$.—

1. bzw. 2. ⇒ 4.: Aus $\operatorname{car} K \nmid n$ folgt bereits, dass die in 1. beschriebene Erweiterung separabel ist. Aus der Theorie zyklischer Körpererweiterungen wissen wir, dass mit allen Erzeugenden $\sqrt[n]{a_j}$ auch alle Konjugierten zu L gehören, weil K die n-ten Einheitswurzeln enthält. Also folgt aus 1., dass L/K galoissch ist. Darüber hinaus ist für jedes $a \in M$ der Zwischenkörper $K(\sqrt[n]{a})$ zyklisch, also gibt es zu jedem $\sigma \in G := \operatorname{Gal} L/K$ eine n-te Einheitswurzel $\zeta = \zeta(\sigma, a)$ mit

$$\sigma(\sqrt[n]{a}) = \zeta(\sigma, a)\, \sqrt[n]{a}\,.$$

Da alle diese Einheitswurzeln zum Grundkörper gehören, hängen die $\zeta(\sigma, a)$ in der Tat nicht von der Auswahl der n-ten Wurzel ab, sondern nur von a selbst. Aus dem gleichen Grund gilt für alle $\sigma, \tau \in G$

$$\sigma \tau = \tau \sigma \quad \text{und} \quad \sigma^n = 1\,;$$

da die $\sigma \in G$ durch ihre Wirkung auf die Erzeugenden $\sqrt[n]{a}$, $a \in M$, eindeutig bestimmt sind.

4. ⇒ 1.: Da G endliche abelsche Gruppe ist, wissen wir aus Satz 2.38, dass

$$G \cong \mathbb{Z}/d_1\mathbb{Z} \times \ldots \times \mathbb{Z}/d_r\mathbb{Z}$$

ist, und nach Voraussetzung sind hier zusätzlich alle $d_j \mid n$. Sei nun G_j jene Untergruppe von G, welche entsteht, wenn man in der j-ten Komponente der Produktzerlegung von G, also in $\mathbb{Z}/d_j\mathbb{Z}$, nur das neutrale Element $[0]_{d_j}$ zulässt. Nach dem Hauptsatz der Galoistheorie ist dann der Fixkörper L_j von G_j normal und separabel über K mit Galoisgruppe

$$\operatorname{Gal} L_j/K \cong G/G_j \cong \mathbb{Z}/d_j\mathbb{Z}\,,$$

also eine zyklische Erweiterung $K(\sqrt[n]{a_j})$ für ein $a_j \in K$ (wegen $d_j \mid n$ dürfen wir die d_j-ten Wurzeln als n-te Wurzeln schreiben). Nach Konstruktion ist $\sqrt[n]{a_j}$ invariant unter der Operation von G_j auf L. Darum zeigt die Produktzerlegung von G und die Operation der Komponenten auf den Erzeugenden, dass der Körper

$$K(\sqrt[n]{a_1}, \ldots, \sqrt[n]{a_r}) \subseteq L$$

über K mindestens die Automorphismengruppe G besitzt. In der Ungleichungskette

$$\operatorname{ord} G \leq [K(\sqrt[n]{a_1}, \ldots, \sqrt[n]{a_r}) : K] \leq [L : K] = \operatorname{ord} G$$

können also nur Gleichheiten stehen, somit gilt 1.

Bevor wir die Äquivalenz zu 3. zeigen, ist es zweckmäßig, die übrigen Aussagen des Satzes vorwegzunehmen, und zwar für $A := M/K^{*n}$. Man rechnet unmittelbar nach, dass die oben eingeführten Einheitswurzeln $\zeta(\sigma, a)$ nur von der Restklasse aK^{*n} abhängen. Wenn wir also die Funktion

$$\beta : G \times A = G \times M/K^{*n} \to \mu_n : \quad (\sigma, aK^{*n}) \mapsto \zeta(\sigma, a)$$

einführen, so zeigt sich — wieder unter Verwendung von $\mu_n \subset K^*$ —, dass für alle $a, b \in M$ und alle $\sigma, \tau \in G$

$$\zeta(\sigma\tau, a) = \zeta(\sigma, a)\zeta(\tau, a) \quad \text{und} \quad \zeta(\sigma, ab) = \zeta(\sigma, a)\zeta(\sigma, b)$$

gilt, dass also durch β eine Paarung auf $G \times A$ definiert wird. Diese ist nicht entartet: Wenn für ein $\sigma \in G$ und für alle aK^*, $a \in M$, der Wert $\beta(\sigma, aK^*) = 1$ ist, so heißt das $\zeta(\sigma, a) = 1$ oder besser $\sigma(\sqrt[n]{a}) = \sqrt[n]{a}$. Da $\sqrt[n]{a}$ alle Erzeugenden von L durchläuft, bedeutet das $\sigma = 1$. Wenn andererseits für alle $\sigma \in G$ gilt $\beta(\sigma, a) = 1$, so folgt daraus analog $\sqrt[n]{a} \in \operatorname{Fix} G = K$ (Galoistheorie), also $a \in K^{*n}$. Die übrigen Aussagen sind eine direkte Konsequenz des im letzten Abschnitt hergeleiteten Satzes über Charaktergruppen. Wir notieren eine einfache Konsequenz:

$$\operatorname{ord} A = (M : K^{*n}) = \operatorname{ord} G = [L : K]$$

3. $\Rightarrow$ 2. ist wieder sehr leicht einzusehen: Man nehme $M := L^{*n} \cap K^*$. Für 2. $\Rightarrow$ 3. beachte man, dass das M aus Eigenschaft 2. natürlich in $L^{*n} \cap K^*$ liegt. Wäre $L^{*n} \cap K^*$ echt größer als M, so könnte man eine echte Obergruppe M' von M finden, nach wie vor mit endlichem Index $(M' : K^{*n})$ und mit $L = K(\sqrt[n]{M}) = K(\sqrt[n]{M'})$. Wie oben bewiesen, gilt dann

$$(M : K^{*n}) = [L : K] = (M' : K^{*n}),$$

demnach $M = M'$, es muss also $L^{*n} \cap K^* = M$ sein. $\square$

7.7.6 Auflösbare Gleichungen und auflösbare Gruppen

Kummersche Körpererweiterungen sind also dadurch ausgezeichnet, dass ihre Galoisgruppen direkte Produkte zyklischer Gruppen sind. Eine kompliziertere Möglichkeit, Galoisgruppen aus zyklischen Gruppen zusammenzusetzen, werden wir nun studieren.

Satz 7.35 *Sei K ein Körper der Charakteristik 0 oder $> n \in \mathbb{N}$,*

$$f(x) = a_n x^n + \ldots + a_1 x + a_0 \in K[x]$$

ein Polynom vom Grad n mit Zerfällungskörper $L \supseteq K$. Die Gleichung $f(x) = 0$ ist genau dann durch Radikale auflösbar, d.h. L und insbesondere die Wurzeln von f liegen in einer von Radikalen erzeugten Körpererweiterung von K, wenn die Galoisgruppe $\operatorname{Gal} L/K$ auflösbar ist.

Zum *Beweis* sei zunächst an Folgerung 2.28 erinnert, dass $G = \operatorname{Gal} L/K$ auflösbar heißt, wenn eine Kette von Untergruppen

$$\{e\} = G_0 \triangleleft G_1 \triangleleft \ldots \triangleleft G_{r-1} \triangleleft G_r = G$$

existiert, für die jedes G_i Normalteiler in G_{i+1} ist mit zyklischer Faktorgruppe G_{i+1}/G_i. Nach dem Hauptsatz der Galoistheorie entspricht dieser Kette von Untergruppen eine Kette von Zwischenkörpern

$$L = L_0 \supset L_1 \supset \ldots \supset L_{r-1} \supset L_r = K ,$$

wobei jedes $L_i = \operatorname{Fix} G_i$ normale separable zyklische Körpererweiterung von L_{i+1} ist mit Galoisgruppe G_{i+1}/G_i.

1. Nun machen wir zunächst die zusätzliche Annahme, K enthalte schon alle m-ten Einheitswurzeln für alle $m \leq n$. Nach Voraussetzung ist $\operatorname{car} K \nmid m$, also erzeugt nach Satz 7.30 die Adjunktion m-ter Wurzeln eine zyklische Erweiterung L_{r-1}. Wenn die Gleichung $f(x) = 0$ auflösbar ist, lässt sich dieser Prozess iterieren, um den Zerfällungskörper L von f über K zu erzeugen; dabei entsteht eine Kette normaler zyklischer Körpererweiterungen L_i/L_{i+1} und damit genau eine solche Kette von Untergruppen $G_i = \operatorname{Fix} L_i$, welche die Auflösbarkeit der Galoisgruppe $G = \operatorname{Gal} L/K$ beweist.
2. Unter der gleichen zusätzlichen Annahme sei nun die Galoisgruppe G des Zerfällungskörpers L auflösbar, die Untergruppen G_i und Zwischenkörper $L_i = \operatorname{Fix} G_i$ wie oben angegeben. Dann sagt Satz 7.32, dass jedes L_i Radikalerweiterung von L_{i+1} ist. Induktion über r zeigt also, dass L über K durch schrittweise Adjunktion von Radikalen entsteht.
3. Nun muss noch die Voraussetzung über die Einheitswurzeln beseitigt werden. Erstens ist dazu zu zeigen, dass die Galoisgruppe des Zerfällungskörpers von f auflösbar bleibt, wenn man den Grundkörper K durch eine Erweiterung $K(\zeta)$ ersetzt, ζ eine N-te Einheitswurzel. Das folgt daraus, dass $L_i(\zeta)/L_{i+1}(\zeta)$ normal und separabel bleibt, wenn L_i/L_{i+1} normal und separabel ist (warum?), und dass die Restriktion jedes Automorphismus σ von $L_i(\zeta)/L_{i+1}(\zeta)$ auf L_i in der Galoisgruppe von L_i/L_{i+1} liegt; da ζ unter σ fest bleibt, ist σ durch diese Restriktion sogar eindeutig bestimmt, man erhält also eine natürliche Einbettung

$$\operatorname{Gal} L_i(\zeta)/L_{i+1}(\zeta) \hookrightarrow \operatorname{Gal} L_i/L_{i+1} .$$

Da Untergruppen zyklischer Gruppen wieder zyklisch sind, bleiben alle Faktorgruppen auch bei Adjunktion von ζ zyklische Gruppen, die Galoisgruppe bleibt also auflösbar. Zweitens ist durch Induktion über $m \leq n$ zu zeigen, dass auch die Einheitswurzeln ζ_m^j selbst in Radikalerweiterungen von K liegen (immer car $K = 0$ oder $> m$): Das ist klar für $m = 1$; sei diese Eigenschaft für Einheitswurzeln kleinerer Ordnung bereits gezeigt, dann ist $K(\zeta_m)/K$ normal separabel mit Galoisgruppe

$$\operatorname{Gal} K(\zeta_m)/K \subseteq (\mathbb{Z}/m\mathbb{Z})^*,$$

also auf alle Fälle abelsch, somit auflösbar, von einer Ordnung $\leq \varphi(m) < m$. Nach Induktionsannahme und dem oben geführten zweiten Beweisschritt lässt sich $K(\zeta_m)$ aus K durch schrittweise Adjunktion von Radikalen erzeugen. □

7.7.7 Beispiele

1. Alle quadratischen Körpererweiterungen in Charakteristik $\neq 2$ sind Radikalerweiterungen, was man schon auf der Schule durch „quadratische Ergänzung" quadratischer Gleichungen lernt. Es ist instruktiv, sich hier die Lagrangesche Resolvente aus der Nähe anzusehen: Für $\alpha = a + b\sqrt{d}$ und $\zeta = -1$ wird

$$\theta = \alpha + \zeta \sigma(\alpha) = a + b\sqrt{d} - (a - b\sqrt{d}) = 2b\sqrt{d}.$$

2. Seien $x_1, \ldots, x_n$ algebraisch unabhängig über dem Körper k, z.B. unabhängige Variable, $s_1, \ldots, s_n$ die elementarsymmetrischen Polynome von $x_1, \ldots, x_n$, und sei $K := k(s_1, \ldots, s_n)$, car $k = 0$ oder $> n$. Dann hat der Zerfällungskörper $L = k(x_1, \ldots, x_n)$ des Polynoms

$$f(x) := x^n - s_1 x^{n-1} + s_2 x^{n-2} - + \ldots + (-1)^n s_n$$

die Galoisgruppe $\operatorname{Gal} L/K = S_n$, denn jede Permutation der Wurzeln lässt k und $s_1, \ldots, s_n$ fest. $f(x) = 0$ heißt darum die **allgemeine Gleichung n-ten Grades**. Wir werden sehen, dass diese genau dann auflösbar ist, wenn $n \leq 4$ ist. Insbesondere wird aus den Überlegungen des nächsten Abschnitts die historisch bedeutsame Erkenntnis von N.H. ABEL (1824) folgen, dass algebraische Gleichungen von fünftem oder höherem Grad im allgemeinen nicht durch Radikale auflösbar sind.

3. Zunächst aber zu den allgemeinen Gleichungen kleineren Grades: Nach dem Hauptsatz dieses Paragraphen haben wir zu zeigen, dass S_n auflösbar ist für $n \leq 4$. Das ist klar für $n = 1$ und 2. Für $n = 3$ folgt es aus

$$\{(1)\} \triangleleft A_3 \triangleleft S_3, \tag{7.6}$$

wobei A_3 hier die (zyklische) Drehgruppe der Ordnung 3 ist und S_3/A_3 bekanntlich von der Ordnung 2 (vgl. die Abschnitte 2.1.4 und 2.6.4). Für $n = 4$ erhält man eine *Auflösung* von S_4 z.B. in der Form

$$\{(1)\} \triangleleft \{(1), (1\,2)(3\,4)\} \triangleleft V \triangleleft A_4 \triangleleft S_4$$

mit der KLEINschen **Vierergruppe**
$$V := \{(1), (1\,2)(3\,4), (1\,3)(2\,4), (1\,4)(2\,3)\}\,.$$

Es ist leicht nachzurechnen, dass V Normalteiler in A_3 ist, etwa mit Hilfe von Satz 2.2.6, und zwar mit zyklischer Restklassengruppe von der Ordnung 3. Alle anderen fraglichen Restklassengruppen sind zyklisch von Ordnung 2.

4. Damit ist freilich noch keine explizite Konstruktion der Wurzeln von $f(x) = 0$ durch Adjunktion von Radikalen gewonnen. Wie man die Wurzeln explizit erhält, sei am Beispiel der sogenannten Formel von CARDANO (1545, vorher jedoch schon von SCIPIO DEL FERRO und TARTAGLIA gefunden) für $n = 3$ erläutert: Zunächst kann man die Gleichung für $\operatorname{car} K \nmid n$ durch die Substitution $x = y + \frac{s_1}{n}$ zu

$$f(x) = y^n + b_2 y^{n-2} + \ldots + b_0 = 0$$

vereinfachen. Dann gilt im Fall $n = 3$ der

Satz 7.36 *Sei* $\operatorname{car} K \nmid 6$. *$K$ enthalte eine primitive dritte Einheitswurzel* $\zeta = \frac{1}{2}(-1 + \sqrt{-3})$. *Dann hat die Gleichung*

$$y^3 + py + q = 0$$

die Lösungen

$$\alpha_1 = \sqrt[3]{A} + \sqrt[3]{B}\,, \quad \alpha_2 = \zeta\sqrt[3]{A} + \zeta^2\sqrt[3]{B}\,, \quad \alpha_3 = \zeta^2\sqrt[3]{A} + \zeta\sqrt[3]{B}\,,$$

wobei

$$A := -\frac{q}{2} + \sqrt{\frac{q^2}{4} + \frac{p^3}{27}}\,, \quad B := -\frac{q}{2} - \sqrt{\frac{q^2}{4} + \frac{p^3}{27}}$$

sind und $\sqrt[3]{A}$, $\sqrt[3]{B}$ *so normiert, dass*

$$\sqrt[3]{A}\sqrt[3]{B} = -\frac{p}{3}\,.$$

Zum *Beweis* hat man einen Turm von Körpererweiterungen

$$K(\sqrt{D}, \theta) \supset K(\sqrt{D}) \supset K$$

zu konstruieren, der nach dem Hauptsatz der Galoistheorie gerade der Untergruppenkette (7.6) entspricht. Dabei muss $\sqrt{D}$ eine A_3-invariante Funktion der Wurzeln sein; diese kennen wir aus Abschnitt 2.6.4 und wissen darum, dass D als Diskriminante $-4p^3 - 27q^2$ des Polynoms gewählt werden kann (vgl. die Beispiele zu Satz 3.13). Ferner weiß man, dass man θ als Resolvente für eine zyklische Erweiterung vom Grad 3 wählen kann. Wenn also S_3 durch Permutation der Indizes auf den Wurzeln der Gleichung operiert und $\operatorname{Gal} K(\sqrt{D}, \theta)/K(\sqrt{D})$ von der Permutation $(1\,2\,3)$ erzeugt wird, kann man

$$\theta = \alpha_1 + \zeta\alpha_2 + \zeta^2\alpha_3$$

annehmen und weiß dann, dass θ^3 in $K(\sqrt{D})$ liegen muss. Explizite Rechnung mit Hilfe der elementarsymmetrischen Funktionen 0, p und $-q$ der Wurzeln unseres Polynoms ergibt

$$\theta^3 = -\frac{27}{2}q - \frac{3}{2}\sqrt{-3}\sqrt{D},$$

also $\theta = 3\sqrt[3]{B}$. Ganz analog erhält man bei Verwendung der konjugierten dritten Einheitswurzel (oder der erzeugenden Permutation $(1\,3\,2)$) als Resolvente

$$\theta' = \alpha_1 + \zeta\alpha_3 + \zeta^2\alpha_2 = 3\sqrt[3]{A}.$$

Die Wahl dieser dritten Wurzeln in den Gleichungen für θ und θ' ist nicht unabhängig voneinander, denn man rechnet wie eben nach, dass $\theta\theta' = -3p$ gelten muss. Jedenfalls ergeben die Gleichungen für θ und θ' zusammen mit

$$\alpha_1 + \alpha_2 + \alpha_3 = 0$$

ein lineares Gleichungssystem, aus denen die α_i berechnet werden können. □

7.8 Einfache Gruppen

7.8.1 Grundbegriffe

Dieser und der nächste Abschnitt sind eigentlich Nachträge zu 2.6 und 2.7, nun motiviert durch die Bedeutung der Auflösbarkeit endlicher Gruppen, die sich via Galoistheorie im letzten Paragraphen herauskristallisiert hat. **Normalreihen** endlicher Gruppen G, d.h. Ketten von Untergruppen

$$\{e\} = G_0 \triangleleft G_1 \triangleleft \ldots \triangleleft G_{r-1} \triangleleft G_r = G,$$

für die jedes G_j echter Normalteiler in G_{j+1} ist, sind keineswegs eindeutig bestimmt. Wenn nämlich eine der Faktorgruppen G_{j+1}/G_j einen echten Normalteiler N besitzt, so muss diesem nach dem zweiten Isomorphiesatz der Gruppentheorie ein Normalteiler $\bar{N}$ von G_{j+1} mit $G_j \triangleleft \bar{N}$ und $\bar{N}/G_j \cong N$ entsprechen. Die Normalreihe lässt sich also erst dann nicht mehr weiter durch Einfügen zusätzlicher Gruppen in die Kette verfeinern, wenn alle Faktorgruppen **einfach** sind; so werden Gruppen bezeichnet, welche nicht nur aus dem Einselement bestehen und keine echten Normalteiler besitzen. In diesem Fall nennt man die Normalreihe eine **Kompositionsreihe** von G; dann kann man zeigen — was wir hier nicht tun wollen — dass die Kompositionsreihe zwar i.a. auch nicht eindeutig bestimmt ist, wohl aber die einfachen Faktoren G_{j+1}/G_j, jedenfalls bis auf Reihenfolge und Isomorphie (Satz von JORDAN-HÖLDER). Umgekehrt ist G aber i.a. *nicht* bis auf Isomorphie eindeutig bestimmt durch diese Kompositionsfaktoren, und für diese darf die Bezeichnung „einfach" nicht etwa als

„unkompliziert" missverstanden werden: Sie besagt nur, dass es sich hierbei um Grundbausteine der Gruppentheorie handelt. Der Traum, alle endlichen Gruppen bis auf Isomorphie zu klassifizieren, lässt sich also dann verwirklichen, wenn man

- alle einfachen endlichen Gruppen klassifizieren kann, d.h. diese bis auf Isomorphie auflisten kann,
- die Mechanismen beherrscht, wie eine endliche Gruppe aus einfachen Gruppen als Kompositionsfaktoren aufgebaut werden kann.

Dieses ist ein sehr umfangreiches Programm, das nicht einmal dicke Monographien über Gruppentheorie erschöpfend behandeln können. Wir wollen hier nur zum ersten Punkt einige wenige Beispiele kennenlernen, dies auch im Hinblick auf Galoistheorie und die Auflösung algebraischer Gleichungen: Es ist u.a. zu zeigen, dass es überhaupt einfache nicht-zyklische endliche Gruppen gibt (die dann auch noch als Galoisgruppen vorkommen müssen!), wenn der Nachweis geführt werden soll, dass nicht alle algebraischen Gleichungen durch Radikale auflösbar sind.

7.8.2 Einfache abelsche Gruppen

Satz 7.37 *Eine abelsche Gruppe G ist genau dann einfach, wenn sie zyklisch von Primzahlordnung ist, d.h. isomorph zur additiven Gruppe $\mathbb{Z}/p\mathbb{Z}$.*

Für endliche abelsche Gruppen kann man nämlich zu jedem Primteiler p der Ordnung eine Untergruppe der Ordnung p finden (Hilfssatz 2.23). Diese ist gleichzeitig Normalteiler und nur für $p = \operatorname{ord} G$ kein echter Normalteiler. Dass Gruppen von Primzahlordnung zyklisch sind, wissen wir schon aus Satz 2.12. Fast trivialerweise gilt der Satz auch für unendliche abelsche Gruppen: Jedes $g \in G$ erzeugt eine zyklische Untergruppe, also einen Normalteiler. Ist dies kein echter Normalteiler und G unendlich, so muss $G \cong \mathbb{Z}$ sein, und diese Gruppe hat echte Normalteiler. □

Damit ist auch gleichzeitig klar, dass eine einfache nichtzyklische Gruppe automatisch nichtabelsch sein wird.

7.8.3 Die alternierende Gruppe A_5

Wir haben bereits im letzten Paragraphen gesehen, dass die symmetrischen Gruppen S_n und damit auch die alternierenden Gruppen A_n auflösbar sind für $n \leq 4$. Der kleinstmögliche Kandidat für eine einfache nichtabelsche Gruppe unter den uns bisher persönlich bekannten Gruppen ist daher die alternierende Gruppe A_5 der Ordnung 60, und dies ist in der Tat auch die kleinste einfache nichtabelsche Gruppe überhaupt (was wir hier aber nicht beweisen werden).

Satz 7.38 A_5 *ist einfach.*

Zum *Beweis* erinnere man sich zunächst an Hilfssatz 2.21: A_n wird erzeugt von allen Permutationen $(i\,j)(k\,l)$, dazu gehören insbesondere auch die Dreierzykeln

$$(i\,j\,k) = (i\,k)(i\,j)\,.$$

Natürlich setzen wir dabei $n \geq 5$ voraus; die Einträge in einem Zykel seien stets paarweise verschieden. Transpositionen $(i\,j)$ gehören nicht zu A_n, und anhand der Definition rechnet man leicht aus, dass ebensowenig die Viererzykeln $(i\,j\,k\,l)$ zu A_n gehören, wohl aber alle Fünferzykeln $(i\,j\,k\,l\,m)$. Nun lassen wir A_5 durch Konjugation auf sich selbst operieren und studieren die Einteilung in Bahnen:

Hilfssatz 7.39 *Bezüglich der Konjugationsoperation zerfällt A_5 in*

1. *eine Bahn $\{(1)\}$ der Länge 1 ,*

2. *eine Bahn der Länge 15, bestehend aus allen Produkten $(i\,j)(k\,l)$ disjunkter Transpositionen,*

3. *eine Bahn der Länge 20, bestehend aus allen Dreierzykeln $(i\,j\,k)$,*

4. *zwei Bahnen der Länge 12, jeweils bestehend aus Fünferzykeln.*

Den *Beweis des Hilfssatzes* führt man natürlich über eine Fallunterscheidung, wobei man zweckmäßigerweise die Konjugationsoperation von S_5 auf A_5 mitberücksichtigt: Z.B. sind nach Satz 2.2.6 alle 24 Fünferzykeln in S_5 konjugiert, bilden also *eine* Bahn $S_5 \cdot s$ z.B. für das Element $s = (1\,2\,3\,4\,5)$. Die Länge der Bahn berechnet sich dann als Index $(S_5 : S_{5,s})$ von S_5 nach der Fixgruppe $S_{5,s}$ des Elements s, hier also gerade die von s erzeugte Untergruppe von der Ordnung 5, was uns in der Tat

$$(S_5 : S_{5,s}) = \frac{\text{ord}\, S_5}{\text{ord}\, S_{5,s}} = \frac{5!}{5} = 24$$

liefert. Da die Fixgruppe in A_5 liegt, muss nach der gleichen Rechnung die Bahnlänge für die Operation von A_5 gerade die Hälfte ergeben.— Genauso sind alle Dreierzykeln in S_5 konjugiert, und für $s = (1\,2\,3)$ ist die Fixgruppe von der Ordnung 6, erzeugt von s selbst und von $(4\,5)$. Hier liegt aber nicht diese ganze Fixgruppe in A_5; die Fixgruppe $A_{5,s}$ für dieses Element in A_5 ist nur die von s erzeugte Untergruppe der Ordnung 3, daher erhalten wir hier die Bahnenlänge 20.— Im Fall der Produkte zweier disjunkter Transpositionen kann man analog vorgehen: Die Fixgruppe von $(1\,2)(3\,4)$ in A_5 ist die schon im letzten Paragraphen in der Normalreihe von A_4 aufgetretene Kleinsche Vierergruppe V und in S_5 ist diese durch das zusätzliche erzeugende Element $(1\,2)$ zu einer Fixgruppe der Ordnung 8 zu erweitern. □

Zum *Beweis des Satzes* erinnert man sich an die Klassenformel 2.20 für die Konjugationsoperation von A_5 auf sich: Die Gruppenordnung ist die Summe der Bahnenlängen, hier also

$$60 = 1 + 15 + 20 + 12 + 12 \,. \tag{7.7}$$

Ein Normalteiler N von A_5 muss nun mit jedem Element auch alle seine A_5-Konjugierten enthalten. Folglich muss $\operatorname{ord} N$ eine Teilsumme von (7.7) sein, andererseits aber ein Teiler von 60. Da N das Einselement enthält, muss außerdem die Teilsumme das Glied 1 enthalten. 1 und 60 sind aber die einzigen Teilsummen von (7.7), welche diese Bedingungen erfüllen, A_5 kann also nur die trivialen Normalteiler $\{(1)\}$ und A_5 enthalten. □

7.8.4 Konsequenzen

Satz 7.40 *Für alle $n \geq 5$ ist die alternierende Gruppe A_n einfach.*

Zum *Beweis* beachte man, dass A_n für $n > 5$ mehrere zu A_5 isomorphe Untergruppen U_T enthält: Für jede 5-elementige Untermenge T von $\{1, \ldots, n\}$ sei U_T jene Untergruppe von A_n, welche als alternierende Gruppe von Permutationen von T auf T operiert. Sei N ein Normalteiler von A_n. Wenn es ein T gibt mit $N \cap U_T \neq \{(1)\}$, so gilt sogar $U_T \subseteq N$, denn U_T ist einfach und $N \cap U_T$ ist Normalteiler in U_T. Nun sind aber alle Untergruppen U_T in A_n zueinander konjugiert, wie man leicht mit Hilfe von Satz 2.2.6 beweisen kann; damit σ nicht nur in S_n, sondern sogar in A_n liegt, muss man notfalls σ noch mit einer auf T operierenden Transposition multiplizieren. Mit einem U_T enthält N also alle U_T, insbesondere alle Produkte

$$(i\,j)(k\,l) \quad \text{und} \quad (i\,j\,k)$$

von zwei Transpositionen; diese erzeugen aber bereits die ganze Gruppe A_n, womit die Behauptung bewiesen wäre.
Bleibt nur noch zu zeigen, dass jeder Normalteiler $N \neq \{(1)\}$ von A_n mindestens ein Element $\neq (1)$ mit mindestens einer Untergruppe U_T gemein hat. Andernfalls hätte N außer dem Einselement nur Elemente τ mit weniger als $n-5$ Fixpunkten, die also $\tau(i) \neq i$ für mindestens sechs verschiedene $i = 1, \ldots, n$ erfüllen. Nach Umnummerieren darf man annehmen, dass $\tau \in N$ von der Form

$$(1\,2)(3\,4) \cdot \ldots, \quad (1\,2\,3)(4\,5\ldots) \cdot \ldots, \quad (1\,2\,3\,4) \cdot \ldots \quad \text{oder} \quad (1\,2\,3\,4\,5\ldots) \cdot \ldots$$

ist. Konjugation mit $\sigma = (1\,3\,4) \in A_n$ wirkt auf τ wie in Satz 2.2.6 beschrieben: Jeder Eintrag i in der Zykelschreibweise wird durch $\sigma(i)$ ersetzt, insbesondere bleiben alle $i \geq 5$ ungeändert. Daraus folgt, dass das Produkt $\sigma\tau\sigma^{-1}\tau^{-1}$ (der sogenannte *Kommutator* von σ und τ, der auch wieder in N liegt, warum?) zwar sicher $\neq (1)$ ist, aber alle $i \geq 6$ fest lässt, also in einem U_T liegt. □

Folgerung 7.41 (E. GALOIS 1832) *Für $n \geq 5$ sind die symmetrischen Gruppen S_n nicht auflösbar.*

Dass nämlich keine Auflösung

$$\{(1)\} \lhd \ldots \lhd N \lhd A_n \lhd S_n$$

existieren kann, folgt aus der Einfachheit von A_n. Es genügt also, zu zeigen, dass kein echter Normalteiler $N \neq A_n$ von S_n mit zyklischer Faktorgruppe S_n/N existieren kann. So ein Normalteiler müsste

$$N \cap A_n = \{(1)\} \quad \text{und} \quad NA_n = S_n$$

erfüllen, nach dem ersten Isomorphiesatz (mit $U = A_n$) wäre also

$$S_n/N = A_n N/N \cong A_n/(A_n \cap N) = A_n$$

nicht zyklisch; mit wenig mehr Aufwand kann man darüber hinaus sogar zeigen, dass $\{(1)\} \lhd A_n \lhd S_n$ die einzige Kompositionsreihe für S_n ist. $\square$

Folgerung 7.42 *Die allgemeine Gleichung n-ten Grades ist für $n \geq 5$ nicht durch Radikale auflösbar.*

Im nächsten Abschnitt werden wir auf die Frage eingehen, was dieses Resultat für das Umkehrproblem der Galoistheorie zu bedeuten hat.

7.9 Einfache lineare Gruppen

Ziel dieses Abschnitts ist es vor allem, unser Repertoire an endlichen einfachen Gruppen durch Einführung der Gruppen PSL_n über endlichen Körpern zu erweitern und einen kurzen Ausblick auf die schon einmal angesprochenen Klassifikationsprobleme in Gruppentheorie und Galoistheorie zu geben.

7.9.1 Nochmals Gruppenoperationen

Die Gruppe G operiere auf der Menge M. Diese Operation nennt man **treu**, wenn nur das Einselement $e \in G$ als Identität auf M operiert, wenn also

$$xs = s \, \forall \, s \in M \implies x = e$$

richtig ist; anders gesagt: Die Gruppenoperation definiert einen *injektiven* Gruppenhomomorphismus $G \to S_M$.
Die Gruppenoperation von G auf M heißt **zweifach transitiv**, wenn auch Paare

7 Galoistheorie

verschiedener Punkte aus M durch Gruppenelemente aufeinander abgebildet werden können, wenn also zu je zwei $s_1 \neq s_2$ und $t_1 \neq t_2 \in M$ ein $x \in G$ existiert mit $xs_1 = t_1$, $xs_2 = t_2$. Analog kann man n-fach transitive Gruppenoperationen definieren; mit Hilfe der Aufgaben 15 und 16 aus Abschnitt 2.10 lässt sich z.B. zeigen, dass $SL_2\mathbb{C}$ dreifach transitiv auf $\overline{\mathbb{C}}$ operiert.

Die Operation von G auf M induziert natürlich eine Operation von G auf der Potenzmenge $\mathcal{P}(M)$. Sei $\pi(M) \subseteq \mathcal{P}(M)$ eine **Partition** von M, d.h. die Elemente von $\pi(M)$ sollen disjunkte Untermengen von M mit Vereinigung M sein. Führt jedes $x \in G$ diese Partition in sich über, so nennen wir $\pi(M)$ G-stabil. Trivialerweise sind $\{M\}$ und die Zerlegung von M in einelementige Teilmengen solche G-stabilen Partitionen. Wenn dies die einzigen G-stabilen Partitionen von M sind, nennt man die Operation von G auf M **primitiv**.

Hilfssatz 7.43 *Die Gruppe G operiert genau dann primitiv auf der Menge M, wenn zu jeder Untermenge $A \subsetneq M$ mit mehr als einem Element ein $x \in G$ existiert mit*

$$xA \neq A \quad \text{und} \quad xA \cap A \neq \emptyset.$$

Gäbe es nämlich eine mehr als einelementige echte Untermenge A von M mit

$$xA = A \quad \text{oder} \quad xA \cap A = \emptyset \quad \forall x \in G,$$

so hätte man auch

$$xA = yA \quad \text{oder} \quad xA \cap yA = \emptyset$$

für alle $x, y \in G$. Dann bildet die G-Bahn von A in $\mathcal{P}(M)$ zusammen mit dem Komplement von GA in M eine nichttriviale G-stabile Partition von M. Gibt es umgekehrt eine solche nichttriviale G-stabile Partition, so dient jede (mehr als einelementige) Untermenge A dieser Partition als Gegenbeispiel zu der im Hilfssatz genannten Bedingung. $\square$

Hilfssatz 7.44   1. *Die Gruppe G operiere zweifach transitiv auf der Menge M. Dann operiert G primitiv auf M.*

2. *G operiere primitiv und treu auf M, und der Normalteiler $H \triangleleft G$ bestehe nicht nur aus dem Einselement. Dann operiert H transitiv auf M.*

3. *Die Gruppe G operiere auf M, dabei operiere ihre Untergruppe $H \subseteq G$ transitiv auf M. Sei $s \in M$ und G_s die Fixgruppe von s in G. Dann ist*

$$G = HG_s.$$

Beweis: 1. Sei A eine echte Untermenge von M mit mindestens zwei verschiedenen Elementen $s \neq t$. Da G zweifach transitiv auf M operiert, gibt es ein $x \in G$ mit $xs = s$, $xt \notin A$; xA ist also weder $= A$ noch disjunkt zu A. Nach dem letzten

Hilfssatz operiert G primitiv auf M.

2. Es gibt ein $s \in M$ so, dass $A := Hs$ nicht nur aus s besteht, weil G treu operiert und H nicht nur das Einselement enthält. Für jedes $x \in G$ hat man die folgende Alternative: Entweder gehört xs zur H-Bahn A von s, dann ist (H Normalteiler in G) $Hxs = xHs = xA$, oder xA ist aus dem gleichen Grund disjunkt zu A. Da G primitiv auf M operiert, bleibt nach dem letzten Hilfssatz nur die Möglichkeit $Hs = A = M$, d.h. H operiert transitiv.

3. Nun sei H irgendeine transitive Untergruppe von G, dazu $s \in M$ beliebig. Zu jedem $x \in G$ gibt es ein $h \in H$ mit $xs = hs$, also ist $h^{-1}x \in G_s$ bzw. $x \in HG_s$. □

7.9.2 Kommutatoruntergruppen. Ein Kriterium für Einfachheit

Wir erinnern an einen Begriff, der beiläufig schon im Rahmen der Aufgaben 12 und 13 in Abschnitt 2.10 eingeführt wurde: Die *Kommutatoruntergruppe* $K = [G, G]$ ist das Erzeugnis aller Produkte $xyx^{-1}y^{-1}$ mit $x, y \in G$. Konjugation von x und y mit einem beliebigen $g \in G$ zeigt, dass K konjugationsinvariant ist, also Normalteiler. Jeder Homomorphismus von G in eine abelsche Gruppe enthält K in seinem Kern, nach dem Homomorphiesatz der Gruppentheorie gilt also der

Hilfssatz 7.45 *Sei H Normalteiler der Gruppe G mit abelscher Faktorgruppe G/H. Dann enthält H die Kommutatoruntergruppe $[G, G]$.*

Der Nachweis der Einfachheit der hier zu diskutierenden Gruppen erfolgt (laut [Jac] nach einer Idee von IWASAWA) mit Hilfe des folgenden Kriteriums.

Hilfssatz 7.46 *Die Gruppe G operiere auf einer Menge M. Sie ist einfach, wenn die folgenden Bedingungen erfüllt sind:*

1. *Die Operation von G auf M ist treu und primitiv.*
2. *$G = [G, G]$.*
3. *Es gibt ein $s \in M$, dessen Fixgruppe G_s einen abelschen Normalteiler A_s enthält mit der Eigenschaft, dass G von allen Konjugierten xA_sx^{-1}, $x \in G$, erzeugt wird.*

Beweis: Angenommen, die Bedingungen des Hilfssatzes seien erfüllt und es gäbe einen echten Normalteiler $H \triangleleft G$. Nach Lemma 7.44 operiert H transitiv auf M, und es gilt $G = HG_s$. Nach Hilfssatz 2.16.4 ist $G^* := HA_s$ Untergruppe von G, und aus $G = HG_s$ folgt sogar, dass G^* Normalteiler in G ist; G^* enthält also jedes xA_sx^{-1}, $x \in G$. Aus Bedingung 3 folgt $G = G^* = HA_s$. Nach dem ersten Isomorphiesatz ist $G/H \cong A_s/(H \cap A_s)$ abelsch, H enthält also die Kommutatorgruppe $[G, G] = G$. Somit ist $H = G$, G ist einfach.□

7.9.3 Projektive spezielle lineare Gruppen

Wir müssen nun eine Erinnerung an die lineare Algebra einschieben. Sei K ein zunächst beliebiger Körper. Auf den Vektoren $\neq 0$ des Vektorraums K^n wird eine Äquivalenzrelation durch

$$a \sim b \quad :\Longleftrightarrow \quad \exists\, k \in K^* : a = kb$$

eingeführt. Die Menge der Äquivalenzklassen ist der $n-1$-dimensionale **projektive Raum** $\mathbb{P}_{n-1}(K)$. Realisiert man K^n durch Spaltenvektoren und lässt $GL_n K$ durch Matrixmultiplikation auf K^n operieren, so werden Äquivalenzklassen in Äquivalenzklassen übergeführt. Man erhält folglich — repräsentantenweise definiert — eine wohldefinierte Operation von $GL_n K$ auf $\mathbb{P}_{n-1}(K)$; das gleiche gilt natürlich für die spezielle lineare Gruppe $SL_n K$, d.h. die Untergruppe der Matrizen der Determinante 1. Im Fall $n=2$ lässt sich $\mathbb{P}_1(K)$ mit dem in 2.10, Aufgabe 15, eingeführten $\overline{K}$ identifizieren (man nehme den Quotienten der ersten durch die zweite Koordinate); die Operation von $SL_2 K$ wird dabei genau zu der dort diskutierten gebrochen-linearen Operation. Welche Matrizen operieren als Identität auf $\mathbb{P}_{n-1}(K)$? Diese müssen den gesamten K^n als Eigenraum besitzen und sind darum genau die Vielfachen der Einheitsmatrix E. Diese Vielfachen bilden einen Normalteiler

$$Z_G := K^* E \quad \text{bzw.} \quad Z_S := (\mu_n \cap K) E$$

von $GL_n K$ bzw. $SL_n K$ ($\mu_n \cap K$ sind die in K enthaltenen n-ten Einheitswurzeln). Die Faktorgruppen

$$PGL_n(K) := GL_n K / Z_G \quad \text{bzw.} \quad PSL_n K := SL_n K / Z_S$$

heißen *projektive lineare* bzw. **projektive spezielle lineare Gruppe**; nach Konstruktion operieren beide treu auf $\mathbb{P}_{n-1}(K)$. Damit ist schon ein halber Schritt in Richtung einer Anwendung von Hilfssatz 7.46 getan. Die Gültigkeit der ersten Bedingung in 7.46 folgt aus Hilfssatz 7.44.1 und

Hilfssatz 7.47 *Sei $n > 1$. Dann operiert $PSL_n K$ zweifach transitiv auf $\mathbb{P}_{n-1}(K)$.*

Zum *Beweis* seien $K^* x_1 \neq K^* x_2$ und $K^* y_1 \neq K^* y_2$ zwei beliebige Punktepaare des $\mathbb{P}_{n-1}(K)$. Dann sind x_1 und x_2 bzw. y_1 und y_2 linear unabhängig in K^n, und es gibt (Basisergänzung!) gewiss eine Matrix $M \in GL_n K$ mit

$$M x_1 = y_1 \quad , \quad M x_2 = y_2 \,.$$

Damit ist bereits klar, dass $PGL_n K$ zweifach transitiv auf $\mathbb{P}_{n-1}(K)$ operiert, M ist nur noch durch eine Matrix mit Determinante 1 zu ersetzen. Das lässt sich z.B. erreichen durch eine lineare Abbildung, welche

$$x_1 \mapsto (\det M)^{-1} y_1 \quad , \quad x_2 \mapsto y_2$$

und $x \mapsto Mx$ auf einem Komplement von $Kx_1 + Kx_2$ in K^n erfüllt. $\square$

7.9.4 Elementarmatrizen

Sei stets n eine natürliche Zahl > 1 und K ein Körper. Als **Elementarmatrix** bezeichnet man eine $n \times n$Matrix $T_{ij}(b)$, die in der Diagonale nur Einsen und in der ij-Position, d.h. in der i-ten Zeile und j-ten Spalte $(i \neq j)$, den Eintrag $b \in K$ und sonst nur Nullen besitzt. Es ist klar, dass alle T_{ij} zu $SL_n K$ gehören, und dass für feste $i \neq j$ die Abbildung $b \mapsto T_{ij}(b)$ einen injektiven Homomorphismus der additiven Gruppe von K in $SL_n K$ definiert.

Hilfssatz 7.48 *Die Gruppe $SL_n K$ wird von Elementarmatrizen erzeugt.*

Ein Teil des *Beweises* wird von der linearen Algebra geliefert: Multiplikation einer $n \times n$-Matrix M von links mit einer Elementarmatrix $T_{ij}(b)$ übt auf M eine erlaubte Zeilenoperation des Gaußschen Algorithmus aus, nämlich Addition des b-fachen der j-ten Zeile zur i-ten Zeile, und ebenso wirkt die Multiplikation mit einer Elementarmatrix von rechts als erlaubte Spaltenoperation. Da man jedes M durch erlaubte Operationen in eine Diagonalmatrix überführen kann, ist $SL_n K$ jedenfalls von den Elementarmatrizen und den Diagonalmatrizen erzeugt. Bleibt also zu zeigen, dass auch die in $SL_n K$ enthaltenen Diagonalmatrizen als Produkte von Elementarmatrizen geschrieben werden können. Eine elementare, aber etwas mühsame Rechnung — am besten mit 2×2-Matrizen durchzuführen — zeigt, dass für alle $k \in K^*$

$$T_{ji}(-1)\, T_{ij}(1)\, T_{ji}(-1)\, T_{ij}(-k)\, T_{ji}(k^{-1})\, T_{ij}(-k)$$

eine Diagonalmatrix ist, die an der i-ten und der j-ten Diagonalstelle die Einträge k^{-1} bzw. k besitzt und 1 an allen anderen Diagonalstellen. Durch Induktion über n ist leicht zu sehen, dass sich jede Diagonalmatrix aus $SL_n K$ aus Matrizen dieses Typs zusammensetzen lässt, und daraus folgt die Behauptung. $\square$

Klar, dass daraus eine entsprechende Aussage auch für die projektive Gruppe folgt. Dies gilt ebenso für den folgenden Hilfssatz, der uns die Verifikation für die zweite Bedingung aus Hilfssatz 7.46 liefert.

Hilfssatz 7.49 *Ausgenommen in dem Fall, dass $n = 2$ und $K = \mathbb{F}_2$ oder $\mathbb{F}_3$ ist, stimmt die Gruppe $SL_n K$ mit ihrer Kommutatorgruppe überein.*

Zum *Beweis* genügt es, zu zeigen, dass jede Elementarmatrix ein Kommutator ist. Für $n > 2$ seien i, j, m paarweise verschieden. Für jedes $b \in K$ ist dann

$$T_{ij}(b) = T_{im}(b)\, T_{mj}(1)\, T_{im}(-b)\, T_{mj}(-1) = T_{im}(b)\, T_{mj}(1)\, T_{im}(b)^{-1}\, T_{mj}(1)^{-1}.$$

Im Fall $n = 2$ benutzen wir einen Kommutator der folgenden Bauart:

$$\begin{pmatrix} k & 0 \\ 0 & k^{-1} \end{pmatrix} \begin{pmatrix} 1 & c \\ 0 & 1 \end{pmatrix} \begin{pmatrix} k^{-1} & 0 \\ 0 & k \end{pmatrix} \begin{pmatrix} 1 & -c \\ 0 & 1 \end{pmatrix} = \begin{pmatrix} 1 & c(k^2 - 1) \\ 0 & 1 \end{pmatrix}$$

Außer für $K = \mathbb{F}_2$ oder $\mathbb{F}_3$ lassen sich $k \in K^*$ und $c \in K$ so wählen, dass auf diese Weise jedes $T_{12}(b)$ realisiert wird, und analog geht man bei den Elementarmatrizen T_{21} vor. $\square$

7.9.5 Eine neue Serie einfacher Gruppen

Satz 7.50 *Sei n eine natürliche Zahl > 1 und $\mathbb{F}$ ein endlicher Körper. Mit Ausnahme von $PSL_2\mathbb{F}_2$ und $PSL_2\mathbb{F}_3$ sind alle Gruppen $PSL_n\mathbb{F}$ einfach.*

Zum *Beweis* setzen wir $G := PSL_n\mathbb{F}$ und wenden Hilfssatz 7.46 an. G operiert treu auf $M := \mathbb{P}_{n-1}(\mathbb{F})$ und zweifach transitiv nach 7.47, also primitiv nach 7.44. Aus Hilfssatz 7.49 folgt $G = [G,G]$, wobei wir die Ausnahmefälle außer acht lassen; die beiden ersten Bedingungen aus 7.46 sind somit erfüllt. Für die letzte Bedingung haben wir die Fixgruppe G_s eines Punktes $s \in M$ zu untersuchen; da G transitiv operiert, sind alle Fixgruppen zueinander konjugiert, und wir können o.B.d.A. $s = \mathbb{F}^*e_1$ wählen, e_1 der erste Einheitsvektor des Vektorraums $\mathbb{F}^n$. Offensichtlich besteht die Fixgruppe dann aus allen Matrizen (immer modulo Z_S, also der Vielfachen der Einheitsmatrix) der Bauart

$$X = \begin{pmatrix} a_1 & a_2 & \cdots & a_n \\ 0 & & & \\ \vdots & & B & \\ 0 & & & \end{pmatrix}$$

mit einer nichtsingulären $(n-1) \times (n-1)$-Matrix B. Da wir modulo Z_S rechnen, dürfen wir wir dabei $a_1 = 1$ und $B \in SL_{n-1}\mathbb{F}$ annehmen. Die Abbildung

$$G_s \to PGL_{n-1}\mathbb{F} \;:\; X \mapsto \mathbb{F}^* \cdot B$$

ist dann ein Gruppenhomomorphismus, dessen Kern A_s genau aus den Matrizen X besteht, die Vielfache jener Matrix sind mit $a_1 = 1$ und $B = E$, der $(n-1) \times (n-1)$-Einheitsmatrix. Man rechnet sofort nach, dass dieser Kern abelsch ist, und zwar isomorph zur additiven Gruppe der Zeilenvektoren $(a_2, \ldots, a_n)$ des Vektorraums $\mathbb{F}^{(n-1)}$. Insbesondere enthält er sämtliche Elementarmatrizen $T_{1i}(b)$ für alle $i \neq 1$. Aus diesen kann man durch Konjugationen auch alle anderen Elementarmatrizen gewinnen. Mit Hilfssatz 7.48 ist also auch die Gültigkeit der dritten Bedingung aus 7.46 verifiziert. $\square$

7.9.6 Bemerkungen

1.) Für die Gruppenordnung von $PSL_n\mathbb{F}_q$ ergibt sich

$$(q^n - 1)(q^n - q) \cdot \ldots \cdot (q^n - q^{n-2}) q^{n-1}/d$$

mit der Anzahl $d = (n, q-1)$ der in $\mathbb{F}_q$ enthaltenen n-ten Einheitswurzeln. Schon anhand dieser Gruppenordnungen lässt sich ablesen, dass die hier untersuchten Gruppen $PSL_n\mathbb{F}$ meistens nicht isomorph zu den in Abschnitt 7.8 gefundenen einfachen alternierenden Gruppen sein werden. In der Tat kann man beweisen, dass die einzigen *Ausnahmeisomorphismen* innerhalb dieser beiden Serien einfacher Gruppen

$$A_5 \cong PSL_2\mathbb{F}_5 \cong PSL_2\mathbb{F}_4$$

$$\text{und} \quad PSL_2\mathbb{F}_7 \cong PSL_3\mathbb{F}_2$$

sind. Letztere Gruppe ist die zweitkleinste nichtabelsche einfache Gruppe und hat 168 Elemente. Die oben ausgesonderten Gruppen besitzen ebenfalls Ausnahmeisomorphismen, nämlich

$$PSL_2\mathbb{F}_2 \cong S_3 \quad \text{und} \quad PSL_2\mathbb{F}_3 \cong A_4 .$$

2.) Neben den zyklischen Gruppen von Primzahlordnung, den Gruppen A_n und $PSL_n\mathbb{F}$ gibt es noch einige weitere Serien endlicher einfacher Gruppen *vom* LIE-*Typ*, d.h. welche — zumeist mit geometrischen Ideen — als Matrixgruppen über endlichen Körpern konstruiert werden, sowie die 26 größtenteils erst in den letzten 70 Jahren gefundenen *sporadischen Gruppen*, welche nicht in diese Serien fallen, von der seit 1860 bekannten MATHIEU-*Gruppe* M_{11} der Ordnung $7920 = 2^4 \cdot 3^2 \cdot 5 \cdot 11$ bis zum *big monster* der Ordnung

$$2^{46} \cdot 3^{20} \cdot 5^9 \cdot 7^6 \cdot 11^2 \cdot 13^3 \cdot 17 \cdot 19 \cdot 23 \cdot 29 \cdot 31 \cdot 41 \cdot 47 \cdot 59 \cdot 71 \approx 8 \cdot 10^{53} .$$

Nach Überzeugung der Gruppentheoretiker hat man damit eine vollständige Übersicht über alle endlichen einfachen Gruppen, vgl. etwa [Ab2], und damit wäre ein wesentlicher Schritt in Richtung auf das schon in Abschnitt 2.3.3 erwähnte Klassifikationsproblem für endliche Gruppen geleistet. Man rechnet allerdings damit, dass ein Beweis für die Vollständigkeit der Liste der bisher gefundenen sporadischen Gruppen Tausende von Druckseiten umfassen wird. Die gespannte mathematische Öffentlichkeit muss hier also Geduld aufbringen.

3.) Zurück zur Galoistheorie. Das schon in Abschnitt 7.2.5 erwähnte und für endliche abelsche Gruppen gelöste Umkehrproblem der Galoistheorie, ob sich jede endliche Gruppe als Galoisgruppe über $\mathbb{Q}$ realisieren lässt, sollte — wenn es lösbar ist — zunächst einmal für einfache Gruppen gelöst werden, und angesichts der in 2.) geschilderten Klassifikation liegt es nahe, das Problem für einzelne Serien einfacher Gruppen separat anzugehen. Eine oft verwendete Strategie lässt sich am einfachsten am Beispiel der — natürlich nicht einfachen — symmetrischen Gruppen S_n erläutern: Aus Abschnitt 7.7.7 wissen wir, dass sich S_n als Galoisgruppe über dem rationalen Funktionenkörper $\mathbb{Q}(s_1, \ldots, s_n)$ realisieren lässt; der HILBERTsche **Irreduzibilitätssatz** erlaubt es, daraus eine ganze Serie von Körpererweiterungen von $\mathbb{Q}$ mit gleicher Galoisgruppe zu konstruieren, es gilt nämlich:

Satz 7.51 *Wenn das Polynom $f(s_1, \ldots, s_n, x) \in \mathbb{Q}[s_1, \ldots, s_n, x]$ über dem Körper $\mathbb{Q}(s_1, \ldots, s_n)$ irreduzibel ist, so existieren unendlich viele n-Tupel $(r_1, \ldots, r_n) \in \mathbb{Q}^n$ mit der Eigenschaft, dass auch $f(r_1, \ldots, r_n, x) \in \mathbb{Q}[x]$ irreduzibel ist.*

4.) Es würde zu weit führen, diesen Satz hier zu beweisen, aber es soll immerhin erwähnt werden, was an seiner Verwendung typisch ist: Sehr häufig ist es einfacher, Gruppen als Galoisgruppen über Funktionenkörpern wie z.B. $\mathbb{C}(t)$ zu realisieren (Theorie der *algebraischen Kurven* bzw. der *Riemannschen Flächen*). Die Kunst besteht dann darin, den verwendeten Konstantenkörper von $\mathbb{C}$ auf $\mathbb{Q}$ zu verkleinern; dann lässt sich der Hilbertsche Irreduzibilitätssatz anwenden. HILBERT selbst hat auf diese Weise bereits die alternierenden Gruppen A_n als Galoisgruppen über $\mathbb{Q}$ realisiert. An vielen anderen Gruppen und Serien von Gruppen wird in dieser Richtung intensiv geforscht (vgl. [Mat], [S4]); von den in diesem Abschnitt diskutierten Gruppen weiß man z.B. durch Arbeiten von SHIH, dass die Gruppen $PSL_2\mathbb{F}_p$ als Galoisgruppen über $\mathbb{Q}$ vorkommen, wenn p eine Primzahl ist, für die eine der Zahlen 2, 3 oder 7 quadratischer Nichtrest mod p ist.

7.10 Arithmetik der Werte der e-Funktion

7.10.1 Der Satz von LINDEMANN-WEIERSTRASS

Ziel dieses ganzen Abschnitts ist es vor allem, den folgenden fundamentalen Satz zu beweisen.

Satz 7.52 *Seien $a_1, \ldots, a_n \in \overline{\mathbb{Q}}$ algebraisch und linear unabhängig über $\mathbb{Q}$. Dann sind die Werte*
$$e^{a_1}, \ldots, e^{a_n}$$
der Exponentialfunktion algebraisch unabhängig.

Es sei hier an die Folgerung 6.31 erinnert, dass wir die Aussage dieses Satzes von LINDEMANN-WEIERSTRASS als „algebraisch unabhängig über $\mathbb{Q}$" oder als „algebraisch unabhängig über $\overline{\mathbb{Q}}$" lesen bzw. beweisen können. Das Resultat gehört natürlich nicht wirklich in ein Kapitel über Galoistheorie, sondern zum Abschnitt 6.5 über transzendente Körpererweiterungen. Dass es seinen Platz hier findet, liegt daran, dass ein wesentlicher Reduktionsschritt des Beweises Galoistheorie benutzt; es ist ein schönes Beispiel dafür, dass Galoistheorie weit über die reine Algebra hinaus Bedeutung besitzt. Bevor wir in den umfangreichen Beweis einsteigen (ich halte mich an eine Version von A. BAKER, eine andere findet der Leser z.B. bei [BBR]), seien zwei wichtige Spezialisierungen erwähnt.

Folgerung 7.53 (HERMITE-LINDEMANN) *Für jede algebraische Zahl $a \neq 0$ ist e^a transzendent.*

Insbesondere ist (s. Abschnitt 6.1.2) e selbst transzendent. Da für jede algebraische Zahl $a \neq 0$ und jeden Zweig des Logarithmus $e^{\log a} = a$ algebraisch ist, speziell auch $e^{2\pi i} = 1$, folgt die Unmöglichkeit der Quadratur des Kreises:

Folgerung 7.54 *Sei $a \neq 0, 1$ algebraisch. Für jeden Zweig der Logarithmusfunktion ist $\log a$ transzendent, insbesondere auch die Zahl π.*

7.10.2 Reduktion der Behauptung

Zum Beweis des Satzes 7.52 genügt es, die folgende Aussage zu beweisen:

Hilfssatz 7.55 *Die algebraischen Zahlen $c_1, \ldots, c_m \in \overline{\mathbb{Q}}$ seien paarweise verschieden. Dann sind die Werte der Exponentialfunktion*

$$e^{c_1}, \ldots, e^{c_m}$$

linear unabhängig über $\mathbb{Q}$.

Zum *Beweis der Reduktion* des Satzes von LINDEMANN-WEIERSTRASS auf diesen Hilfssatz sei zunächst daran erinnert, dass nur die algebraische Unabhängigkeit der e^{a_j} über $\mathbb{Q}$ zu zeigen ist. Gäbe es ein Polynom $P(x_1, \ldots, x_n) \in \mathbb{Q}[x_1, \ldots, x_n]$, das nicht identisch verschwindet, aber

$$P(e^{a_1}, \ldots, e^{a_n}) = 0$$

erfüllt, so könnte man diese Relation als eine $\mathbb{Q}$-lineare Abhängigkeit lesen zwischen den Potenzprodukten

$$e^{c_k} := (e^{a_1})^{\nu_1} \cdot \ldots \cdot (e^{a_n})^{\nu_n},$$

wobei durch k eine Numerierung der n-Tupel $(\nu_1, \ldots, \nu_n)$ vorgenommen wird. Da die $a_1, \ldots, a_n$ linear unabhängig über $\mathbb{Q}$ und die ν_j ganzrational sind, müssen die neuen Exponenten

$$c_k = \nu_1 a_1 + \ldots + \nu_n a_n$$

paarweise verschieden sein, 7.52 folgt also aus 7.55. □
Der Beweis dieses Hilfssatzes lässt sich weiter reduzieren auf

Hilfssatz 7.56 *Seien $a_1, \ldots, a_n$ paarweise verschiedene algebraische Zahlen, alle enthalten in einem normalen separablen Erweiterungskörper K von $\mathbb{Q}$ endlichen Grades, und seien $b_1, \ldots, b_n \in \mathbb{Z}$ ganzrational, nicht alle $= 0$. Die Menge $\{a_1, \ldots, a_n\}$ sei invariant unter $\operatorname{Gal} K/\mathbb{Q}$, d.h.*

$$\forall\, j = 1, \ldots, n \,\forall\, \sigma \in \operatorname{Gal} K/\mathbb{Q} \ \ \exists\, k \in \{1, \ldots, n\} \quad \text{mit} \quad \sigma(a_j) = a_k\,.$$

Zusätzlich gelte dann

$$a_k = \sigma(a_j) \ \Rightarrow\ b_k = b_j\,. \tag{7.8}$$

Dann ist

$$b_1\, e^{a_1} + \ldots + b_n\, e^{a_n} \neq 0\,. \tag{7.9}$$

Beweis des Hilfssatzes 7.55 mit Hilfe von 7.56: Angenommen, es gäbe eine nichttriviale verschwindende Linearkombination der e^{c_k} mit rationalen Koeffizienten. Durch Multiplikation mit dem Hauptnenner der Koeffizienten dürfen wir bereits annehmen, dass diese sogar ganzrational sind. Sei ferner K der normale Abschluss des Zahlkörpers $\mathbb{Q}(c_1, \ldots, c_m)$; dann können wir zu den c_k alle $\operatorname{Gal} K/\mathbb{Q}$-Konjugierten hinzunehmen und diese neuen e^{c_k} mit Koeffizient 0 der fraglichen Linearkombination hinzufügen. Man darf also o.B.d.A. annehmen, da $\operatorname{Gal} K/\mathbb{Q}$ auf der Menge der Exponenten der Linearkombination

$$0 = \sum_k d_k\, e^{c_k}$$

operiert, dass alle $d_k \in \mathbb{Z}$ und nicht alle $= 0$ sind. Um daraus eine Linearkombination (7.9) mit der in (7.8) geforderten Symmetriebedingung zu machen, definiere man

$$\prod_{\sigma \in \operatorname{Gal} K/\mathbb{Q}} \left(\sum_k d_k\, e^{\sigma(c_k)} \right) =: \sum_j b_j\, e^{a_j}\,.$$

Klar, dass das Produkt links wieder eine ganzzahlige Linearkombination von Werten der Exponentialfunktion an (o.B.d.A. paarweise verschiedenen) Stellen $a_j \in K$ wird. Nach Konstruktion permutiert die Operation eines beliebigen $\sigma \in \operatorname{Gal} K/\mathbb{Q}$ auf den Exponenten die Faktoren des Produkts links, lässt also auch die Linearkombination rechts invariant. Damit ist die Symmetrieeigenschaft (7.8) gesichert. Da in dem Produkt links zumindest der Faktor mit $\sigma = \operatorname{id}$ verschwindet, liefert die Annahme einen Widerspruch zur Aussage des Hilfssatzes 7.56; bleibt nur noch zu zeigen, dass auch die Linearkombination rechts nicht nur verschwindende Koeffizienten hat. Man definiere sich dazu eine Anordnung der komplexen Exponenten nach Real- und Imaginärteil z.B. durch

$$c_1 < c_2 \ :\Longleftrightarrow\ \Re c_1 < \Re c_2 \quad \text{oder} \quad \Re c_1 = \Re c_2\,,\ \Im c_1 < \Im c_2$$

und wähle aus jedem Faktor des linksstehenden Produkts den Summanden $d_k e^{\sigma(c_k)} \neq 0$ mit maximalem Exponenten $\sigma(c_k)$ aus; nennt man diese Summanden kurz $d_\sigma e^{c_\sigma}$, so tritt deren Produkt in der Linearkombination rechts genau einmal als Summand auf, nämlich als jener mit maximalem Exponenten:

$$b_j e^{a_j} = \prod_\sigma d_\sigma e^{c_\sigma},$$

also $\quad b_j = \prod_\sigma d_\sigma \quad, \quad a_j = \sum_\sigma c_\sigma$

Zumindest dieses b_j ist $\neq 0$, somit sind alle Voraussetzungen von Hilfssatz 7.56 erfüllt. □

7.10.3 Ganzalgebraische Zahlen

Zum Beweis von Hilfssatz 7.56, auf den wir den Satz von LINDEMANN-WEIERSTRASS reduziert haben, sind zwei weitere Vorbereitungen nötig. Die erste betrifft einen geeigneten Ganzheitsbegriff für algebraische Zahlen, den wir im Spezialfall quadratischer Zahlkörper bereits in Satz 3.5 und Abschnitt 3.4.8 kennengelernt haben. Eigentlich gehört dieses Thema in die algebraische Zahlentheorie und sollte in größerer Allgemeinheit unter Verwendung von *Moduln* behandelt werden.

Hilfssatz 7.57 (mit Definition) *Sei K ein algebraischer Zahlkörper und $a \in K$. Folgende Bedingungen sind äquivalent:*

1. *a ist Nullstelle eines primitiven und normierten Polynoms*

$$f(x) = x^m + s_1 x^{m-1} + \ldots + s_m \in \mathbb{Z}[x].$$

2. *Der Ring $\mathbb{Z}[a] \subset K$ ist eine endlich erzeugte abelsche Gruppe.*

3. *Es gibt eine endlich erzeugte abelsche Gruppe $\{0\} \neq A \subset K$ mit $aA \subseteq A$.*

*Wenn diese Bedingungen erfüllt sind, nennt man a **ganzalgebraisch**.*

Zum *Beweis* von 1. ⇒ 2. beachte man, dass der Ring $\mathbb{Z}[a]$ als abelsche Gruppe von $1, a, a^2, \ldots, a^{m-1}$ erzeugt wird, denn

$$a^m = -s_m - s_{m-1} a - \ldots - s_1 a^{m-1},$$

und rekursiv lassen sich daraus auch alle höheren a-Potenzen als ganzzahlige Linearkombinationen von $1, \ldots, a^{m-1}$ darstellen. Für 2. ⇒ 3. nehme man einfach $A = \mathbb{Z}[a]$. Der Beweis von 3. ⇒ 1. ist nur eine kleine Variation des Beweises von

Satz 6.14: Wenn $v_1, \ldots, v_n$ Erzeugende von A sind, gibt es nach Voraussetzung ganzrationale b_{ij} mit

$$a \, v_i = \sum_{j=1}^{n} b_{ij} \, v_j \; \forall \, j = 1, \ldots, n \,,$$

und wie damals muss a Nullstelle des charakteristischen Polynoms

$$\det(b_{ij} - \delta_{ij} \, x) \in \mathbb{Z}[x]$$

sein. Bis auf den Faktor ± 1 ist dieses normiert und darum primitiv. □

Folgerung 7.58   1. *Die ganzalgebraischen Zahlen eines algebraischen Zahlkörpers K bilden einen Ring $\mathcal{O}_K$.*

2. *$\mathcal{O}_K \cap \mathbb{Q} = \mathbb{Z}$*

3. *Zu jedem $a \in K$ gibt es einen* **Nenner** *$s \in \mathbb{N}$ mit $sa \in \mathcal{O}_K$. Mit s sind auch alle Vielfachen von s Nenner von a.*

Beweis: 1. Seien $a, b \in \mathcal{O}_K$ und $A, B \subset K$ endlich erzeugte abelsche Gruppen mit

$$aA \subseteq A \,, \quad bB \subseteq B$$

(gibt es nach Hilfssatz 7.57). Die Menge aller Produkte $AB \subset K$ ist ebenfalls endlich erzeugte abelsche Gruppe und erfüllt

$$(a \pm b) AB \subseteq AB \,, \quad ab AB \subseteq AB \,,$$

also sind auch $a \pm b$ und ab ganzalgebraisch; im übrigen sind die Ringaxiome trivialerweise erfüllt. 2. Dass jede ganzrationale Zahl auch ganzalgebraisch ist, lässt sich mit jeder der drei definierenden Eigenschaften sofort einsehen. Wenn umgekehrt $a \in \mathbb{Q}$ nicht $\in \mathbb{Z}$ ist, kann $\mathbb{Z}[a]$ auch nicht endlich erzeugt sein, sonst gäbe es einen gemeinsamen Nenner. 3. Man nehme ein irreduzibles Polynom in $\mathbb{Q}[x]$ mit Nullstelle a und multipliziere mit dem Hauptnenner $s \in \mathbb{N}$ der Koeffizienten. Dann ist a auch Nullstelle eines Polynoms

$$sx^m + s_1 x^{m-1} + \ldots + s_m \in \mathbb{Z}[x] \,,$$

und sa ist Nullstelle des normierten primitiven Polynoms

$$y^m + s_1 y^{m-1} + \ldots + s_m s^{m-1} \in \mathbb{Z}[y] \,,$$

das aus dem ersten durch Multiplikation mit s^{m-1} und Substitution $y = sx$ hervorgeht. □

7.10.4 Zwei Eigenschaften der e-Funktion

Hilfssatz 7.59 *Sei* $f(x) \in \mathbb{C}[x]$ *ein Polynom vom Grad* m, t *eine komplexe Zahl und*

$$I(t) := \int_0^t e^{t-u} f(u) \, du$$

mit einem beliebigen Integrationsweg zwischen 0 *und* t. *Dann ist*

$$I(t) = e^t \sum_{j=0}^{m} f^{(j)}(0) - \sum_{j=0}^{m} f^{(j)}(t),$$

wenn mit $f^{(j)}$ *die Ableitung von* f *der Ordnung* j *bezeichnet wird.*

Beweis durch Induktion über den Grad von f mit sukzessiver partieller Integration

$$I(t) = e^t \sum_{j=0}^{n} f^{(j)}(0) - \sum_{j=0}^{n} f^{(j)}(t) + \int_0^t e^{t-u} f^{(n+1)}(u) \, du. \quad \square$$

Ferner brauchen wir für $I(t)$ eine Größenabschätzung, die sich aus Dreiecksungleichung, Abschätzung unter dem Integranden und Wahl der direkten Integrationsstrecke zwischen 0 und t ergibt:

Hilfssatz 7.60 *Mit den gleichen Bezeichnungen wie eben sei* $\overline{f}$ *das Polynom, das sich aus* f *ergibt, wenn man alle Koeffizienten durch ihre Absolutbeträge ersetzt. Dann ist*

$$|I(t)| \leq \int_0^{|t|} |e^{|t|-u} f(u)| \, du \leq |t| \, e^{|t|} \, \overline{f}(|t|).$$

7.10.5 Beweis von Hilfssatz 7.56

Angenommen, der Hilfssatz 7.56 sei falsch. Dann gibt es paarweise verschiedene algebraische $a_1, \ldots, a_n$, die mit jedem a_i auch alle Galois-konjugierten enthalten, dazu ganzrationale $b_1, \ldots, b_n$, nicht alle $= 0$, welche die Galois-Symmetrie (7.8) erfüllen, nicht aber (7.9). Wir nehmen also an, es gäbe eine nichttriviale lineare Relation

$$b_1 e^{a_1} + \ldots + b_n e^{a_n} = 0. \tag{7.10}$$

$L \in \mathbb{N}$ sei ein gemeinsamer Nenner für alle a_i; wir nehmen also an, $La_1, \ldots, La_n$ seien ganzalgebraische Zahlen des über $\mathbb{Q}$ normalen, separablen Zahlkörpers K. Dazu sei p eine große Primzahl, über die wir später genauer verfügen werden. Für jedes $i = 1, \ldots, n$ sei

$$f_i(x) := L^{np} [(x - a_1) \cdot \ldots \cdot (x - a_n)]^p / (x - a_i) \in \mathbb{C}[x]$$

ein Polynom vom Grad $np-1$ und $I_i(t)$ das mit diesem Polynom gebildete Integral aus Hilfssatz 7.59, dazu

$$J_i := b_1 I_i(a_1) + \ldots + b_n I_i(a_n).$$

Aus 7.59 wissen wir bereits

$$I_i(a_k) = e^{a_k} \sum_{j=0}^{np-1} f_i^{(j)}(0) - \sum_{j=0}^{np-1} f_i^{(j)}(a_k),$$

und da in der ersten Summe nur der gemeinsame Exponentialfaktor von a_k abhängt, folgt aus (7.10)

$$J_i = -\sum_{j=0}^{np-1} \sum_{k=1}^{n} b_k f_i^{(j)}(a_k). \tag{7.11}$$

Wegen des Faktors L^{np} haben alle Polynome f_i ganzalgebraische Koeffizienten, nach Hilfssatz 7.58 also auch alle Ableitungen der f_i, sogar alle Werte $f_i^{(j)}(a_k)$. Die Nullstellenordnung der f_i ist p in allen a_k, $k \neq i$, und $p-1$ in a_i. Man erhält darum

$$f_i^{(p-1)}(a_i) = L^{np}(p-1)! \prod_{k=1,\, k\neq i}^{n} (a_i - a_k)^p;$$

diese Zahl ist nicht nur ganzalgebraisch, sie ist sogar durch $(p-1)!$ teilbar, d.h. es ist auch $f_i^{(p-1)}(a_i)/(p-1)! \in \mathcal{O}_K$. Wir können p teilerfremd zu allen $L(a_i - a_k)$ wählen (vgl. Aufgaben 23 und 24 in Abschnitt 7.11), dürfen also annehmen, dass die $f_i^{(p-1)}(a_i)$, $i = 1, \ldots, n$, nicht durch p teilbar sind. Außer in diesem einen Fall $j = p-1$, $k = i$ gilt aber in $\mathcal{O}_K$ stets die Teilbarkeit

$$p! \mid f_i^{(j)}(a_k),$$

da die Ableitungen verschwinden oder alle Faktoren von $1 \cdot 2 \cdot \ldots \cdot p$ enthalten. Mit dieser Wahl von p ist $p \nmid J_i$ und somit $J_i \neq 0$ gesichert.— Nun ist noch die Galois-Symmetrie (7.8) auszunutzen: In der Summendarstellung (7.11) von J_i gehört zu konjugierten Argumenten a_k und $\sigma(a_k)$, $\sigma \in \operatorname{Gal} K/\mathbb{Q}$, der gleiche Koeffizient b_k, d.h. bis auf rationale Faktoren, die unabhängig von i und j sind, besteht die Summe (7.11) aus Teilsummen der Bauart

$$\sum_{\sigma \in \operatorname{Gal} K/\mathbb{Q}} f_i^{(j)}(\sigma(a_k)).$$

Nach Konstruktion ist das Polynom $(x-a_i)f_i(x)$ unabhängig von i und invariant unter der Operation der Galoisgruppe $\operatorname{Gal} K/\mathbb{Q}$ auf den Koeffizienten, da sie nach den Annahmen des Hilfssatzes 7.56 nur die Wurzeln permutieren kann; es hat also rationale Koeffizienten, und das gleiche gilt für alle Ableitungen. Folglich lassen sich alle Koeffizienten der abgeleiteten Polynome $f_i^{(j)}(x)$ als $r_\nu(a_i)$ ausdrücken durch Polynome r_ν mit rationalen Koeffizienten, die unabhängig von i sind. Jedes $\tau \in \operatorname{Gal} K/\mathbb{Q}$ mit $\tau(a_i) = a_s$, $\tau(a_k) = a_t$ bewirkt also

$$\tau(f_i^{(j)}(a_k)) = f_s^{(j)}(a_t)$$

und

$$\tau\left(\sum_{\sigma \in \operatorname{Gal} K/\mathbb{Q}} f_i^{(j)}(\sigma(a_k))\right) = \sum_{\sigma \in \operatorname{Gal} K/\mathbb{Q}} f_s^{(j)}(\sigma(a_k)) .$$

Das Produkt $J_1 \cdot \ldots \cdot J_n$ ist darum $\operatorname{Gal} K/\mathbb{Q}$-invariant, also rational. Nach Hilfssatz 7.58 ist es sogar ganzrational und teilbar durch $((p-1)!)^n$. Da die Faktoren $\neq 0$ sind, erfüllt es

$$|J_1 \cdot \ldots \cdot J_n| \geq ((p-1)!)^n .$$

Andererseits garantiert Hilfssatz 7.60 die Existenz einer Konstanten c, die für alle i und p

$$|J_i| \leq \sum |a_k b_k| e^{|a_k|} \overline{f_i}(|a_k|) \leq c^p$$

erfüllt. Da $(p-1)!$ schneller wächst als c^p, widersprechen sich diese beiden Ungleichungen bei hinreichend großer Wahl von p. Die Annahme (7.10) ist daher falsch. □

7.10.6 Neuere Resultate. Vermutungen

Als Satz über die Werte der Exponentialfunktion an *algebraischen* Argumenten ist der Satz von LINDEMANN-WEIERSTRASS nicht weiter verbesserungsfähig. Ganz anders ist die Situation bei Logarithmen algebraischer Zahlen. Allgemein wird vermutet, dass algebraische Relationen unter ihnen nur dann auftreten können, wenn sie aus der Funktionalgleichung für log bzw. multiplikativen Relationen der Argumente folgen wie z.B. in

$$\log \sqrt{8} = \frac{3}{2} \log 2 ;$$

allgemeiner sollte also gelten:

Vermutung: *Seien $a_1, \ldots, a_n$ algebraisch, $\neq 0$, und $\log a_1, \ldots, \log a_n$ linear unabhängig über $\mathbb{Q}$. Dann sind $\log a_1, \ldots, \log a_n$ algebraisch unabhängig über $\overline{\mathbb{Q}}$.*

Nach Folgerung 7.54 ist diese Vermutung für $n = 1$ richtig. Allgemein würde z.B. daraus folgen, dass für paarweise verschiedene Primzahlen p alle Werte $\log p$ algebraisch unabhängig sind. Für kein $n > 1$ ist die Vermutung bewiesen, allerdings sind einige — besonders für die Theorie der diophantischen Gleichungen ungemein nützliche — Teilresultate erzielt worden. GEL'FOND und TH. SCHNEIDER haben 1934 gleichzeitig und mit unterschiedlichen, aber gleichermaßen epochemachenden Methoden gezeigt:

Satz 7.61 *Wenn für zwei algebraische Zahlen a und $b \neq 0$ die Logarithmen $\log a$ und $\log b$ linear unabhängig über $\mathbb{Q}$ sind, dann sind sie auch linear unabhängig über $\overline{\mathbb{Q}}$.*

Dieser Satz löst eines der von HILBERT im Jahr 1900 formulierten großen mathematischen Probleme und lässt sich griffig-anschaulich so formulieren:

Folgerung 7.62 *Sei $a \neq 0, 1$ algebraisch und b algebraisch und irrational. Dann ist a^b transzendent. Insbesondere sind $2^{\sqrt{2}}$ und alle $e^{2\pi i r}$ transzendent für alle algebraischen irrationalen r.*

Eine wesentliche Verallgemeinerung des Satzes von GEL'FOND-SCHNEIDER ist 1966 von A. BAKER gefunden worden:

Satz 7.63 *Seien $a_1, \ldots, a_n$ algebraische Zahlen $\neq 0$. Wenn $\log a_1, \ldots, \log a_n$ linear unabhängig über $\mathbb{Q}$ sind, dann auch über $\overline{\mathbb{Q}}$.*

Unser Wissen über *algebraische* Unabhängigkeit, auch von den Zahlen der Bauart a^b, ist sehr viel bescheidener. Nach frühen Resultaten von GEL'FOND 1948 und wesentlichen Vorarbeiten von PHILIPPON wird unser heutiger Kenntnisstand am besten durch folgendes typische Ergebnis (GUY DIAZ 1987 [Di]) beschrieben.

Satz 7.64 *Sei $a \neq 0$ eine algebraische Zahl und b algebraisch vom Grad $d > 1$. Dann gibt es unter den Zahlen*

$$a^b, a^{b^2}, \ldots, a^{b^{d-1}}$$

mindestens $[(d+1)/2]$ algebraisch unabhängige.

(Mit [ ] ist die Gaussklammer gemeint; die eigentlich erwartete Anzahl ist natürlich der vermutete Transzendenzgrad $\operatorname{trg} \mathbb{Q}(a^b, \ldots, a^{b^{d-1}}) = d - 1$). Alle Erwartungen, die man vernünftigerweise an Werte der Exponentialfunktion und der Logarithmen haben kann, lassen sich zusammenfassen zu der

Vermutung (SCHANUEL): *Seien $u_1, \ldots, u_n \in \mathbb{C}$ linear unabhängig über $\mathbb{Q}$. Dann ist*

$$\operatorname{trg} \mathbb{Q}(u_1, \ldots, u_n, e^{u_1}, \ldots, e^{u_n}) \geq n.$$

Mit $u_1 = 1$, $u_2 = 2\pi i$ würde daraus z.B. die erwartete algebraische Unabhängigkeit von e und π folgen, mit $u_3 = \pi$ sogar die algebraische Unabhängigkeit von e, π, e^π. Dass solche Vermutungen nicht völlig unrealistisch sind, zeigt ([Ne]) der

Satz 7.65 (NESTERENKO 1996) *π, e^π und der Wert $\Gamma(1/4)$ der Gammafunktion sind algebraisch unabhängig.*

Übrigens erweist sich auch hier der Funktionenkörperfall als einfacher: In geeigneten Erweiterungen des Funktionenkörpers $\mathbb{F}_q(t)$ lassen sich sinnvolle Analoga zu e und π definieren; für $q \geq 3$ ist deren algebraische Unabhängigkeit über $\mathbb{F}_q(t)$ gesichert (DENIS 1993 [Den]).

7.11 Aufgaben

1. Seien $K := \mathbb{C}(z)$ und $L = \mathbb{C}(z, \sqrt{z}, \sqrt[3]{z})$. Beweisen Sie, dass L eine normale separable Körpererweiterung vom Grad 6 über K ist und bestimmen Sie die Galoisgruppe, alle Untergruppen und alle Zwischenkörper.

2. L und K seien endliche algebraische Körpererweiterungen des Körpers k mit $L \cap K = k$ (linear disjunkt, vgl. Abschn. 6.5.3 und die Aufgaben 6.6.14 und 6.6.15), beide seien separabel und normal über k, im gleichen algebraischen Abschluss $\overline{k}$ von k gelegen. Man zeige, dass auch das Kompositum LK separabel und normal über k ist und beweise die Isomorphie

$$\operatorname{Gal} LK/k \cong \operatorname{Gal} L/k \times \operatorname{Gal} K/k.$$

3. Beschreiben Sie den Zerfällungskörper des Polynoms $x^5 - 2$ über $\mathbb{Q}$, seine Galoisgruppe über $\mathbb{Q}$ und alle seine Zwischenkörper.

4. Konstruieren Sie ein über $\mathbb{Q}$ irreduzibles Polynom für $2\cos(2\pi/7)$.

5. Suchen Sie eine galoissche Erweiterung $K/\mathbb{Q}$ mit

$$\operatorname{Gal} K/\mathbb{Q} \cong \mathbb{Z}/4\mathbb{Z} \times \mathbb{Z}/6\mathbb{Z}.$$

6. Suchen Sie eine galoissche Erweiterung $K/\mathbb{Q}$ mit

$$\operatorname{Gal} K/\mathbb{Q} \cong \mathbb{Z}/9\mathbb{Z}.$$

7. Ist jede Körpererweiterung vom Grad 4 normal über dem Grundkörper?

8. Widerlegen Sie folgende Aussage: Wenn L/K und M/L normale Körpererweiterungen sind, dann auch M/K.

9. Wieviele paarweise verschiedene Primpolynome vom Grad 4 gibt es in $\mathbb{F}_3[x]$?

10. $f(t) = at^2 + bt + c$ sei ein quadratisches Polynom in $\mathbb{F}_p[t]$, p Primzahl. Entwickeln Sie ein Verfahren, die Exponentialsumme
$$\sum_{t \bmod p} \zeta_p^{f(t)}$$
zu berechnen.

11. Man beweise mit Hilfe einer geeigneten Gaußschen Summe
$$2 \cos \frac{2\pi}{5} = \frac{\sqrt{5}-1}{2}.$$

12. Beweisen Sie Folgerung 7.18 .

13. Eine harte Nuss: Sei p eine Primzahl und $n < m$ ganzrational. Man beweise
$$|\sum_{a=n}^{m} (\frac{a}{p})| < \sqrt{p} \log p .$$

14. Man folgere daraus: Es gibt weniger als $\sqrt{p} \log p$ aufeinanderfolgende Reste/Nichtreste mod p. Insbesondere gibt es ein $t \in \mathbb{N}$, $t < \sqrt{p} \log p$, mit $(\frac{t}{p}) = -1$.

15. r sei eine rationale Zahl. Beweisen Sie, dass sich der Winkel $2\pi r$ genau dann mit Zirkel und Lineal dritteln lässt, wenn der Nenner von r (in gekürzter Darstellung) zu 3 teilerfremd ist.

16. Beweisen Sie, dass sich $\mathbb{Q}(\cos(2\pi/7))$ über $\mathbb{Q}$ nicht durch Radikale erzeugen lässt, obwohl die Galoisgruppe auflösbar ist. Warum ist das kein Widerspruch zu den Sätzen 7.32 und 7.35 ?

17. Man benutze die Kummertheorie, um für die Körpererweiterung
$$\mathbb{Q}(i, \sqrt[4]{3}, \sqrt[4]{4}, \sqrt[4]{5})/\mathbb{Q}(i)$$
die Galoisgruppe, alle ihre Untergruppen und alle Zwischenkörper zu ermitteln.

18. K sei ein Körper mit mehr als 3 Elementen. Man zeige, dass $PSL_2 K$ die Kommutatoruntergruppe von $PGL_2 K$ ist.

19. Konstruieren Sie die Ausnahmeisomorphismen
$$PSL_2 \mathbb{F}_2 \cong S_3 , \ PSL_2 \mathbb{F}_3 \cong A_4 , \ PSL_2 \mathbb{F}_4 \cong A_5 .$$

20. Zeigen Sie, dass für algebraische Zahlen $a \neq 0$ die Funktionswerte $\sin a$, $\cos a$, $\tan a$ transzendent sind.

21. Sei $\mathcal{O}$ der Ring der ganzalgebraischen Zahlen des Zahlkörpers K; das Element $\omega \in \mathcal{O}$ besitze ein irreduzibles Polynom $p_{\omega,\mathbb{Q}} \in \mathbb{Z}[x]$ mit konstantem Glied ± 1. Beweisen Sie, dass ω dann Einheit des Rings $\mathcal{O}$ ist.

22. Sei ω ganzalgebraische Zahl einer normalen Körpererweiterung K von $\mathbb{Q}$ und sei $\sigma \in \operatorname{Gal} K/\mathbb{Q}$. Zeige: Auch $\sigma(\omega)$ ist ganzalgebraisch. Ebenso: Wenn ω Einheit des Rings $\mathcal{O}$ der ganzalgebraischen Zahlen in K ist, dann auch $\sigma(\omega)$.

23. Mit den gleichen Voraussetzungen und Bezeichnungen sei zusätzlich p eine (rationale) Primzahl. Man zeige folgende Teilerbedingungen in $\mathcal{O}$:

$$p \mid \omega \iff p \mid \sigma(\omega) \implies p \mid \prod_{\sigma \in \operatorname{Gal} K/\mathbb{Q}} \sigma(\omega)$$

24. Das letzte Produkt der vorigen Aufgabe liegt in $\mathbb{Z}$ (warum?). Man folgere daraus, dass unendlich viele (rationale) Primzahlen p existieren, die ω nicht teilen.

25. Sei $\mathcal{O}$ der Ring der ganzalgebraischen Zahlen des Kreisteilungskörpers $\mathbb{Q}(\zeta)$, ζ eine primitive p-te Einheitswurzel, p eine (rationale) Primzahl. Man zeige, dass für alle $k \in \mathbb{Z}$, $k \not\equiv 0 \bmod p$, der Quotient $(1-\zeta^k)/(1-\zeta)$ eine Einheit von $\mathcal{O}$ ist.

26. Daraus und aus $F_p(1) = p$ folgere man: In $\mathcal{O}$ ist p assoziiert zu $(1-\zeta)^{p-1}$.

27. Diese und die folgenden Aufgaben habe ich [Wa2] entnommen. Ihre Aussagen sind *unter Annahme der Gültigkeit der Schanuelschen Vermutung* zu beweisen: $i\pi$ und $\log 2$ sind algebraisch unabhängig (über $\mathbb{Q}$, wie auch im folgenden; $\log$ bezeichne den natürlichen Logarithmus).

28. π, $\log 2$, $\log 3$, $\log \log 2$, $\log \pi$ sind algebraisch unabhängig.

29. Man schließe daraus weiter, dass 1, $i\pi$, $\log \pi$, $\log 2$, $\log 3$, $\log \log 2$ linear unabhängig über $\mathbb{Q}$ sind und darum die folgenden Zahlen algebraisch unabhängig:

$$e,\ \pi,\ \log \pi,\ \log 2,\ \log 3,\ \log \log 2$$

30. Daraus leite man ab, dass die folgenden Zahlen linear unabhängig über $\mathbb{Q}$ sind

$$1,\ e,\ \pi,\ \log \pi,\ \log 2,\ \log 3,\ \log \log 2,\ e\log \pi,\ \pi \log \pi,$$
$$e\log 2,\ \pi \log 2,\ \sqrt{2}\log 2,\ \log 3 \log \log 2,\ i,\ i\pi,\ i\log \pi,\ i\log 2$$

und dass die folgenden 17 Zahlen algebraisch unabhängig sind:

$$e,\ \pi,\ \log \pi,\ \log 2,\ \log 3,\ \log \log 2,\ e^e,\ e^\pi,\ \pi^e,\ \pi^\pi,$$
$$2^e,\ 2^\pi,\ 2^{\sqrt{2}},\ (\log 2)^{\log 3},\ e^i,\ \pi^i,\ 2^i$$

8 Gitter

8.1 Grundbegriffe

L heißt **Gitter** im $\mathbb{R}^n$, wenn es n linear unabhängige $\mathbf{a}_1,\ldots,\mathbf{a}_n \in \mathbb{R}^n$ gibt mit

$$L = \mathbb{Z}\mathbf{a}_1 + \ldots + \mathbb{Z}\mathbf{a}_n = \{\sum_{i=1}^n a_i\mathbf{a}_i \mid a_i \in \mathbb{Z}\}.$$

Dabei heißt $\{\mathbf{a}_i \mid i = 1,\ldots,n\}$ eine **Gitterbasis** für L. Bezeichnet man mit $\mathbf{e}_i$ die Standard-Einheitsvektoren des $\mathbb{R}^n$, so heißt

$$L_0 := \mathbb{Z}\mathbf{e}_1 +,\ldots + \mathbb{Z}\mathbf{e}_n$$

das *Standardgitter* des $\mathbb{R}^n$. Äquivalente Möglichkeiten, Gitter zu definieren, bieten sich durch den folgenden

Satz 8.1 *1. $L \subset \mathbb{R}^n$ ist genau dann ein Gitter, wenn ein linearer Automorphismus $A: \mathbb{R}^n \to \mathbb{R}^n$ existiert mit $L = AL_0$.*

2. Jedes Gitter ist additive, diskrete Untergruppe des $\mathbb{R}^n$.

3. Jede additive, diskrete Untergruppe des $\mathbb{R}^n$, welche n linear unabhängige Vektoren enthält, ist ein Gitter.

Der *Beweis* von 1) folgt daraus, dass A durch $A\mathbf{e}_i = \mathbf{a}_i$ definiert werden kann. 2) ist klar fürr L_0, und der allgemeine Fall folgt daraus, dass die Transformation A in 1) gleichzeitig Gruppenisomorphismus und Homöomorphismus ist. Zum Beweis von 3) sei die Untergruppe $L \subset \mathbb{R}^n$ topologisch diskret, d.h. es existiere eine Umgebung $U = U(\mathbf{0})$ des Nullpunkts mit $U \cap L = \{\mathbf{0}\}$. Da es n linear unabhängige Vektoren in L gibt, existiert insbesondere ein $\mathbf{a}_1 \in L$ mit $\mathbf{a}_1 \neq \mathbf{0}, a r\mathbf{a}_1 \notin L$ für alle $0 < r < 1$. Dieses ist das erste Element einer induktiv zu konstruierenden Gitterbasis. Seien linear unabhängige $\mathbf{a}_1,\ldots,\mathbf{a}_{i-1} \in L$, $1 < i \leq n$ bereits gefunden mit der Eigenschaft, dass das $(i-1)$-dimensionale Parallelepiped

$$P_{i-1} = \{\sum_{j=1}^{i-1} r_j\mathbf{a}_j \mid 0 \leq r_j < 1 \text{ für alle } j\}$$

nur den Punkt **0** aus L enthält. Nach Voraussetzung gibt es ein von $\mathbf{a}_1, \ldots, \mathbf{a}_{i-1}$ linear unabhängiges $\mathbf{a}_i \in L$. Dieses lässt sich so wählen, dass es von dem $(i-1)$-dimensionalen linearen Unterraum

$$V_{i-1} = \mathbb{R}\mathbf{a}_1 + \ldots + \mathbb{R}\mathbf{a}_{i-1} \supset P_{i-1}$$

minimalen euklidischen Abstand > 0 besitzt: Andernfalls gäbe es eine Folge solcher Punkte in L, deren Abstände zu V_{i-1} gegen 0 konvergiert oder einen Wert $d > 0$, der nicht selbst als Abstand eines Gitterpunkts von V_{i-1} vorkommt. Man könnte durch Addition geeigneter $\mathbb{Z}$-Linearkombinationen der $\mathbf{a}_1, \ldots, \mathbf{a}_{i-1}$ — hier verwenden wir die Gruppeneigenschaft von L — sogar dafür sorgen, dass diese Folge gegen einen Punkt der abgeschlossenen Hülle von P_{i-1} konvergiert (Bolzano-Weierstraß) bzw. gegen einen Punkt, der von P_{i-1} einen Abstand $\leq d$ besitzt, in beiden Fällen im Widerspruch zur Diskretheit von L. Man überzeuge sich davon, dass das neu entstehende i-dimensionale Parallelepiped

$$P_i = \{\sum_{j=1}^{i} r_j \mathbf{a}_j \,|\, 0 \leq r_j < 1 \quad \text{für alle} \quad j\} \subset V_i$$

wieder nur den Punkt **0** aus L enthält, da andere einen kleineren Abstand von dem Unterraum V_{i-1} hätten als $\mathbf{a}_i$.

Behauptung: Die so induktiv konstruierten $\mathbf{a}_1, \ldots, \mathbf{a}_n$ bilden eine Gitterbasis für L. Die lineare Unabhängigkeit ist klar, und jedes $\mathbf{b} \in L$ besitzt eine Darstellung

$$\mathbf{b} = \sum_{i=1}^{n} s_i \mathbf{a}_i, \quad \text{alle} \quad s_i \in \mathbb{R}.$$

Durch Addition einer geeigneten $\mathbb{Z}$-Linearkombination der $\mathbf{a}_i$ dürfen wir sogar annehmen, dass o.B.d.A. $0 \leq s_i < 1$ für alle i ist — hier verwenden wir wieder die Gruppeneigenschaft von L —, dass also $\mathbf{b} \in P_n \cap L$, was aber nach Konstruktion nur aus **0** besteht. □

Das in diesem Beweis konstruierte P_n nennt man ein **Fundamentalparallelotop** des Gitters L. Wie die Abbildung 1 zeigt, ist es ebensowenig eindeutig durch L bestimmt wie die Gitterbasis, wohl aber sein euklidisches Volumen, wie wir gleich sehen werden. Der Name kommt daher, dass es die Rolle eines *Fundamentalbereichs* für die Operation von L auf $\mathbb{R}^n$ besitzt, d.h. die L-Translate von P_n pflastern $\mathbb{R}^n$ lückenlos und ohne Überlappungen:

$$\mathbb{R}^n = L + P_n = \bigcup_{x \in L} x + P_n \quad \text{und} \quad x + P_n \cap y + P_n = \emptyset \quad \text{für alle} \quad x \neq y \in L$$

Für den nun folgenden Satz, der den Wechsel zwischen verschiedenen Gitterbasen beschreibt, stelle man sich die Basis als n-tupel von Spaltenvektoren des $\mathbb{R}^n$ vor.

8 Gitter

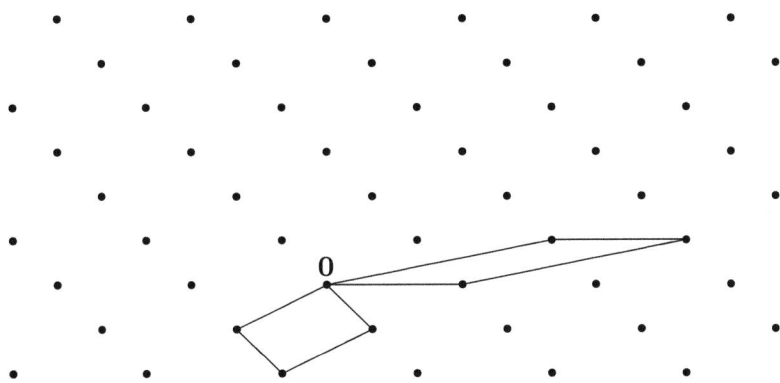

Abbildung 8.1: Zwei mögliche P_2 in einem Gitter $L \subset \mathbb{R}^2$

Satz 8.2 *Sei $L \subset \mathbb{R}^n$ Gitter mit Gitterbasis $A = (\mathbf{a}_1, \ldots, \mathbf{a}_n)$. Das n-tupel $B = (\mathbf{b}_1, \ldots, \mathbf{b}_n)$ ist genau dann eine Gitterbasis von L, wenn eine ganzzahlige $n \times n$-Matrix U mit Determinante ± 1 existiert (also $\in \mathrm{GL}_n(\mathbb{Z})$, d.h. unimodular) mit $B = AU$.*

Beweis. Sind die $\mathbf{b}_j$ Gittervektoren, so müssen sie ganzzahlige Linearkombinationen der $\mathbf{a}_i$ sein, was bereits die Existenz einer ganzzahligen $n \times n$-Matrix U mit $B = AU$ sichert. Ist darüber hinaus B eine Gitterbasis, muss U eine ganzzahlige Inverse besitzen. Daraus folgt $\det U = \pm 1$ nach dem Determinantenmultiplikationssatz, da ± 1 die einzigen Einheiten in $\mathbb{Z}$ sind. Wenn umgekehrt $\det U = \pm 1$, so besitzt U nach der Kramerschen Regel eine ganzzahlige Inverse; damit sind alle $\mathbf{a}_i$ ganzzahlige Linearkombinationen der $\mathbf{b}_j$, folglich sogar alle Elemente von L. $\square$

Folgerung 8.3 *und* **Definition.** *Sei $L \subset \mathbb{R}^n$ Gitter mit Basis A und zugehörigem Fundamentalparallelotop P. Dessen Volumen $V(P) = |\det A| =: d(L)$ ist unabhängig von der Basiswahl und wird daher als* **Gitterdeterminante** *bezeichnet.*

Abweichend von den oben gewählten Bezeichnungen werden wir im folgenden gelegentlich beliebige diskrete Untergruppen des $\mathbb{R}^n$ als *Gitter* bezeichnen, auch wenn sie nicht den ganzen $\mathbb{R}^n$ als Vektorraum erzeugen. Wir sprechen dann von einem **Gitter L in einem Unterraum** $V \subset \mathbb{R}^n$ oder von einem **Gitter vom Rang** $r := \dim V$, wenn V als Vektorraum von L erzeugt wird.

8.2 Untergitter und Elementarteiler

8.2.1 Untergitter und Basiswechsel

Hilfssatz 8.4 *Seien $\Lambda \subseteq L$ Gitter im $\mathbb{R}^n$. Dann ist*

$$\frac{d(\Lambda)}{d(L)} =: D \in \mathbb{N}$$

und das Gitter $DL = \{D\mathbf{a} \,|\, \mathbf{a} \in L\}$ erfüllt $DL \subseteq \Lambda \subseteq L$.

Beweis. Sei $B = (\mathbf{b}_1, \ldots, \mathbf{b}_n)$ eine Basis von Λ und $A = (\mathbf{a}_1, \ldots, \mathbf{a}_n)$ eine Basis von L. Dann existiert eine ganzzahlige $n \times n$-Matrix V mit $B = AV$, welche offenbar $D = |\det V|$ erfüllt. Die Restklassen von L mod Λ werden z.B. durch jene Gitterpunkte von L repräsentiert, welche in einem Fundamentalparallelotop P_Λ von Λ liegen, und man könnte durch einen Vergleich mit dem Volumen von P_L schon jetzt einsehen, dass die Anzahl $[L : \Lambda]$ dieser Repräsentanten gerade D ist. Jedenfalls ist DA Basis von DL, die Matrix DV^{-1} hat ebenfalls ganzzahlige Koeffizienten (Kramersche Regel), und aus $DA = B \cdot DV^{-1}$ folgt, dass DL Untergitter von Λ ist. □

Satz 8.5 *Seien $\Lambda \subseteq L$ Gitter im $\mathbb{R}^n$. Zu jeder Basis $\mathbf{a}_1, \ldots, \mathbf{a}_n$ von L gibt es eine Basis $\mathbf{b}_1, \ldots, \mathbf{b}_n$ von Λ mit*

$$\begin{aligned}
\mathbf{b}_1 &= v_{11}\mathbf{a}_1 \\
\mathbf{b}_2 &= v_{12}\mathbf{a}_1 + v_{22}\mathbf{a}_2 \\
&\vdots \\
\mathbf{b}_n &= v_{1n}\mathbf{a}_1 + \ldots + v_{nn}\mathbf{a}_n \,.
\end{aligned}$$

Dabei sind (natürlich) alle $v_{ij} \in \mathbb{Z}$ und alle $v_{ii} \neq 0$, o.B.d.A. sogar > 0.

Beweis. Für alle i ist $D\mathbf{a}_i \in \Lambda$, also gibt es jedenfalls Elemente $\mathbf{b}_i = v_{1i}\mathbf{a}_1 + \ldots + v_{ii}\mathbf{a}_i \in \Lambda$ mit $v_{ii} > 0$. Die $\mathbf{b}_i$ sind von dieser Form zu wählen mit kleinstmöglichem $v_{ii} > 0$. Behauptung: Dann bilden sie eine Gitterbasis von Λ. Gäbe es nämlich ein $\mathbf{c} \in \Lambda$, welches nicht in $\mathbb{Z}\mathbf{b}_1 + \ldots + \mathbb{Z}\mathbf{b}_n$ läge, so könnte man so ein $\mathbf{c}$ auch von der Form $c_1\mathbf{a}_1 + \ldots + c_k\mathbf{a}_k$, $c_k \neq 0$, wählen mit minimalem k. Division mit Rest von c_k durch v_{kk} ergibt ein

$$\mathbf{c} - s\mathbf{b}_k = (c_1 - sv_{1k})\mathbf{a}_1 + \ldots + (c_k - sv_{kk})\mathbf{a}_k \in \Lambda \,,$$

dessen k-ter Koeffizient entweder verschwindet — dann wäre k nicht minimal — oder zwischen 0 und v_{kk} liegt im Widerspruch zur Minimalität von v_{kk} bei der Konstruktion von $\mathbf{b}_k$. □

8 Gitter 231

Satz 8.6 *Unter den gleichen Voraussetzungen kann man umgekehrt zu jeder Basis* $\mathbf{b}_1, \ldots, \mathbf{b}_n$ *von* Λ *eine Basis* $\mathbf{a}_1, \ldots, \mathbf{a}_n$ *von* L *finden, deren Übergang durch das Gleichungssystem aus Satz 5 gegeben wird.*

Zum *Beweis* schreibe man die Basis von Λ wie in Satz 8.2 in Matrixform als B und wende Satz 8.5 auf die Inklusion $DL \subseteq \Lambda$ an: Es existiert also eine Basis DA von DL von der Form $DA = BW$ mit einer oberen Dreiecksmatrix W. Daraus folgt $B = A \cdot DW^{-1}$, und dabei muss auch DW^{-1} obere Dreiecksmatrix sein. Dass sie außerdem ganzzahlig ist, folgt aus der Gitterinklusion $\Lambda \subseteq L$. □

Zusatzbemerkung. In den Sätzen 8.5 und 8.6 lassen sich die Basen so wählen, dass in den Übergangsmatrizen V für alle i und j

$$0 \leq v_{ij} < v_{ii} \quad \text{in Satz 8.5},$$

$$0 \leq v_{ij} < v_{jj} \quad \text{in Satz 8.6}.$$

In Satz 8.5 ist diese Eigenschaft für $i = 1$ trivial erfüllt. Sei k der kleinste Index, für den diese Ungleichungen in

$$\mathbf{b}_k = v_{1k}\mathbf{a}_1 + \ldots + v_{kk}\mathbf{a}_k$$

nicht alle gelten, und zwar sei darin i der größte Index, für den v_{ik} nicht im angegebenen Intervall liegt. Division mit Rest von v_{ik} durch v_{ii} zeigt die Existenz eines $s \in \mathbb{Z}$, welches $0 \leq v_{ik} - sv_{ii} =: v'_{ik} < v_{ii}$ erfüllt. Ersetzt man also $\mathbf{b}_k$ durch $\mathbf{b}'_k := \mathbf{b}_k - s\mathbf{b}_i$, so hat man weiterhin eine Basis von Λ, deren neuer Übergangskoeffizient v'_{ik} nun aber auch die fragliche Ungleichung erfüllt. Durch eine doppelte Induktion (aufsteigend in j, absteigend in i) lässt sich so ein Basiswechsel durchführen, dass die erste Ungleichung für alle i und j erfüllt ist. Im Fall von Satz 8.6 nimmt man ganz entsprechend einen Basiswechsel von A zu A' vor.

8.2.2 Basisergänzung

Folgerung 8.7 *Seien* $\mathbf{b}_1, \ldots, \mathbf{b}_m$ *linear unabhängige Elemente des Gitters* $L \subset \mathbb{R}^n$. *Dieses besitzt eine Basis* $\mathbf{a}_1, \ldots, \mathbf{a}_n$, *so dass*

$$\begin{aligned} \mathbf{b}_1 &= v_{11}\mathbf{a}_1 \\ \mathbf{b}_2 &= v_{12}\mathbf{a}_1 + v_{22}\mathbf{a}_2 \\ &\vdots \\ \mathbf{b}_m &= v_{1m}\mathbf{a}_1 + \ldots + v_{mm}\mathbf{a}_m \end{aligned}$$

mit ganzzahligen Übergangskoeffizienten, die alle die Ungleichungen

$$0 \leq v_{ij} < v_{jj}$$

erfüllen.

Man ergänze dazu die $\mathbf{b}_j$ durch weitere Gittervektoren $\mathbf{b}_{m+1}, \ldots, \mathbf{b}_n \in L$ zu einer Basis des $\mathbb{R}^n$. Sie bilden dann eine Basis eines Untergitters Λ, auf das man Satz 8.6 und die Zusatzbemerkung anwenden kann. □

Folgerung 8.8 *Seien $\mathbf{b}_1, \ldots, \mathbf{b}_m$ linear unabhängige Elemente des Gitters $L \subset \mathbb{R}^n$. Diese lassen sich genau dann zu einer Gitterbasis von L ergänzen, wenn für alle $\mathbf{c} \in L$ mit*

$$\mathbf{c} = c_1 \mathbf{b}_1 + \ldots + c_m \mathbf{b}_m \quad \text{gilt: alle} \quad c_i \in \mathbb{Z}.$$

Die Notwendigkeit der angegebenen Bedingung ist klar. Dass die Bedingung auch hinreichend ist, sieht man so ein: Man nehme die Basis $\mathbf{a}_1, \ldots, \mathbf{a}_n$ des Gitters L aus Folgerung 8.7 und wende die Bedingung nacheinander an auf

$$\mathbf{c} = \mathbf{a}_1 = v_{11}^{-1} \mathbf{b}_1 \quad \Rightarrow \quad v_{11} = 1 \quad \Rightarrow \quad \mathbf{a}_1 = \mathbf{b}_1,$$

$$\mathbf{c} = \mathbf{a}_2 = v_{22}^{-1} \mathbf{b}_2 - v_{22}^{-1} v_{12} \mathbf{b}_1 \quad \Rightarrow \quad v_{22} = 1, v_{12} = 0 \quad \Rightarrow \quad \mathbf{a}_2 = \mathbf{b}_2$$

u.s.w. und zeige so $\mathbf{b}_i = \mathbf{a}_i$ für alle $i \leq m$. Die Ergänzung zu einer Gitterbasis ist dann durch die übrigen $\mathbf{a}_i$ möglich.

Folgerung 8.9 *Sei $\mathbf{a}_1, \ldots, \mathbf{a}_n$ eine Basis des Gitters $L \subset \mathbb{R}^n$ und*

$$\mathbf{b} = b_1 \mathbf{a}_1 + \ldots + b_n \mathbf{a}_n.$$

$\mathbf{a}_1, \ldots, \mathbf{a}_{m-1}, \mathbf{b}$ lassen sich genau dann zu einer Basis von L ergänzen, wenn der $ggT (b_m, \ldots, b_n) = 1$ ist.

Klar, dass eine solche Basisergänzung nur möglich ist, wenn $\mathbf{a}_1, \ldots, \mathbf{a}_{m-1}, \mathbf{b}$ linear unabhängig sind, wenn also $b_m, \ldots, b_n$ nicht alle $= 0$ sind. Nun setze man in Folgerung 8.8

$$\mathbf{b}_1 = \mathbf{a}_1, \ldots, \mathbf{b}_{m-1} = \mathbf{a}_{m-1}, \mathbf{b}_m = \mathbf{b}.$$

Die Bedingung

$$\mathbf{c} = c_1 \mathbf{b}_1 + \ldots + c_m \mathbf{b}_m = c_1 \mathbf{a}_1 + \ldots + c_{m-1} \mathbf{a}_{m-1} + c_m \mathbf{b}_m =$$

$$= (c_1 + b_1 c_m) \mathbf{a}_1 + \ldots + (c_{m-1} + b_{m-1} c_m) \mathbf{a}_{m-1} + c_m b_m \mathbf{a}_m + \ldots + c_m b_n \mathbf{a}_n \in L$$

bedeutet, dass alle Koeffizienten der letzten Zeile ganz sind. Wenn nun $(b_m, \ldots, b_n) = 1$ ist, folgt daraus notwendig $c_m \in \mathbb{Z}$ und $c_1, \ldots, c_{m-1} \in \mathbb{Z}$. Nach Folgerung 8.8 ist also $\mathbf{a}_1, \ldots, \mathbf{a}_{m-1}, \mathbf{b}$ Teil einer Basis von L. Wenn andererseits $(b_m, \ldots, b_n) = b > 1$ ist, lässt sich $\mathbf{c} \in L$ so wählen, dass $c_m = 1/b \notin \mathbb{Z}$, $c_i = -b_i/b$ für alle $i < m$ sind, und dann ist $\mathbf{a}_1, \ldots, \mathbf{a}_{m-1}, \mathbf{b}$ nicht Teil einer Basis von L.

8.2.3 Elementarteilertheorie

Der Sinn der Sätze 8.5 und 8.6 lässt sich kurz so beschreiben: Man möchte sich durch geschickte Basiswahl von Gitter bzw. Untergitter eine möglichst bequeme Übergangsmatrix verschaffen. Es ist plausibel, dass man dieses Ziel am besten erreichen kann, wenn man beide Basen frei wählen kann.

Satz 8.10 *Seien $\Lambda \subseteq L \subset \mathbb{R}^n$ Gitter. Es gibt Basen $\mathbf{b}_1, \ldots, \mathbf{b}_n$ von Λ und $\mathbf{a}_1, \ldots, \mathbf{a}_n$ von L so, dass*

$$\mathbf{b}_j = v_j \mathbf{a}_j, \ v_j \in \mathbb{N} \ \text{für alle} \ j = 1, \ldots, n$$

ist und außerdem $v_1 | v_2 | \ldots | v_n$.

Beweis durch Induktion über n. 1.) Für $n = 1$ ist die Aussage des Satzes trivial. Wir nehmen an, der Satz sei für Gitter $\Lambda' \subseteq L'$ in $(n-1)$-dimensionalen $\mathbb{R}$-Vektorräumen V bereits bewiesen.
2.) Man wähle die Basen von Λ und L so, dass in der durch $\mathbf{b}_j = \sum v_{ij} \mathbf{a}_i$ bestimmten Übergangsmatrix der $v_{ij} \in \mathbb{Z}$ ein $v_{ij} \neq 0$ mit möglichst kleinem Betrag vorkommt. Durch Umnummerierung und eventuellen Vorzeichenwechsel kann man erreichen, dass $i = j = 1$ und dass nun $v_1 := v_{11} > 0$ ist. Der Übergang von der einen zur anderen Basis wird dann durch das Gleichungssystem

$$\begin{aligned}
\mathbf{b}_1 &= v_{11} \mathbf{a}_1 + v_{21} \mathbf{a}_2 + \ldots + v_{n1} \mathbf{a}_n \\
\mathbf{b}_2 &= v_{12} \mathbf{a}_1 + v_{22} \mathbf{a}_2 + \ldots + v_{n2} \mathbf{a}_n \\
&\vdots \\
\mathbf{b}_n &= v_{1n} \mathbf{a}_1 + v_{2n} \mathbf{a}_2 + \ldots + v_{nn} \mathbf{a}_n
\end{aligned}$$

beschrieben, in dem alle $|v_{ij}| = 0$ oder $\geq v_{11} > 0$ sind.
3.) Behauptung: $v_1 | v_{j1}$ für alle j. Wäre dies z.B. für $j = 2$ falsch, so gäbe es ein $s \in \mathbb{Z}$ mit $0 < v_{21} - sv_1 < v_1$. Ersetzt man nun $\mathbf{a}_1$ durch $\mathbf{a}_1' = \mathbf{a}_1 + s\mathbf{a}_2$ (man überzeuge sich, dass dabei die Basiseigenschaft erhalten bleibt), so hat man die erste Zeile des Gleichungssystems zu ersetzen durch

$$\mathbf{b}_1 = v_1 \mathbf{a}_1' + (v_{21} - sv_1)\mathbf{a}_2 + \ldots$$

im Widerspruch zur Minimalität von v_1. Wendet man die gleiche Idee im Fall $v_1 | v_{21}$ an mit $s = v_{21}/v_1$, so verschwindet nun der Koeffizient von $\mathbf{a}_2$, und entsprechend ergibt sich für die ganze erste Zeile: Die Basis $\mathbf{a}_1, \ldots, \mathbf{a}_n$ von L lässt sich sogar so wählen, dass $v_{21} = \ldots = v_{n1} = 0$ sind.
4.) Behauptung: $v_1 | v_{1j}$ für alle j. Wie eben führe man eine Division mit Rest der v_{1j} durch v_1 durch. Wenn z.B. $0 \leq v_{12} - sv_1 < v_1$, ersetze $\mathbf{b}_2$ durch $\mathbf{b}_2' = \mathbf{b}_2 - s\mathbf{b}_1$. Nun beginnt die zweite Zeile des neuen Systems von Übergangsgleichungen mit

$$\mathbf{b}_2' = (v_{12} - sv_1)\mathbf{a}_1 + \ldots,$$

und der erste Koeffizient muss wieder wegen der Minimalität von v_1 verschwinden. Entsprechendes gilt für die übrigen v_{1j}, man darf also o.B.d.A. annehmen, dass $v_{1j} = 0$ für alle $j > 1$ ist.

5.) Behauptung: Es ist $v_1 = v_{11} | v_{ij}$ für alle $i, j > 1$. Wäre dies nämlich für ein Indexpaar (i, j) falsch, so gäbe es ein $s \in \mathbb{Z}$ mit $0 < v_{ij} - sv_1 < v_1$, und man könnte $\mathbf{a}_1$ durch $\mathbf{a}'_1 = \mathbf{a}_1 + s\mathbf{a}_i$ und gleichzeitig $\mathbf{b}_j$ durch $\mathbf{b}'_j = \mathbf{b}_j + \mathbf{b}_1$ ersetzen (man überzeuge sich wieder, dass dabei die Basiseigenschaft erhalten bleibt) und hätte in der neuen Transformationsgleichung für $\mathbf{b}'_j$ an der i-ten Stelle den Koeffizienten $v_{ij} - sv_1$ im Widerspruch zur Minimalität von v_1.

6.) Man darf also annehmen, dass der Basiswechsel von L zu Λ durch das folgende Gleichungssystem beschrieben wird:

$$
\begin{aligned}
\mathbf{b}_1 &= v_1 \mathbf{a}_1 \\
\mathbf{b}_2 &= v_{22} \mathbf{a}_2 + v_{32} \mathbf{a}_3 + \ldots + v_{n2} \mathbf{a}_n \\
\mathbf{b}_3 &= v_{23} \mathbf{a}_2 + v_{33} \mathbf{a}_3 + \ldots + v_{n3} \mathbf{a}_n \\
&\vdots \\
\mathbf{b}_n &= v_{2n} \mathbf{a}_2 + v_{3n} \mathbf{a}_3 + \ldots + v_{nn} \mathbf{a}_n,
\end{aligned}
$$

dabei teilt v_1 alle v_{ij}. Die Gittervektoren $\mathbf{a}_2, \ldots, \mathbf{a}_n$ erzeugen ein Gitter L' in einem $(n-1)$-dimensionalen Unterraum V des $\mathbb{R}^n$, und dieses enthält ein von $\mathbf{b}_2, \ldots, \mathbf{b}_n$ erzeugtes Untergitter Λ', auf das man die Induktionsannahme anwenden kann. □

Die Rolle des in Hilfssatz 8.4 eingeführten Quotienten der Gitterdeterminanten wird durch Satz 8.10 nun deutlicher:

Folgerung 8.11 *Seien $\Lambda \subseteq L$ Gitter mit den Basen aus Satz 10. Dann ist*

$$D = \frac{d(\Lambda)}{d(L)} = v_1 v_2 \cdot \ldots \cdot v_n = (L : \Lambda)$$

der Index von Λ in L. Ein Repräsentantensystem der Restklassen von L/Λ wird durch

$$\{ \mathbf{c} = c_1 \mathbf{a}_1 + \ldots + c_n \mathbf{a}_n \mid 0 \leq c_i < v_i \text{ für alle } i \}$$

gegeben und es ist

$$L/\Lambda \cong \mathbb{Z}/v_1\mathbb{Z} \times \ldots \times \mathbb{Z}/v_n\mathbb{Z}.$$

8.2.4 Endlich erzeugte abelsche Gruppen

Die in Satz 8.10 und Folgerung 8.11 aufgetretenen *Elementarteiler* sind bereits in Satz 2.38, aufgetreten. Diesen Satz über die Klassifikation endlicher abelscher Gruppen kann man nun in allgemeinerem Rahmen beweisen.

Satz 8.12 *und* **Definition.** *Jede endlich erzeugte abelsche Gruppe A ist isomorph zu einem direkten Produkt*

$$\mathbb{Z}/v_1\mathbb{Z} \times \ldots \times \mathbb{Z}/v_n\mathbb{Z} \times \mathbb{Z}^{m-n},$$

dabei ist $v_1|v_2|\ldots|v_n$. Diese v_i lassen sich o.B.d.A. > 1 wählen und sind dann ebenso wie der (torsionsfreie) **Rang** *$m - n$ von A eindeutig bestimmt.*

Zum *Beweis* nehmen wir an, A besitze m Erzeugende. Dann gibt es einen surjektiven Homomorphismus $h : \mathbb{Z}^m \to A$ mit einem Kern K, der einen n-dimensionalen Untervektorraum V des $\mathbb{R}^n$ erzeugt. $\mathbb{Z}^m \cap V$ ist ein Gitter L mit Untergitter $\Lambda = V \cap K$, auf das sich Folgerung 8.11 anwenden lässt. Nach Konstruktion von L lässt sich Folgerung 8.8 anwenden, um eine beliebige Basis von L zu einer Basis von $\mathbb{Z}^m$ zu ergänzen, natürlich durch $m - n$ Elemente, deren h-Bilder in A eine torsionsfreie Untergruppe erzeugen. Bei dieser Konstruktion kann es vorkommen, dass $v_1 = \ldots = v_k = 1$ ist und erst $v_{k+1} > 1$ (wenn man nämlich mit überflüssigen Erzeugenden von A gearbeitet hat). Es ist klar, dass die entsprechenden Faktoren aus A trivial sind und weggelassen werden können. Dass die verbleibenden dann eindeutig bestimmt sind, lässt sich ebenso wie im Beweis von Satz 2.38, zeigen, indem man Schritt für Schritt zyklische Untergruppen maximaler Ordnung aus A herausfaktorisiert. Letztlich bleibt eine *torsionsfreie* abelsche Gruppe übrig, d.h. ohne Elemente endlicher Ordnung außer der 0, welche mit der gleichen Begründung wie eben zu einem Gitter $\mathbb{Z}^r$ isomorph ist. Dass der Rang r dieses Gitters unter Isomorphismen invariant ist, folgt z.B. aus der Invarianz der Dimension: Jeder solche Isomorphismus induziert einen Isomorphismus des umgebenden $\mathbb{R}^r$. $\square$

8.3 Der Minkowskische Gitterpunktsatz

8.3.1 Konvexe Körper

Eine Untermenge H des $\mathbb{R}^n$ heißt **konvex**, wenn zu je zwei Punkten von H auch ihre Verbindungsstrecke zu H gehört, also wenn mit $\mathbf{x}, \mathbf{y} \in H$ auch $\mathbf{x}+r(\mathbf{y}-\mathbf{x}) \in H$ ist für alle $r \in [0, 1]$. Wenn H nicht in einer Hyperebene enthalten ist, heißt H **konvexer Körper**. Die folgende Eigenschaft ist leicht zu beweisen, indem man aus den Richtungsvektoren $\mathbf{x} - \mathbf{x}_0$ von einem festen Punkt $\mathbf{x}_0 \in H$ zu allen anderen Punkten $\mathbf{x} \in H$ eine Basis des $\mathbb{R}^n$ auswählt:

Hilfssatz 8.13 *Eine konvexe Menge $H \subseteq \mathbb{R}^n$ ist genau dann ein konvexer Körper, wenn sie ein nichtleeres Inneres besitzt.* $\square$

Beispiele konvexer Körper sind Würfel, Parallelotope, Kugeln, Ellipsoide, Halbräume, alle Durchschnitte (mit nichtleerem Inneren) von konvexen Körpern, insbesondere *Polytope*, d.h. nichtleere Durchschnitte endlich vieler Halbräume. Für alle konvexen Mengen H und alle affinen Transformationen A ist auch $A(H)$ konvexe Menge. Es lässt sich zeigen, dass beschränkte konvexe Mengen (Jordan-) messbar sind und unbeschränkte konvexe Körper unendliches Volumen haben; wir werden diese Sachverhalte hier nicht beweisen, zumal sie in wichtigen Spezialfällen, beispielsweise für kompakte und offene konvexen Mengen, offensichtlich sind. Das Volumen wird wie schon bei Parallelotopen mit V bezeichnet werden. **Symmetrische konvexe Körper** sind dadurch ausgezeichnet, dass sie mit jedem Punkt **x** auch den Punkt $-$**x** enthalten, also bezüglich des Nullpunkts **0** punktsymmetrisch sind.

8.3.2 Spezialfall: das ebene Standardgitter

Gibt es ganzzahlige Lösungen der Gleichung $2x^2 + 10xy + 13y^2 = 1$? Da diese quadratische Form positiv definit ist, kann man sie in ein Problem über Gitterpunkte umformulieren: Hat das Standardgitter $L_0 = \mathbb{Z}^n \subset \mathbb{R}^n$ mit der Ellipse

$$2x^2 + 10xy + 13y^2 < 2$$

außer **0** noch einen weiteren Gitterpunkt gemeinsam? Die Antwort könnte man in diesem Fall etwas mühsam vermöge quadratischer Ergänzung geben. Die Frage erlaubt aber die Anwendung eines sehr viel allgemeineren Kriteriums, das sich auf alle symmetrischen konvexen Körper anwenden lässt und nur noch deren Volumen benutzt (hier: 2π). Es ist der erstmals 1892 bewiesene Gitterpunktsatz von MINKOWSKI (1864–1909), den wir zunächst für das Standardgitter $L_0 = \mathbb{Z}^2$ des $\mathbb{R}^2$ vorstellen.

Satz 8.14 *Sei $K \subset \mathbb{R}^2$ ein symmetrischer konvexer Körper mit Volumen $V(K) > 4$. Dann liegt in K ein Punkt $\neq \mathbf{0}$ des Gitters L_0.*

Unter den vielen bis heute bekannten *Beweisen* des Satzes ist der nun folgende von MORDELL besonders elegant. Für alle $t \in \mathbb{N}$ sei $N(t)$ die Anzahl der Punkte in $\frac{2}{t}L_0 \cap K$. Da K Jordan-messbar ist, erhält man

$$\lim_{t \to \infty} \frac{4}{t^2} N(t) > 4,$$

also $N(t) > t^2$ für alle hinreichen großen $t > t_0 \in \mathbb{N}$. Die Restklassengruppe L_0/tL_0 enthält nur t^2 Elemente, also gibt es für $t > t_0$ unter den $N(t)$ Punkten von $\frac{2}{t}L_0 \cap K$ sicher Punkte $\mathbf{x} \neq \mathbf{y}$ mit

$$\mathbf{x} - \mathbf{y} \in \frac{2}{t}tL_0,$$

oder — anders gesagt — mit

$$0 \neq \frac{1}{2}(\mathbf{x} - \mathbf{y}) \in L_0\,.$$

Wegen der Symmetrie von K ist auch $-\mathbf{y} \in K$, und aus der Konvexität von K folgt daher auch

$$\frac{1}{2}(\mathbf{x} - \mathbf{y}) \in K\,. \quad \Box$$

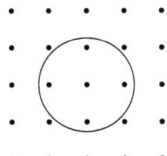

Abbildung 8.2: Standardgitter mit Kreis vom Radius 1.2, $V(K) = 1.44\pi > 4$

Dass der MINKOWSKIsche Gitterpunktsatz scharf ist, kann man an dem (offenen) Parallelogramm der nächsten Abbildung erkennen: Hier hat K das Volumen 4 und enthält keinen Gitterpunkt außer $\mathbf{0}$.

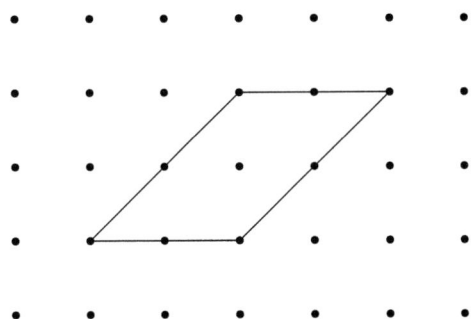

Abbildung 8.3: Standardgitter mit Parallelogramm K der Fläche 4

8.3.3 Der Satz von MINKOWSKI – VAN DER CORPUT

Man könnte den obenstehenden Beweis von MORDELL ohne weiteres auf höhere Dimensionen übertragen. Zur Abwechslung sei eine andere Methode vorgestellt, die zu einem allgemeineren Satz führt. Sie beruht auf dem folgenden Satz von BIRKHOFF und BLICHFELDT.

Satz 8.15 *Sei $L \subset \mathbb{R}^n$ ein Gitter, $S \subseteq \mathbb{R}^n$ eine messbare Menge, $m \in \mathbb{N}$, und*

$$V(S) > m\,d(L) \quad \text{oder} \quad V(S) = m\,d(L)\,,\ S \quad \text{kompakt}.$$

Dann existieren paarweise verschiedene $\mathbf{x}_1, \ldots, \mathbf{x}_{m+1} \in S$, so dass alle Differenzen $\mathbf{x}_i - \mathbf{x}_j$ in L liegen.

Beweis. Wegen Satz 8.1.1 und Folgerung 8.3 genügt es, den Satz für das Standardgitter L_0 mit $d(L_0) = 1$ zu beweisen. P sei ein Fundamentalparallelotop für L_0, dann gibt es zu jedem $\mathbf{x} \in \mathbb{R}^n$ eindeutig bestimmte $\mathbf{y} \in L_0$ und $\mathbf{z} \in P$ mit $\mathbf{x} = \mathbf{y} + \mathbf{z}$. Für alle $\mathbf{y} \in L_0$ sei

$$R(\mathbf{y}) := \{\mathbf{z} \in P \mid \mathbf{y} + \mathbf{z} \in S\}\,, \quad \text{also} \quad \sum_{\mathbf{y} \in L_0} V(R(\mathbf{y})) = V(S)\,.$$

Wenn nun $V(S) > m$ ist, muss wegen $R(\mathbf{y}) \subseteq P$ ein $\mathbf{z}_0$ existieren, welches in mindestens $m+1$ Mengen $R(\mathbf{y})$ enthalten ist. Es gibt also paarweise verschiedene $\mathbf{y}_1, \ldots, \mathbf{y}_{m+1} \in L_0$ mit $\mathbf{x}_i = \mathbf{z}_0 + \mathbf{y}_i \in S$ für alle i. Diese $\mathbf{x}_i$ erfüllen diese Behauptung.

Nun sei S kompakt mit $V(S) = m$, dazu B_k die kompakte Kugel $\|\mathbf{x}\| \leq \frac{1}{k}$ (euklidische Norm). Dann existiert für alle $k \in \mathbb{N}$ ein $(m+1)$-Tupel paarweise verschiedener Punkte $\mathbf{x}_{1k}, \ldots, \mathbf{x}_{m+1,k}$ in $S_k := S + B_k$, deren Differenzen alle im Gitter liegen. Da $S = \bigcap_k S_k$ und alle S_k kompakt sind, gibt es eine Teilfolge dieser $(m+1)$-Tupel, die gegen ein $(m+1)$-Tupel $(\mathbf{x}_1, \ldots, \mathbf{x}_{m+1}) \in S^{m+1}$ konvergieren (der Einfachheit halber führen wir für diese Teilfolge keine Doppelindizes ein). Weil die Differenzen $\mathbf{x}_{ik} - \mathbf{x}_{jk}$ stets in L_0 liegen und für $k \to \infty$ ebenfalls konvergieren müssen, sind diese Differenzenfolgen für hinreichend große k konstant und insbesondere $\neq \mathbf{0}$, die Limites $\mathbf{x}_i$ also paarweise verschieden. □

Satz 8.16 *Sei $m \in \mathbb{N}$, $L \subset \mathbb{R}^n$ ein Gitter und $K \subseteq \mathbb{R}^n$ ein symmetrischer konvexer Körper mit*

$$V(K) > m\,2^n\,d(L) \quad \text{oder} \quad V(K) = m\,2^n\,d(L)\,,\ K \quad \text{kompakt}.$$

Dann enthält $L \cap K$ außer $\mathbf{0}$ noch mindestens m paarweise verschiedene Punktepaare $\pm\mathbf{y}_1, \ldots, \pm\mathbf{y}_m$.

Beweis. $S = \frac{1}{2}K$ erfüllt nämlich die Voraussetzungen von Satz 8.15. Es gibt also $m+1$ paarweise verschiedene Punkte

$$\frac{1}{2}\mathbf{x}_i \in S \quad \text{mit} \quad \frac{1}{2}\mathbf{x}_i - \frac{1}{2}\mathbf{x}_j \in L \quad \text{für alle} \quad i, j\,.$$

Definiert man $\mathbf{y}_j := \frac{1}{2}\mathbf{x}_{m+1} - \frac{1}{2}\mathbf{x}_j$, so sind $\mathbf{0}, \pm\mathbf{y}_1, \ldots, \pm\mathbf{y}_m$ paarweise verschiedene Gitterpunkte, und ebenso wie im Beweis von Satz 14 folgt aus Symmetrie und Konvexität, dass sie alle zu K gehören. □

8.4 Anwendungen des Gitterpunktsatzes

8.4.1 Der Linearformensatz von MINKOWSKI

Satz 8.17 *Sei $L \subset \mathbb{R}^n$ ein Gitter, $A = (a_{ij})$ eine reelle $n \times n$-Matrix und $c_1 > 0, \ldots, c_n > 0$. Wenn*

$$c_1 \cdot \ldots \cdot c_n \geq |\det A| \, d(L)$$

ist, so existiert ein Gittervektor $\mathbf{u} = (u_1, \ldots, u_n) \in L$, $\mathbf{u} \neq \mathbf{0}$, mit

$$|\sum a_{1j} u_j| \leq c_1, \qquad |\sum a_{ij} u_j| < c_i \quad \textit{für } i = 2, \ldots, n.$$

Zum *Beweis* wähle man den symmetrischen konvexen Körper

$$K_0 := \{\, \mathbf{y} = (y_1, \ldots, y_n) \mid |y_1| \leq c_1, |y_2| < c_2, \ldots, |y_n| < c_n \,\}$$

vom Volumen $2^n c_1 \cdot \ldots \cdot c_n$. Fasst man A als lineare Transformation auf, so ist auch das Urbild

$$K := \{\, \mathbf{u} \mid A\mathbf{u} \in K_0 \,\}$$

ein symmetrischer konvexer Körper vom Volumen $2^n c_1 \cdot \ldots \cdot c_n |\det A|^{-1}$ (der Wert ∞ ist zugelassen). Wenn nun $c_1 \cdot \ldots \cdot c_n > |\det A| d(L)$, so ist die Aussage des Satzes richtig nach dem MINKOWSKIschen Gitterpunktsatz (Satz 8.16 mit $m = 1$). Steht anstelle von „>" das Gleichheitszeichen, so ist die Aussage jedenfalls für beliebige $c_1 + \frac{1}{k}$, $k \in \mathbb{N}$, anstelle von c_1 richtig. Man erhält also die Existenz von nichttrivialen Gitterpunkten $\mathbf{u}_k$ in diesen — in y_1-Richtung etwas verbreiterten — konvexen Körpern. Da in diesem Fall $\det A \neq 0$ ist, sind diese Körper beschränkt, und zumindest eine Teilfolge (die dann wie im Beweis von Satz 8.15 konstant wird) konvergiert gegen ein $\mathbf{u} \in L \cap K_0$, $\mathbf{u} \neq \mathbf{0}$. □

Dass für alle Linearformen mit einer Ausnahme „<" anstelle von „≤" stehen darf, hat HURWITZ bemerkt. Weiter lässt sich der Satz aber nicht verschärfen: Wählt man für A die Einheitsmatrix, so hat das Ungleichungssystem $|u_j| < 1$ für alle j im Standardgitter L_0 nur die triviale Lösung.

8.4.2 Werte quadratischer Formen

Die zu Beginn des Abschnitts 8.3.2 gegebene Motivation lässt sich verallgemeinern:

Satz 8.18

$$Q(\mathbf{x}) = Q(x_1, \ldots, x_n) = \sum_{i,j=1}^{n} b_{ij} x_i x_j \qquad (b_{ij} = b_{ji} \in \mathbb{R})$$

sei eine positiv definite quadratische Form der Diskriminante $D := \det(b_{ij})$. *Dann gibt es* $u_1, \ldots, u_n \in \mathbb{Z}$, *nicht alle* $= 0$, *mit der Eigenschaft*

$$Q(u_1, \ldots, u_n) \leq 4\,(\kappa_n^{-2} D)^{1/n} \;=\; \frac{4}{\pi} \sqrt[n]{\Gamma(1+\frac{n}{2})^2 D}\,.$$

Dabei bezeichnet Γ die Gammafunktion und $\kappa_n = \pi^{n/2} \cdot \Gamma(1+\frac{n}{2})^{-1}$ das Volumen der n-dimensionalen Einheitskugel. Zum *Beweis* beachte man, dass für jedes $\lambda > 0$ der Körper

$$K := \{\,\mathbf{x} \in \mathbb{R}^n \mid Q(\mathbf{x}) \leq \lambda\,\}$$

ein symmetrisches konvexes kompaktes Ellipsoid vom Volumen $V(K) = \kappa_n \lambda^{n/2} D^{-1/2}$ ist. Nach dem MINKOWSKIschen Gitterpunktsatz (8.16 mit $m = 1$) enthält K einen nichttrivialen Punkt des Standardgitters L_0 jedenfalls dann, wenn $V(K) \geq 2^n$ ist, also $\lambda \geq 4 \sqrt[n]{\kappa_n^{-2} D}$. □

8.4.3 Primzahlen als Summe zweier Quadrate

Der MINKOWSKIsche Gitterpunktsatz verschafft uns einen neuen Zugang zu der schon in Folgerung 4.29 mit völlig anderen Methoden diskutierten Frage nach der arithmetischen Natur von Quadratsummen.

Hilfssatz 8.19 *Seien* $n, m, k_1, \ldots, k_m \in \mathbb{N}$ *und* $a_{ij} \in \mathbb{Z}$ *für alle* $i = 1, \ldots, m$, $j = 1, \ldots, n$. *Dann ist*

$$L := \{\,\mathbf{u} \in L_0 \mid \sum_{j=1}^{n} a_{ij} u_j \equiv 0 \bmod k_i \quad \textit{für alle} \quad i = 1, \ldots, m\,\}$$

ein Gitter mit $d(L) \leq k_1 \cdot \ldots \cdot k_m$.

Beweis. L ist Untergruppe von L_0 und enthält das Untergitter $k_1 \cdot \ldots \cdot k_m L_0$. Aus Satz 8.1.3 folgt daher, dass L selbst Gitter ist. Folgerung 8.11 sagt $d(L) = (L_0 : L)$, und für alle $\mathbf{u}, \mathbf{v} \in L_0$ gilt die Äquivalenz

$$\mathbf{u} \equiv \mathbf{v} \bmod L \quad \Leftrightarrow \quad \sum_{j=1}^{n} a_{ij} u_j \equiv \sum_{j=1}^{n} a_{ij} v_j \bmod k_i \quad \textit{für alle} \quad i = 1, \ldots, m\,.$$

Die Restklassen $\mathbf{u} + L \in L_0/L$ sind also charakterisiert durch die m-Tupel von Restklassen $\sum_{j=1}^{n} a_{ij} u_j \bmod k_i$, die Anzahl aller dieser Restklassen ist also $\leq k_1 \cdot \ldots \cdot k_m$. □

Satz 8.20 *Jede Primzahl* $p \equiv 1 \bmod 4$ *ist Summe von zwei Quadraten in* $\mathbb{Z}$.

(Dass Primzahlen $p \equiv 3 \mod 4$ keine solchen Quadratsummen sind, und was für die Darstellbarkeit beliebiger natürlicher Zahlen als Summen zweier Quadrate daraus folgt, wurde bereits in Abschnitt 4.6.3 erörtert.) Zum *Beweis* sei zunächst daran erinnert, dass $(\frac{-1}{p}) = 1$ ist, also $i^2 + 1 \equiv 0 \mod p$ eine Lösung $i \in \mathbb{Z}$ besitzt. Nach Hilfssatz 8.19 ist

$$L := \{\mathbf{u} = (u_1, u_2) \in L_0 \mid u_2 \equiv iu_1 \mod p\}$$

ein Untergitter von L_0 mit Determinante $d(L) \leq p$.

$$K := \{\mathbf{x} \in \mathbb{R}^2 \mid x_1^2 + x_2^2 < 2p\}$$

ist ein konvexer symmetrischer Körper mit Flächeninhalt $V(K) = 2\pi p > 4p \geq 4d(L)$, nach dem MINKOWSKIschen Gitterpunktsatz gibt es also einen nichttrivialen Gitterpunkt in K, mit anderen Worten eine ganzzahlige Lösung von $0 < u_1^2 + u_2^2 < 2p$. Wegen $u_1^2 + u_2^2 \equiv u_1^2(1 + i^2) \equiv 0 \mod p$ kann diese nur von der Form $u_1^2 + u_2^2 = p$ sein. $\square$

8.4.4 Darstellbarkeit durch Summen von vier Quadraten

Satz 8.21 *(LAGRANGE)* *Jede natürliche Zahl ist Summe von vier Quadraten ganzer Zahlen.*

Den *Beweis* kann man natürlich auf die Darstellbarkeit *quadratfreier* $m \in \mathbb{N}$ beschränken, d.h. man darf $m = p_1 \cdot \ldots \cdot p_g$ annehmen mit paarweise verschiedenen Primfaktoren p_i. Man überlege sich zunächst, dass für jede Primzahl p die Kongruenz

$$a_p^2 + b_p^2 + 1 \equiv 0 \mod p$$

durch ganze Zahlen a_p, b_p erfüllt werden kann. Für $p = 2$ ist diese Behauptung evident, und für $p > 2$ durchlaufen a_p^2 und $-b_p^2 - 1 \mod p$ jeweils genau $(p+1)/2$ verschiedene Restklassen, sie müssen also mindestens eine gemeinsame Restklasse enthalten. Diese ergibt die Lösung.

Für diese a_p, b_p betrachtet man nun nach einer Idee von DAVENPORT das System linearer Kongruenzen

$$LK_p : \quad u_1 \equiv a_p u_3 + b_p u_4, \quad u_2 \equiv b_p u_3 - a_p u_4 \mod p$$

und definiert damit das Gitter

$$L := \{\mathbf{u} = (u_1, u_2, u_3, u_4) \in L_0 \subset \mathbb{R}^4 \mid LK_p \text{ für alle } p = p_1, \ldots, p_g\},$$

das nach Hilfssatz 8.19 eine Gitterdeterminante $d(L) \leq p_1^2 p_2^2 \cdot \ldots \cdot p_g^2 = m^2$ hat. Nach dem Gitterpunktsatz liegt in dem symmetrischen konvexen Körper $K = \{\mathbf{x} \in \mathbb{R}^4 \mid x_1^2 + \ldots + x_4^2 < 2m\}$ vom Volumen

$$V(K) = \frac{1}{2}\pi^2 (2m)^2 > 2^4 m^2 \geq 2^4 d(L)$$

ein nichttrivialer Gitterpunkt $\mathbf{u}$, der also $u_1^2 + u_2^2 + u_3^2 + u_4^2 < 2m$ erfüllt und die Kongruenzen

$$u_1^2 + u_2^2 + u_3^2 + u_4^2 \equiv (a_p^2 + b_p^2 + 1)u_3^2 + (a_p^2 + b_p^2 + 1)u_4^2 \equiv 0 \bmod p$$

für alle $p = p_1, \ldots, p_g$, somit auch

$$u_1^2 + u_2^2 + u_3^2 + u_4^2 \equiv 0 \bmod m,$$

was zusammen mit der Größenabschätzung und $\mathbf{u} \neq \mathbf{0}$ nur für $u_1^2 + u_2^2 + u_3^2 + u_4^2 = m$ möglich ist. □

Ähnlich wie bei der Darstellbarkeit durch zwei Quadrate ist auch der hier vorgestellte Beweis nicht der einzige. Wie so oft erhält man mit mehr methodischem Aufwand reicheren Ertrag, beispielsweise mit *Thetafunktionen*, einem mächtigen analytischen Hilfsmittel der Gittertheorie, oder mit Hilfe von *Quaternionen*: Die Anzahl der verschiedenen $\mathbf{u} \in L_0 = \mathbb{Z}^4$, welche zu Darstellungen von m als Summe von vier Quadraten führen, lässt sich berechnen als

$$8 \cdot \sum_{d \mid m, 4 \nmid d} d,$$

also die achtfache Summe der Teiler $d \not\equiv 0 \bmod 4$ von m.

8.5 Das Kreis- und Kugelproblem

8.5.1 Problemstellung

Im Gitterpunktsatz geht es darum, dass bereits in relativ kleinen konvexen Körpern mindestens ein Gitterpunkt $\mathbf{u} \neq \mathbf{0}$ liegt, aber schon in der Beweisidee von MORDELL spielt die Anzahl der Gitterpunkte in sehr großen Körpern (genauer: im gleichen Körper, aber für Gitter mit immer kleinerer Masche) eine wichtige Rolle. Was wir dort eigentlich benutzt haben, ist folgende Tatsache, die aus der Messbarkeit der n-dimensionalen Einheitskugel folgt: Das Volumen $V_n(t)$ der n-dimensionalen Kugel

$$K(t) := \{\mathbf{x} \in \mathbb{R}^n \mid x_1^2 + \ldots + x_n^2 \leq t\}$$

vom Radius $\sqrt{t}$ ist asymptotisch (für $t \to \infty$) gleich der Anzahl $A_n(t)$ der in ihr enthaltenen Punkte des Standardgitters $L_0 = \mathbb{Z}^n$, d.h. $\lim_{t \to \infty} A_n(t)/V_n(t) = 1$. Dabei ist

$$V_n(t) = \kappa_n \cdot t^{n/2} = \pi^{n/2} \cdot \Gamma(1 + \frac{n}{2})^{-1} \cdot t^{n/2}$$

mit dem schon in Abschnitt 4.2 erwähnten Volumen κ_n der n-dimensionalen Einheitskugel. Wie groß ist in dieser Asymptotik das *Restglied*, d.h. der Fehler $A_n(t) - V_n(t)$?

8.5.2 Eine einfache obere Abschätzung

Satz 8.22
$$A_n(t) = V_n(t) + O(t^{(n-1)/2}),$$

d.h. es existiert eine Konstante C, so dass $|A_n(t) - V_n(t)| \leq Ct^{(n-1)/2}$ für alle genügend großen t ist.

(Die O-Schreibweise hatten wir schon in Abschnitt 1.4.2 eingeführt.) Zum *Beweis* seien $P + \mathbf{x}$, $\mathbf{x} \in L_0$ die Translate des Standard-Fundamentalquaders $P = P_n$ (vgl. Abschnitt 8.1), das der Standardbasis $\mathbf{e}_i$, $i = 1, \ldots n$, zugeordnet ist. $A_n(t)$ ist gleichzeitig das Volumen von

$$P(t) := \bigcup_{\mathbf{x} \in K(t)} P + \mathbf{x},$$

und weil P den euklidische Durchmesser $\sqrt{n}$ besitzt, zeigt die Dreiecksungleichung für $t > n$

$$K((\sqrt{t} - \sqrt{n})^2) \subset P(t) \subset K((\sqrt{t} + \sqrt{n})^2).$$

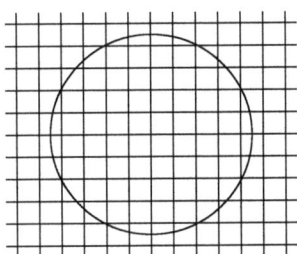

Abbildung 8.4: Beispiel $n = 2$, $t = 81/4$, $V_2(t) = 63.6\ldots$, $A_2(t) = 69$

Daraus folgt

$$V_n((\sqrt{t}-\sqrt{n})^2) = \kappa_n(\sqrt{t}-\sqrt{n})^n < A_n(t) < V_n((\sqrt{t}+\sqrt{n})^2) < \kappa_n(\sqrt{t}+\sqrt{n})^n,$$

durch Anwenden der binomischen Formel also

$$A_n(t) = \kappa_n t^{n/2} + O(t^{(n-1)/2}). \quad \square$$

8.5.3 Eine einfache untere Abschätzung

Wie klein ist das Restglied wirklich? Um diese Frage präzise stellen zu können, verwenden wir die in der analytischen Zahlentheorie übliche Ω-*Notation*: Für rellwertige Funktionen f, g, h, welche für genügend große t definiert sind, schreibt man

$$f(t) = g(t) + \Omega(h(t)) \quad \text{(für } t \to \infty\text{)},$$

wenn $(f(t)-g(t))/h(t)$ für $t \to \infty$ nicht gegen 0 konvergiert. Ω-Resultate geben also untere Schranken für obere Abschätzungen, also für O-Resultate. Für das Kreis- und Kugelproblem zeigen wir hier

Satz 8.23 $\quad A_n(t) = V_n(t) + \Omega(t^{(n-2)/2})$

Der *Beweis* beruht auf der Beobachtung, dass für alle $m \in \mathbb{N}$

$$A_n(m) = A_n(m + \frac{1}{2})$$

ist, weil $A_n(t)$ die Anzahl der ganzzahligen Lösungen von $x_1^2 + \ldots + x_n^2 \le t$ ist. Wäre die Behauptung des Satzes falsch, so hätte man insbesondere

$$\lim_{m \to \infty} \frac{A_n(m) - V_n(m)}{m^{(n-2)/2}} = 0, \quad \lim_{m \to \infty} \frac{A_n(m + \frac{1}{2}) - V_n(m + \frac{1}{2})}{(m + \frac{1}{2})^{(n-2)/2}} = 0,$$

und daraus durch Differenzbildung $0 =$

$$\lim_{m \to \infty} \left(\frac{V_n(m + \frac{1}{2})}{(m + \frac{1}{2})^{(n-2)/2}} - \frac{V_n(m)}{m^{(n-2)/2}} + A_n(m) \left(\frac{1}{m^{(n-2)/2}} - \frac{1}{(m + \frac{1}{2})^{((n-2)/2}} \right) \right) \ge$$

$$\ge \kappa_n \lim_{m \to \infty} \left(\frac{(m + \frac{1}{2})^{n/2}}{(m + \frac{1}{2})^{(n-2)/2}} - \frac{m^{n/2}}{m^{(n-2)/2}} \right) = \kappa_n \lim_{m \to \infty} (m + \frac{1}{2} - m) = \frac{\kappa_n}{2},$$

Widerspruch. $\square$

8.5.4 Verbesserungen und offene Fragen

Die Beziehungen zu den Darstellungsanzahlen natürlicher Zahlen durch Quadratsummen, die wir eben genutzt haben, machen deutlich, warum man an einem möglichst genauen Restglied interessiert ist. Aus den letzten Sätzen folgt, dass der wahre Exponent α_n des Restglieds zwischen $\frac{n}{2} - 1$ und $\frac{n}{2}$ liegen muss. Seit LANDAU und HARDY (1915) weiß man, dass für $n = 2$ die untere Abschätzung $\alpha_2 \ge \frac{1}{4}$ erfüllt, und Verbesserungen hat es seitdem nur in log-Faktoren gegeben. Der Rekord liegt bei HAFNER 1981: Es gibt ein $c > 0$ mit

$$A_2(t) = \pi t + \Omega(t^{1/4} (\log t)^{1/4} (\log \log t)^{(\log 2)/4} \exp(-c (\log \log \log t)^{1/2})).$$

Die beste bekannte obere Abschätzung stammt von HUXLEY 1993 nach Vorarbeiten von BOMBIERI und IVANIEC, nämlich

$$A_2(t) = \pi t + O(t^{23/73} (\log t)^{315/146}),$$

jedenfalls ist also α_2 schon sehr nahe an $1/4$. Für das Kugelproblem im Raum lauten die besten heute bekannten Resultate

$$A_3(t) = V_3(t) + O(t^{\frac{2}{3}} \log^6 t) = V_3(t) + \Omega(t^{\frac{1}{2}} \log^{\frac{1}{2}} t)$$

Alle diese Verbesserungen (I.M. VINOGRADOV 1963, SZEGÖ 1926) erfordern einen erheblichen Aufwand! Merkwürdigerweise wird das Problem in höheren Dimensionen wieder einfacher (WALFISZ 1924): Für $n = 4$ ist man mit

$$A_4(t) = V_4(t) + O(t \log t) = V_4(t) + \Omega(t \log \log t)$$

schon sehr nahe an der unteren Abschätzung des Restglieds durch Satz 23, und für $n > 4$ schließt sich die Lücke ganz vermöge

$$A_n(t) = V_n(t) + O(t^{(n-2)/2}).$$

8.6 Der Satz von MINKOWSKI-HLAWKA

Auch dieser Abschnitt beschäftigt sich mit einer Fragestellung, die sich aus dem MINKOWSKIschen Gitterpunktsatz ergibt. Gegeben eine messbare Menge $S \subset \mathbb{R}^n$, die nicht in einem echten linearen Unterraum des $\mathbb{R}^n$ gelegen ist. Was lässt sich dann über die kleinstmögliche Gitterdeterminante $d(L)$ aussagen, für die ein Gitter $L \subset \mathbb{R}^n$ existiert, für das $L \cap S$ nur aus **0** und Randpunkten von S besteht? Wir werden die Fragestellung einschränken auf **Sternkörper** $S \subset \mathbb{R}^n$, die wir durch folgende Eigenschaft definieren: S ist nichtleer, und für jeden Punkt **x** der abgeschlossenen Hülle $\overline{S}$ von S und jedes r aus dem halboffenen Intervall $[0, 1)$ gehört der Punkt $r\mathbf{x}$ zum offenen Kern S^0 von S. Insbesondere ist auch S^0 nichtleer, und jede von **0** ausgehende Halbgerade trifft den Rand von S höchstens in einem Punkt. Beispiele von Sternkörpern sind alle konvexen Körper, die **0** im Innern enthalten, aber auch der durch $|x_1 x_2| < 1$ definierte Bereich des $\mathbb{R}^2$. Wie schon konvexe Körper heißen auch Sternkörper *symmetrisch*, wenn für jedes $\mathbf{x} \in S$ auch $-\mathbf{x}$ zu S gehört.

8.6.1 Zulässige Gitter und kritische Determinante

Sei $S \subset \mathbb{R}^n$ messbar. Ein Gitter $L \subset \mathbb{R}^n$ heißt (S-)**zulässig**, wenn $L \cap S^0 = \{\mathbf{0}\}$ ist, und **streng** (S-)**zulässig**, wenn sogar $L \cap S = \{\mathbf{0}\}$ ist. Die **Gitterkonstante** oder **kritische Determinante** von S ist

$$\Delta(S) := \inf\{d(L) \mid L \text{ streng zulässig}\}.$$

Wenn kein streng zulässiges Gitter für S existiert, setzen wir $\Delta(S) := \infty$. Anstelle streng zulässiger Gitter kann man bei Sternkörpern ebensogut mit zulässigen Gittern arbeiten wegen der ersten der im folgenden Hilfssatz zusammengestellten elementaren Eigenschaften.

Hilfssatz 8.24 $S \subseteq \mathbb{R}^n$ *sei ein Sternkörper. Dann gilt*

1. $\Delta(S) = \inf\{\, d(L) \mid L \quad \text{zulässig}\,\}$,
2. $\Delta(S) \neq 0$,
3. *jedes Gitter* $L \subset \mathbb{R}^n$ *mit* $d(L) < \Delta(S)$ *enthält einen Punkt* $\mathbf{0} \neq \mathbf{x} \in L \cap S$,
4. *für jeden kleineren Sternkörper* $K \subset S$ *ist* $\Delta(K) \leq \Delta(S)$,
5. *für alle* $r \in \mathbb{R}^*$ *ist* $\Delta(rS) = |r|^n \Delta(S)$,
6. *für alle* $A \in \mathrm{GL}_n(\mathbb{R})$ *ist* $\Delta(AS) = |\det A| \cdot \Delta(S)$,
7. *für konvexe symmetrische Körper* K *ist* $\Delta(K) \geq 2^{-n} V(K)$.

(3. bis 6. sind für beliebige $M \subseteq \mathbb{R}^n$ gültig.) *Beweis.* 1. Wenn L zulässig ist, so ist rL streng zulässig für jedes reelle $r > 1$, denn wir wissen bereits, dass auf jeder von $\mathbf{0}$ ausgehenden Halbgeraden höchstens ein Randpunkt von S liegen kann. Für 6. ersetze man alle Gitter L durch AL, und 5. ist ein Spezialfall davon. 7. ergibt sich aus dem Gitterpunktsatz von MINKOWSKI. 3. und 4. ergeben sich direkt aus der Definition von Δ. Zum Beweis von 2. beachte man, dass $\mathbf{0}$ innerer Punkt von S ist, und dass darum ein konvexer symmetrischer Körper $K \subset S$ existiert, auf den man 7. und 4. anwenden kann. □

Beispiel. $S := \{\, \mathbf{x} = (x_1, \ldots, x_n) \in \mathbb{R}^n \mid |x_1 x_2 \cdot \ldots \cdot x_n| < 1 \,\}$ ist ein Sternkörper und enthält nach der Ungleichung vom geometrischen und arithmetischen Mittel den konvexen symmetrischen Körper $K = \{\, \mathbf{x} \mid |x_1| + |x_2| + \ldots + |x_n| < n \,\}$ vom Volumen $2^n n^n / n!$, also ist $\Delta(S) \geq n^n / n!$.

Der letzte Punkt des Hilfssatzes gibt eine untere Abschätzung für den Quotienten $\Delta(K)/V(K)$. Lässt sich auch eine *obere* Abschätzung finden, d.h. eine Schranke q, so dass für jedes $d \geq qV(K)$ ein zulässiges Gitter L mit $d(L) = d$ existiert?

8.6.2 Hilfsbetrachtungen

Hilfssatz 8.25 $f : \mathbb{R}^n \to \mathbb{R}$ *sei eine stetige Funktion mit kompaktem Träger* $\overline{\{\, \mathbf{x} \in \mathbb{R}^n \mid f(\mathbf{x}) \neq 0 \,\}}$, *und für alle* $x \in \mathbb{R}$ *sei*

$$V(x) := \int_{\mathbb{R}^{n-1}} f(x_1, \ldots, x_{n-1}, x) \, d(x_1, \ldots, x_{n-1}).$$

Λ sei ein Gitter vom Rang $n-1$ in der Hyperebene $x_n = 0$ und $a > 0$ fest gewählt. Dann gibt es ein $\mathbf{z} = (z_1, \ldots, z_{n-1}, a)$, so dass für das Gitter $L_{\mathbf{z}} := \Lambda + \mathbb{Z}\mathbf{z}$ gilt

$$\sum_{\mathbf{x} \in L_{\mathbf{z}},\, x_n \neq 0} f(\mathbf{x}) = \frac{1}{d(\Lambda)} \sum_{r \in \mathbb{Z},\, r \neq 0} V(ra).$$

Zum *Beweis* dürfen wir vermöge einer Koordinatentransformation in der Hyperebene $x_n = 0$ annehmen, dass Λ das Standardgitter des $\mathbb{R}^{n-1}$ ist; die Integrale ändern sich dabei um den gleichen Faktor wie $d(\Lambda)$. Dann wird

$$\sum_{\mathbf{x} \in L_{\mathbf{z}},\, x_n \neq 0} f(\mathbf{x}) = \sum_{r \in \mathbb{Z},\, r \neq 0} \sum_{u_1,\ldots,u_{n-1} \in \mathbb{Z}} f(u_1 + rz_1, \ldots, u_{n-1} + rz_{n-1}, ra).$$

Integriert man die innere Summe über die z_i und setzt $rz_i = y_i$, so wird

$$\int_0^1 \cdots \int_0^1 \sum_{u_i \in \mathbb{Z}} f(u_1 + rz_1, \ldots, u_{n-1} + rz_{n-1}, ra) dz_1 \cdot \ldots \cdot dz_{n-1} =$$

$$= r^{-n+1} \int_0^r \cdots \int_0^r \sum_{u_i \in \mathbb{Z}} f(u_1 + y_1, \ldots, u_{n-1} + y_{n-1}, ra) dy_1 \cdot \ldots \cdot dy_{n-1} =$$

$$= \int_0^1 \cdots \int_0^1 \sum_{u_i \in \mathbb{Z}} f(u_1 + y_1, \ldots, u_{n-1} + y_{n-1}, ra) dy_1 \cdot \ldots \cdot dy_{n-1} =$$

$$= \int_{\mathbb{R}^{n-1}} f(y_1, \ldots, y_{n-1}, ra) d(y_1, \ldots, y_{n-1}) = V(ra).$$

Summiert man nun über r, so ergibt sich

$$\int_0^1 \cdots \int_0^1 \left(\sum_{\mathbf{x} \in L_{\mathbf{z}},\, x_n \neq 0} f(\mathbf{x}) \right) dz_1 \cdot \ldots \cdot dz_{n-1} = \sum_{r \in \mathbb{Z},\, r \neq 0} V(ra),$$

und mit dem Mittelwertsatz der Integralrechnung erhält man daraus die Behauptung des Hilfssatzes (für $d(\Lambda) = 1$). $\square$

Hilfssatz 8.26 *Sei $f : \mathbb{R}^n \to \mathbb{R}$ eine beschränkte Riemann-integrierbare Funktion mit kompaktem Träger. Für alle $\epsilon > 0$ gibt es ein Gitter $L \subset \mathbb{R}^n$ mit $d(L) = 1$ und*

$$\sum_{\mathbf{x} \in L,\, \mathbf{x} \neq 0} f(\mathbf{x}) < \int_{\mathbb{R}^n} f(\mathbf{x}) d\mathbf{x} + \epsilon.$$

Zum *Beweis* sei zunächst f stetig, $a > 0$ und Λ das Gitter in der Hyperebene $x_n = 0$ mit der Basis $b\mathbf{e}_1, \ldots, b\mathbf{e}_{n-1}$, $b = a^{-1/(n-1)}$, so dass $d(\Lambda) = 1/a$ wird und die im vorigen Hilfssatz betrachteten Gitter $L_{\mathbf{z}}$ die Determinante 1 haben. Für $a \to 0$, d.h. $b \to \infty$, ist $f(\mathbf{x}) = 0$ für alle $\mathbf{x} \in \Lambda$, $\mathbf{x} \neq \mathbf{0}$, weil f kompakten Träger hat. Andererseits ist nach dem Satz von Fubini

$$\lim_{a \to 0} a \sum_{r \in \mathbb{Z},\, r \neq 0} V(ra) = \int_{\mathbb{R}^n} f(\mathbf{x}) d\mathbf{x}.$$

Es gibt also zu jedem $\epsilon > 0$ ein hinreichend kleines $a > 0$ und dazu nach Hilfssatz 8.25 ein Gitter $L = L_{\mathbf{z}}$ mit

$$\sum_{\mathbf{x} \in L,\, \mathbf{x} \neq \mathbf{0}} f(\mathbf{x}) = \sum_{\mathbf{x} \in L,\, x_n \neq 0} f(\mathbf{x}) = a \sum_{r \in \mathbb{Z},\, r \neq 0} V(ra) < \int_{\mathbb{R}^n} f(\mathbf{x})\, d\mathbf{x} + \epsilon,$$

wie behauptet. Verzichtet man nun auf die Voraussetzung, dass f stetig ist, so kann man f als Riemann-integrierbare Funktion von oben durch eine Treppenfunktion und darum (durch Glätten) sogar durch eine stetige Funktion f_1 so approximieren, dass $f_1(\mathbf{x}) \geq f(\mathbf{x})$ ist für alle $\mathbf{x} \in \mathbb{R}^n$ und trotzdem $\int_{\mathbb{R}^n} f_1(\mathbf{x}) d\mathbf{x} < \int_{\mathbb{R}^n} f(\mathbf{x}) d\mathbf{x} + \epsilon$, also

$$\sum_{\mathbf{x} \in L,\, \mathbf{x} \neq \mathbf{0}} f(\mathbf{x}) \leq \sum_{\mathbf{x} \in L,\, \mathbf{x} \neq \mathbf{0}} f_1(\mathbf{x}) < \int_{\mathbb{R}^n} f_1(\mathbf{x})\, d\mathbf{x} + \epsilon < \int_{\mathbb{R}^n} f(\mathbf{x})\, d\mathbf{x} + 2\epsilon. \quad \square$$

Satz 8.27 *Sei $M \subset \mathbb{R}^n$ beschränkt und Jordan-messbar. Dann ist*

$$\Delta(M) \leq V(M).$$

Wenn darüber hinaus M symmetrisch ist, gilt sogar

$$\Delta(M) \leq \frac{1}{2} V(M).$$

Sei zunächst $V(M) < 1$ und f die charakteristische Funktion von M. Aus Hilfssatz 8.26 folgt, dass es ein Gitter $L \subset \mathbb{R}^n$ mit $d(L) = 1$ gibt und

$$\sum_{\mathbf{x} \in L,\, \mathbf{x} \neq \mathbf{0}} f(\mathbf{x}) < 1 \quad \Rightarrow \quad \sum_{\mathbf{x} \in L,\, \mathbf{x} \neq \mathbf{0}} f(\mathbf{x}) = 0 \quad \Rightarrow \quad L \cap M \subseteq \{\mathbf{0}\},$$

L ist also streng M-zulässig, somit $\Delta(M) \leq 1$. Da diese Schlussweise auf alle rM, $r \geq 0$, anwendbar ist, solange nur $V(rM) < 1$ ist, folgt daraus die erste Behauptung. Für die zweite Behauptung sei M symmetrisch und

$$M_{\pm} := \{\mathbf{x} \in M \mid x_n \geq 0 \quad \text{bzw.} \quad x_n \leq 0\}.$$

Dann ist offenbar $M_- = -M_+$ und $V(M_\pm) = \frac{1}{2} V(M)$, andererseits — wegen der Symmetrie des Gitters — $\Delta(M_\pm) = \Delta(M)$. $\square$

8.6.3 Primitive Gitterpunkte

Mit dem letzten Satz hat man eine bereits eine obere Abschätzung von $\Delta(M)/V(M)$ gewonnen. Wie von MINKOWSKI vermutet und von HLAWKA bewiesen, kann man diese Abschätzung im Fall von Sternkörpern um einiges verbessern, indem man die Summation über die Gitterpunkte auf eine Summation über

8 Gitter

eine sehr spezielle Auswahl von Gitterpunkten zurückspielt. Sei dazu $L \subset \mathbb{R}^n$ ein Gitter mit Basis $\mathbf{a}_1, \ldots, \mathbf{a}_n$. Einen Gitterpunkt $\mathbf{x} \in L$ nennen wir **primitiv**, wenn er $\neq \mathbf{0}$ und kein echtes Vielfaches eines anderen Gitterpunkts ist. An der Koordinatendarstellung

$$\mathbf{x} = a_1 \mathbf{a}_1 + \ldots + a_n \mathbf{a}_n$$

ist das daran erkennbar, dass die Koeffizienten $a_1, \ldots, a_n$ teilerfremd sind. Geometrisch lässt sich diese Eigenschaft dadurch ausdrücken, dass die primitiven Gitterpunkte genau jene sind, die vom Nullpunkt aus „sichtbar" sind (schwarze Punkte in Abb. 8.5, Punkt $(3, 2)$ ist sichtbar vom Nullpunkt aus, Punkt $(6, 4)$ unsichtbar).

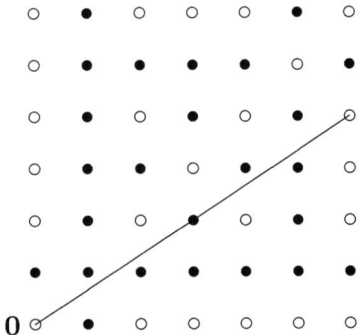

Abbildung 8.5: Primitive Gitterpunkte im ersten Quadranten eines ebenen Standardgitters

Satz 8.28 *Sei $n > 1$ und $S \subset \mathbb{R}^n$ ein Sternkörper. Dann ist*

$$\Delta(S) \leq \frac{1}{\zeta(n)} V(S).$$

Ist S ein symmetrischer Sternkörper, so gilt sogar

$$\Delta(S) \leq \frac{1}{2\zeta(n)} V(S).$$

Dabei ist $\zeta(n) = \sum_\mathbb{N} k^{-n}$ die in Abschnitt 1.4.2 eingeführte RIEMANNsche Zetafunktion. Zum *Beweis* sei daran erinnert, dass $1/\zeta(n) = \sum_\mathbb{N} \mu(k) k^{-n}$ ist für die in Abschnitt 4.1.2 behandelte MÖBIUSsche μ-Funktion (leicht zu beweisen mit Hilfe der EULERschen Produktdarstellung der Zetafunktion, vgl. Aufgaben 4.7.1 und 2).

Den Beweis werden wir für *beschränkte* Sternkörper führen. Wie im Beweis von Satz 8.27 genügt es, zu zeigen, dass $\Delta(S) \leq 1$ ist, wenn $V(S) < \zeta(n)$ gilt bzw.

$V(S) < 2\zeta(n)$ im symmetrischen Fall. Sei nun f_0 die charakteristische Funktion von S und
$$f(\mathbf{x}) := \sum_{k=1}^{\infty} \mu(k) f_0(k\mathbf{x}).$$
Für ein zunächst beliebiges Gitter $L \subset \mathbb{R}^n$ bezeichnet man mit $\sum_{L^*}$ die Summation über die primitiven Gitterpunkte von L; die MÖBIUSsche Umkehrformel (Abschnitt 4.1.6) ergibt
$$\sum_{\mathbf{x}\in L,\,\mathbf{x}\neq 0} f(\mathbf{x}) = \sum_{m=1}^{\infty} \sum_{L^*} f(m\mathbf{x}) = \sum_{L^*} \sum_{m=1}^{\infty} \sum_{k=1}^{\infty} \mu(k) f_0(km\mathbf{x}) =$$
$$= \sum_{L^*} \sum_{s=km=1}^{\infty} f_0(s\mathbf{x}) \sum_{d|s} \mu(d) = \sum_{L^*} f_0(\mathbf{x}).$$
Aus Hilfssatz 8.26 folgt nun für jedes $\epsilon > 0$ die Existenz eines Gitters L mit $d(L) = 1$ und
$$\sum_{L^*} f_0(\mathbf{x}) = \sum_{\mathbf{x}\in L,\,\mathbf{x}\neq 0} f(\mathbf{x}) < \int_{\mathbb{R}^n} f(\mathbf{x})\,d\mathbf{x} + \epsilon =$$
$$= \sum_{k=1}^{\infty} \mu(k) \int_{\mathbb{R}^n} f_0(k\mathbf{x})\,d\mathbf{x} + \epsilon = \sum_{k=1}^{\infty} \frac{\mu(k)}{k^n} V(S) + \epsilon < 1$$
(bzw. < 2 für symmetrische S). Daraus folgt, dass S keinen primitiven Gitterpunkt enthält; weil S Sternkörper ist, enthält S überhaupt keinen Gitterpunkt $\neq \mathbf{0}$, somit ist L streng zulässig, damit ist die Behauptung für beschränkte S bewiesen.

Für unbeschränkte S und $V(S) = \infty$ ist nichts zu zeigen. Für unbeschränkte S mit endlichem Volumen $V(S)$ darf man o.B.d.A. annehmen, dass S offen ist und ausgeschöpft wird durch eine Folge beschränkter Sternkörper $S_r := \{\mathbf{x} \in S|\;\|\mathbf{x}\| < r\}$, für die jeweils ein zulässiges Gitter L_r mit $d(L_r)\zeta(n) \leq V(S_r)$ (bzw. $\leq \frac{1}{2}V(S_r)$) existiert. Da die Länge der beteiligten Gittervektoren nach unten beschränkt ist, kann man mit Hilfe eines geeigneten Konvergenzbegriffs für die Gitter L_r (CHABAUTY-Topologie, Kompaktheitssatz von MAHLER) zeigen, dass auch für S ein zulässiges Gitter L mit der gewünschten oberen Abschätzung für die Gitterdeterminante existiert. Da die Details einigen Aufwand erfordern und dieser Teil des Satzes für uns in der Folge keine Rolle spielen wird, sei hierzu auf speziellere Literatur über die Geometrie der Zahlen verwiesen ([Ca], [GL]). □

Wir gehen nun von $\Delta(K)/V(K)$ zum reziproken Quotienten über, der in den Lagerungsproblemen des nächsten Abschnitts eine besondere Rolle spielen wird. Für $n = 2$ und konvexe symmetrische Körper erhalten wir aus Satz 8.28 die Abschätzungen
$$3.2 < \frac{\pi^2}{3} \leq \frac{V(K)}{\Delta(K)} \leq 4$$

und entsprechend für $n = 3$

$$2.4 < 2\zeta(3) \leq \frac{V(K)}{\Delta(K)} \leq 8.$$

Hier deutet sich schon an, dass mit wachsender Dimension die vorhandenen Abschätzungen immer weniger aussagekräftig werden. Beweistechnisch liegt das daran, dass in Hilfssatz 8.25 ein Mittelungsprozess über alle Gitter eines bestimmten Typs vorgenommen wird und somit ein durchschnittliches und keineswegs ein besonders günstiges zulässiges Gitter ausgewählt wird. Wie man dieses für Kreise und Kugeln gewinnen kann, werden wir im folgenden Abschnitt sehen — leider aber mit Methoden, die auf kleine Dimensionen beschränkt sind. Zu erwähnen ist hier, dass ROGERS und W.M. SCHMIDT Verbesserungen des Satzes von MINKOWSKI-HLAWKA erzielt haben, welche einen erheblichen Aufwand erfordern und für große n leider nur eine geringe Verbesserung erbringen ([Ca], [Ro]).

8.7 Packungsdichte

8.7.1 Gitterpackungen und zulässige Gitter

Sei $K \subset \mathbb{R}^n$ ein offener beschränkter konvexer Körper. Ein Gitter $L \subset \mathbb{R}^n$ heißt **Packungsgitter** für K, wenn die Menge der Translate $K + L$ disjunkt ist, d.h. wenn für alle $\mathbf{x} \neq \mathbf{y} \in L$ gilt

$$K + \mathbf{x} \cap K + \mathbf{y} = \emptyset.$$

In diesem Fall nennt man $K + L$ eine **Gitterpackung**. Die Voraussetzungen, dass L ein Gitter ist und dass K konvex und beschränkt ist, spielt für die Begriffsbildung eigentlich keine Rolle, wird aber Sätze und Beweise dieses Abschnitts ganz erheblich vereinfachen. Auf den allgemeinen Packungsbegriff werden wir nur gelegentlich verweisen. Gitterpackungen stehen in engem Zusammenhang mit den im vorigen Abschnitt behandelten zulässigen Gittern:

Satz 8.29 $K \subset \mathbb{R}^n$ *sei offener beschränkter konvexer Körper. Ein Gitter* $L \subset \mathbb{R}^n$ *ist genau dann ein Packungsgitter für* K*, wenn* L *zulässig ist für die Differenzmenge*

$$DK := \{\mathbf{x} - \mathbf{y} \mid \mathbf{x}, \mathbf{y} \in K\}.$$

Wenn K *symmetrischer konvexer Körper ist, so ist* $DK = 2K$.

(Man erinnere sich, dass Differenzmengen schon in den Beweisen des MINKOWSKIschen Gitterpunktsatzes eine wesentliche Rolle gespielt haben.) Zum *Beweis* sei zunächst L kein Packungsgitter für K. Dann gibt es $\mathbf{x} \neq \mathbf{y} \in L$ mit

$$K + \mathbf{x} \cap K + \mathbf{y} \neq \emptyset,$$

also $\mathbf{a}, \mathbf{b} \in K$ mit

$$0 \neq \mathbf{x} - \mathbf{y} = \mathbf{a} - \mathbf{b} \in DK \cap L,$$

L ist also nicht DK-zulässig. Der Umkehrschluss funktioniert genauso, und der Zusatz über symmetrische konvexe Körper ist evident. □

8.7.2 Dichte

Für eine Packung von K kann man nun in naheliegender Weise einen Dichtebegriff einführen: Sei etwa Q ein achsenparalleler und $\mathbf{0}$-symmetrischer Quader der Seitenlänge s und

$$\delta(L,K) := \limsup_{s \to \infty} V((K+L) \cap Q)/s^n \ .$$

Dass für Gitterpackungen beschränkter offener Mengen K rechts sogar der Limes existiert, ist eine Übungsaufgabe der Analysis II oder III: Man mache sich klar, dass man Q durch Parallelotope ersetzen darf und arbeite mit Vielfachen eines Fundamentalparallelotops von L. Dann steht rechts gerade der Anteil von $K+L$ am Fundamentalparallelotop von L, und die Translationsinvarianz des Volumens sowie die Pflasterungseigenschaft des Fundamentalparallelotops (vgl. Abschnitt 8.1) ergeben

Hilfssatz 8.30 *Für offene beschränkte $K \subset \mathbb{R}^n$ mit Packungsgitter L ist die Gitterpackungsdichte*

$$\delta(L,K) = V(K)/d(L) \ .$$

Es ist plausibel, dass man sich bei festem K für besonders dichte Packungen interessiert und darum versucht, die **obere (Gitter)packungsdichte**

$$\rho(K) := \sup_L \delta(L,K)$$

zu bestimmen oder zumindest einzugrenzen. Das Supremum werden wir hier über alle Packungsgitter L für K nehmen, man beachte allerdings die Bemerkungen am Ende dieses Abschnitts 8.7 über Nicht-Gitter-Packungen. Bei festem konvexem symmetrischem K das Supremum über die $V(K)/d(L)$ zu nehmen, ist äquivalent zur Bestimmung des Infimums über die $d(L)$ für $2K$-zulässige Gitter L (Satz 8.29), also zur Bestimmung von $\Delta(2K) = 2^n \Delta(K)$ (Hilfssatz 8.24.5), und nach dem Satz von MINKOWSKI-HLAWKA heißt das

Satz 8.31 *Sei $K \subset \mathbb{R}^n$, $n > 1$, ein konvexer symmetrischer Körper. Für seine obere Gitterpackungsdichte gilt*

$$2^{1-n} \zeta(n) \leq \rho(K) \ .$$

8 Gitter

8.7.3 Dichteste Kreisgitterpackungen

Am interessantesten — auch für praktische Anwendungen, wie sich im kommenden Abschnitt zeigen wird — sind dichte Kugelpackungen. Hierzu sind keine allgemeinen Resultate bekannt, die wesentlich besser wären als die eben gewonnene Abschätzung für $\rho(K)$, allerdings sind für viele kleine n dichte und z.T. sogar dichteste Kugelgitterpackungen bekannt [CS], die eine weit bessere Packungsdichte ergeben als Satz 8.31. Wir wollen uns hier mit zwei klassischen Resultaten begnügen und beginnen mit einem Satz von LAGRANGE (1773).

Satz 8.32 *Das hexagonale Gitter $L \subset \mathbb{R}^2$ (d.h. mit zwei Gitterbasisvektoren gleicher Länge, die den Winkel $\pi/3$ einschließen) liefert die — bis auf Streckungen und Drehungen sogar eindeutig bestimmte — dichteste Kreisgitterpackung. Die Dichte ist*

$$\rho(K) = \delta(L,K) = \frac{\pi}{2\sqrt{3}} \approx 0.907\,.$$

(Die Schranke aus Satz 8.31 würde hier $\zeta(2)/2 = \pi^2/12 \approx 0.822$ ergeben.)
Beweis. 1. O.B.d.A. dürfen wir annehmen, dass K der offene Einheitskreis ist. Da Packungsgitter $L \subset \mathbb{R}^2$ gesucht sind, haben alle Gitterpunkte einen euklidischen Abstand ≥ 2 voneinander, insbesondere erfüllt der Gitterpunkt mit kleinster euklidischer Norm die Ungleichung $\|\mathbf{a}\| \geq 2$.
2. Wäre nun $\|\mathbf{a}\| > 2$, so hätten keine zwei Kreise der Gitterpackung $L+K$ gemeinsame Randpunkte, und es gäbe ein $\epsilon > 0$, so dass auch noch $(1-\epsilon)L$ ein Packungsgitter für K wäre, und zwar mit größerer Dichte als L. Bei der Suche nach dichtesten Gitterpackungen dürfen wir also annehmen, dass der kürzeste Gittervektor $\mathbf{a} \neq 0$ die euklidische Länge 2 hat. Durch Drehung des Koordinatensystems darf man o.B.d.A. annehmen, dass $\mathbf{a} = (2,0)$ ist, also in Richtung der positiven x-Achse zeigt.
3. Würde der Kreis K nun nur die Nachbarkreise $K \pm \mathbf{a}$ berühren (d.h. gemeinsame Randpunkte mit ihnen besitzen), so würde die Gitterpackung in isolierte Kreisketten $K+\mathbf{b}+\mathbb{Z}\mathbf{a}$ zerfallen und man könnte L in y-Richtung mit einem Faktor $(1-\epsilon)$ multiplizieren, ohne die Gitterpackungseigenschaft zu zerstören, aber mit Verdichtung der Packung. Man darf also annehmen, dass K nicht nur seine beiden Nachbarn in x-Richtung berührt, dass also ein Gitterpunkt $\mathbf{b} \in L - \mathbb{Z}\mathbf{a}$ existiert mit euklidischer Länge $\|\mathbf{b}\| = 2$.
4. Durch eventuellen Übergang zu $-\mathbf{b}$ darf man annehmen, dass $\mathbf{a}$ und $\mathbf{b}$ einen Winkel $\leq \pi/2$ einschließen. Dieser Winkel ist außerdem $\geq \pi/3$, da andernfalls $\|\mathbf{b}-\mathbf{a}\| < 2$ wäre. Die Punkte $\mathbf{a}$ und $\mathbf{b}$ bilden eine Gitterbasis von L: Andernfalls gäbe es in dem von $\mathbf{a}$ und $\mathbf{b}$ aufgespannten Parallelogramm einen weiteren Gitterpunkt, der von einem der Eckpunkte notwendig einen euklidischen Abstand < 2 hätte im Widerspruch zu der Packungseigenschaft.

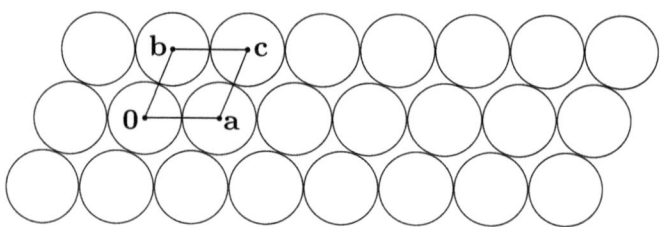

Abbildung 8.6: Eine Kreisgitterpackung im $\mathbb{R}^2$

5. Das von **a** und **b** aufgespannte Parallelogramm ist also ein Fundamentalparallelogramm P von L, und es ist zu untersuchen, wann unter den oben gefundenen Bedingungen

$$\|\mathbf{a}\| = \|\mathbf{b}\| = 2, \quad \frac{\pi}{3} \leq \angle(\mathbf{a}, \mathbf{b}) \leq \frac{\pi}{2}$$

$d(L) = V(P)$ sein Minimum annimmt. Es ist leicht zu sehen, dass dies gerade für den Winkel $\pi/3$ der Fall ist. □

8.7.4 Die dichteste Kugelgitterpackung

Satz 8.33 (GAUSS *1831*) *Die (bis auf Streckungen und Drehungen) eindeutige dichteste Kugelgitterpackung im $\mathbb{R}^3$ wird durch das flächenzentriert-kubische Gitter $L \subset \mathbb{R}^3$ realisiert, dessen Basispunkte mit **0** ein reguläres Tetraeder bilden.*

$$\rho(K) = \frac{\pi}{3\sqrt{2}} \approx 0.74$$

(Die Schranke aus Satz 8.31 würde hier $\zeta(3)/4 \approx 0.3$ ergeben!) Die *Beweisschritte* 1. bis 3. aus dem Beweis von Satz 8.32 können wir direkt übernehmen. Sie zeigen, dass ein dichtestes Packungsgitter L für die Einheitskugel in der xy-Ebene eines geeigneten cartesischen Koordinatensystems ein Teilgitter Λ bilden mit Erzeugenden **a**, **b**, welche die Bedingungen

$$\|\mathbf{a}\| = \|\mathbf{b}\| = 2, \quad \frac{\pi}{3} \leq \angle(\mathbf{a}, \mathbf{b}) \leq \frac{\pi}{2}$$

erfüllen. Der Schnitt der Kugelpackung mit der xy-Ebene sieht also aus wie in Abb. 8.6 angegeben.

4. Wie schon in der Basiskonstruktion aus Abschnitt 1 zerfällt L in Schichten parallel zu Λ. Wenn $\Lambda + K$ keine andere Kugel der Kugelpackung $L + K$ berührt, kann man die z-Koordinaten des Gitters L wieder mit $(1 - \epsilon)$ multiplizieren, um die Dichte zu erhöhen und ohne die Packungseigenschaft zu zerstören. Bei der Suche nach dichtesten Kugelgitterpackungen darf man also zusätzlich annehmen, dass ein dritter Gittervektor $\mathbf{d} \in L - \Lambda$ existiert mit euklidischer Länge

$||\mathbf{d}|| = 2$. Die Projektion $\mathbf{d}'$ von $\mathbf{d}$ auf die xy-Ebene liegt o.B.d.A. in dem Fundamentalparallelogramm von Λ, welches von $\mathbf{a}, \mathbf{b}$ erzeugt wird, o.B.d.A. sogar in dem abgeschlossenen Dreieck $\mathbf{0}, \mathbf{a}, \mathbf{b}$. Analog zum Beweis von Satz 8.32 bilden $\mathbf{a}, \mathbf{b}, \mathbf{d}$ eine Gitterbasis von L, weil das von ihnen erzeugte Parallelotop P nur Punkte enthält, die von einem der Eckpunkte einen Abstand < 2 haben. Die Abbildung 8.7 zeigt das Teilgitter Λ (schwarze Punkte) und die Translate $\Lambda + \mathbf{d}'$ (weiße Punkte), also die Projektion der nächsten Schicht von L.

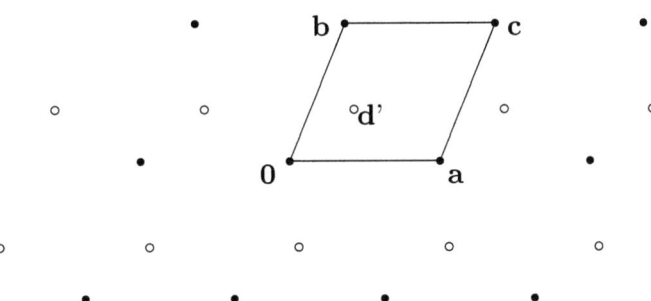

Abbildung 8.7: Zwei Schichten einer Kugelgitterpackung im $\mathbb{R}^3$, Grundriss

5. Die Gitterdeterminante $d(L) = V(P)$ ist nun $2Fh$, wobei F die Fläche des Dreiecks $\mathbf{0}, \mathbf{a}, \mathbf{b}$ bezeichnet und h den Absolutbetrag der z-Koordinate von $\mathbf{d}$. Wegen
$$4 = ||\mathbf{d}||^2 = ||\mathbf{d}'||^2 + h^2$$
läuft die Suche nach einer dichtesten Kugelgitterpackung bei gegebenem Λ darauf hinaus, $||\mathbf{d}'||$ zu maximieren. Da die Kugel $K + \mathbf{d}$ sich nicht mit den Kugeln $K + \mathbf{a}, K + \mathbf{b}$ schneiden darf, muss dabei
$$||\mathbf{a} - \mathbf{d}'||^2, ||\mathbf{b} - \mathbf{d}'||^2 \geq 4 - h^2 = ||\mathbf{d}'||^2$$
sein. Etwas Elementargeometrie zeigt: Unter diesen Bedingungen wird $||\mathbf{d}'||$ genau dann maximal, wenn hier das Gleichheitszeichen steht, wenn also $\mathbf{d}'$ der Umkreismittelpunkt des Dreiecks $\mathbf{0}, \mathbf{a}, \mathbf{b}$ ist und $R = ||\mathbf{d}'||$ der Umkreisradius, denn jeder andere Punkt $\mathbf{d}''$ im Dreieck hat von einem der Eckpunkte einen kleineren Abstand als R.

6. Um ein Kugelpackungsgitter maximaler Dichte zu finden, ist also $2Fh$ zu minimieren, wo F die Fläche eines gleichschenkligen Dreiecks mit Schenkellänge 2 und Basislänge u ist, $2 \leq u \leq 2\sqrt{2}$, und h zum Umkreisradius R des Dreiecks in der Beziehung $h^2 = 4 - R^2$ steht. Etwas mehr Elementargeometrie: Wir bezeichnen den Mittelpunkt des Dreiecks mit $\mathbf{M}$ und den Mittelpunkt der Basisseite mit $\mathbf{B}$, die Länge der Strecke $\mathbf{MB}$ mit l, dann sagt der Satz des Pythagoras
$$(R+l)^2 + \frac{u^2}{4} = 4 \quad \text{und} \quad \frac{u^2}{4} + l^2 = R^2,$$

also
$$R^2 + 2Rl + R^2 = 2R(R+l) = 4, \quad \text{und} \quad R+l = \frac{2}{R}$$
ist die Höhe des Dreiecks auf der Basisseite. Daraus entnimmt man
$$\frac{u^2}{16} + \frac{1}{R^2} = 1 \quad \text{und} \quad F = \frac{u}{R}.$$
Es ist zweckmäßig, $v := 1/R^2$ als Hilfsgröße einzuführen ($\frac{1}{2} \leq v \leq \frac{3}{4}$) und zum Quadrat der Gitterdeterminante überzugehen. Dieses wird dann
$$4F^2 h^2 = 4u^2 v(4 - \frac{1}{v}) = 64(1-v)(4v-1)$$
und nimmt sein Minimum (32) genau an den beiden Randpunkten des Intervalls an, also für das gleichseitige und das rechtwinklige Dreieck. Mit $V(K) = \frac{4}{3}\pi$ ergibt sich in beiden Fällen die im Satz angegebene obere Gitterpackungsdichte. 7. Um die Eindeutigkeitsaussage zu zeigen, ist noch nachzuweisen, dass beide Fälle das gleiche Gitter in verschiedenen Koordinatensystemen beschreiben. Im Fall des hexagonalen Untergitters Λ wähle man die Gitterbasis

$$(2,0,0), \ (1,\sqrt{3},0), \ (1,\frac{1}{\sqrt{3}},\sqrt{\frac{8}{3}})$$

und im Fall des quadratischen Gitters Λ die Gitterbasis

$$(2,0,0), \ (1,1,\sqrt{2}), \ (1,-1,\sqrt{2})$$

und überzeuge sich davon, dass jedesmal mit **0** die Ecken eines regulären Tetraeders entstehen. □

8.7.5 Schlussbemerkungen

Im Fall ebener Kreispackungen existiert keine Nicht-Gitter-Packung, welche die Dichte der hexagonalen Gitterpackung aus Satz 32 erreicht. Dieser sehr anschauliche und lange vermutete Sachverhalt ist durchaus nicht leicht zu beweisen. Ein erster Beweis wurde von THUE 1910 gegeben, allerdings nicht in allen Details überzeugend. Den ersten allgemein akzeptierten Beweis hat L. FEJES TÓTH 1940 geliefert, vgl. [Ro].

Im Fall von Kugelpackungen, also für $n=3$, liegen die Dinge schon viel komplizierter, was man sich bereits anhand der dichtesten Kugelgitterpackung aus Satz 8.33 klarmachen kann. Wir dürfen davon ausgehen, dass der Schnitt von L mit der xy-Ebene das hexagonale Gitter Λ ist (Schicht a, schwarze Punkte in Abbildung 8.8). Die in der z-Richtung nächstgelegene Schicht b von Gitterpunkten ist in Abb. 8.8 ebenfalls auf die xy-Ebene projiziert und als weiße Punkte dargestellt,

8 Gitter

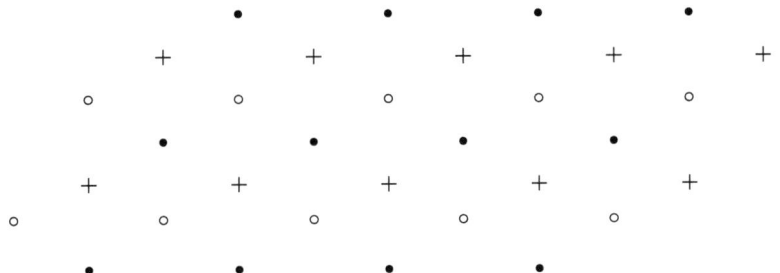

Abbildung 8.8: Drei Schichten des dichtesten Kugelpackungsgitters im $\mathbb{R}^3$, Grundriss

ebenso die darauffolgende Schicht c (als Kreuze auf die xy-Ebene projiziert). Für die Kugelgitterpackung $L + K$ wiederholen sich beim Durchlaufen der z-Achse die Projektionen der Schichten periodisch als abcabcabc u.s.w.

Man könnte aber ebensogut die Schichten der Kugelpackung anders aufeinandersetzen, etwa als ababacbcbaba u.s.w., solange nur keine zwei Schichten gleichen Typs aufeinander folgen. Dabei entsteht eine Kugelpackung, die jedenfalls in z-Richtung nicht einmal periodisch sein muss, wohl aber die gleiche maximale Packungsdichte $\pi/3\sqrt{2}$ hat. Sowohl die Kugel-Gitterpackung wie die Nicht-Gitter-Kugelpackungen dieser Dichte kommen in der Natur vor, z.B. in der Anordnung der Atome in metallischem Gold und diversen Kristallgittern. In der Natur hat man es natürlich häufig mit Packungen aus endlich vielen Kugeln zu tun (Tennisbälle, Orangen). Verallgemeinert man den Dichtebegriff auf solche endlichen Packungen, so stellt man fest, dass für wenige Kugeln zunächst lineare Anordnungen dichter sind als Teilbereiche der hier diskutierten Gitter- oder Nicht-Gitter-Kugelpackungen. Mit wieviel Kugeln die Dichte dieser linearen Packungen überboten wird durch sogenannte *Clusterpackungen* oder schließlich Teilbereiche von Gitterpackungen, ist durchaus nicht klar und führt auf interessante geometrisch-kombinatorische Probleme, vgl. Arbeiten von WILLS und anderen ([Le]).

Könnte es eine unendliche Nicht-Gitter-Kugelpackung geben, welche die Dichte $\pi/3\sqrt{2}$ sogar überbietet? Schon KEPLER hat vermutet, dass dies unmöglich ist, und im Lauf der Mathematikgeschichte sind einige erfolglose Beweisversuche für diese Vermutung unternommen worden. Erst in jüngster Zeit ist ein offenbar überzeugender Beweis von TH. HALES gegeben worden, vgl. [Oe]. Ähnlich wie der Beweis des Vierfarbensatzes durch APPEL und HAKEN hat er leider den Nachteil, dass er die Behauptung auf so viele Fallunterscheidungen reduziert, dass diese nur mit Computerhilfe abzuarbeiten sind. Wünschenswert auch hier: ein einfacherer und durchsichtigerer Zugang!

Die entsprechende Fragestellung in höheren Dimensionen ist völlig offen. Für einige Dimensionen kennt man immerhin noch die dichtesten Kugelgitterpackungen [CS], z.B. ist für $n = 4$

$$L := \{(m_1, m_2, m_3, m_4) \in \mathbb{Z}^4 \mid m_1 + m_2 + m_3 + m_4 \equiv 0 \bmod 2\}$$

das dichteste Packungsgitter (für Kugeln vom Radius $\sqrt{2}/2$, Dichte $\pi^2/16$, KORKINE und ZOLOTAREFF 1872). Die Beweise der Sätze 8.32 und 8.33 auf höhere Dimensionen zu verallgemeinern, ist nicht nur technisch sehr schwierig, wie z.B. der Punkt 4 dieser Beweise zeigt: Man erweitere das Standardgitter $L_0 = \mathbb{Z}^5 \subset \mathbb{R}^5$ um den Mittelpunkt des Fundamentalquaders zu einem Obergitter L und benutze dieses als Packungsgitter für Kugeln K vom Radius $1/2$. Der Mittelpunkt des Fundamentalquaders hat dann von allen Ecken einen Abstand > 1; folglich ist es nicht möglich, aus den Mittelpunkten der K berührenden Kugeln eine Gitterbasis von L zu gewinnen, man erhält nur eine Basis des Untergitters L_0.

Hinsichtlich der Packungen endlich vieler Kugeln gibt es ebenfalls eine Überraschung [Le]: Mit wachsendem $n > 4$ werden selbst die dichtesten Kugelgitterpackungen so dünn, dass für beliebig große Anzahlen von Kugeln lineare Anordnungen dichter sind als Teilbereiche von Gitterpackungen!

8.8 Packungsdichte und Codierungstheorie

8.8.1 Lineare Codes in Kurzfassung

Ein **Code** der **Länge** n ist eine Untermenge C eines Vektorraums $V = \mathbb{F}_q^n$ über einem endlichen Körper $\mathbb{F}_q$ mit q Elementen, die Elemente von C heißen dann *Nachrichten* oder **Codewörter**. Wenn C sogar Untervektorraum von V ist, nennt man C einen **linearen Code**, und im Fall $q = 2$ heißt C **binär**. Wir werden hier zumeist binäre lineare Codes betrachten. Die **Hammingdistanz** von $\mathbf{v} = (v_1, \ldots, v_n)$, $\mathbf{w} = (w_1, \ldots, w_n) \in V$ ist als die Anzahl der Koordinaten definiert, in denen sich $\mathbf{v}$ und $\mathbf{w}$ unterscheiden, also

$$d(\mathbf{v}, \mathbf{w}) := \#\{i = 1, \ldots, n \mid v_i \neq w_i\}.$$

Hilfssatz 8.34 *Die Hammingdistanz definiert eine Metrik auf V.* □

Dann ist klar, was man unter einer *Hammingkugel*

$$S_r(\mathbf{v}) := \{\mathbf{w} \in V \mid d(\mathbf{v}, \mathbf{w}) \leq r\}$$

zu verstehen hat. Das **Minimalgewicht** $w(C)$ eines Codes C ist die kleinste Hammingdistanz zwischen zwei verschiedenen Punkten von C. Wenn $w(C) > 1$

ist, kann bei der Übermittlung von Codewörtern zumindest das Vorliegen eines einzelnen Übertragungsfehlers, d.h. ein Fehler in *einer* Koordinate erkannt werden, etwa durch Vergleich mit der Liste aller Codewörter (was ein sehr aufwendiges Verfahren ist; bei linearen Codes gibt es dazu viel schnellere Möglichkeiten, s.u.). Ein Code C heißt **t-fehlerkorrigierend**, wenn in jeder Hammingkugel $S_t(\mathbf{v})$ höchstens ein Punkt von C liegt. C heißt **perfekter** t-fehlerkorrigierender Code, wenn in jeder Hammingkugel $S_t(\mathbf{v})$ *genau* ein Codewort liegt. Die Bezeichnung kommt natürlich daher, dass dann (für vorgegebenes t) eine möglichst große Anzahl von Codewörtern mit möglichst kleiner Länge n existieren. Es ist klar, dass man einerseits ein großes t haben möchte — abhängig davon, wie viele Übertragungsfehler erfahrungsgemäß auftreten und wie gravierend diese sind — und andererseits aber eine große *Informationsrate*

$$R := \frac{\log_q \#C}{\log_q \#\mathbb{F}_q^n}.$$

Für lineare Codes C der Dimension k über $\mathbb{F}_q$ ist die Informationsrate einfach $R = k/n$. Wir stellen einige einfache Fakten zusammen:

Hilfssatz 8.35 *Sei C ein Code in $V = \mathbb{F}_q^n$ und $t \in \mathbb{N}$.*

1. *Wenn die Hammingkugeln $S_t(\mathbf{v})$ um die Punkte $\mathbf{v} \in C$ disjunkt sind, ist C ein t-fehlerkorrigierender Code.*

2. *C ist t-fehlerkorrigierend genau dann, wenn sein Minimalgewicht $w(C) \geq 2t + 1$ erfüllt.*

3. *Wenn C linearer Code ist, ist sein Minimalgewicht*

$$w(C) = \min\{\, d(\mathbf{0}, \mathbf{v}) \mid \mathbf{v} \in C,\, \mathbf{v} \neq \mathbf{0}\,\}.$$

4. *C ist genau dann ein perfekter t-fehlerkorrigierender Code, wenn V die disjunkte Vereinigung der Hammingkugeln $S_t(\mathbf{v})$, $\mathbf{v} \in C$, ist.*

5. *Ein 1-fehlerkorrigierender binärer linearer Code erfüllt*

$$\#C \leq \frac{2^n}{n+1}.$$

Die Gleichheit gilt genau dann, wenn er perfekt ist. □

Um die entscheidenden Daten eines Codes $C \subset \mathbb{F}_q^n$ mit $M = \#C$ Codewörtern und Minimalgewicht $w = w(C)$ zusammenzufassen, spricht man von einem (n, M, w)-Code, bei binären linearen Codes, also im Fall $q = 2$, $\#C = 2^k$, $k = \dim C$, von einem $[n, k, w]$-Code. Es gibt zwei Möglichkeiten, lineare Codes einfacher zu beschreiben als durch Angabe einer Liste von $M = q^k$ Codewörtern: Erstens lassen sich k Basisvektoren von C als Zeilen einer $k \times n$-**Generatormatrix**

G auffassen, zweitens kann man C als Kern einer surjektiven linearen Abbildung $\mathbb{F}_q^n \to \mathbb{F}_q^{n-k}$ beschreiben, die durch eine $(n-k) \times n$-**Kontrollmatrix** H gegeben ist. Bezeichnet man die transponierte Matrix mit H^t, so ist eine Kontrollmatrix dadurch charakterisiert, dass sie den Rang $n-k$ hat und dass GH^t die $k \times (n-k)$-Nullmatrix ist.

Bei binären linearen Codes hat die Kontrollmatrix noch eine andere Interpretation. Zu einem Code C definiert man einen **dualen Code**

$$C^\perp := \{ (w_1, \ldots, w_n) \mid w_1 z_1 + \ldots + w_n z_n = 0 \quad \text{für alle} \quad (z_1, \ldots, z_n) \in C \},$$

also eigentlich die Menge jener Linearformen des Dualraums von V, die auf C verschwinden.

Hilfssatz 8.36 *Sei C ein linearer binärer $[n, k, w]$-Code. Dann gilt*

1. $\dim C^\perp = n - k$

2. *Jede Kontrollmatrix H von C ist Generatormatrix von $C^\perp$ und umgekehrt.*

3. $C^{\perp\perp} = C$

4. *Wenn $2k = n$ ist und $C \subseteq C^\perp$ oder $C^\perp \subseteq C$, so gilt sogar $C = C^\perp$, der Code heißt dann selbstdual.*

5. *Ein Code C ist selbstdual genau dann, wenn jede Generatormatrix auch Kontrollmatrix ist und umgekehrt.*

6. *Ein selbstdualer Code ist insbesondere von geradem Gewicht, d.h. für jedes Codewort $\mathbf{v} = (v_1, \ldots, v_n)$ ist $d(\mathbf{0}, \mathbf{v})$ gerade, und es erfüllt die Paritätsbedingung*

$$v_1 + \ldots + v_n = 0. \quad \square$$

8.8.2 Beispiele

1. Der triviale $[n, n, 1]$-Code $C = \mathbb{F}_2^n = V$, bei dem weder Fehlererkennung noch Fehlerkorrektur möglich ist. Der duale Code besteht hier nur aus dem Wort $\mathbf{0}$.

2. Der $[3, 1, 3]$-Wiederholungscode mit Generatormatrix $(1, 1, 1)$ ist zwar 1-fehlerkor und perfekt, hat aber die äußerst schlechte Informationsrate $R = 1/3$.

3. Die **Hammingcodes** H_r, benannt nach R.W. HAMMING, einem der Gründungsväter der Codierungstheorie, kann man wie folgt konstruieren. Sei $r \in \mathbb{N}$, $r > 1$ und $n := 2^r - 1$ die Anzahl der Vektoren $\neq \mathbf{0}$ in $\mathbb{F}_2^r$; diese Vektoren denkt man sich als Spalten einer $r \times n$-Matrix H, z.B. im Fall $r = 3$, $n = 7$

$$\begin{pmatrix} 1 & 0 & 0 & 1 & 1 & 0 & 1 \\ 0 & 1 & 0 & 1 & 0 & 1 & 1 \\ 0 & 0 & 1 & 0 & 1 & 1 & 1 \end{pmatrix}.$$

8 Gitter

Schon anhand der Einheits-Spaltenvektoren sieht man, dass H den Rang r besitzt und somit als Kontrollmatrix eines Codes $C = H_r$ der Dimension $k = n - r = 2^r - 1 - r$ dienen kann. Hat nun $\mathbf{v} \in C \subseteq V = \mathbb{F}_2^n$ unter seinen Koordinaten $d = w(C)$ Einsen, so müssen wegen $\mathbf{v}H^t = \mathbf{0}$ jedenfalls d Spalten von H linear abhängig sein, und das kann weder für $d = 1$ vorkommen (die Nullspalte kommt nicht vor) noch für 2, weil im $\mathbb{F}_2^n$ zwei linear abhängige Vektoren $= \mathbf{0}$ sind oder übereinstimmen; es tritt erst für $d = 3$, ein. Mit Hilfe von Hilfssatz 8.35, Punkte 2,3, und 5, sieht man darum:

Satz 8.37 *Für $r > 1$ sind die Hammingcodes H_r perfekte 1-fehlerkorrigierende $[2^r - 1, 2^r - 1 - r, 3]$-Codes.*

(Für $r = 2$ entsteht nur wieder der Wiederholungscode aus Beispiel 2, aber für $r > 2$ erhält man brauchbare Informationsraten.)

4. Aus jedem binären linearen Code C lässt sich ein **erweiterter Code** C^* als Bild von C unter der Einbettung

$$\mathbb{F}_2^n \hookrightarrow \mathbb{F}_2^{n+1} : (x_1, \ldots, x_n) \mapsto (x_1, \ldots, x_n, x_1 + \ldots + x_n)$$

definieren. Offensichtlich ist C^* ein $[n+1, k, w(C^*)]$-Code von geradem Gewicht, da man durch die letzte Koordinate die Gültigkeit der Paritätsbedingung erzwungen hat. Aus einer Kontrollmatrix von C eine Kontrollmatrix von C^* zu erzeugen, ist leicht: Der letzte Zeilenvektor besteht nur aus Einsen (Paritätsbedingung), die übrigen Zeilen werden durch 0 in der letzten Koordinate ergänzt. Für den $[3,3,1]$-Code aus Beispiel 1 ist

$$(1\,1\,1\,1)$$

die Kontrollmatrix von C^*, und die Kontrollmatrix des erweiterten Hammingcodes H_3^* ist

$$\begin{pmatrix} 1 & 0 & 0 & 1 & 1 & 0 & 1 & 0 \\ 0 & 1 & 0 & 1 & 0 & 1 & 1 & 0 \\ 0 & 0 & 1 & 0 & 1 & 1 & 1 & 0 \\ 1 & 1 & 1 & 1 & 1 & 1 & 1 & 1 \end{pmatrix}.$$

H_3^* ist aus verschiedenen Gründen besonders interessant. Hilfssatz 8.36.5 und einfaches Nachrechnen zeigen, dass er selbstdual ist, dazu vom Typ $[8, 4, 4]$ und **doppelt-gerade**, d.h. alle Hammingabstände zum Nullpunkt sind sogar durch 4 teilbar.

8.8.3 Codes und Gitter

Sei $C \subseteq \mathbb{F}_2^n$ ein binärer linearer Code der Dimension k. Der komponentenweise verwendete kanonische Homomorphismus

$$\rho : \mathbb{Z}^n \to (\mathbb{Z}/2\mathbb{Z})^n = \mathbb{F}_2^n$$

zeigt, dass man dem Code ein Gitter $\rho^{-1}(C)$ zwischen $\mathbb{Z}^n$ und $2\mathbb{Z}^n$ zuordnen kann. Die Homomorphiesätze der Gruppentheorie und Folgerung 8.11 zeigen

$$(\mathbb{Z}^n : \rho^{-1}(C)) = 2^{n-k}, \quad (\rho^{-1}(C) : 2\mathbb{Z}^n) = 2^k, \quad d(\rho^{-1}(C)) = 2^{n-k}.$$

Aus Gründen, die gleich einsichtig werden, versieht man das Gitter üblicherweise mit einem Normierungsfaktor $1/\sqrt{2}$:

$$\Gamma_C := \frac{1}{\sqrt{2}} \rho^{-1}(C), \quad d(\Gamma_C) = 2^{\frac{n}{2}-k}$$

Schreibt man das Standardskalarprodukt $\mathbf{x}\mathbf{y}^t$ der (Zeilen)vektoren des $\mathbb{R}^n$ einfach als $\mathbf{x} \cdot \mathbf{y}$ (identifiziert also $\mathbb{R}^n$ mit seinem Dualraum), so kann man jedem Gitter $L \subset \mathbb{R}^n$ ein **duales Gitter** durch

$$L^* := \{\mathbf{x} \in \mathbb{R}^n \mid \mathbf{x} \cdot \mathbf{y} \in \mathbb{Z} \text{ für alle } \mathbf{y} \in L\}$$

zuordnen (nicht verwechseln mit primitiven Gitterpunkten aus Abschnitt 8.6 !). Als Basis von L^* kann man stets eine zur Basis A von L duale Basis nehmen, also die Transponierte der Matrix-Inversen A^{-1}. Wenn $L \subseteq L^*$, also wenn

$$\mathbf{x} \cdot \mathbf{y} \in \mathbb{Z} \quad \text{für alle} \quad \mathbf{x}, \mathbf{y} \in L,$$

so heißt L **ganzes Gitter**, im Falle $L = L^*$ heißt L **unimodular**.

Hilfssatz 8.38 $d(L^*) = d(L)^{-1}$, *d.h. insbesondere: Unimodulare Gitter L besitzen die Determinante $d(L) = 1$.* □

Ein ganzes Gitter L heißt **gerade**, wenn für alle $\mathbf{x} \in L$ gilt

$$\|\mathbf{x}\|^2 = \mathbf{x} \cdot \mathbf{x} \equiv 0 \bmod 2.$$

Der folgende Satz schlägt eine Brücke von diesen Gittereigenschaften zu den Begriffen der Codierungstheorie.

Satz 8.39 *Sei $C \subseteq \mathbb{F}_2^n$ ein linearer binärer Code und Γ_C sein zugeordnetes Gitter.*

1. $C \subseteq C^\perp$ *genau dann, wenn Γ_C ein ganzes Gitter ist.*

8 Gitter

2. *C ist selbstdual genau dann, wenn Γ_C unimodulares Gitter ist.*

3. *C ist doppelt-gerade genau dann, wenn Γ_C gerades Gitter ist.*

Beweis. Für Punkt 1 seien $\mathbf{u} = (u_1, \ldots, u_n)$, $\mathbf{v} = (v_1, \ldots, v_n) \in C$ Codeworte mit Repräsentanten $\mathbf{x}, \mathbf{y} \in \mathbb{Z}^n$ im Standardgitter. Dann ist

$$\frac{1}{\sqrt{2}}\mathbf{x} \cdot \frac{1}{\sqrt{2}}\mathbf{y} = \frac{1}{2}\mathbf{x} \cdot \mathbf{y} \equiv \frac{1}{2}(u_1 v_1 + \ldots + u_n v_n) \bmod \mathbb{Z}$$

(die rechte Seite ist wohldefiniert in $\frac{1}{2}\mathbb{Z}/\mathbb{Z}$), also genau dann ganz, wenn $u_1 v_1 + \ldots + u_n v_n = 0 \in \mathbb{F}_2$. Aus Punkt 1 ergibt sich Punkt 2, und Punkt 3 folgt aus einer entsprechenden Kongruenzbetrachtung mod 4. □

8.8.4 Packungsdichte und Gewicht

Wir haben schon in Hilfssatz 35.4 gesehen, dass Codes etwas mit dichten Packungen zu tun haben: Perfekte Codes liefern eine dichtestmögliche Packung von Hammingkugeln im $\mathbb{F}_2^n$. Das ist zwar nicht die Metrik, die man bei Packungsgittern zu betrachten hat, trotzdem zeigt es sich, dass gute Codes C etwas mit dichten Kugelpackungen bei den zugehörigen Gittern Γ_C zu tun haben. Was *gut* heißen soll, werden wir gleich präzisieren.

Satz 8.40 *Sei C ein binärer linearer $[n, k, w]$-Code mit Minimalgewicht $w \leq 4$. Dann ist Γ_C ein Packungsgitter für Kugeln K vom Radius $\frac{1}{2}\sqrt{w/2}$ und mit Packungsdichte*

$$\delta(\Gamma_C, K) = \kappa_n\, w^{n/2}\, 2^{k-2n}\,.$$

(κ_n ist wieder das Volumen der n-dimensionalen Einheitskugel.)

Beweis. Wegen $w \leq 4$ haben paarweise verschiedene Punkte von $\rho^{-1}(C)$ voneinander einen euklidischen Abstand $\geq \sqrt{w}$. Daraus folgt, dass Γ_C Packungsgitter für die im Satz angegebenen Kugeln ist. Die Packungsdichte folgt damit aus Hilfssatz 8.30 und der oben durchgeführten Berechnung der Gitterdeterminante $d(\Gamma_C)$. □

Für festes n erhält man also eine besonders dichte Kugelpackung, wenn einerseits w groß ist und andererseits k, also die Informationsrate des Codes. Als *Beispiel* kann erstens der $[4, 3, 2]$-Code C^* dienen, der bei Erweiterung des trivialen $[3, 3, 1]$-Codes entsteht und hier auf die Packungsdichte

$$\kappa_4 \cdot 2^{-3} = \frac{\pi^2}{16}$$

führt. Es ist genau jenes Gitter maximaler Packungsdichte im $\mathbb{R}^4$, das schon am Ende von Abschnitt 8.7 erwähnt wurde.

Als zweites Beispiel betrachte man den erweiterten Hammingcode H_3^*, der als $[8, 4, 4]$-Code auf ein Gitter $L = \Gamma_{H_3^*}$ der Packungsdichte

$$\kappa_8 \cdot 2^{-4} = \frac{\pi^4}{4! \cdot 16} = \frac{\pi^4}{2^7 \cdot 3} \approx 0.254$$

führt (wieder einmal weit dichter als die MINKOWSKI-HLAWKA-Schranke aus Satz 8.31). Auch dieses sogenannte E_8-Gitter ist als Gitter maximaler Packungsdichte in seiner Dimension bekannt (BLICHFELDT 1934, VETČINKIN 1980). Man mache sich klar, dass trotz des bescheidenen Zahlenwerts 0.254 diese Kugelpackung ganz außerordentlich dicht ist: Der Fundamentalquader des Gitters $2\mathbb{Z}^8 \subset \rho^{-1}(H_3^*)$ enthält nicht nur die Repräsentanten der Punkte von einer, sondern von insgesamt 16 Kugeln vom Radius 1 ohne Überlappungen!

8.9 Golay-Code und Leech-Gitter

Satz 8.40 hat die unerfreuliche Einschränkung $w \leq 4$, weil man in der dort vorgenommenen Konstruktion von Kugelpackungen wegen $2\mathbb{Z}^n \subset \rho^{-1}(C)$ keine Kugeln vom Radius > 1 packen kann. Da man sich für größere w eigentlich noch bessere Packungsresultate erhofft, muss man die Konstruktion modifizieren, was hier an einem besonders wichtigen Beispiel durchgeführt werden soll. Wir holen dazu etwas aus, um zunächst eine weitere Methode der Codekonstruktion vorzustellen.

8.9.1 Zyklische Codes und quadratische Reste

Ein binärer linearer Code $C \subseteq \mathbb{F}_2^n$ heißt **zyklisch**, wenn mit jedem Codewort $(v_0, \ldots, v_{n-1})$ auch $(v_{n-1}, v_0, \ldots, v_{n-2})$ ein Codewort ist. Ordnet man dem ersten Codewort die Polynomrestklasse

$$p(x) = v_0 + v_1 x + \ldots + v_{n-1} x^{n-1} \in \mathbb{F}_2[x]/(x^n - 1)\mathbb{F}_2[x]$$

zu, so entspricht der zyklischen Vertauschung der Koordinaten gerade die Abbildung $p(x) \mapsto xp(x)$. Die Menge der Polynomrestklassen für die Codewörter führt daher auf ein Ideal I in $\mathbb{F}_2[x]/(x^n - 1)\mathbb{F}_2[x]$. Sein Urbild in $\mathbb{F}_2[x]$ ist ein Hauptideal, das $x^n - 1$ enthält. Es gibt also eine *erzeugende Polynomrestklasse* $g(x) \bmod (x^n - 1)$, und zwar für ein Polynom $g(x) | (x^n - 1)$. Eine Abzählung der Restklassen mod g und mod $(x^n - 1)$ ergibt

$$k = \dim C = n - \operatorname{grad} g.$$

Beispiele. $g(x) = 1$ führt auf den trivialen Code, $g(x) = 1 + x + \ldots + x^{n-1}$ auf den $[n, 1, n]$-Wiederholungscode, und $g(x) = 1 + x + x^3 \bmod (x^7 - 1)$ auf den

8 Gitter

Hammingcode H_3 — man überzeuge sich an Hand der Kontrollmatrix davon, dass die den Polynomrestklassen $x^j g(x)$, $j = 0, 1, 2, 3$, entsprechenden Codewörter wirklich in H_3 liegen. Allgemeiner kann man den Hammingcode H_r als zyklischen Code folgendermaßen konstruieren: Für $n = 2^r - 1$ hat das Polynom $x^n - 1$ über dem Körper $\mathbb{F}_{2^r}$ die Primfaktorzerlegung

$$x^n - 1 = \prod_{i=1}^{n}(x - a^i)$$

mit einem erzeugenden Element a der multiplikativen Gruppe $\mathbb{F}_{2^r}^*$. Man wähle nun g als das irreduzible Polynom von a über $\mathbb{F}_2$, nach der Galoistheorie endlicher Körper also

$$g(x) := \prod_{j=0}^{r-1}(x - a^{2^j}).$$

Dass hierbei tatsächlich wieder die in Abschnitt 8.8.2 eingeführten Hammingcodes H_r entstehen, ist nicht ganz einfach einzusehen, für das folgende aber auch unerheblich. Wichtiger ist die Beobachtung, dass für $r = 3$, $n = 7$ die Exponenten von a genau die quadratischen Reste mod 7 durchlaufen, was zu einer anderen Verallgemeinerung von H_3 Anlass gibt, den **quadratische Reste-Codes**. Hier sei n eine Primzahl, für die 2 mod n quadratischer Rest ist, also $n \equiv \pm 1 \bmod 8$. Sei jetzt a eine primitive n-te Einheitswurzel über $\mathbb{F}_2$; diese existiert in jedem Körper $\mathbb{F}_{2^r}$, für den $2^r \equiv 1 \bmod n$ ist, also z.B. für $r = n - 1$ oder (weil 2 quadratischer Rest mod n ist) sogar für $r = (n-1)/2$. Dann ist

$$g(x) := \prod_{q \in Q}(x - a^q), \quad Q := \{\, q \bmod n \mid (\tfrac{q}{n}) = 1\,\}$$

das Polynom unserer Wahl: Wegen $2 \in Q$ ist g invariant, wenn wir auf die Koeffizienten den Frobeniusautomorphismus

$$(b \mapsto b^2) \in \operatorname{Gal} \mathbb{F}_{2^r}/\mathbb{F}_2$$

anwenden, erfüllt also $g \in \mathbb{F}_2[x]$ und führt zu einem zyklischen $[n, \tfrac{n+1}{2}, w]$-Code mit Minimalgewicht w.

8.9.2 Bericht über den Golay-Code

Eine allgemeine Formel für dieses Minimalgewicht ist nicht bekannt, wohl aber untere und obere Abschätzungen, die für kleine n sehr nützlich sind. Außerdem besteht natürlich die Möglichkeit, g explizit zu berechnen, damit eine Generatormatrix aufzulisten und das Minimalgewicht auf direktem Weg zu bestimmen. Beides erfordert einigen Aufwand, deswegen sei hier nur das Resultat für den im Fall $n = 23$ entstehenden **Golay-Code** G_{23} angegeben (den man durchaus nicht nur auf die hier angegebene Weise konstruieren kann, vgl. [Eb]).

Satz 8.41 *Der Golay-Code G_{23} ist ein perfekter 3-korrigierender $[23,12,7]$-Code. Sein erweiterter Code $G_{24} := G_{23}^*$ ist ein selbst-dualer und doppelt-gerader $[24,12,8]$-Code.* □

Eine Generator- und Kontrollmatrix von G_{24} kann man als $H = (E, M)$ beschreiben, wo E die 12×12-Einheitsmatrix ist und M eine 12×12-Matrix (m_{ij}) ist, deren Einträge charakterisiert sind durch

- $m_{11} = 0$
- $m_{ij} = 0$ für $i, j \geq 2$ und $i + j - 4$ quadratischer Rest mod 11
- $m_{ij} = 1$ in allen anderen Fällen.

8.9.3 Das Leech-Gitter

Sei nun $\Lambda := \rho^{-1}(G_{24})$. Wie zu Beginn von Abschnitt 8.8.3 erläutert, ist

$$(\mathbb{Z}^{24} : \Lambda) = (\Lambda : 2\mathbb{Z}^{24}) = d(\Lambda) = 2^{12},$$

und jedes $\mathbf{x} \in \Lambda$ besitzt eine wohldefinierte Beschreibung als

$$\mathbf{x} = \mathbf{c} + 2\mathbf{y}, \quad \mathbf{y} = (y_1, \ldots, y_{24}) \in \mathbb{Z}^{24}$$

mit einem eindeutig bestimmten Codewort $\mathbf{c} \in G_{24}$. Da der Code doppelt-gerade ist, erfüllen die Koordinaten x_i dieser Gitterpunkte $\sum x_i \equiv 2 \sum y_i \bmod 4$, und wir können ein Untergitter K vom Index 2 in Λ definieren als Kern des Homomorphismus

$$h : \Lambda \to \mathbb{F}_2 : \mathbf{x} \mapsto \sum y_i \equiv \frac{1}{2} \sum x_i \bmod 2.$$

Eine der vielen Möglichkeiten, das **Leech-Gitter** L zu definieren, besteht nun darin, L mit dem üblichen Normierungsfaktor $1/\sqrt{2}$ als Index-2-Obergitter von K

$$L := \frac{1}{\sqrt{2}} \left(K + \left(h^{-1}(1) + \frac{1}{2}(1, \ldots, 1) \right) \right)$$

einzuführen. Gewissermaßen wird also Λ in zwei Teile zerlegt und daraus anders wieder zusammengesetzt. Dass dabei eine diskrete Untermenge des $\mathbb{R}^{24}$ entsteht, ist evident; dass es sich außerdem um ein Gitter handelt, sieht man daran, dass die Summe je zweier Punkte aus $h^{-1}(1)$ wieder in K liegt, ebenso wie der Punkt $\mathbf{1} = (1, \ldots, 1)$ (Kontrollmatrix von G_{24} verwenden!). Aus $d(K) = 2^{13}$ folgt $d(L) = 1$. Da G_{24} selbstdual ist, wird $\Gamma_{G_{24}}$ ein unimodulares Gitter, erst recht bleibt also das Untergitter $\frac{1}{\sqrt{2}}K$ ein ganzes Gitter. Man rechnet leicht nach, dass die Erweiterung L ebenfalls ganz ist und sogar wieder unimodular wird. Man beachte dabei $4 | \sum x_i$ für alle $\mathbf{x} \in h^{-1}(0)$ und

$$4 \,|\, \#\{\, i \,|\, x_i \equiv 1 \bmod 2 \,\} \geq w(G_{24}) = 8$$

für alle $\mathbf{x} \in \Lambda$. Für $\mathbf{x} \in K$ erhalten wir

$$8 \leq \|\mathbf{x}\|^2 \equiv 0 \mod 4$$

und ein entsprechendes Ergebnis auch für $h^{-1}(1) + \frac{1}{2}\mathbf{1}$, denn die Beträge aller Koordinaten der letzteren Punkte sind stets $\geq \frac{1}{2}$, der Betrag mindestens einer Koordinate sogar $\geq \frac{3}{2}$. Nach Umnormierung heißt das

$$4 \leq \|\mathbf{x}\|^2 \equiv 0 \mod 2 \quad \text{für alle} \quad \mathbf{x} \in L,$$

die Gitterpunkte von L haben also voneinander den Mindestabstand 2. Somit ist L als Packungsgitter für Einheitskugeln brauchbar. Wir fassen diese Überlegungen zusammen:

Satz 8.42 *Das Leech-Gitter $L \subset \mathbb{R}^{24}$ ist ein gerades unimodulares Gitter. Der Mindestabstand seiner Gitterpunkte ist 2, und seine Packungsdichte für Einheitskugeln K_1 ist*

$$\delta(L, K_1) = \kappa_{24} = \frac{\pi^{12}}{12!} \approx 0.00193 \,.$$

(Die MINKOWSKI-HLAWKA-Schranke würde wenig mehr als $2^{-23} \approx 10^{-7}$ ergeben!) Es handelt sich in der Tat um die dichteste Kugelgitterpackung in der Dimension 24. Das Leech-Gitter kann noch etliche andere Rekorde aufweisen („Kusszahl", Automorphismengruppe, vgl. [CSl], [Eb]) und spielt in noch vielen anderen Gebieten der Mathematik bis hin zur mathematischen Physik eine bemerkenswerte Rolle. Unsere Raumanschauung ist an den Dimensionen 2 und 3 geschult und hat erhebliche Mühe, sich ein Fundamentalparallelotop vorzustellen, dessen Eckpunkte voneinander nur Abstände ≥ 2 besitzen und das trotzdem nur das Volumen 1 hat — und dabei eine Einheitskugel enthält, zerlegt in $2^{24} \sim 2 \cdot 10^7$ Bestandteile!

8.10 Reduktionstheorie

8.10.1 Äquivalenz quadratischer Formen

Bereits in den Abschnitten 3 und 4 sind Querverbindungen zwischen Gittern und quadratischen Formen aufgetreten und genutzt worden. Wir wollen diese etwas ausbauen und bleiben dabei, der Einfachheit halber nur *positiv definite* *quadratische Formen*

$$Q(\mathbf{x}) = Q(x_1, \ldots, x_n) = \sum_{i,j} b_{ij} x_i x_j = \mathbf{x} B \mathbf{x}^t \quad (b_{ij} = b_{ji} \in \mathbb{R})$$

zu betrachten und die Vektoren (anders als in Abschnitt 8.1) als Zeilenvektoren zu schreiben. Da die Matrix B symmetrisch und positiv definit ist, können wir sie via Hauptachsentransformation als Produkt zweier Matrizen AA^t schreiben und stellen fest:

Hilfssatz 8.43 *Durch $B \mapsto L_0 A$ wird eine Bijektion zwischen positiv definiten quadratischen Formen Q mit Matrix $B = AA^t$ auf dem Standardgitter $L_0 \subset \mathbb{R}^n$ und den Gittern $L = L_0 A$ definiert, versehen mit dem euklidischen Normquadrat $\mathbf{x} \cdot \mathbf{x} = ||\mathbf{x}||^2$. Dabei gilt:*

- *Kleine Deformationen der quadratischen Form Q bzw. ihrer Matrix B entsprechen kleinen Deformationen der Gitterbasis von L.*

- *Die Wertemenge von Q auf L_0 ist die Wertemenge des Normquadrats auf L.*

- *Die Minima ($\neq 0$) der quadratischen Form Q entsprechen den kürzesten Gittervektoren ($\neq \mathbf{0}$) von L.*

- $d(L)^2 = \det B$

Genauso unerheblich ist ein Basiswechsel des Gitters für die quadratische Form, also der Übergang von den Standardeinheitsvektoren $\mathbf{e}_i$ zu einer anderen Basis $\mathbf{e}_i U$, $i = 1, \ldots, n$, $U \in \mathrm{GL}_n(\mathbb{Z})$ (vgl. Satz 8.2) bzw. der Übergang von der quadratischen Form mit Matrix B zur quadratischen Form mit Matrix UBU^t. Die zugehörigen quadratischen Formen bzw. die zugehörigen Gitterbasen nennen wir **äquivalent**. Dass es sich um eine Äquivalenzrelation handelt, ist klar. Es ist natürlich zweckmäßig, unter allen möglichen Gitterbasen eine möglichst einfache auszuwählen — etwa unter Benutzung der geometrischen Ideen des Beweises von Satz 8.1 — bzw. ein Koordinatensystem, in dem die Darstellung der quadratischen Form besonders bequem ist. Eine solche Gitterbasis bzw. quadratische Form nennt man dann **reduziert**, wobei natürlich zu präzisieren ist, wie die Auswahl dieses Repräsentanten aus der Äquivalenzklasse vorzunehmen ist.

Eine dritte Interpretation des Begriffs *Reduktion* ergibt sich, wenn wir die Gruppe $\mathrm{PGL}_n(\mathbb{Z})$ der unimodularen Matrizen modulo Vorzeichen via

$$U : B \mapsto UBU^t$$

auf dem Raum $PS_n \subset \mathbb{R}^{n(n+1)/2}$ der symmetrischen positiv definiten Matrizen operieren lassen. Diese Operation ist treu, wie man schon an der Einheitsmatrix $E \in PS_n$ sieht: Aus $UEU^t = E$ folgt, dass U außer ganzzahlig auch noch orthogonal ist, also $UB = BU$ für alle $B \in PS_n$ erfüllt und damit zum Zentrum der GL_n gehört. Es kommt also nur $U = \pm E$ in Frage. Die Operation von $\mathrm{PGL}_n(\mathbb{Z})$ ist darüber hinaus *diskontinuierlich*, d.h. die Bahnen besitzen keinen Häufungspunkt im Raum PS_n (in der vom $\mathbb{R}^{n(n+1)/2}$ geerbten Topologie;

8 Gitter

die topologischen Eigenschaften der Operation werden sich weiter unten noch nebenbei ergeben). Man sucht nun nach einem *Fundamentalbereich* für diese Operation, d.h. nach nach einer abgeschlossenen Menge R_n (reduzierter) Matrizen, deren Bilder unter der Operation der unimodularen Gruppe den ganzen Raum PS_n lückenlos überdecken mit Überlappungen nur an den Rändern. Für die Rolle dieser Betrachtungsweise im Rahmen der Theorie der SIEGELschen Modulgruppe vgl. [Kl].

8.10.2 MINKOWSKI-**Reduktion**

Auf LAGRANGE bzw. L.A. SEEBER und GAUSS (vgl. [GL]) in den Fällen $n = 2$ bzw. 3 und auf MINKOWSKI und HERMITE für beliebige n geht die folgende Konstruktion zurück.

Satz 8.44 *Der Bereich R_n im Raum PS_n der positiv definiten symmetrischen reellen $n \times n$-Matrizen $B = (b_{ij})_{i,j=1,\ldots,n}$ sei definiert durch die Bedingungen*

1. $\mathbf{x}B\mathbf{x}^t \geq b_{kk}$ *für alle ganzzahligen* $\mathbf{x}$ *mit* $(x_k, \ldots, x_n) = 1$
2. $b_{k,k+1} \geq 0$ *für alle* $k = 1, \ldots, n-1$.

Dann ist R_n ein Fundamentalbereich für die Operation der unimodularen Gruppe $\mathrm{PGL}_n(\mathbb{Z})$ *auf PS_n. Diese Operation ist diskontinuierlich.*

Zum *Beweis* verwenden wir die Ideen, welche schon dem Beweis von Satz 8.1 zugrundelagen, jetzt aber in der Sprache der quadratischen Formen. Da die Äquivalenz quadratischer Formen einem Basiswechsel des Gitters L_0 entspricht, müssen wir für eine gegebene positiv definite quadratische Form eine Gitterbasis von L_0 konstruieren, so dass bezüglich dieser die Matrix B der quadratischen Form Q den angegebenen Bedingungen genügt. Die neue Basis $\mathbf{a}_1, \ldots, \mathbf{a}_n$ von L_0 wählt man induktiv so, dass $Q(\mathbf{a}_1) > 0$ minimal unter allen Gittervektoren $\neq \mathbf{0}$ ist; das ist möglich, weil Q positiv definit ist. Angenommen, $\mathbf{a}_1, \ldots, \mathbf{a}_k$, $k < n$, seien bereits gefunden, dann wird $\mathbf{a}_{k+1}$ so ausgewählt, dass

- $\mathbf{a}_1, \ldots, \mathbf{a}_{k+1}$ zu einer Basis von L_0 ergänzt werden können,
- $Q(\mathbf{a}_{k+1})$ unter dieser Nebenbedingung minimal wird und
- die zugehörige Bilinearform $\mathbf{a}_k B \mathbf{a}_{k+1}^t \geq 0$ erfüllt.

Es ist klar, dass die letzte Bedingung immer durch Vorzeichenwahl erfüllbar ist, außer in einer $\mathbf{a}_{k+1}$-Hyperebene sogar eindeutig. Dass die ersten beiden Bedingungen immer erfüllbar sind, kann man sich ähnlich wie in den geometrischen Überlegungen zum Beweis von Satz 8.1 klarmachen; mit Ausnahme von niederdimensionalen Untermengen des PS_n wird die Wahl der $\mathbf{a}_{k+1}$ sogar jeweils eindeutig ausfallen. (Natürlich ist $\mathbf{a}_1$ immer nur modulo Vorzeichen eindeutig, aber der Übergang zu $-\mathbf{a}_1$ bedingt Vorzeichenwechsel auch für alle anderen Basisvektoren

— wieder außerhalb der Hyperebenen $\mathbf{a}_k^t B \mathbf{a}_{k+1} = 0$ — und das wirkt sich nach Hilfssatz 8.43 nicht auf die quadratische Form aus.) Das Verfahren lässt sich sogar zu einem Algorithmus ausbauen, der für große n allerdings nicht mit brauchbarer Geschwindigkeit funktioniert.

Bleibt zu klären, was das Auswahlverfahren mit den im Satz formulierten Bedingungen zu tun hat. Dazu nehmen wir an, das Auswahlverfahren sei abgeschlossen, und wir schreiben anstelle von $\mathbf{a}_i$ nun wieder $\mathbf{e}_i$, $i = 1, \ldots, n$ und B für die Matrix der quadratischen Form bezüglich dieser Basis $\mathbf{e}_i$. Die zweite Bedingung des Satzes entspricht genau der letzten Auswahlbedingung. Für die erste Bedingung ist zu beachten, dass man $\mathbf{e}_1, \ldots, \mathbf{e}_{k-1}, \sum x_i \mathbf{e}_i$ genau dann zu einer Basis von L_0 ergänzen kann, wenn alle x_i ganz und $x_k, \ldots, x_n$ teilerfremd sind (Folgerung 8.9).

Damit ist klar, dass das beschriebene Auswahlverfahren einen Punkt in R_n ergibt. Bis auf niederdimensionale Teilmengen des PS_n ist dieser sogar eindeutig bestimmt. Ausnahmen kann es nur dort geben, wo $Q(\mathbf{a}_{k+1})$ auf L_0 unter den angegebenen Nebenbedingungen mehr als zwei Minima besitzt, aber selbst dann gibt es immer nur endlich viele Möglichkeiten für $\mathbf{a}_{k+1}$. Das bleibt sogar dann richtig, wenn man die Gitterbasis (bzw. B) um ein ε deformiert. Das bedeutet für den Bereich R_n :

Hilfssatz 8.45 1. *Jeder Punkt $B \in R_n$ besitzt eine Umgebung, in der fast alle Ungleichungen aus Satz 8.44 als strikte Ungleichungen gelten.*

2. *R_n ist abgeschlossen.*

3. *Sein offener Kern wird durch die strikten Ungleichungen aus Satz 8.44 beschrieben.*

4. *Ein Punkt $B \in R_n$ ist nur zu endlich vielen anderen Punkten des R_n äquivalent.*

5. *Die $\mathrm{PGL}_n(\mathbb{Z})$-Bilder des offenen Kerns von R_n sind alle disjunkt.*

Damit ist gleichzeitig klar, dass R_n alle Eigenschaften eines Fundamentalbereichs besitzt und von lokal endlich vielen linearen oder quadratischen Hyperflächen berandet wird; in Wahrheit sind es sogar global endlich viele, aber dieser Punkt erfordert größeren Aufwand. Da SP_n mit R_n-Bildern lückenlos gepflastert ist und Überlappungen nur auf den Rändern auftreten, ist damit auch die Diskontinuität der Operation von $\mathrm{PGL}_n(\mathbb{Z})$ bewiesen. □

8.10.3 Konsequenzen

Die Reduktionstheorie hat eine Reihe wichtiger Konsequenzen, auch wenn einige der unten aufgeführten in anderer Form aus dem Satz von MINKOWSKI-HLAWKA herleitbar sind. Der Einfachheit halber verzichten wir auf Doppelindizes in den

8 Gitter

Diagonalelementen von B, schreiben also b_k anstelle von b_{kk} für alle k. Die erste Konsequenz ist das sogenannte HERMITEsche Lemma über die Minima $\mu(Q) := \min\{\mathbf{x}B\mathbf{x}^t \mid \mathbf{x} \in L_0 - \{\mathbf{0}\}\}$ der quadratischen Form Q auf dem Standardgitter, das für reduzierte quadratische Formen nach Satz 44 gleich b_1 ist. Für positive reelle r ist $\mu(rQ) = r\mu(Q)$ und $\det(rB) = r^n \det B$, es ist also naheliegend, $\mu(Q)$ und die n-te Wurzel aus der Diskriminante der quadratischen Form $(\det B)^{1/n}$ zu vergleichen.

Folgerung 8.46 *Mit einer Konstanten $c_1 = c_1(n) \leq (\frac{4}{3})^{(n-1)/2}$ ist $\mu(Q) \leq c_1(\det B)^{1/n}$.*

Beweis durch Induktion über n. Für $n = 1$ ist die Aussage offensichtlich richtig. Wir nehmen an, sie sei für positiv definite quadratische Formen in $n-1$ Variablen, also für positiv definite symmetrische reelle $(n-1) \times (n-1)$-Matrizen $\mathbf{T}$ richtig und zerlegen B in Blöcke

$$B = \begin{pmatrix} p & \mathbf{q} \\ \mathbf{q}^t & \mathbf{S} \end{pmatrix} = \begin{pmatrix} 1 & \mathbf{0} \\ p^{-1}\mathbf{q}^t & \mathbf{1} \end{pmatrix} \begin{pmatrix} p & \mathbf{0} \\ \mathbf{0}^t & \mathbf{T} \end{pmatrix} \begin{pmatrix} 1 & p^{-1}\mathbf{q} \\ \mathbf{0}^t & \mathbf{1} \end{pmatrix}, \quad \mathbf{T} = \mathbf{S} - p^{-1}\mathbf{q}^t\mathbf{q},$$

wobei $p := b_1 > 0$, $\mathbf{q} := (b_{12}, \ldots, b_{1n})$, $\mathbf{0} \in \mathbb{R}^{n-1}$ sind und $\mathbf{S}$ eine positiv definite reelle symmetrische $(n-1) \times (n-1)$-Matrix ist, $\mathbf{1}$ die $(n-1) \times (n-1)$-Einheitsmatrix. Bezeichnet man die Koeffizienten von $\mathbf{T}$ wie üblich mit t_{ij}, so erhält man für die quadratische Form

$$Q(\mathbf{x}) = \mathbf{x}B\mathbf{x}^t = b_1(x_1 + \frac{b_{12}}{b_1}x_2 + \ldots + \frac{b_{1n}}{b_1}x_n)^2 + \sum_{k,l>1} t_{kl}x_k x_l.$$

Nach Induktionsvoraussetzung gibt es eine nichttriviale ganzzahlige Lösung $(x_2, \ldots, x_n)$ von

$$\sum_{k,l>1} t_{kl}x_k x_l \leq c_1(n-1)(\det \mathbf{T})^{1/(n-1)}.$$

Außerdem existiert ein x_1 so, dass

$$\left| x_1 + \frac{b_{12}}{b_1}x_2 + \ldots + \frac{b_{1n}}{b_n}x_n \right| \leq \frac{1}{2},$$

dann folgt aus den letzten drei Gleichungen bzw. Ungleichungen

$$b_1 = Q(\mathbf{e}_1) \leq Q(\mathbf{x}) \leq \frac{1}{4}b_1 + c_1(n-1)(\det \mathbf{T})^{1/(n-1)}$$

und

$$b_1^n \leq \left(\frac{4}{3}c_1(n-1) \right)^{n-1} b_1 \det \mathbf{T}$$

und aus $b_1 \det \mathbf{T} = \det B$ schließlich

$$b_1 \leq \left(\frac{4}{3}c_1(n-1)\right)^{(n-1)/n} (\det B)^{1/n} = c_1(n)(\det B)^{1/n},$$

und die angegebene obere Abschätzung für $c_1(n)$ folgt induktiv. Weder die Determinante noch μ ändern sich beim Übergang zu einer äquivalenten reduzierten quadratischen Form, und für diese ist nach der ersten Aussage in Satz 8.44 $\mu(Q) = b_1$. □

Als Übungsaufgabe vergleiche man Folgerung 8.46 mit Satz 8.18 und die nächste Folgerung mit den Sätzen 8.32 und 8.33 ! Bessere Werte für $c_1(n)$ sind von MINKOWSKI, BLICHFELDT und ROGERS gefunden worden, vgl. [GL].
Gute Abschätzungen der Konstante $c_1(n)$ sind von erheblichem Interesse für die Frage nach den dichtesten Kugelgitterpackungen, wie man anhand einer Umformulierung von Folgerung 8.46 für das euklidische Normquadrat einsieht: Wenn Einheitskugeln im $\mathbb{R}^n$ gitterförmig und möglichst dicht gelagert werden sollen, ist $\mu(Q) = 4$ fest zu wählen und $d(L) = \sqrt{\det B}$ (s. Hilfssatz 8.43) zu minimieren. Dann ergibt sich mit $d(L)^2 = \det B \geq (4/c_1)^n$

Folgerung 8.47 *Die obere Gitterpackungsdichte von Einheitskugeln K_n im $\mathbb{R}^n$ erfüllt*

$$\rho(K_n) \leq \kappa_n \left(\frac{c_1(n)}{4}\right)^{n/2} \leq \kappa_n\, 2^{n(n-3)/2}\, 3^{-n(n-1)/4},$$

wobei κ_n wieder das Volumen der n-dimensionalen Einheitskugel bezeichnet (vgl. Abschnitt 8.4.2).

Ebenso wie dichteste Gitterpackungen sind optimale Werte von c_1 nur für $n \leq 8$ bekannt.

Folgerung 8.48 *Für alle $B \in R_n$ gelten die folgenden Ungleichungen.*

1. $b_k \leq b_{k+1}$ *für alle* $k = 1, \ldots, n-1$,
2. $|2b_{kl}| \leq b_k$ *für alle* $k < l$,
3. *Es gibt eine Konstante* $c = c(n)$, *so dass*

$$\det B \leq \prod_{k=1}^{n} b_k \leq c \det B.$$

Beweis. Die Ungleichungen 1) folgen aus der ersten Bedingung in Satz 8.44, angewandt auf $\mathbf{x} = \mathbf{e}_{k+1}$, die Ungleichungen 2) folgen entsprechend mit $\mathbf{x} = \mathbf{e}_k \pm \mathbf{e}_l$ aus

$$\mathbf{x}B\mathbf{x}^t = b_k + b_l \pm 2b_{kl} \geq b_l.$$

8 Gitter

Die linke Ungleichung in 3) beweist man am einfachsten auf geometrischem Wege mit Hilfe der schon öfter verwendeten Zerlegung $B = AA^t$ und $\det B = (\det A)^2$. Der Eintrag b_k ist gerade das euklidische Normquadrat der k-ten Zeile von A, und deren Determinante wird als Volumen des von ihren Zeilen erzeugten Parallelepipeds genau dann maximal, wenn die Zeilen paarweise orthogonal stehen. In diesem Fall erhält man als Volumen genau das Produkt der b_k.

Für die rechte Ungleichung 3) begnügen wir uns mit einer Beweisskizze. Der Fall $n = 1$ ist klar. Für $n > 1$ nehmen wir der Einfachheit halber an, es gäbe eine Konstante $c_2 = c_2(n)$, so dass $b_{k+1} \leq c_2 b_k$ für alle $k = 1, \ldots, n-1$. Dann ist $\prod b_k \leq c_3 b_1^n$ für eine geeignete Konstante c_3, und die Behauptung folgt mit $b_1 = \mu(Q)$ und Folgerung 8.46. Wenn es keine solche Konstante gibt (was in Wahrheit nicht zutrifft), muss man wieder eine Blockzerlegung von B vornehmen und ähnlich wie im Beweis des Hermiteschen Lemmas argumentieren; in [Kl] ist der Beweis genau ausgeführt.

Bemerkung. Die b_k spielen eine wichtige geometrische Rolle. Für den konvexen symmetrischen Körper $K := \{\mathbf{x} \mid Q(\mathbf{x}) \leq 1\}$ sind sie die Quadrate der *sukzessiven Minima* λ_k, der kleinsten positiven Zahlen mit der Eigenschaft, dass $\lambda_k K$ mindestens k linear unabhängige Gitterpunkte des Standardgitters L_0 enthält [GL].

8.11 Binäre quadratische Formen: Reduktion und Klassenzahl

8.11.1 Ringe imaginärquadratischer Zahlen und ihre Normformen

Sei d eine negative quadratfreie ganzrationale Zahl. Wir erinnern daran, dass $\mathcal{O}_d = \mathbb{Z}[\alpha]$ der Ring der ganzalgebraischen Zahlen im quadratischen Zahlkörper $\mathbb{Q}(\sqrt{d})$ ist (Satz 3.5, Folgerung 7.58), wenn man α definiert durch

$$\alpha := \sqrt{d} \quad \text{für} \quad d \equiv 2, 3 \bmod 4 \, , \qquad \alpha := \frac{1+\sqrt{d}}{2} \quad \text{für} \quad d \equiv 1 \bmod 4 \, .$$

Wenn wir die komplexe Zahlenebene in der üblichen Weise mit dem $\mathbb{R}^2$ identifizieren, wird $\mathcal{O}_d$ offenbar zu einem Gitter. Dabei wird das komplexe Betragsquadrat zum euklidischen Normquadrat $|z|^2 = x^2 + y^2$, und ebenso wie im vorangegangenen Abschnitt können wir entweder diese quadratische Form auf dem Gitter $\mathcal{O}_d$ oder die quadratische Form $x^2 + (\alpha + \overline{\alpha})xy + |\alpha|^2 y^2$ auf dem Standardgitter $L_0 = \mathbb{Z}^2$ studieren. Die Koeffizienten $\alpha + \overline{\alpha}$ und $|\alpha|^2$ dieser **Normform** sind dann

$$0 \quad \text{und} \quad -d \quad \text{bzw.} \quad 1 \quad \text{und} \quad \frac{1-d}{4}$$

in den beiden Fällen $d \equiv 2, 3$ bzw. $\equiv 1 \bmod 4$. Die Diskriminante der quadratischen Form (ebenso wie des Gitters $\mathcal{O}_d$) ist in unserer alten Bezeichnungsweise also $-d$ bzw. $-d/4$. Da es sehr lästig ist, bei quadratischen Formen mit ganzzahligen Koeffizienten gebrochene Invarianten betrachten zu müssen, werden wir an dieser Stelle unsere **Definition** der **Diskriminante** durch Multiplikation mit dem Faktor -4 abändern: Für die positiv definite quadratische Form

$$ax^2 + bxy + cy^2$$

sei als Diskriminante die Größe

$$D := b^2 - 4ac$$

bezeichnet. Dieses entspricht auch einer älteren Tradition bei der Betrachtung binärer quadratischer Formen bzw. quadratischer Zahlkörper ([Co], [Cox]; mit etwas mehr technischem Aufwand lassen sich die Überlegungen dieses Abschnitts auch auf indefinite binäre quadratische Formen bzw. rell-quadratische Zahlkörper übertragen, wesentliche Teile bleiben sogar für Zahlkörper höheren Grades gültig, Gegenstand der *algebraischen Zahlentheorie*).

Wir notieren einige einfache Sachverhalte über Ideale im Ring $\mathcal{O}_d$. Man beachte, dass alle $\alpha \in \mathcal{O}_d$ Normen in $\mathbb{Z}$ besitzen (sogar ≥ 0, da wir nur imaginär-quadratische Zahlkörper betrachten). Das lässt sich entweder elementar einsehen oder z.B. mit Folgerung 7.58.2; dass die Normen rational sein müssen, sagt die Galoistheorie.

Hilfssatz 8.49 *a) Wird $\mathcal{O}_d$ als Gitter im $\mathbb{R}^2$ betrachtet, so wird jedes Ideal $\mathcal{A} \neq \{0\}$ zum Untergitter.*
b) Hauptideale $\mathcal{A} = \alpha \mathcal{O}_d$, $\alpha \neq 0$, haben den Index $|\alpha|^2$ in $\mathcal{O}_d$.
c) Sei $ax^2 + bxy + cy^2$ eine Normform auf dem Gitter $\mathcal{B} \subseteq \mathcal{O}_d$ und $\alpha \in \mathcal{O}_d$, $\alpha \neq 0$. Dann ist $|\alpha|^2 (ax^2 + bxy + cy^2)$ Normform auf dem Gitter $\alpha \mathcal{B}$.
d) Umgekehrt: Sei $f(x,y) = ax^2 + bxy + cy^2 \in \mathbb{Z}[x,y]$ positiv definit mit Diskriminante $D < 0$, dann ist f bis auf einen konstanten Faktor eine Normform in einem Untergitter der ganzen Zahlen von $\mathbb{Q}(\sqrt{D})$, nämlich

$$4a\, f(x,y) = (2ax + by)^2 - Dy^2 = \|ax + y\frac{b + \sqrt{D}}{2}\|^2.$$

Das legt folgende Konvention nahe. Die quadratische Form $f(x,y) = ax^2 + bxy + cy^2 \in \mathbb{Z}[x,y]$ heißt **primitiv**, wenn ihre Koeffizienten teilerfremd sind. Wir notieren ferner die folgende Beobachtung.

Hilfssatz 8.50 *a) $D \equiv 0$ oder $1 \bmod 4$, und in diesen Fällen ist*
b) jeweils b gerade bzw. ungerade.
c) $a, c > 0$ sind Werte der quadratischen Form $f(x,y)$ an ganzzahligen Stellen.
d) Äquivalente quadratische Formen haben die gleiche Diskriminante.

8.11.2 Reduktionstheorie

Auch die Definition der Äquivalenz ändern wir ab: Zwei positiv definite quadratische Formen $f, g \in \mathbb{Z}[x, y]$ nennen wir **eigentlich äquivalent**, wenn sie durch eine $SL_2(\mathbb{Z})$-Transformation in den Variablen auseinander hervorgehen, wir lassen also die Determinante -1 nicht mehr zu, oder in der Sprache der Gitterbasen: Wir betrachten nur noch Gitterbasen gleicher Orientierung als eigentlich äquivalent. Wie im bisher betrachteten Äquivalenzbegriff sucht man nach einer geeigneten Menge R *reduzierter* quadratischer Formen, am einfachsten beschrieben durch die Menge ihrer Koeffizententripel (a, b, c), welche zu jeder positiv definiten binären quadratischen Form genau einen Repräsentanten bezüglich der eigentlichen Äquivalenz enthält. Man beachte, dass für $b \neq 0$ die quadratischen Formen zu (a, b, c) und $(a, -b, c)$ äquivalent, aber i.a. nicht eigentlich äquivalent sind.

Satz 8.51 *Die Menge R aller positiv definiten binären quadratischen Formen $f(x, y) = ax^2 + bxy + cy^2$ mit*

$$|b| \leq a \leq c \quad \text{und} \quad b \geq 0 \quad \text{in den Fällen} \quad |b| = a \quad \text{oder} \quad a = c$$

ist eine bezüglich eigentlicher Äquivalenz reduzierte Menge.

Zum *Beweis* könnte man wie in Satz 8.44/Folgerung 8.48 vorgehen oder sich sogar auf diese berufen. Hier bietet sich aber ein algorithmisches Vorgehen an, Variante des euklidischen Algorithmus: Durch Übergang von einem gegebenen f zu einem eigentlich äquivalenten

$$g(x, y) = f(x + my, y) = ax^2 + (2am + b)xy + c'y^2$$

mit einem geeigneten $m \in \mathbb{Z}$ lässt sich $|b| \leq a$ erreichen. Falls $a > c$, vertauscht man beide durch $(x, y) \mapsto (-y, x)$. Nach endlich vielen Schritten erfüllt das Resultat die geforderten Ungleichungen, und es ist leicht zu sehen, dass mit den gleichen Transformationen auch $b \geq 0$ in den beiden „Randfällen" erreichbar ist.

Es bleibt zu zeigen, dass zwei verschiedene f und g, welche beide die angegebenen Ungleichungen erfüllen, nicht eigentlich äquivalent sein können. Man kann etwa durch quadratische Ergänzung wie in Hilfssatz 8.49d) im Falle $xy \neq 0$

$$f(x, y) \geq (a - |b| + c) \min\{x^2, y^2\}$$

beweisen, also $f(x, y) \geq a - |b| + c$. Damit ist klar, dass $f(1, 0) = a$ der kleinste positive Wert von f auf $\mathbb{Z}^2$ ist; genauso ist c der kleinste Wert von f auf $\mathbb{Z}^2$ außerhalb der x-Achse, insofern sind a und c durch die eigentliche Äquivalenzklasse von f bereits eindeutig bestimmt. Schließlich ist b dadurch eindeutig bestimmt, dass $a - |b| + c$ der kleinste Wert von f auf $\mathbb{Z}^2$ außerhalb der beiden Achsen ist und dass (a, b, c) und $(a, -b, c)$ nur in den Fällen $b = 0$ und $|b| = a$ eigentlich äquivalent sind. □

8.11.3 Endlichkeit der Klassenzahl

Wieviele positiv definite primitive quadratische Formen gibt es in $\mathbb{Z}[x,y]$ zu gegebener Diskriminante $D < 0$? Diese Frage ist natürlich nur für Äquivalenzklassen sinnvoll, mit anderen Worten für reduzierte quadratische Formen. Mit den Ungleichungen aus Satz 8.51 sehen wir

$$-D = 4ac - b^2 \geq 4a^2 - a^2 = 3a^2,$$

also

$$a \leq \sqrt{\frac{-D}{3}}.$$

Gleichzeitig ist damit der Wertevorrat für b beschränkt, und da c durch a, b, D eindeutig bestimmt ist, gilt

Satz 8.52 *Die **Klassenzahl** $h(D)$ der eigentlichen Äquivalenzklassen positiv definiter primitiver quadratischer Formen von Diskriminante D in $\mathbb{Z}[x,y]$ ist endlich.*

Satz 8.53 *Für natürliche Zahlen n ist die Klassenzahl $h(-4n) = 1$ genau dann, wenn $n \in \{1, 2, 3, 4, 7\}$.*

Beweis (LANDAU). Es gibt immer eine reduzierte quadratische Form $x^2 + ny^2$ der Diskriminante $D = -4n$. Für die angegebenen Werte von n mag man durch Ausprobieren verifizieren, dass es sich dabei um die einzige primitive reduzierte quadratische Form handelt. Bleibt zu zeigen, dass für alle anderen $n > 4$, $n \neq 7$, noch weitere reduzierte primitive Formen existieren.
1. Sei n keine Primzahlpotenz, also zusammengesetzt mit einer Faktorzerlegung $n = ac$, o.B.d.A. mit teilerfremden $a < c$, dann nehme man $ax^2 + cy^2$.
2. Für $n = 2^r$, $r > 3$ nehme man $4x^2 \pm 4xy + (2^{r-2}+1)y^2$ und für $n = 8$ die Form $3x^2 + 2xy + 3y^2$.
3. Wenn $n = p^r$ eine ungerade Primpotenz ist und $n+1$ sich in teilerfremde Faktoren $c > a \geq 2$ zerlegen lässt, ist

$$ax^2 + 2xy + cy^2$$

primitiv reduziert und besitzt die Diskriminante $2^2 - 4ac = 4 - 4(n+1) = -4n$.
4. Schließlich ist nur noch der Fall zu betrachten, dass $n = p^r$ ungerade Primpotenz und $n+1 = 2^s$ ist. Für $s > 5$ nehme man die primitive reduzierte Form

$$8x^2 \pm 6xy + (2^{s-3}+1)y^2$$

und beachte $D = 6^2 - 4 \cdot 8(2^{s-3}+1) = 36 - 4 \cdot 2^s - 32 = -4n$. Für $s = 4$ ist $n = 15$ keine Primpotenz, und für $n = 31$, $s = 5$, wähle man $(a,b,c) = (5, \pm 4, 7)$. □

So handgestrickte Beweise gibt es für ungerade Diskriminanten leider nicht. Auf HEEGNER geht die folgende Liste zurück, deren Vollständigkeit erst durch STARK in den 60-er Jahren des 20. Jahrhunderts endgültig bewiesen wurde (und deren Beweis den Rahmen dieses Buchs bei weitem sprengen würde; der interessierte Leser sei auf [Cox] verwiesen).

Satz 8.54 *Für ungerade $D < 0$ ist $h(D) = 1$ genau in den Fällen*

$$-D = 3, 7, 11, 19, 27, 43, 67, 163.$$

8.11.4 Warum Klassenzahlen? Skizze eines Ausblicks

Wir kommen nun auf die eingangs erwähnte Rolle unserer binären positiv definiten quadratischen Formen $f \in \mathbb{Z}[x,y]$ als Normformen von Idealen zurück. Selbst wenn sie nicht primitiv sind, lassen sie sich bis auf einen Faktor als euklidisches Normquadrat auf einem Gitter im imaginärquadratischen Körper $K := \mathbb{Q}(\sqrt{D})$ lesen, wenn wir diesen ebenso wie seinen Ring der ganzen Zahlen in $\mathbb{C}$ bzw. $\mathbb{R}^2$ eingebettet denken. Wir bestimmen zunächst das Gitter.

Sei $\tau = (-b + \sqrt{D})/2a \in \mathbb{C}$ jene Nullstelle von $f(x,1) = ax^2 + bx + c$ mit positiv definitem Imaginärteil, also in der oberen Halbebene; man beachte, dass wegen $D < 0$ keine reellen Nullstellen existieren und dass $a\tau \in \mathcal{O}_K$, also eine ganze Zahl des Körpers K ist. Identifizieren wir $\mathbb{C}$ mit $\mathbb{R}^2$, so bilden 1 und τ die (orientierte) Basis eines Gitters L, auf dem (Hilfssatz 8.49d)) das euklidische Normquadrat eigentlich äquivalent ist zu $4af$ auf $\mathbb{Z}^2$. Anstatt auf L kann man nun alles auf das Gitter $aL \subseteq \mathcal{O}_K$ umrechnen, aber ist dies ein Ideal in $\mathcal{O}_K$?

Das ist im allgemeinen nicht richtig. Man stellt leicht fest, dass $\mathcal{O} := \{\beta \in \mathbb{C} \mid \beta L \subseteq L\}$ ein Ring ist, der *Endomorphismenring* von L (übrigens gleichermaßen von aL) und dass $\mathcal{O} \subseteq \mathcal{O}_K$ in den ganzen Zahlen von K enthalten ist — eine sogenannte *Ordnung* ganzer Zahlen in K (in dieser etwas altertümlichen Terminologie heißt $\mathcal{O}_K$ die *Hauptordnung*). Genauer kann man sich überlegen, dass der so definierte Endomorphismenring $\mathcal{O}$ nicht nur $\mathbb{Z}$ enthält, sondern sogar ein Untergitter von $\mathcal{O}_K$ ist, es gilt nämlich

$$\mathcal{O} = \mathbb{Z} + \mathbb{Z}a\tau,$$

und nun ist $aL =: \mathcal{A}$ tatsächlich ein Ideal in $\mathcal{O}$.

Was bedeutet eigentliche Äquivalenz primitiver quadratischer Formen für diese Ideale? Unter einer eigentlichen Äquivalenz ändert sich das Ideal $\mathcal{A}$ nicht, allenfalls seine Basis (aber die Orientierung bleibt erhalten). Schon zu Beginn dieses Abschnitts haben wir gesehen, dass sich beim Übergang zu einem Ideal $\beta\mathcal{A}$, $\beta \in \mathcal{O}$, die Normform nur um den Faktor $|\beta|^2 \in \mathbb{N}$ ändert, die zugehörige primitive Form also ungeändert bleibt. Das legt die folgende Definition einer

Äquivalenz von Idealen nahe: Zwei Ideale $\mathcal{A}, \mathcal{B} \subseteq \mathcal{O}$, beide $\neq \{0\}$, fallen in die gleiche **Idealklasse**, wenn $\alpha, \beta \in \mathcal{O}$, beide $\neq 0$, existieren mit $\alpha \mathcal{A} = \beta \mathcal{B}$. Damit ist klar, dass alle Hauptideale in die durch $\mathcal{O}_K$ repräsentierte *Hauptklasse* fallen, und dass die Anzahl der Idealklassen ein Maß darstellt dafür, wie weit $\mathcal{O}_K$ von der eindeutigen Primfaktorzerlegung entfernt ist. Man kann zeigen, dass die Diskriminante D die Ordnung bereits eindeutig bestimmt (Übungsaufgabe: Wie sieht man an D, dass es sich um eine Hauptordnung handelt?), darum folgt aus Satz 8.52

Folgerung 8.55 *Jede Ordnung ganzer Zahlen eines imaginärquadratischen Zahlkörpers besitzt nur endlich viele Idealklassen.*

Aus Satz 8.53 und 8.54 und der Erkenntnis, dass die Hauptideale genau die Hauptklasse ausmachen, folgt die bereits in Abschnitt 3.4.8 erwähnte

Folgerung 8.56 *Im Ring der ganzen Zahlen $\mathcal{O}_d$ des imaginärquadratischen Zahlkörpers $\mathbb{Q}(\sqrt{d})$ gilt die eindeutige Primfaktorzerlegung genau dann, wenn $-d$ einen der Werte*

$$1,\ 2,\ 3,\ 7,\ 11,\ 19,\ 43,\ 67,\ 163 \qquad \textit{besitzt.}$$

Es ist übrigens kein Zufall, dass die Klassenzahl nur dann 1 ist, wenn $-d$ (o.B.d.A. > 1 und quadratfrei) Primzahl ist. Allgemeiner ist $-d$ prim, wenn die Klassenzahl ungerade ist, und das lässt sich zu einem verhältnismäßig schnellen Primzahltest ausbauen. Allerdings muss man dazu weit effektivere Berechnungsverfahren für $h(D)$ entwickeln als wir das hier getan haben. Diese kombinieren analytische Methoden mit der Tatsache, dass die Idealklassen eine Gruppenstruktur besitzen: Da man Ideale multiplizieren kann und die Multiplikation mit Hauptidealen die Idealklasse nicht ändert, lässt sich repräsentantenweise eine Multiplikation von Idealklassen einführen. Assoziativität und Kommutativität der Multiplikation sind klar, und die Multiplikation eines Ideals mit seinem komplex konjugierten ergibt stets ein Hauptideal, also existieren auch Inverse. Eine sorgfältige Untersuchung dieser *Idealklassengruppe* zeigt, dass ihre Elemente der Ordnung 2 Rückschlüsse erlauben auf die möglichen Faktorzerlegungen von D. Um diese Ideen Computer-fähig zu machen, ist es zweckmäßig, statt der Idealklassengruppe besser eine entsprechende Gruppe aus Äquivalenzklassen quadratischer Formen zu benutzen, deren Multiplikation (die *Komposition* binärer Formen) viel älter ist als die Idealtheorie und welche D. SHANKS 1969 wieder erfolgreich vom Speicher der Mathematik heruntergeholt hat.

Idealklassengruppen gibt es genauso für Zahlkörper höheren Grades; auch da sind sie endlich und stellen ein Maß dar für die Abweichung von der Eindeutigkeit der Primfaktorzerlegung. Allerdings gibt es für höhere Zahlkörper keine Entsprechung mehr zu einer Kompositionstheorie quadratischer Formen.

8 Gitter

Ganz zum Schluss noch ein Ausblick auf die Auswirkung der eigentlichen Äquivalenzen auf die oben eingeführte „Nullstelle" τ der quadratischen Form. Eine naheliegende Rechnung zeigt, dass jedes Element der *Modulgruppe* $\mathrm{SL}_2(\mathbb{Z})$ auf τ operiert via

$$\begin{pmatrix} \alpha & \beta \\ \gamma & \delta \end{pmatrix} : \tau \mapsto \frac{\alpha \tau + \beta}{\gamma \tau + \delta},$$

also als gebrochen-lineare Transformation, welche die obere Halbebene in sich überführt. In der Tat ist diese Operation von $\mathrm{SL}_2(\mathbb{Z})$ diskontinuierlich, und die Menge der reduzierten Formen (vgl. Satz 8.51) liegt gerade in dem durch die Ungleichungen

$$|\mathrm{Re}\,\tau| \leq \frac{1}{2}, \qquad |\tau|^2 \geq 1$$

definierten Fundamentalbereich für diese Operation der Modulgruppe.

8.12 Der LLL-Algorithmus

Schon bei der Frage nach den Minima $\neq 0$ positiv definiter quadratischer Formen sind wir auf das Problem gestoßen, den kürzesten Gittervektor $\neq \mathbf{0}$ eines Gitters L zu bestimmen, oder besser noch n linear unabhängige Gittervektoren, deren euklidische Normen die *sukzessiven Minima* auf dem Gitter sind. In Dimension 2 können wir eine Variante des im letzten Abschnitt beschriebenen Gaußschen Reduktionsverfahrens verwenden, aber in hohen Dimensionen ist das Problem unangenehm schwer — dabei für für viele Fragen der „Computational Algebra" oder „Computational Number Theory" von großer Bedeutung (vgl. [St] für mehr Hinweise). 1986 haben A.K. LENSTRA, H.W. LENSTRA jr. und LOVÁSZ hierzu einen großen Durchbruch erzielt, der in raffinierter Weise eine Variante des aus der Linearen Algebra bekannten Orthonormalisierungsverfahrens mit der Erkenntnis kombiniert, dass man für die meisten praktischen Zwecke nicht unbedingt den wirklich kürzesten Vektor benötigt, dass vielmehr ein „ziemlich" kurzer genügt, wobei *ziemlich* noch zu präzisieren ist. Das Verfahren wird nach seinen Erfindern der **LLL-Algorithmus** genannt und soll hier beschrieben werden.

8.12.1 Die GRAM-SCHMIDT-Orthogonalisierung

Seien $\mathbf{z}_1, \ldots, \mathbf{z}_r \in \mathbb{R}^n$, jetzt wieder als Spaltenvektoren geschrieben, und der $\mathbb{R}^n$ sei mit dem Standardskalarprodukt $\mathbf{z}^t \mathbf{w}$ versehen. Die $\mathbf{z}_j$ müssen nicht einmal linear unabhängig sein, da es nicht um Normalisierung, nur um Orthogonalisierung geht. Wir definieren induktiv

$$\mathbf{w}_1 := \mathbf{z}_1, \qquad \mathbf{w}_i := \mathbf{z}_i - \sum_{j<i,\,\mathbf{w}_j \neq \mathbf{0}} \frac{\mathbf{z}_i^t \mathbf{w}_j}{\|\mathbf{w}_j\|^2} \mathbf{w}_j \quad \text{für alle} \quad i = 2, \ldots, r\,.$$

Diese $\mathbf{w}_j$ erzeugen den gleichen Unterraum wie die $\mathbf{z}_j$ und stehen orthogonal aufeinander. Erlaubte Zeilen- und Spaltentransformationen anhand der induktiven Definition zeigen, dass

$$\prod_{i=1}^{r} ||\mathbf{w}_i||^2 \;=\; \det\left(\mathbf{w}_i^t \mathbf{w}_j\right)_{1 \leq i,j \leq r} \;=\; \det\left(\mathbf{z}_i^t \mathbf{z}_j\right)_{1 \leq i,j \leq r}.$$

Die Konstruktion zeigt darüber hinaus: Wenn die $\mathbf{z}_j$ linear abhängig sind, wird mindestens eines der $\mathbf{w}_j = \mathbf{0}$, somit verschwindet diese Determinante. Im Falle linearer Unabhängigkeit ergänze man die $\mathbf{w}_j$ zu einer Orthogonalbasis des $\mathbb{R}^n$, um zu zeigen: Diese Determinante ist das Quadrat des r-dimensionalen Volumens des von den $\mathbf{z}_j$ erzeugten Parallellepipeds, ebenso wie des von den $\mathbf{w}_j$ erzeugten Quaders. Die *Gram-Schmidt-Koeffizienten* in dieser Orthogonalisierung seien für $j < i$ definiert durch

$$\mu_{i,j} = \mu_{i,j}(\mathbf{z}_i, \mathbf{w}_j) := \frac{\mathbf{z}_i^t \mathbf{w}_j}{||\mathbf{w}_j||^2} \quad \text{für} \quad \mathbf{w}_j \neq \mathbf{0} \quad \text{und} \quad := 0 \quad \text{für} \quad \mathbf{w}_j = \mathbf{0}.$$

Drückt man die $\mathbf{z}_i$ durch die orthogonalen $\mathbf{w}_i$ aus, so ergibt sich

$$||\mathbf{z}_i||^2 \;=\; ||\mathbf{w}_i||^2 + \sum_{j=1}^{i-1} \mu_{i,j}^2 ||\mathbf{w}_j||^2 \;\geq\; ||\mathbf{w}_i||^2.$$

Daraus ergibt sich direkt die erste Aussage von

Hilfssatz 8.57 *Angenommen, die* $\mathbf{z}_1, \ldots, \mathbf{z}_r$ *erzeugen ein Gitter L vom Rang r im $\mathbb{R}^n$, und mit $d_r(L)$ sei die zugehörige Gitterdeterminante in dem von L erzeugten Unterraum $V \subseteq \mathbb{R}^n$ bezeichnet. Dann gilt für die oben konstruierte Orthogonalbasis* $\mathbf{w}_1, \ldots, \mathbf{w}_r$ *von V*

1. $\quad d_r(L) \;=\; \prod_{i=1}^{r} ||\mathbf{w}_i|| \;\leq\; \prod_{i=1}^{r} ||\mathbf{z}_i||.$
2. *Für alle* $\mathbf{0} \neq \mathbf{z} \in L$ *ist* $\quad ||\mathbf{z}|| \;\geq\; \min\{||\mathbf{w}_1||, \ldots, ||\mathbf{w}_r||\}.$

Der *Beweis* des zweiten Teils beruht darauf, dass jedes solche $\mathbf{z}$ in jeder der beiden Basen eine Darstellung besitzt, nämlich

$$\mathbf{z} \;=\; \sum_{i=1}^{k} a_i \mathbf{z}_i \;=\; \sum_{i=1}^{k} l_i \mathbf{w}_i,$$

und zwar mit dem gleichen (minimal gewählten) k, $0 < k \leq r$, alle $a_i \in \mathbb{Z}$, $a_k \neq 0$; nach Konstruktion der Orthogonalisierung ist $a_k = l_k$. Daraus folgt aber

$$||\mathbf{z}||^2 \;=\; \sum_{i=1}^{k} l_i^2 ||\mathbf{w}_i||^2 \;\geq\; l_k^2 ||\mathbf{w}_k||^2 \;\geq\; ||\mathbf{w}_k||^2. \quad \square$$

8.12.2 Eine neue Gitterreduktion

Der Hilfssatz wäre bereits die Lösung des Problems, den kürzesten Gittervektor $\neq \mathbf{0}$ in L zu finden, wenn auch die $\mathbf{w}_i$ in L lägen, m.a.W. wenn die Gram-Schmidt-Koeffizienten ganzzahlig wären. Da man das nicht erwarten kann, ersetzt man sie jeweils durch die nächstgelegene ganze Zahl. Damit bleiben die $\mathbf{w}_i$ im Gitter L, allerdings sind sie i.a. nur noch „fast orthogonal" zueinander. Wir werden diese Idee noch zu modifizieren und zu untersuchen haben, wie sich das auf die Basiseigenschaft und auf die in Hilfssatz 8.57.2 formulierte Minimalität auswirkt.

Wir nennen eine Basis $\mathbf{z}_1, \ldots, \mathbf{z}_r$ des Rang-r-Gitters $L \subset \mathbb{R}^n$ **LLL-reduziert**, wenn seine Gram-Schmidt-Koeffizienten alle $|\mu_{i,j}| \leq \frac{1}{2}$ erfüllen und wenn für alle $i = 2, \ldots r$ die Projektion von $\mathbf{z}_i$ auf das orthogonale Komplement des Unterraums $\langle \mathbf{z}_1, \ldots, \mathbf{z}_{i-2} \rangle$ die Ungleichung

$$||\mathbf{w}_i + \mu_{i,i-1}\mathbf{w}_{i-1}||^2 \geq \frac{3}{4}||\mathbf{w}_{i-1}||^2$$

erfüllt. Wegen der Orthogonalität lässt sich diese Ungleichung umschreiben in

$$||\mathbf{w}_i||^2 \geq \left(\frac{3}{4} - \mu_{i,i-1}^2\right)||\mathbf{w}_{i-1}||^2, \quad \text{also} \quad \geq \frac{1}{2}||\mathbf{w}_{i-1}||^2 \geq \frac{1}{4}||\mathbf{w}_{i-2}||^2 \geq \ldots.$$

Dass eine solche Basis von L immerhin nahe an den Eigenschaften einer Gram-Schmidt-Orthogonalisierung dran ist, zeigt

Satz 8.58 *Sei $\mathbf{z}_1, \ldots, \mathbf{z}_r$ eine LLL-reduzierte Basis des Gitters L. Dann ist*

$$d_r(L) \leq \prod_{i=1}^{r} ||\mathbf{z}_i|| \leq 2^{\frac{r(r-1)}{4}} d_r(L)$$

und

$$||\mathbf{z}_1|| \leq 2^{\frac{r-1}{4}} d_r(L)^{\frac{1}{r}}.$$

Außerdem gelten für je t linear unabhängige Gittervektoren $\mathbf{x}_1, \ldots, \mathbf{x}_t \in L$ die „abgeschwächten Minimalitätsbedingungen"

$$||\mathbf{z}_j|| \leq 2^{\frac{r-1}{2}} \max\{||\mathbf{x}_1||, \ldots, ||\mathbf{x}_t||\}$$

für alle $j = 1, \ldots, t$.

Beweis. Nach Definition der LLL-Reduktion ist

$$||\mathbf{z}_i||^2 = ||\mathbf{w}_i||^2 + \mu_{i,i-1}^2 ||\mathbf{w}_{i-1}||^2 + \ldots \mu_{i,1}^2 ||\mathbf{w}_1||^2 \leq$$

$$||\mathbf{w}_i||^2 + \frac{1}{4}\left(||\mathbf{w}_{i-1}||^2 + \ldots + ||\mathbf{w}_1||^2\right) \leq$$

$$||\mathbf{w}_i||^2 \left(1 + \frac{1}{4}(2 + \ldots + 2^{i-1})\right) \leq 2^{i-1}||\mathbf{w}_i||^2$$

(für $i > 1$ sogar als echte Ungleichung). Zusammen mit Hilfssatz 8.57.1 erhalten wir daraus

$$d_r(L) = \prod_{i=1}^{r}||\mathbf{w}_i|| \leq \prod_{i=1}^{r}||\mathbf{z}_i|| \leq 2^{\frac{r(r-1)}{4}} \prod_{i=1}^{r}||\mathbf{w}_i|| = 2^{\frac{r(r-1)}{4}} d_r(L) \,.$$

Genauso erhält man für alle $1 \leq j < i \leq r$

$$||\mathbf{z}_j|| \leq 2^{\frac{j-1}{2}}||\mathbf{w}_j|| \leq 2^{\frac{j-1+i-j}{2}}||\mathbf{w}_i|| = 2^{\frac{i-1}{2}}||\mathbf{w}_i||$$

und darum

$$||\mathbf{z}_1||^r \leq \prod_{i=1}^{r} 2^{\frac{i-1}{2}}||\mathbf{w}_i|| \leq 2^{\frac{r(r-1)}{4}} \prod_{i=1}^{r}||\mathbf{w}_i|| = 2^{\frac{r(r-1)}{4}} d_r(L) \,.$$

Die r-te Wurzel daraus ergibt die nächste Ungleichung des Satzes. Es bleibt die letzte Aussage zu beweisen. Sei $k \in \mathbb{N}$ minimal gewählt mit der Eigenschaft, dass $\mathbf{x}_1, \ldots, \mathbf{x}_t$ in dem von $\mathbf{z}_1, \ldots, \mathbf{z}_k$ aufgespannten Vektorraum liegen. Dann haben wir für alle $i = 1, \ldots, t$ zwei Darstellungen

$$\mathbf{x}_i = \sum_{j=1}^{k} a_{ij} \mathbf{z}_j = \sum_{j=1}^{k} b_{ij} \mathbf{w}_j \,,$$

alle $a_{ij} \in \mathbb{Z}$, $b_{ij} \in \mathbb{R}$, $a_{ik} = b_{ik}$. Nach unserer Wahl von k muss ein i mit $a_{ik} \neq 0$ existieren. Wegen der Orthogonalität der $\mathbf{w}_j$ gilt für dieses

$$||\mathbf{x}_i||^2 \geq b_{ik}^2 ||\mathbf{w}_k||^2 = a_{ik}^2 ||\mathbf{w}_k||^2 \geq ||\mathbf{w}_k||^2 \,,$$

und daraus folgt mit dem gleichen Argument wie beim Beweis der letzten Ungleichung

$$||\mathbf{z}_j||^2 \leq 2^{k-1}||\mathbf{w}_k||^2 \leq 2^{k-1}||\mathbf{x}_i||^2 \leq 2^{r-1} \max\{||\mathbf{x}_1||^2, \ldots, ||\mathbf{x}_t||^2\}$$

für alle $j \leq k$. Wegen $k \geq t$ gilt sie erst recht für $j \leq t$. □

Folgerung 8.59 *Sei $L \subset \mathbb{R}^n$ ein Rang-r-Gitter. Dann ist der Vektor $\mathbf{z}_1$ einer LLL-reduzierten Basis höchstens um einen Faktor $2^{(r-1)/2}$ länger als der kürzeste Gittervektor $\neq \mathbf{0}$ von L.*

8.12.3 Ein Reduktionsalgorithmus

In der Tat ergibt sich bei der Basisreduktion z_1 sehr häufig als *der* kürzeste Gittervektor, und der Faktor $2^{(r-1)/2}$ beschreibt nur einen *worst case*. Aber: Gibt es überhaupt eine LLL-reduzierte Basis und wie gewinnt man sie?

Satz 8.60 *Der folgende Algorithmus endet nach endlich vielen Schritten mit einer LLL-reduzierten Basis:*

1. *Das Gitter L sei von $z_1, \ldots, z_r$ erzeugt, und $z_1, \ldots, z_{k-1}$ seien bereits LLL-reduziert (richtig mindestens für $k = 2$).*
2. *Man ersetze z_k durch $z_k - \sum_{j<k} a_j z_j$, alle $a_j \in \mathbb{Z}$, so dass die neuen Gram-Schmidt-Koeffizienten $|\mu_{k,j}| \leq \frac{1}{2}$ erfüllen für alle $j < k$.*
3. *Wenn jetzt für die zugehörige Gram-Schmidt-Orthogonalisierung die Bedingung*
$$\|\mathbf{w_k}\|^2 \geq \left(\frac{3}{4} - \mu_{k,k-1}^2\right) \|\mathbf{w_{k-1}}\|^2$$
erfüllt ist, so ist $z_1, \ldots, z_k$ LLL-reduziert, und man wende — wenn $k < r$ — Schritt 2 auf z_{k+1} an.
4. *Wenn nicht, vertausche man z_k und z_{k-1} und wende Schritt 2 auf den neuen Vektor z_{k-1} an.*

Beweis. 1. Zunächst zeigt man durch Induktion über $k-j$, dass die a_j so wählbar sind wie in Schritt 2 gefordert. Man beachte dazu, dass für alle $i < k$

$$z_i = \mathbf{w}_i + \sum_{l<i} \mu_{i,l} \mathbf{w}_l$$

ist und dass $\sum_{l<i} \mu_{i,l} \mathbf{w}_l^t \mathbf{w}_j = \mu_{i,l} \|\mathbf{w}_j\|^2$ gilt; wenn also die a_i für $j < i < k$ bereits gefunden sind, können wir $a_j \in \mathbb{Z}$ so finden, dass

$$z_k^t \mathbf{w}_j - \sum_{i<k} a_i z_i^t \mathbf{w}_j = z_k^t \mathbf{w}_j - a_j \|\mathbf{w}_j\|^2 - \sum_{j<i} \mu_{i,j} a_i \|\mathbf{w}_j\|^2$$

zwischen $\pm \frac{1}{2} \|\mathbf{w}_j\|^2$ liegt. Das Ziel ist also erreichbar.

2. Die zentrale Frage ist nun: Genügt es, die Zeilenvertauschungen aus Schritt 4 endlich oft anzuwenden? Dazu definieren wir als Hauptunterdeterminanten der Gramschen Determinante von L die Zahlen

$$\delta_i := \det\left(z_k^t z_l\right)_{1 \leq k,l \leq i}$$

für alle $i = 1, \ldots, r$ und daraus das Produkt

$$\Delta := \prod_{i=1}^{r-1} \delta_i.$$

Keines der δ_i ändert sich in Schritt 2 — hier werden nur erlaubte Zeilen- und Spaltenumformungen vorgenommen. In Schritt 4 ändert sich ausschließlich δ_{k-1}, und zwar wird es ersetzt durch

$$\delta_{k-1}^* = \delta_{k-1} \frac{\|\mathbf{w}_k + \mu_{k,k-1}\mathbf{w}_{k-1}\|^2}{\|\mathbf{w}_{k-1}\|^2} \, ;$$

man beachte, dass im Zähler der neue $k{-}1$-te Vektor der Gram-Schmidt-Orthogonalisierung steht und wende Hilfssatz 8.57.1 auf die beiden Gitter an, die vor und nach Schritt 4 von den ersten $k-1$ Vektoren erzeugt werden. Dieser Schritt wird nur verwendet, wenn der Bruch auf der rechten Seite $\leq \frac{3}{4}$ ist, vgl. die Umformulierung der LLL-Reduktionsbedingungen zu Beginn dieses Abschnitts. Fazit: Bei jeder Anwendung einer Vertauschung nach Schritt 4 des Satzes verkleinert man Δ mindestens um einen Faktor $\frac{3}{4}$.

3. Es genügt also, zu zeigen, dass alle denkbaren Δ für das Gitter L nach unten beschränkt sind durch eine nur von L abhängige positive Konstante. Im Fall $L \subseteq \mathbb{Z}^n$ sind alle δ_i ganz $\neq 0$, also können wir 1 als eine solche Konstante nehmen. Nebenbei sieht man, dass dann die Anzahl der benötigten Schritt 4 -Vertauschungen höchstens proportional zum Logarithmus der Größe der Eingabedaten ist.

Etwas schwieriger wird die Argumentation, wenn wir nicht voraussetzen, dass es sich um ein ganzzahliges Gitter handelt. Angenommen, R sei die Länge des kürzesten Gittervektors $\neq \mathbf{0}$ in L. Dann gilt nach Folgerung 8.46 und Hilfssatz 8.43 für jedes Rang-i-Teilgitter $L_i \subseteq L$, erzeugt von $\mathbf{z}_1, \ldots, \mathbf{z}_i$,

$$R \leq c_1(i)\, d_i(L_i)^{2/i} = c_1(i)\, \delta_i^{1/i},$$

somit

$$R^{\frac{i(i-1)}{2}} \left(\prod_{i=1}^{r-1} c(i)^i \right)^{-1} \leq \Delta \, ,$$

also auch hier eine Abschätzung nach unten durch eine nur vom Gitter abhängige Konstante. $\square$

8.13 Aufgaben

1. Ermitteln Sie eine geeignete Basis und die Gitterdeterminante des Gitters

   $$L := \{(m_1, m_2, m_3, m_4) \in \mathbb{Z}^4 \mid m_1 + m_2 + m_3 + m_4 \equiv 0 \bmod 2\}\,.$$

2. p sei Primzahl und $L \subset \mathbb{R}^2$ ein Gitter. Wieviele Untergitter vom Index p besitzt L?

3. Wie in Abschnitt 3.4.8 seien $\mathcal{O}_d$ die Ringe ganz-algebraischer Zahlen quadratischer Zahlkörper ($\mathbb{C}$ wie üblich mit $\mathbb{R}^2$ identifiziert), betrachtet als Gitter im $\mathbb{R}^2$. Berechnen Sie die Gitterdeterminante!

4. Beweisen Sie, dass ein unbeschränkter konvexer Körper unendliches Volumen besitzt.

5. Sei L ein beliebiges Untergitter des Standardgitters $L_0 = \mathbb{Z}^2 \subset \mathbb{R}^2$ vom Index $n = [L_0 : L]$. Zeigen Sie: L besitzt einen Gitterpunkt $\mathbf{x} \neq \mathbf{0}$ mit euklidischer Norm $\|\mathbf{x}\| < 2\sqrt{n/\pi}$.

6. Seien $a, b \in \mathbb{R}$ mit $a^2 + b^2 = 1$ und $\varepsilon > 0$. Man beweise: Es gibt $x, y \in \mathbb{Z}$, nicht beide $= 0$, mit

$$|ax + by| \leq \varepsilon \quad \text{und} \quad |x|, |y| \leq \frac{1}{\varepsilon}.$$

7. Im $\mathbb{R}^2$ sei ein abgeschlossenes Rechteck R mit Flächeninhalt 2 gegeben, der Nullpunkt sei eine der Seitenmitten. Zeigen Sie, dass R dann ein $\mathbf{x} \in \mathbb{Z}^2$, $\mathbf{x} \neq \mathbf{0}$ enthält.

8. Seien $x = x_1^2 + x_2^2 + x_3^2 + x_4^2$ und $y = y_1^2 + y_2^2 + y_3^2 + y_4^2$ Darstellungen von x und $y \in \mathbb{N}$ als Summen von vier Quadraten. Konstruieren Sie daraus eine Darstellung von xy als Summe von vier Quadraten.

9. P sei ein symmetrisches Parallelotop im $\mathbb{R}^n$. Beweisen Sie, dass die Gitterkonstante $\Delta(P) = 2^{-n} V(P)$ ist.

10. Für welche Kugeln eignet sich das Gitter aus Aufgabe 1 als Packungsgitter? Dichte?

11. Man zeige: Ellipsen besitzen die gleiche Gitterkonstante wie Kreise, bei gitterförmiger Lagerung auch die gleiche maximale Dichte.

12. Zeigen Sie: Ein 2-fehlerkorrigierender Code $C \subset \mathbb{F}_2^n$ erfüllt

$$\left(1 + n + \frac{n(n-1)}{2}\right) \cdot |C| \leq 2^n.$$

13. Sei H die Kontrollmatrix eines linearen Codes $C \subset \mathbb{F}_2^n$. Beweisen Sie: Das Minimalgewicht $w(C)$ ist die Minimalzahl der linear abhängigen Spalten von H.

14. Zeigen Sie, dass $x^5 - 1 = (x-1)(x^4 + x^3 + x^2 + x + 1)$ die Primfaktorzerlegung von $x^5 - 1$ in $\mathbb{F}_2[x]$ ist.

15. Fortsetzung: Verwenden Sie dieses Resultat, um alle zyklischen Codes in $\mathbb{F}_2^5$ zu beschreiben.

16. Ein zyklischer Code sei als Menge von Polynomen $g(x) \bmod (x^n - 1)$ gegeben, also in der Form $C \subset \mathbb{F}_2[x]/(x^n - 1)\mathbb{F}_2[x]$. Zeigen Sie, dass es ein „Kontrollpolynom" $h \in \mathbb{F}_2[x]$ gibt mit der Eigenschaft

$$g(x) \in C \quad \Longleftrightarrow \quad g(x)h(x) \equiv 0 \bmod (x^n - 1) \,.$$

17. Sei $G := 2\mathbb{Z}^{24} \subset \mathbb{R}^{24}$ und $h : G \to \mathbb{F}_2$ definiert durch

$$h(x_1, \ldots, x_{24}) := \frac{1}{2}(x_1 + \ldots + x_{24}) \bmod 2 \,.$$

Begründen Sie, dass der Kern von h ein Gitter ist, bestimmen Sie die Gitterdeterminante und die minimale Länge der Gittervektoren.

18. Verifizieren Sie, dass das Polynom $x^2 - x + 41$ für die ganzzahligen Argumente $x = 0, 1, 2, \ldots, 40$ nur Primzahlen als Werte annimmt.

19. Und nun versuchen Sie, Ihr Resultat aus Aufgabe 18 zu verstehen! Sie dürfen dabei benutzen, dass der Ring $\mathcal{O}_{-163}$ eindeutige Primfaktorzerlegung besitzt; betrachten Sie die Normen der Elemente $x + \frac{1}{2}(-1 + \sqrt{-163})$.

Lösungshinweise zu den Aufgaben

Ich beschränke mich im folgenden auf Tipps zu den schwierigeren Aufgaben und versehe diese mit jenen Nummern, die sie am Ende der einzelnen Kapitel tragen. Damit die Spannung erhalten bleibt, habe ich mich bemüht, die Lösung in der Regel nicht direkt zu verraten.

1 Ganze Zahlen, Teilbarkeit

3. Man überlege sich, dass $ua + vb = 0$ Lösungen besitzt — sogar unendlich viele, nämlich welche? — und addiere die (u,v) zu den (x,y). Warum erhält man so alle Lösungen?

8. Offenbar muss $p-1$ aus Primfaktoren von $n-1$ bestehen. Abschnitt 5.2.2!

9. Wie sieht die Menge R in der Gaußschen Zahlenebene aus? Welche Beträge können die Elemente aus R haben und wie verhalten sich die Beträge bei Produktbildung?

10. Analog zu Satz 1.14.

11. Nehmen Sie die Analysis zu Hilfe: Die Behauptung stimmt genau dann, wenn die unendliche Reihe über die Logarithmen konvergiert. Abschätzung für $\log(1-x)$?

12. Abzählen, wie oft unter den Faktoren von $1 \cdot 2 \cdot 3 \cdot \ldots \cdot (n-1) \cdot n$ die Faktoren p, p^2, p^3, ... vorkommen!

16. Siehe Hinweis zu 11.

21. In $\mathbb{Z}/7\mathbb{Z}$ rechnen.

22. Für den $\limsup$ nehmen Sie die Folge aller Primzahlen, für den $\liminf$ die Folge 2, $2\cdot 3$, $2\cdot 3\cdot 5$, ... der Primzahlprodukte aus paarweise verschiedenen Primzahlen in ihrer natürlichen Reihenfolge. Berechnen Sie den Wert der Phi-Funktion mit Satz 1.29 und nutzen Sie aus, dass das Produkt über alle $1 - \frac{1}{p}$ gegen 0 geht, vgl. EULERs Beweis aus Abschnitt 1.4.1.

23. Schon wieder 1.29.

24. Welche Restklassen mod 5 durchlaufen diese fünf Zahlen?

25. Wären diese Logarithmen linear abhängig, könnte man die Abhängigkeit sogar als Gleichung mit Koeffizienten in $\mathbb{Z}$ schreiben. Verwandeln Sie die additive

Gleichung in eine multiplikative (wie?) und stellen Sie einen Widerspruch zur Eindeutigkeit der Primfaktorzerlegung her!

26. Wäre $k \geq 2q - 1$, so würden die Restklassen $[p + jn]_q$ mindestens zweimal alle Restklassen in $\mathbb{Z}/q\mathbb{Z}$ durchlaufen. Was folgt daraus?

2 Gruppen

1. Für GL_2 zähle man zunächst die möglichen ersten Spalten, dann kommen für die zweite Spalte noch alle Spalten außer den Vielfachen der ersten Spalte in Frage. Die Ordnung von SL_2 ergibt sich daraus mit Hilfe der Sätze 2.8 und 2.14; man beachte, dass die Determinante einen surjektiven Gruppenhomomorphismus von GL_2 auf $(\mathbb{Z}/p\mathbb{Z})^*$ stiftet.

5. Nur die Zusatzaussage ist nicht ganz offensichtlich: Angenommen, der Automorphismus h erfülle $h([1]) = [a]$; dann ist $h([b]) = [b][a]$ (warum?). Injektiv kann h nur sein, wenn $[a] \in (\mathbb{Z}/p\mathbb{Z})^*$ ist, und dann zeige man, dass die Abbildung $h \mapsto [a]$ den gesuchten Isomorphismus definiert.

6. a) Exponentialfunktion. b) Führen Sie die Aussage $\mathbb{R}^* \cong (\mathbb{R}, +)$ mit Hilfe von $(-1)^2 = 1$ zum Widerspruch!

7. Normalteiler $\Leftrightarrow$ Rechtsrestklasse = Linksrestklasse.

9. Siehe Aufgabe 1.8 oder Abschnitt 5.2.2.

10. Z.B. per Polynomdivision.

12. Schreiben Sie $[x, y]^{-1}$ und $a[x, y]a^{-1}$ als Kommutatoren. Für „abelsche Faktorgruppe" genügt es, $abK = baK$ nachzuweisen.

13. $h(a)h(b) = h(b)h(a) \Leftrightarrow h([a, b]) = e$, also .....

15. Wie zeigt man die Transitivität? Es genügt, für *einen* Punkt nachzuweisen, dass man ihn in jeden anderen Punkt per Gruppenoperation bewegen kann. Suchen Sie also eine Matrix, die $\infty \mapsto 0$ bewirkt (Tipp: Sie hat zwei 0-Einträge) und eine, die $0 \mapsto b$ abbildet.

17. Nochmal Abschnitt 2.1.4 lesen, dann wissen Sie, dass die Sylowgruppen alle die Ordnung 5 haben, also zyklisch sind (Satz 2.12). Wie können die Elemente nur aussehen?

18. Aufg. 1 $\Rightarrow$ die Ordnung der Sylowgruppe muss p sein, sie ist also zyklisch. Wenn Sie Aufg. 15 gelöst haben, sollten Sie z.B. ein Element kennen, welches

$$[0] \mapsto [1] \mapsto [2] \mapsto \ldots \mapsto [p-1] \mapsto [0]$$

bewirkt. Anschließend rechnen Sie nach, welche Konjugationen diese Untergruppe in sich überführen und wenden Satz 2.20 auf die Menge M der p-Sylowgruppen an; Achtung: nur eine Bahn wegen Satz 2.25.2.

Lösungshinweise

19. Man zerlegt das Problem in kleinere Häppchen:
a) Eine q-Sylowgruppe S von G existiert und muss sogar Normalteiler sein: Andernfalls gäbe es mindestens $q+1$ Stück davon, und wieviele Elemente hätten die alle zusammen?
b) Eine p-Sylowuntergruppe P existiert ebenso und operiert auf S durch Konjugation; Bahnenlängen 1 (gibt es bestimmt: Einselement e) oder p. Voraussetzung $p \nmid (q-1) \Rightarrow$ es gibt noch ein $t \in P, t \neq e$, invariant unter Konjugation von S.
c) t erzeugt P, alle Elemente von P kommutieren mit allen Elementen von S.
d) Nun beweise man $PS \cong P \times S \cong \mathbb{Z}/p\mathbb{Z} \times \mathbb{Z}/q\mathbb{Z}$ und
e) wende den chinesischen Restsatz an.

20. Es gilt $a = a^{-1}$ für alle $a \in G$, also auch für alle Produkte ab.

23. Welche Ordnungen können die Elemente nämlich nur haben?

25. Folgt aus Satz 2.38.1.

3 Ringe

1. Bedenken Sie: Wenn ein Ringelement invertierbar ist, kann es nur im trivialen Ideal $I = R$ liegen.

2. Zeigen Sie zunächst, dass die erzeugenden Element *nicht* teilerfremd sind; malen Sie sich dazu die Punkte des ganzen Rings R aus Aufg. 1.9 ebenso wie die Punkte des fraglichen Ideals auf. Dass die Erzeugenden nicht Vielfache eines gemeinsamen Teilers ± 1 sind, folgt ganz ähnlich wie Aufg. 1.9.

5. $\Leftarrow$ Satz 3.18.

6. Euklidischer Algorithmus.

7. Tipp: $p(x) \mapsto p(0)$

9. Zeigen Sie, dass man a) als Repräsentanten die Polynome vom Grad ≤ 1 wählen kann, und dass b) $x^2 + 1$ prim ist. Schon wieder Satz 3.18.

11. Denken Sie mal über $1 + \frac{1}{2}(1 + \sqrt{13})$ nach!

12. Für die erste Aussage folge man dem Muster aus Abschnitt 3.4.8, für die zweite Aussage betrachten Sie das Ideal $< 2, 1 + \sqrt{7} >$ und gehen Sie vor wie in Aufg. 2.

4 Arithmetik modulo n

2. folgt aus Aufgabe 1 und sorfältigen Konvergenzbetrachtungen.

3. Satz 2.38 verwenden!

5. Zeigen Sie: Wenn $p > 2$ prim und a Primitivwurzel mod p ist, dann gilt $a^{(p-1)/2} \equiv -1 \bmod p$.

6. Man zeige zunächst, dass man aus einer Primitivwurzel a alle anderen in der Form a^k bekommt, wo k die Bedingung , $(k, p-1) = 1$ erfüllt. Bedenken Sie: a^k quadratischer Rest $\Leftrightarrow k$ gerade, und $2 \mid (p-1)$. Der zweite Teil der Aufgabe läuft darauf hinaus: Finden Sie p so, dass alle ungeraden k zu $p-1$ teilerfremd sind. Es sind nur fünf solche p bekannt (Aufg. 5.2 und 5.3) ....

7. Nochmal den Tipp zu Aufg. 5 ansehen und die multiplikative Kongruenz umschreiben in eine additive Kongruenz für die Exponenten von a: Mit $x = a^k$ müssen Sie $4k \equiv \frac{p-1}{2} \bmod (p-1)$ lösen; geht das? Zurück zu Folgerung 1.25 !

8. Ähnliche Idee wie in Aufg. 7 verwenden.

9. Natürlich nicht Taschenrechner anschalten, sondern Satz 4.13 lesen.

10. $\left(\frac{3}{M_p}\right) = -1$ sollten Sie mit Hilfe des quadratischen Reziprozitätsgesetzes verifizieren können. Tipp: p ungerade, also $2^p \equiv 2 \bmod 3$.

11. In $\mathbb{Z}[i]$ seien die Primzahlen $p = \pi\overline{\pi}$, $q = \alpha\overline{\alpha} \Rightarrow pq = \pi\alpha(\overline{\pi\alpha})$, aber Sie können das Produkt auch anders arrangieren, nämlich wie? Und was hat das mit der Aufgabe zu tun?

12. 65 — und wie sehen die Quadratsummen aus?

13. und 14. Überlegen Sie sich, dass die Elementordnungen in der Gruppe $(\mathbb{Z}/p\mathbb{Z})^*$ nur $1, 2, q, 2q$ sein können. Welche unter diesen gehören zu quadratischen Resten? Welche Ordnung muss $[2]$ dann haben? Und $\left(\frac{5}{p}\right) = -1$ sollten Sie entsprechend in eine Kongruenzbedingung an p — oder noch besser an q — umformulieren.

15. Q sei die Summe über alle quadratischen Reste und n ein quadratischer Nichtrest mod p. Was ist dann $Q + nQ$?

5 Primzahltests und Primfaktorzerlegung

1. Wäre $p^2 \mid n$, so gäbe es Elemente der Ordnung p in $(\mathbb{Z}/n\mathbb{Z})^*$ (folgt aus Satz 4.5). Ist $n = pq$ mit zwei Primfaktoren $q < p$, so hilft ein scharfer Blick auf den Beweis von Satz 5.2.

2. $N = k \cdot 2^m$, $2 \nmid k > 1 \Rightarrow (2^{2^m} + 1) \mid (2^N + 1)$

3. Folgerung 5.4 + sukzessives Quadrieren mit leistungsfähigem Taschenrechner oder Maple.

4. Satz 5.5 .

5. Abzählen mit Induktion über M. Man beweise eine Identität
$$\binom{M+k}{k} = \binom{M-1+k}{k} + \binom{M-1+k-1}{k-1} + \binom{M-1+k-2}{k-2} + \ldots$$

6. Chinesischer Restsatz und Satz 3.18.

Lösungshinweise

9. Sei $f(x) = ax + b$ mit $(a-1, n) = 1$. Dann hat f sicher einen Fixpunkt x_0 (warum?). In $y := x - x_0$ schreibt sich f als $y \mapsto ay$. Was bewirkt Iterieren? Welche Periodizität sollte man erwarten?

11. Bedenken Sie, dass für $a \neq 0$ genau eines der beiden $\pm a$ quadratischer Rest ist. Für jedes $x \neq 0$ gilt also: Genau eines der beiden $\pm x$ führt auf zwei Lösungen y.

13. 451 prim? Wenn nicht, das Problem z.B. mit Satz 2.9 lösen.

6 Körper und Körpererweiterungen

2. Tipp: $\mathbb{Q}(\sqrt{2}) \subset \mathbb{R}$

4. Unter allen Körperautomorphismen muss natürlich 1, $\mathbb{N}$, $\mathbb{Z}$, $\mathbb{Q}$ elementweise fest bleiben, also werden die Nullstellen von $x^2 + 2$ bzw. $x^2 - 2$ nur permutiert (Hilfssatz 6.20.1). Neugierige Leser dürfen schon mal Abschnitt 7.1 lesen.

6. Spielen Sie mit den Hauptnennern der Koeffizienten!

7. Verwenden Sie anstelle von x die Variable $y := x - 1$ und benutzen Sie das Kriterium von EISENSTEIN.

8. Multiplikativer Homomorphismus: klar. Additiv: Binomische Formel studieren und erfreut feststellen, dass die gemischten Glieder alle 0 sind. Die *falsche binomische Formel* ist hier also richtig! Homomorphismen von Körpern sind immer injektiv (wäre $a \mapsto 0$, was wäre dann mit a^{-1}?). Bei gleichmächtigen endlichen Mengen gilt immer „injektiv $\Rightarrow$ surjektiv". Nicht so bei unendlichen Mengen wie z.B. $\mathbb{F}_p(x)$.

9. Wie kann denn das irreduzible Polynom für a nur aussehen, wenn es inseparabel ist? Man zeige, dass es sich in der Form $p(x) = q(x^{p^n})$ schreiben lässt, wo $q(y)$ ein separables irreduzibles Polynom ist.

10. folgt aus 9.

11. Kann nur funktionieren für einen unendlichen Grundkörper der Charakteristik p wie z.B. $\mathbb{F}_p(s,t)$, und dann müssen Sie mindestens zwei Erzeugende vom Grad $p \cdot m$ haben. Wie die aussehen könnten? Siehe 9.

12. Vietascher Wurzelsatz.

13. Geht fast genauso wie 12.: Dass jede Permutation einen Automorphismus liefert, ist sehr einfach zu sehen; für die Umkehrung konstruiere man ein Polynom, dessen Zerfällungskörper gerade $K(x_1, \ldots, x_n)$ ist, und wende Hilfssatz 6.20.1 an.

14. Wieviele k-linear unabhängige Elemente gibt es in $L \cap K$?

15. Sei $a_1, \ldots, a_n$ eine Basis des k-Vektorraums L und $b_1, \ldots, b_m$ eine k-Basis von K. Zeigen Sie, dass dann alle nm Produkte $a_i b_j$ eine k-Basis von LK bilden. Alles Übrige folgt daraus.

16. Zur Körperdefinition fehlt nur, dass jedes $a \neq 0$, $a \in R$, auch ein Inverses a^{-1} in R besitzt. Schreiben Sie die irreduzible Gleichung für a (über K) auf, dann kommen Sie auf die Lösung.

7 Galoistheorie

1. Tipp: $\sqrt{z}/\sqrt[3]{z} = \sqrt[6]{z}$.

2. Man nehme sich nochmals die Aufgabe 6.15 vor und beweise, dass sich beide Galoisgruppen von L/k und von K/k als Untergruppen in $\operatorname{Aut} LK/k$ einbetten lassen, so dass sie sich nur im Einselement schneiden und elementweise miteinander kommutieren.

3. Ähnlich wie Beispiel 3 in Abschnitt 7.1.2.

4. $2\cos(2\pi/7) = \zeta_7 + \zeta_7^{-1}$ erzeugt den kubischen reellen Teilkörper von $\mathbb{Q}(\zeta_7)$. Schreiben Sie die Konjugierten auf, bilden Sie die elementarsymmetrischen Funktionen, und erinnern Sie sich an den Vieta'schen Wurzelsatz.

5. und 6. Siehe Beweis von Satz 7.15

7. und 8. Z.B. über $\mathbb{Q}(\sqrt[4]{2})$ nachdenken.

9. Die vier Wurzeln eines solchen Polynoms müssten $\mathbb{F}_{81}$ erzeugen. Beweisen Sie zunächst, dass 72 Elemente als Erzeugende der Körpererweiterung $\mathbb{F}_{81}/\mathbb{F}_3$ möglich sind. Wieviele Primpolynome gibt es also?

10. $f(t)$ in die Form $a(t-d)^2 + e$ bringen und über $s = t - d$ anstelle t summieren.

13. Anleitung: Man überlege sich zunächst, dass man sich auf den Fall $0 < m - n < p$ beschränken kann, summiere die Transformationsformeln $g_a = (\frac{a}{p})g$ für Gaußsche Summen über a und vertausche die Summationsreihenfolge. Links ergibt sich eine Summe vom Typ

$$\sum_t \left(\frac{t}{p}\right) \frac{\zeta^{kt} - 1}{\zeta^t - 1}.$$

Die Zähler schätzt man durch 2 nach oben ab und die Nenner durch $|\zeta^t - 1| \geq 4|t|/p$ für $|t| < p/2$. Außerdem verwende man unsere Kenntnisse über die Beträge der Gaußschen Summen sowie

$$\sum_{t=1}^{p-1} \frac{1}{t} < \log p.$$

15. Wann ist $[\mathbb{Q}(e^{2\pi i r/3}) : \mathbb{Q}(e^{2\pi i r})] = 1$, 2 oder 3?

16. Der Körper ist kubisch (warum?), es käme also nur $\mathbb{Q}(\sqrt[3]{r})$ in Frage. Warum geht das nicht?

Lösungshinweise

17. Bestimmen Sie die Gruppe A aus Satz 34.

18. Dass PSL_2K in dieser Kommutatoruntergruppe liegt, ist leicht (Aufg. 2.13 benutzen). Dann Hilfssatz 7.49 oder Satz 7.50 verwenden.

19. Zurück zu der in Aufgabe 2.15 definierten Operation: Stellen Sie fest, dass es sich eigentlich um eine Operation der PSL_2 handelt, und zwar — je nach den drei Fällen, die hier zu betrachten sind — auf 3, 4 bzw. 5 Punkten. Die erste Aussage kann man sehr direkt nachrechnen, für die zweite und die dritte könnte man z.B. so vorgehen, dass man zeigt: a) Alle Dreierzykeln liegen in PSL_2. b) Die Dreierzykeln erzeugen A_n. Beachten Sie, dass man Dreierzyklen genau in den Untergruppen mit einem bzw. zwei Fixpunkten erhält.

21. Machen Sie aus dem irreduziblen Polynom für ω eines für ω^{-1}.

22. Hilfssatz 6.20 verwenden!

23. Wenden Sie σ auf $\omega = p\alpha$ an und beachten Sie $\sigma(p) = p$ und Aufg. 22.

25. Man zeige a) $\zeta \in \mathcal{O}$, b) $\mathbb{Z}[\zeta] \subset \mathcal{O}$, c) $(1-\zeta^k)/(1-\zeta) \in \mathbb{Z}[\zeta]$ (geometrische Summe), und dann d) löse man die Kongruenz $hk \equiv 1 \bmod p$ und schreibe

$$\frac{1-\zeta}{1-\zeta^k} = \frac{1-\zeta^{hk}}{1-\zeta^k} \in \mathbb{Z}[\zeta]$$

ebenso wie in c).

26. $F_p(1-y)$ hat genau die Nullstellen $y = 1 - \zeta^k$, für $y = 1$ also ....

28. Man überlege sich zunächst unter Verwendung von Aufg. 27, dass $i\pi$, $\log \pi$, $\log 2$, $\log 3$, $\log \log 2$ linear unabhängig über $\mathbb{Q}$ sind. Ein Blick zurück auf Aufg. 1.25 wäre gut.

8 Gitter

1. Klar: $2L_0 \subset L \subset L_0$, $L \neq L_0$. Hilfssatz 8.19 benutzen und die Basis so konstruieren, dass eine obere Dreiecksmatrix mit der richtigen Determinante entsteht!

2. Jedes solche Untergitter enthält pL (warum?). Man beweise zunächst $L/pL \cong (\mathbb{Z}/p\mathbb{Z})^2 \cong \mathbb{F}_p^2$, wende den 2. Isomorphisatz der Gruppentheorie and und zähle die eindimensionalen Unterräume des Vektorraums $\mathbb{F}_p^2$.

4. Sei x_m eine unbeschränkte Folge in dem konvexen Körper $\subset \mathbb{R}^n$. Zeigen Sie zunächst: Man kann sie so wählen, dass die normierten Richtungsvektoren $x_m/\|x_m\|$ konvergieren, etwa gegen a. Dann wähle man $y_1, \ldots, y_n$ in dem Körper so, dass sie eine Hyperebene orthogonal zu a bestimmen und betrachte die Volumina der Simplizes mit Ecken $y_1, \ldots, y_n, x_m$.

5. $d(L) = n$, Minkowski.

6. Wenn Sie den Flächeninhalt berechnen wollen, der hier gebraucht wird, denken Sie an die Hesse'sche Normalform der Geradengleichung.

7. Tipp: $K := R \cup -R$

8. Wenn Sie nicht selbst draufkommen, recherchieren Sie mal unter dem Thema *Normen von Quaternionen*.

9. Lassen Sie sich von Abbildung 8.3 inspirieren!

10. Bestimmen Sie die kürzesten Gittervektoren; der Radius wird dann gerade die Hälfte der Länge sein. Dichte: Hilfssatz 8.30.

11. Invarianz der Volumenverhältnisse unter umkehrbaren linearen Abbildungen.

12. Jedes Codewort muss seine private Hamming-Kugel vom Radius 2 besitzen; und wieviele Wörter liegen in dieser Kugel?

13. Man vergleiche das Argument zu Beispiel 3 in Abschnitt 8.8.3.

14. Die Irreduzibilität des zweiten Faktors kann man z.B. zeigen, indem man nachweist, dass es außer $a = 1$ kein Element in $\mathbb{F}_2$, $\mathbb{F}_4$ oder $\mathbb{F}_8$ mit der Eigenschaft $a^5 = 1$ gibt, wohl aber in $\mathbb{F}_{16}$.

15. Erfinden Sie einfache Kriterien, an denen Sie ablesen können ob ein $g(x)$ mod $(x^5 - 1)$ Vielfaches von $(x - 1)$ bzw. $(x^4 + x^3 + x^2 + x + 1)$ ist.

16. Denken Sie daran, dass C aus den Vielfachen eines Teilers von $(x^n - 1)$ besteht.

17. Führen Sie das Problem auf Hilfssatz 8.19 zurück. Als Minimallänge kommt 2 nicht in Frage; was ist der nächste Kandidat?

19. Ein Beweis ohne Taschenrechner und Primzahltabelle könnte folgende Überlegungen benutzen:
a) Die Gittervektoren $\alpha = x + \frac{1}{2}(1 \pm \sqrt{-163})$, $x = -39, \ldots, 40$, des Gitters $\mathcal{O}_{-163}$ besitzen Längen (komplexen Betrag) zwischen $\sqrt{41} \sim 6{,}4$ und $\sqrt{1601} \sim 40$.
b) Alle anderen Gittervektoren liegen in $\mathbb{Z}$ oder haben Längen > 12.
c) Wäre eine der Normen $N(\alpha) = |\alpha|^2$ keine Primzahl, dann müsste sie einen Primfaktor p, $1 < p < 40$, besitzen.
d) p kann kein Teiler von α sein.
e) Der ggT β von p und α kann nicht in $\mathbb{Z}$ liegen, ebensowenig $\gamma := \alpha/\beta$.
f) Dann zeige man durch eine Längenbetrachtung, dass $\beta \cdot \gamma = \alpha$ in $\mathcal{O}_{-163}$ unlösbar ist.

Literaturverzeichnis

Bezeichnungen:
GTM = Graduate Texts in Mathematics,
LNM = Lecture Notes in Mathematics,
LNS = Lecture Note Series,
PM = Progress in Mathematics.

Ich beginne mit der Nennung von drei Klassikern, aus denen ich selbst Algebra und Zahlentheorie gelernt habe und die nach wie vor lesenswert sind.

[EA] Emil Artin: Algebra I, II. Vorlesungsausarbeitung, Hamburg 1961/62.
[HW] G.H.Hardy, E.M.Wright: Einführung in die Zahlentheorie. Oldenbourg.
[vdW] B.L. van der Waerden: Algebra I, II. Springer.

Nun eine Auswahl neuerer Lehrbücher zum Thema, teilweise weit ausführlicher als das vorliegende Buch, teilweise mit ganz anderen Schwerpunkten. Aus [MA], [Jac] und [Lo] habe ich schöne Ideen übernommen, besonders viel habe ich aus [IR], [Fe] und [St] gelernt. Wer auf der Suche nach mehr historischem Hintergrund ist, sei besonders auf [IR] (und weiter unten auf [SO]) verwiesen.

[MA] Michael Artin: Algebra. Birkhäuser.
[Bu] P.Bundschuh: Einführung in die Zahlentheorie. Springer.
[Fe] M.H.Fenrick: Introduction to the Galois Correspondence. Birkhäuser.
[Fr] G.Frey: Elementare Zahlentheorie. Vieweg.
[IR] K.Ireland, M.Rosen: A Classical Introduction to Modern Number Theory. Springer GTM 84.
[Jac] N.Jacobson: Basic Algebra I, II. Freeman & Co.
[Le] A.Leutbecher: Zahlentheorie. Eine Einführung in die Algebra. Springer.
[Lo] F.Lorenz: Einführung in die Algebra I, II. Bibliographisches Institut.
[MP] St. Müller-Stach, J. Piontkowski: Elementare und algebraische Zahlentheorie. Vieweg.
[S-P] R. Schulze-Pillot: Einführung in Algebra und Zahlentheorie. Springer.
[St] J.Steuding: Diophantine Analysis. Chapman and Hall.
[Sw1] W.Schwarz: Einführung in die Zahlentheorie. Wiss. Buchgesellschaft.

Dass das vorliegende Buch nur eine *Einführung* ist, habe ich schon im Text an manchen Verweisen auf weiterführende Theorien deutlich zu machen versucht. Als Anregung zu vertieftem Studium schließe ich eine höchst unvollständige Liste von weiterführenden Monographien und Berichten zu einer Reihe von Spezialgebieten der Zahlentheorie und der Algebra an. Einige dieser Spezialgebiete sind im

Text nicht einmal erwähnt worden, was keine Wertung ihrer Bedeutung darstellen soll, wie z.B. p-adische Zahlen ([Fr] oben, [Ko1], [Se3]), Darstellungstheorie [Se2], Modulformen ([Se1], [Ko2]), Lie-Algebren [Hu1], lineare algebraische Gruppen [Hu2], kommutative Algebra und algebraische Geometrie ([Ku], [ZS]). Für das Verständnis der meisten der genannten Monographien dürften die in diesem Büchlein vermittelten Vorkenntnisse ausreichen, allerdings gibt es Ausnahmen wie [Ab2], [CSi], [Hoo], [LL], [Mat], [Se4], die auf einem erheblich höheren Niveau einsteigen.

[Ab1]   M.Aschbacher: Finite Group Theory. Cambridge UP.
[Ab2]   M.Aschbacher: Sporadic Groups. Cambridge UP.
[Ba]   A.Baker: Transcendental Number Theory. Cambridge UP.
[Br]   J.Brüdern: Einführung in die analytische Zahlentheorie. Springer.
[Ca]   J.W.S.Cassels: An Introduction to the Geometry of Numbers. Springer Grundlehren 99.
[Coh]   H.Cohen: A Course in Computational Algebraic Number Theory. Springer GTM 138.
[Co]   H.Cohn: A Classical Invitation to Algebraic Numbers and Class Fields, Springer Universitext 1978.
[CSl]   J.H.Conway, N.J.A.Sloane: Sphere Packings, Lattices and Groups. Springer.
[CSi]   G.Cornell, J.H.Silverman (ed.): Arithmetic Geometry, Springer.
[Cox]   D.A.Cox: Primes of the Form $x^2 + ny^2$. Wiley.
[Fri]   F.Fricker: Einführung in die Gitterpunktlehre. Birkhäuser.
[GL]   P.M.Gruber, C.G.Lekkerkerker: Geometry of Numbers. North Holland.
[Eb]   W.Ebeling: Lattices and Codes. Vieweg.
[Hoo]   C.Hooley: Applications of sieve methods to the theory of numbers, Cambridge UP.
[Hu1]   J.E.Humphreys: Introduction to Lie Algebras and Representation Theory. Springer GTM 9.
[Hu2]   J.E.Humphreys: Linear Algebraic Groups. Springer GTM 21.
[Ka]   F.Kasch: Moduln und Ringe. Teubner.
[Kl]   H.Klingen: Introductury lectures on Siegel modular forms, Cambridge UP.
[Kn]   D.Knuth: The Art of Computer Programming, Vol. 2. Addison-Wesley.
[Ko1]   N.Koblitz: p-adic Numbers, p-adic Analysis, and Zeta-Functions. Springer GTM 58.
[Ko2]   N.Koblitz: Introduction to Elliptic Curves and Modular Forms. Springer GTM 97.
[Ko3]   N.Koblitz: A Course in Number Theory and Cryptography. Springer GTM 114.
[Kr]   E.Krätzel: Lattice Points. Kluver.

[Ku]	E.Kunz: Einführung in die kommutative Algebra und algebraische Geometrie. Vieweg.
[Lm1]	T.Y.Lam: The Algebraic Theory of Quadratic Forms. Benjamin.
[Lm2]	T.Y.Lam: A First Course in Noncommutative Rings. Springer GTM 131.
[La1]	S.Lang: Elliptic Functions. Springer GTM 112.
[LL]	A.K.Lenstra, H.W.Lenstra jr. (ed.): The development of the number field sieve. Springer LNM 1554.
[Le]	M.Leppmeier: Kugelpackungen, von Kepler bis heute. Vieweg.
[Ma]	D.Marcus: Number Fields. Springer.
[Mas]	R.C.Mason: Diophantine equations over function fields. London Math. Soc. LNS 96.
[Mat]	B.H.Matzat: Konstruktive Galoistheorie, Springer LNM 1284.
[Neu]	J.Neukirch: Algebraic Number Theory. Springer
[NP]	M.Waldschmidt, P.Moussa, J.-M.Luck, C.Itzykson (ed.): From Number Theory to Physics. Springer.
[Ri1]	P.Ribenboim: 13 Lectures on Fermat's Last Theorem. Springer.
[Ri2]	P.Ribenboim: Die Welt der Primzahlen. Springer.
[Rie]	H.Riesel: Prime Numbers and Computer Methods for Factorization. Birkhäuser PM 126.
[Ro]	C.A.Rogers: Packing and Covering, Cambridge UP.
[Sam]	P.Samuel: Théorie algébrique des nombres. Hermann.
[SO]	W.Scharlau, H.Opolka: Von Fermat bis Minkowski. Springer.
[Sm]	W.M.Schmidt: Diophantine Approximation. Springer LNM 785.
[Sw2]	W.Schwarz: Einführung in Siebmethoden der analytischen Zahlentheorie, Bibliographisches Institut.
[SwS]	W.Schwarz, J.Spilker: Arithmetical Functions. London Math. Soc. LNS 184.
[Se1]	J.-P.Serre: A Course in Arithmetic. Springer GTM 7.
[Se2]	J.-P.Serre: Lineare Darstellungen endlicher Gruppen. Vieweg.
[Se3]	J.-P.Serre: Local Fields. Springer GTM 67.
[Se4]	J.-P-Serre: Topics in Galois Theory. Jones and Bartlett.
[Si]	J.Silverman: The Arithmetic of Elliptic Curves. Springer GTM 106.
[Wa1]	M.Waldschmidt: Nombres transcendants. Springer LNM 402.
[We]	A.Werner: Elliptische Kurven in der Kryptographie. Springer.
[Z]	H.-D. Ebbinghaus et al.: Zahlen. Springer Grundwissen Mathematik.
[ZS]	O.Zariski, P.Samuel: Commutative Algebra I, II. Springer GTM 28, 29.

Schließlich gibt es noch eine Reihe von Zeitschriftenartikeln, die ich an einzelnen Stellen erwähnt oder herangezogen habe. Um das Schriftenverzeichnis nicht übermäßig aufzublähen, habe ich die vielen neueren Einzelarbeiten zu den Themen des Kapitels 5 nur aufgeführt, wenn sie nicht in den Literaturverzeichnissen von [Coh], [Kn] oder [Rie] zu finden waren.

[AGP] W.R.Alford, A.Granville, C.Pomerance: There are infinitely many Carmichael numbers, Ann. of Math. **139** (1994), 703–722.

[AHB] L.M.Adleman, D.R.Heath-Brown: The first case of Fermat's last theorem, Inventiones math. **79** (1985), 409–416.

[AKS] M.Agrawal, N.Kayal, N.Saxena: PRIMES is in P, Ann. Math. **160** (2004), 781–793.

[BBR] F.Beukers, J.P.Bézivin, P.Robba: An Alternative Proof of the Lindemann-Weierstrass Theorem, Am. Math. Monthly **97** (1990), 193–197.

[Bi] H.Bilharz: Primdivisoren mit vorgegebener Primitivwurzel, Math. Ann. **114** (1937), 476–492.

[Br] J.W.Bruce: A really trivial proof of the Lucas-Lehmer test, Am. Math. Monthly **100** (1993), 370–371.

[Bu] D.A.Burgess: A Note on the Distribution of Residues and Non-residues, Journ. London Math. Soc. **38** (1963), 253–256.

[Den] L.Denis: Indépendance algébrique sur le module de Carlitz, C. R. Acad. Sci. Paris **317** (1993), 913–915.

[Deu] M.Deuring: Die Typen der Multiplikatorenringe elliptischer Funktionenkörper, Abh. Math. Sem. Hamburg **14** (1941) 197–272.

[Di] G.Diaz: Grands degrés de transcendance pour des familles d'exponentielles, C. R. Acad. Sci. Paris **305** (1987), 159–162.

[Fou] E.Fouvry: Théorème de Brun-Titchmarsh; application au théorème de Fermat, Inventiones math. **79** (1985), 383–407.

[Ge] M.Gerstenhaber: The 152-nd Proof of the Law of Quadratic Reciprocity, Amer. Math. Monthly **70** (1963), 397–398.

[GT] B.Green, T.Tao: The primes contain arbitrarily long arithmetic progressions, Ann. Math. (2) **167** (2008), 481–547.

[Gra] A.Granville: Unexpected Irregularities in the Distribution of Prime Numbers, S. 388–399 in Proc. Int. Cong. Math. Zürich 1994. Birkhäuser.

[GW] A.Grytczuk, M.Wójtowicz: There are no small odd perfect numbers, C.R. Acad. Sci. Paris **328** (1999), 1101–1105.

[HR] D.Hensley, I.Richards: Primes in Intervals, Acta Arithmetica **25** (1973/74), 375–391.

[Hu] M.N.Huxley: Exponential sums and lattice points. II. Proc. London Math. Soc. (3) **66** (1993), 279–301.

[Mi] P.Mihăilescu: A class number free criterion for Catalan's conjecture, J. Number Th. **99** (2003), 225–231.

[Ne] Y.Nesterenko: Modular functions and transcendence problems, C.R. Acad. Sci. Paris **322** (1966), 909–914.

[La2] S.Lang: Die abc-Vermutung, Elemente der Math. **48** (1993), 89–99.

[Oe] J.Oesterlé: Densité maximale des empilements de sphères en dimension 3 [d'après Thomas C. Hales et Samuel P. Ferguson], Sém. Bourbaki 1998/99, Exp. 863, pp. 405–413.

[Ro] M.I.Rosen: A Proof of the Lucas-Lehmer test, Amer. Math. Monthly **95** (1988), 855–856.

[ST] C.L.Stewart, R.Tijdeman: On the Oesterlé-Masser conjecture, Monatshefte Math. **102** (1986), 251–257.

[SY] C.L.Stewart, Kunrui Yu: On the abc conjecture, Math. Ann. **291** (1991), 225–230.

[Sto] W.W.Stothers: Polynomial identities and hauptmoduln, Quart. J. Math. (2) **32** (1981) 349–370.

[TWi] R.Taylor, A.Wiles: Ring-theoretic properties of certain Hecke algebras, Ann. of Math. **141** (1995), 553–572.

[Te] F.Terkelsen: The fundamental theorem of algebra, Amer. Math. Monthly **83** (1976), 647.

[Wa2] M.Waldschmidt: Séminaire sur les nombres transcendants 1972–1973, Orsay.

[WY] Wang Yuan: On the least primitive root of a prime, Acta Math. Sinica **9** (1959), 432–441.

[WM] A.E.Western, J.C.P.Miller: Tables of Indices and Primitive Roots, Royal Soc. Math. Tables Vol. 9, Cambridge UP.

[Wi] A.Wiles: Modular elliptic curves and Fermat's Last Theorem, Ann. of Math. **141** (1995), 443–551.

[WH] H.C.Williams, R.Holte: Some observations on primality testing, Math. Comput. **32** (1978), 905–917.

[WJ] H.C.Williams, J.S.Judd: Some algorithms for prime testing using generalized Lehmer functions, Math. Comput. **30** (1976), 867–886.

Index

abc-Vermutung, 87
ABEL, N.H., 202
abzählbar, 157
Addition, 1, 15, 25, 61
Adjunktion, 147
ADLEMAN, 87, 117, 127
AKS-Verfahren, 131
ALFORD, 120
algebraisch abgeschlossen, 78, 156
algebraisch unabhängig, 74, 162, 215
algebraische Geometrie, 86
algebraische Kurven, 215
algebraischer Abschluss, 156
algebraisches Element, 146
allgemeine Gleichung n-ten Grades, 202
ANKENY, 126
arithmetische Geometrie, 84
arithmetische Progression, 12
ARTIN, E., 84, 98, 111, 139, 195
Assoziativgesetz, 25, 61
assoziiert, 62, 80
ATKIN, 141
auflösbare
    Gleichung, 200
    Gruppe, 49, 200
    Körpererweiterung, 171
Ausnahmeisomorphismen, 214
Auswertungsabbildung, 64
Automorphismus
    Frobenius-, 181
    von Gruppen, 43
    von Körpererweiterungen, 169

Bahn einer Gruppenoperation, 43

BAKER, A., 83, 223
BILHARZ, 84
BIRKHOFF, 237
BLICHFELDT, 237, 264, 272
BOMBIERI, 244
BRILLHART, 121
BURGESS, 98, 121

CANFIELD, 139
CANTOR, 157
CARDANO, 203
Carmichaelzahl, 120, 130
Catalansche Vermutung, 90
Charakter, 196
Charaktergruppe, 196
Charakteristik, 137, 145
chinesischer Restsatz, 19, 54, 65
Code, 258
    binärer, 258
    doppelt-gerader, 261
    dualer, 260
    erweiterter, 261
    fehlerkorrigierender, 259
    Golay-, 265
    linearer, 258
    perfekter, 259
    quadratische-Reste-, 265
    selbstdualer, 260
    zyklischer, 264
COHEN, H., 127

DAVENPORT, 241
DELIGNE, 139
Delisches Problem, 192
DENIS, L., 224

Derivation, 75
DEURING, 139
Dezimalbrüche, 101
    abbrechende, 102
    Periode, 102
DIAZ, G., 223
diophantische Approximationen, 88
diophantische Gleichungen, 3, 84
direkte Summe von Gruppen, 53
Direktes Produkt
    von Gruppen, 51
    von Ringen, 65
DIRICHLET, P.L., 104, 179
Diskriminante, 73, 274
Distributivgesetz, 17, 61
Division mit Rest, 2, 75, 79

Einbettung, 33
einfache
    Gruppe, 204
    Körpererweiterung, 147
Einheit, 62
    Einheitengruppe, 83
Einheitswurzeln, 174
    primitive, 174
Einselement, 25
Einsetzungshomomorphismus, 73, 146
EISENSTEIN, G., 107, 114, 153
Eisensteins Irreduzibilitätskriterium, 153
Elementarmatrix, 212
Elementarteiler, 57, 233
elliptische
    Funktionen, 137
    Kurve, 87, 137, 179
ERATOSTHENES, 9
ERDÖS, P., 11, 120, 139
Ergänzungsgesetz
    erstes, 104
    Jacobisymbol, 109
    zweites, 106, 189
EUKLID, 9
euklidischer Algorithmus, 4

euklidischer Ring, 79
EULER, L., 9, 21, 37, 106, 122
Eulersche Phi-Funktion, 20, 96
Eulersches Kriterium, 103
exakte Sequenz, 151
Exponentialsummen, 185

Faktorgruppe, 39
Faktorisierungsbasis, 133
FALTINGS, G., 86
Faltung
    Polynommultiplikation, 71
    zahlenth. Funktionen, 94
FEJES TÓTH, 256
FERMAT, P., 37, 85, 122, 132
Fermatproblem, 85
Fibonaccizahlen, 5
Fixgruppe, 43, 169
Fixkörper, 169
Fixpunkt, 43
FOUVRY, 87
FREY, 87
FROBENIUS, 181
führender Koeffizient, 71
Fundamentalbereich, 228, 269
Fundamentalparallelotop, 228
Fundamentalsatz der Algebra, 78, 155

GALOIS, E., 208
Galoisgruppe, 170
GAUSS, C.F., 10, 105, 106, 152, 193
Gaußklammer, 13
Gaußsche Summen, 127, 183
Gaußsches Kriterium, 105
Gaußsches Lemma, 152
GAUSS, 254, 269
GEL'FOND, 223
Generatormatrix, 259
GERMAIN, SOPHIE, 87
Gitter, 82, 227
    -Packungsdichte, 252
    duales, 262
    Endomorphismenring, 277

ganzes, 262
gerades, 262
Gitterkonstante, 245
Leech-, 266
Packungs-, 251
Rang, 229
Standard, 227
sukzessive Minima, 273, 279
unimodulares, 262
zulässiges, 245
Gitterbasis, 227, 229
    Äquivalenz, 268
    LLL-reduziert, 281
Gitterdeterminante, 229
G-Menge, 42
Goldbachsche Vermutung, 11
Grad
    einer Körpererweiterung, 147
    eines Polynoms, 71
    eines Zahlkörpers, 124
Gradfunktion, 79
Gram-Schmidt-Koeffizienten, 280
GRANVILLE, 12, 120
GREEN, B., 12
größter gemeinsamer Teiler, 3, 68
Gruppe, 25
    abelsche, 25, 54, 234
    alternierende, 45
    auflösbare, 49, 200
    Auflösung, 202
    big monster, 214
    Diedergruppe, 50
    einfache, 204
    Erzeugende, 34, 49
    Gruppentafel, 38
    Kompositionsreihe, 204
    kristallographische, 28
    Mathieu-, 214
    Matrixgruppe, 27
    Modulgruppe, 279
    Normalreihe, 204
    orthogonale, 27
    Permutationsgruppe, 29
    projektive lineare, 211
    Quaternionengruppe, 50
    Rang, 235
    sporadische, 214
    Symmetriegruppe, 28
    symmetrische, 29
    Transformationsgruppen, 27
    triviale Gruppe, 27
    unimodulare, 269
    Vierergruppe, 203
    vom Lie-Typ, 214
    von Bijektionen, 27
    zyklische, 34
Gruppenoperation, 31, 42
    diskontinuierliche, 268
    durch Konjugation, 43
    Länge einer Bahn, 44
    primitive, 209
    transitive, 43
    treue, 208
    zweifach transitive, 208

HADAMARD, 10
HAFNER, 244
HALES, 257
HAMMING, 260
Hammingdistanz, 258
HARDY, 244
HASSE, 139
Hauptidealring, 68
HEATH-BROWN, 87
HEEGNER, 83
HEEGNER, 277
HELLEGOUARCH, 87
HERMITE, 147, 216, 269
HILBERT, 180, 214, 223
HLAWKA, 245
HÖLDER, 204
Homomorphiesatz
    der Gruppentheorie, 40
    für Ringe, 67
Homomorphismus
    injektiver, 33

Kern, 33, 67
  von Gruppen, 32
  von Körpern, 63
  von Ringen, 63
HOOLEY, 98
HURWITZ, 239
HUXLEY, 244

Ideal, 66
  endlich erzeugtes, 69
  Erzeugende, 68
  Hauptideal, 68
  maximales, 70
  prim, 69
Idealklasse, 278
Idealklassengruppe, 278
Index, 36
induktive Definition, 1
Informationsrate, 259
innere Verknüpfung, 25, 61
inseparabel, 159
Integrallogarithmus, 10
Integritätsbereich, 62
Invarianten, 27
inverses Element, 25
  additives, 16
Involution, 31, 78
irreduzibel, 7, 70, 76
Irreduzibilitätssatz, 214
Isomorphiesätze, 41
Isomorphismus
  K-Isomorphismus, 147
  von Gruppen, 34
  von Ringen und Körpern, 63
Isotropiegruppe, 43
IVANIEC, 244
IWASAWA, 210

JACOBI, C.G.J., 108
Jacobisummen, 127
Jacobisymbol, 108
JORDAN, 204

kanonische Projektion, 39, 63, 67

KEPLER, 257
Kern, 33, 67
Kettenbrüche, 133
Klassenformel, 44
Klassenkörpertheorie, 178, 198
Klassenzahl, 276
KLEIN, F., 27, 203
kleinstes gemeinsames Vielfaches, 3, 68
kommutatives Diagramm, 52
Kommutativgesetz, 25
Kommutator, 58, 207
Kommutatoruntergruppe, 58, 210
Kongruenzen, 15, 67
  simultane, 19
Konjugation
  algebraische, 82, 111
  von Gruppenelementen, 30, 43
  von Untergruppen, 38
Kontrollmatrix, 260
konvexer Körper, 235
KORKINE, 258
KOROBOV, 11
Körper, 62, 145
  endlicher, 96, 148, 181
  Kreisteilungskörper, 175
  Primkörper, 145
  vollkommener, 159
Körpererweiterung, 145
  abelsche, 171
  algebraische, 146
  auflösbare, 171
  einfache, 147, 161
  Erzeugendensystem, 147
  Galoiserweiterung, 170
  Grad, 147
  Kompositum, 165
  Kummersche, 198
  normale, 158
  rein inseparable, 173
  rein transzendente, 162
  transzendente, 147
  zyklische, 171

Körpergrad, 148
Kreisteilungskörper, 86, 107, 175
Kreisteilungspolynom, 175
kritische Gerade, 11
KRONECKER, 178
KRULL, 173
KUBOTA, T., 107
KUMMER, 198
Kürzungsregel, 28, 62

LAGARIAS, 132
LAGRANGE, 37, 196, 241, 253, 269
LANDAU, 244, 276
Landausches Symbol, 10
LANG, S., 88
Länge einer Bahn, 44
LANGLANDS, 179
LEGENDREsymbol, 103
LEHMER, D.H., 123
LENSTRA, H.W.JR., 125, 127, 131, 132, 139, 140, 279
LEONARDO VON PISA, 5
lexikographische Ordnung, 74
LIE, S., 214
LINDEMANN, 192, 215
linear disjunkt, 164
LLL-Algorithmus, 283
Logarithmen, 6
LOVÁSZ, 279
LUCAS, 123

MAHLER, 250
MAIER, H., 12
MASON, R., 88
MASSER, 87
MATHIEU, 214
MERSENNE, M., 92
MILLER, G., 125
Miller-Rabin-Test, 129, 141
Minimalgewicht, 258
MINKOWSKI, 236, 239, 269, 272
MÖBIUS, 92
Möbiussche μ-Funktion, 91

Möbiussche Umkehrformel, 96
Moduln, 218
Monte-Carlo-Test, 128, 129
MONTGOMERY, 126, 132
MORDELL, 86
sc Mordell, 237
Multiplikation, 1, 15, 25, 61
multiplikative zahlentheoretische Funktion, 20, 91

Nenner, 219
NESTERENKO, 224
neutrales Element, 25
NOETHER, EMMY, 69
Norm, 82, 112
Normalisator, 43
Normalteiler, 38
Normbetrag, 82
Normform, 273
Nullstelle, 72
Nullstellenordnung, 78
Nullteiler, 17, 62

O-Schreibweise, 10
ODLYZKO, 132
OESTERLÉ, 87, 132
Ω-Notation, 243
Orbit einer Gruppenoperation, 43
Ordnung
    einer Gruppe, 26
    eines Elements, 35

Paarung, 197
Packungsdichte, 252
Partition, 209
Peanoaxiome, 1
Permutation, 29
    gerade, 45
    ungerade, 45
p-Gruppe, 46
Phi-Funktion, 20, 96
PHILIPPON, 223
$p-1$-Methode, 136
p-Ordnung, 8, 78

POLLARD, 120, 134, 136, 141
POLYA, 122
Polynom, 64, 71
    Diskriminante, 73, 137
    elementarsymmetrisches, 72
    irreduzibles, 149
    Kreisteilungspolynom, 175
    normiert, 76
    Nullstelle, 72
    prim, 76
    primitives, 152
    Reduktion mod p, 153
    symmetrisches, 72
    Zerfällungskörper, 150
Polynomfunktion, 71
POMERANCE, 120, 127, 131, 139
Potenzreste, 100
Primfaktoren, 7
Primfaktorzerlegung
    im Polynomring, 77
    in $\mathbb{Z}$, 6
Primideal, 69
    Primidealzerlegung, 112
primitiver Gitterpunkt, 249
primitives Element, 161
Primitivwurzel, 97
Primkörper, 145
Primzahl, 6
    Eisensteinsche, 114
    Fermatsche, 122, 193
    Gaußsche, 83
    Mersennesche, 93, 123
    Verzweigung, 111
Primzahlfunktion, 9
Primzahlsatz, 10
    Dirichletscher, 104, 179
Primzahlzwillinge, 11
projektiver Raum, 211
p-Sylowuntergruppe, 46
Pseudoprimzahl, 120
p-Untergruppe, 46
public-key-Kryptosystem, 118
Pythagoräische Zahlentripel, 84

quadratische Formen, 114, 132
    Äquivalenz, 268
    Diskriminante, 240
    eigentlich äquivalente, 275
    Komposition, 278
    Minima, 271
    positiv definite, 240, 267
    primitive, 274
    reduzierte, 268, 275
quadratischer
    Nichtrest, 103
    Rest, 103, 133
Quadratur des Kreises, 192
Quaternionen, 242
Quotientenkörper, 65

RABIN, 129
Radikal, 194
rationale Funktion, 66
regelmäßige n-Ecke, 193
rekursive Definition, 1
Resolvente, 196
Rest, 2
    quadratischer, 103
Restglied, 10, 242
Restklasse, 15
    additive Restklassengruppen, 27
    einer Untergruppe, 36
    prime, 17
    prime Restklassengruppen, 27, 98
    Restklassenring, 61, 67
Restsystem
    absolut kleinstes, 105
    kleinstes nichtnegatives, 15
    vollständiges, 15
Reziprozitätsgesetz
    Jacobisymbol, 109
    kubisches, 114
    Potenzrestgesetze, 107
    quadratisches, 106, 188
Rho-Methode, 134
RIBET, 87
RIEMANN, B., 10

Riemannsche Flächen, 215
Riemannsche Vermutung, 11, 98, 125
Riemannsche Zetafunktion, 10
Ring, 2, 7, 61
    euklidisch, 79
    faktoriell, 80
    kommutativ mit Eins, 61
    Noethersch, 69
    Polynomring, 71
RIVEST, 117
ROGERS, 251, 272
ROSSER, 125
RSA-Schema, 117
RUMELY, 127

SCHANUEL, 223
SCHMIDT, W.M., 251
SCHNEIDER, TH., 223
SCHOENFELD, 125
SCHÖNHAGE, 118
SCIPIO DEL FERRO, 203
SELBERG, A., 11
SELFRIDGE, 121
separabel, 159
separabler Abschluss, 173
SERRE, 87
SHAMIR, 117
SHANKS, 132, 278
SHIH, 215
SHIMURA, 87
Siebmethoden, 9, 11, 87
    quadratisches Sieb, 133
    Zahlkörpersieb, 141
SOLOVAY, 130
Stabilisator, 43
STARK, H., 83
STARK, 277
STEINITZ, 163
Sternkörper, 245
STEWART, 88
STOTHERS, 88
STRASSEN, 118, 130
summatorische Funktion, 95

SYLOW, 46
Symmetrie, 28
SZEGÖ, 245

TANIYAMA, 87
TAO, T., 12
TARTAGLIA, 203
TAYLOR, R., 87
Teilbarkeitskriterien, 19
Teiler, 2, 62, 68
teilerfremd, 3
Teilerfunktion, 92
Teilersummenfunktion, 92
THALES, 191
Thetafunktionen, 242
THUE, 256
TIJDEMAN, 88
Torsionsuntergruppe, 59
träge, 112
Translation, 42
Transposition, 30
transzendentes Element, 147
Transzendenzbasis, 163
Transzendenzgrad, 163
TSCHEBYSCHEFF, 13

Umkehrproblem der Galoistheorie, 180
unimodular, 229
universelle Eigenschaft, 52
Untergruppe, 31
    invariante, 38

DE LA VALLÉE-POUSSIN, 10
VAN DER CORPUT, 237
verzweigt, 113
VETČINKIN, 264
Vielfaches, 2
Vietascher Wurzelsatz, 72
VINOGRADOV, I.M., 11, 245
vollständig geordnete Teilmenge, 70
vollständige Induktion, 1

WALDSCHMIDT, M., 88
WALFISZ, 245

WANG YUAN, 98
WEBER, 178
WEIERSTRASS, 215
WEIL, A., 139
WILES, A., 87
WILLS, 257
WILSON, 79
Winkeldreiteilung, 193

YU KUNRUI, 88

Zahlen
    ganzalgebraische, 218
    ganze (ganzrationale), 2
    ganze Eisensteinsche, 114
    ganze Gaußsche, 64, 82, 113
    ganze Zahlen quadratischer Zahlkörper, 64, 82
    irrationale, 8
    komplexe, 155
    natürliche, 1
    quadratfreie, 111, 125
    rationale, 8, 65
    transzendente, 147
    vollkommene, 92
Zahlentheorie
    algebraische, 83, 86, 112, 218, 274
    analytische, 11, 104, 126, 186
Zahlkörper
    Eisensteinscher, 114
    Gaußscher, 64
    quadratischer, 64, 132, 185
Zentralisator, 43
Zentrum, 43
Zerfällungskörper, 150
zerlegt, 112
ZOLOTAREFF, 258
Zornsches Lemma, 70
Zykelschreibweise, 29

Algebra konkret und verständlich

Gerd Fischer
Lehrbuch der Algebra
Mit lebendigen Beispielen, ausführlichen Erläuterungen und zahlreichen Bildern
2008. XII, 404 S. Geb. EUR 34,90
ISBN 978-3-8348-0226-2

Gruppen: Grundlegende Begriffe, Symmetriegruppen (insbesondere von Platonischen Körpern), Struktursätze, einfache und auflösbare Gruppen - Ringe: Normalteiler, Ideale, Restklassenringe, Teilbarkeit, elementare Zahlentheorie, quadratische Zahlringe - Körpererweiterungen: Zerfällungskörper, Vielfachheit von Nullstellen, Resultanten und Diskriminanten, Galois-Erweiterungen, Lösung von Polynomgleichungen, Konstruktionen mit Zirkel und Lineal

Dieses ausführlich geschriebene Lehrbuch eignet sich als Begleittext zu einer einführenden Vorlesung über Algebra. Die Themenkreise sind Gruppen als Methode zum Studium von Symmetrien verschiedener Art, Ringe mit besonderem Gewicht auf Fragen der Teilbarkeit und schließlich als Schwerpunkt Körpererweiterungen und Galois-Theorie als Grundlage für die Lösung klassischer Probleme zur Berechnung der Nullstellen von Polynomen und zur Möglichkeit geometrischer Konstruktionen.

Abraham-Lincoln-Straße 46
65189 Wiesbaden
Fax 0611.7878-400
www.viewegteubner.de

Stand Juli 2010.
Änderungen vorbehalten.
Erhältlich im Buchhandel oder im Verlag.

MIX
Papier aus verantwortungsvollen Quellen
Paper from responsible sources
FSC® C105338

If you have any concerns about our products,
you can contact us on
ProductSafety@springernature.com

In case Publisher is established outside the EU,
the EU authorized representative is:
**Springer Nature Customer Service Center GmbH
Europaplatz 3, 69115 Heidelberg, Germany**

Printed by Libri Plureos GmbH
in Hamburg, Germany